중대재해법에 대응하기 위한 ISO 45001

기업의 안전보건 경영시스템
이론과 실무 가이드

황정웅 지음

BM (주)도서출판 성안당

머리말

최근 우리 산업계는 여러 가지 안전사고 때문에 사업장 및 근로자의 안전 보건에 대한 인식과 관심이 증대되었다. 하지만 아직도 우리나라는 안전 보건 관리 수준이 낮아 수많은 사람들이 업무와 관련된 사고 또는 질병으로 사망하거나 부상을 입는 사업장이 줄어들지 않고 있다. 이로 인해 개인의 정신적·육체적 피해뿐만 아니라 기업의 경제적 피해 등 막대한 손해를 가져오고 있다.

최근에는 산업안전보건법이 전부 개정되어 시행되고 있고, 올해에는 중대재해법이 제정 및 공포되었다. 이에 따라 사업주 또는 경영책임자 등의 안전 보건 확보 의무 이행과 그 위반에 대한 처벌 수위가 더욱 강화되어 전 산업계의 근본적인 대응이 요구되고 있다. 또한 사업장의 안전 보건을 중시하는 분위기와 공감대가 산업계는 물론 사회 전반에까지 더욱 확산되고 있다.

사업장의 안전 보건에 대해 선제적으로 대응하고, 대책을 마련해야 할 이러한 상황에서 이에 효과적으로 대응할 수 있는 강력한 수단은 안전 보건 국제표준시스템인 ISO 45001(안전보건경영시스템)을 이용하여 관리체계를 구축하는 것이다. ISO 45001은 PDCA(Plan-Do-Check-Action) 사이클에 따라 안전보건경영시스템의 구축 및 실행, 개선을 위한 요구사항을 모두 갖추고 있다. 이것은 안전 보건 확보의 기본 요소로서 근로자의 재해를 예방하는 기본 틀과 가이드를 제공하고 있다. 최근 ISO 45001은 제조업뿐만 아니라 건설업·공공기관 및 서비스산업 등 제3차 산업까지 도입 및 확산되고 있다. 그러나 대부분의 기업에서는 재해 예방을 위한 종합적이고 체계적인 시스템적 방식을 제대로 활용하지 못하고 있는 것이 현재 실정이다. 특히 중소·중견기업에서는 이마저도 도입하지 못하고 있다.

이 책은 이러한 배경에서 그동안 쌓은 실무 경험을 토대로 사업장의 안전 보건 확보 의무 사항 및 안전 보건 조치에 필요한 ISO 45001 요구사항의 이해와 실무, 안전보건체계의 요소, 산업안전보건 관계법령의 이해와 준수, 리스크 평가 및 안전 보건 기법 등의 이론과 실천 중심으로 구성하였다. 즉, 이 책은 산업 현장에서 실질적이고 효과적으로 이용할 수 있도록 실무적인 내용을 상세하게 제시하여 법규준수관리시스템 및 자율적 안전보건체제를 구축하고, 나아가 좀 더 효과적으로 ISO 45001 인증을 취득하는 데 실질 적인 도움을 줄 것이다.

점점 강화되는 안전 보건 강화 요구와 법규 준수의 경영 환경 속에서 이 책 이 근로자의 안전보건 확보의 기반이 되어 산업재해를 획기적으로 줄이는 계기를 마련하기를 바란다. 더 나아가 우리의 사업장이 가장 안전하고 건강 한 일터가 되어 우리나라의 안전 보건 수준이 크게 향상되기를 바란다. 국 가와 사회, 그리고 모든 근로자에게 생명 중시의 길잡이가 되어 안전보건경 영시스템 구축 및 안전 문화 조성에 도움이 되기를 기대한다.

황정웅

목차

제3장
ISO 45001
도입 및 구축의
기반 관리

제4장
ISO 45001
구축 실무

**제5장
ISO 45001
인증 취득하기**

제1장
ISO 45001의 개요

1 안전 보건 경영과 ISO 45001

안전 보건은 인명 존중의 인도주의적 측면과 재해 및 사고를 예방하고, 인명과 재산상의 손실이 없도록 하는 사회적 책임 측면의 중요성이 증가되면서 산업계에 절대적으로 필요한 경영 요소로 등장하고 있다. 이에 따라 안전 보건은 조직의 생존과 지속 가능한 경영의 핵심적인 요소로서 안전 보건 경영의 구현이야말로 거역할 수 없는 시대적인 사명이자, 요구사항이라고 할 수 있다.

안전 보건 경영이란, 기업의 경영 방침에 안전보건정책을 반영하고, 조직의 산업재해를 자율적으로 예방하기 위해 안전 보건체계를 구축하며, 유해 및 위험 정도를 평가하여 예방적 자원을 배분 및 결정하는 등 선제적 재해 예방을 위한 조치사항을 체계적으로 관리하는 경영 활동을 말한다([그림 1-1]).

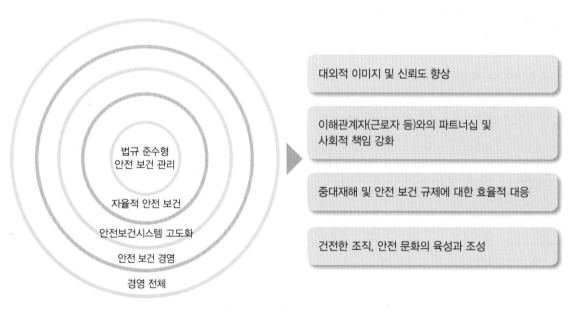

[그림 1-1] 안전 보건 경영의 개념

최근 경영 활동에서 이해관계자의 안전 보건에 대한 요구 수준이 높아짐에 따라 안전 보건을 최우선 가치로 중시하는 분위기와 공감대가 사회 전반에 널리 확산되고 있다. 이에 따라 중대재해 등 산업재해에 기업이 무한책임을 져야 하는 실정이다.

안전 보건 경영을 효과적으로 실현하기 위해 안전 보건 예방체제 구축과 이행, 자원 투자 및 안전 기술, 교육 및 의식 전환, 안전 문화 조성 등 총체적인 노력이 요구되고 있다. 이러한 상황에서 ISO 45001은 국제표준화기구(ISO)에서 제정된 최고 수준의 안전 보건 국제 표준으로, 안전보건경영시스템을 체계적으로 운용하는 기본 틀을 제공하고 있다. 따라서 ISO 45001은 최고경영자를 비롯한 전체 근로자 및 이해관계자 전원이 참여하여 사업장에서 발생할 수 있는 중대재해 등 재해를 사전에 예방 관리하는 시스템적 관리체계이다. 이를 통해 사업장 재해 예방의 인프라를 갖추어 근로자의 안전 및 보건 확보 의무를 보장하고 선진형 안전 보건 경영을 정착하기 위한 기반을 구축하는 것이다.

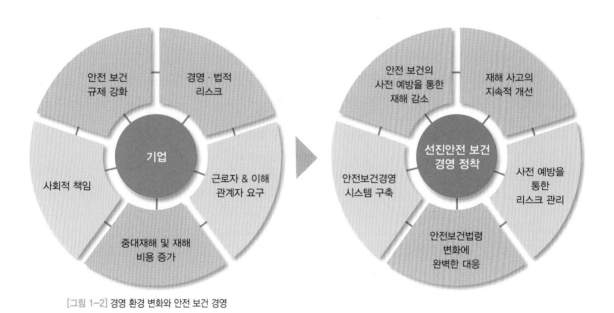

[그림 1-2] 경영 환경 변화와 안전 보건 경영

그렇다면 '안전'의 정의는 무엇일까?

사전적 정의에 의하면 '안전이란, 위험이 발생하거나 사고가 날 염려가 없음. 또는 그런 상태'라고 설명되어 있다. 그리고 '안전 보건'이란, '산업 현장에서 일하는 근로자의 안전과 생명을 보호하는 일'이라고 정의한다. '안전 관리'는, 재해로부터의 손실 최소화와 생산성 향상을 위해 실행하는 것으로, '재해로부터 인간의 생명과 재산을 보호하기 위한 계획적이고 체계적인 제반활동'을 의미한다. 결국 안전은 행동이라고 해도 과언이 아니다.

'안전'이란, 국제 표준 ISO/IEC Guide 51에 따르면 '허용 불가능한 리스크가 없는 것'으로 정의하고, 리스크를 찾아내어 허용 가능하게 하는 활동을 지속적으로 해가는 것이 필요하다. 결국 안전은 '리스크는 항상 존재하고 재해는 완전한 통제가 불가능하다는 특성을 가지고 있다.'는 것을 전제로 한다. 그리고 해당 리스크를 줄이고 허용할 수 있는 범위로 조치하여 '안전'이라고 한다. 즉 '안전'이란, 리스크를 줄여나가는 것이다. ISO 45001에서 리스크는 [그림 1-3]과 같이 관리한다.

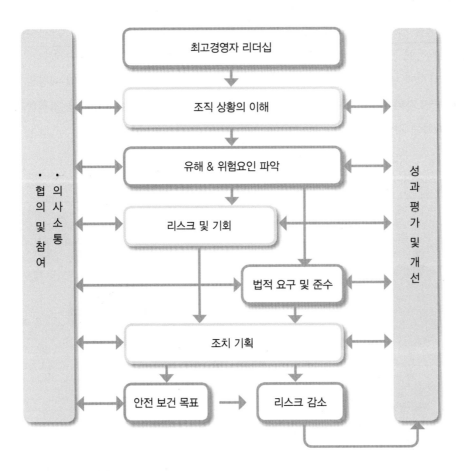

[그림 1-3] 리스크 관리

1. 중대재해 처벌 등에 관한 법률

1) 목적

중대재해 처벌 등에 대한 법률(이하 '중대재해처벌법')은 기업의 안전 보건 조치 미흡으로 중대 재해가 발생하여 근로자가 사망하거나 신체적 피해를 입었을 경우 사업주 또는 경영책임자 등 및 법인을 처벌하는 내용을 주된 내용으로 한다(제1조). 여기서 '사업주'란, 자신의 사업을 영위하는 자, 타인의 노무를 제공받아 사업을 하는 자를 말한다(제2조제8호). 또한 '경영책임 자등'이란, 다음 중 어느 하나에 해당하는 자를 말한다(제2조제9호).

(1) 사업을 대표하고 사업을 총괄하는 권한과 책임이 있는 사람. 또는 이에 준하여 안전 보건 에 업무를 담당하는 사람
(2) 중앙행정기관의 장, 지방자치단체의 장 '지방 공기업법'에 따른 지방 공기업의 장, '공공 기관의 운용에 대한 법률' 제4조부터 제6조까지의 규정에 따라 지정된 공공기관의 장

중대재해처벌법의 중대재해 기준과 의무 규정 등의 골격은 산업안전보건법을 거의 그대로 준 용했다. 산업안전보건법과 가장 큰 차이는 중대재해 발생 시 사업주와 경영책임자 등의 처벌 을 강화하는 내용이다.

이 법은 사업주ㆍ법인 또는 기관 등이 실질적으로 지배ㆍ운영ㆍ관리하는 사업 또는 사업장에 서 발생한 중대산업재해와 공중 이용시설 또는 공중 교통수단을 운영하거나 인체에 해로운 원료 및 제조물을 취급하면서 안전 보건 조치 의무를 위반하여 인명사고가 발생한 중대시민 재해의 경우 사업주와 경영책임자 및 법인 등을 처벌한다. 이렇게 함으로써 근로자를 포함한 종사자와 일반 시민의 안전권을 확보하고, 기업의 조직 문화 또는 안전관리시스템의 미비 때 문에 일어나는 중대재해 사고를 사전에 방지하려는 것으로, 2021년 1월 26일 제정 및 공포 되어 2022년 1월 27일부터 시행된다.

2) 중대재해의 정의

중대재해처벌법에 따르면 중대재해는 '중대산업재해'와 '중대시민재해'로 다음과 같이 나 뉜다.

구분		내용
중대재해 (제2조제1호)	중대산업재해 (제2조제2호)	'산업안전보건법' 제2조제1호에 따른 산업재해 중 다음 각 항목의 어느 하나에 해당하는 결과를 야기한 재해를 말한다. 가. 사망자가 1명 이상 발생 나. 동일한 사고로 6개월 이상 치료가 필요한 부상자가 2명 이상 발생 다. 동일한 유해 요인으로 급성중독 등 대통령령으로 정하는 직업성 질병자가 1년 이내에 3명 이상 발생
	중대시민재해 (제2조제3호)	특정 원료 또는 제조물, 공중 이용시설 또는 공중 교통수단의 설계, 제조, 설치, 관리상의 결함을 원인으로 하여 발생한 재해로서 다음 각 항목의 어느 하나에 해당하는 결과를 야기한 재해를 말한다. 다만 중대산업재해에 해당하는 재해는 제외한다. 가. 사망자가 1명 이상 발생 나. 동일한 사고로 2개월 이상 치료가 필요한 부상자가 10명 이상 발생 다. 동일한 원인으로 3개월 이상 치료가 필요한 질병자가 10명 이상 발생

3) 중대재해처벌법의 주요 내용

(1) 적용 범위 및 적용 시기

구분	내용
적용 범위	• 상시 근로자 5인 이상 사업 또는 사업장 • 도급, 용역, 위탁 관계 포함(시설, 장비, 장소 등에 대하여 실질적으로 지배 및 운영, 관리하는 책임이 있는 경우에 한정)
적용 시기	중대재해처벌법 공포 후 1년이 경과한 날부터 시행한다. 단, 1) 법 시행 당시 개인사업자 또는 상시 근로자 50인 미만인 사업 또는 사업장은 공포 후 3년 유예한다. 2) 법 시행 당시 사업장(건설업의 경우 공사금액 50억원 미만 공사)에 대해서는 공포 후 3년 유예한다.

(2) 처벌 대상

구분	대상
사업주 (개인사업자)	자신의 사업을 영위하는 자, 타인의 노무를 제공받아 사업을 하는 자
경영책임자 등	• 사업을 대표하고 사업을 총괄하는 권한과 책임이 있는 사람 또는 이에 준하여 안전 보건에 대한 업무를 담당하는 사람 • 중앙행정기관의 장, 지방자치단체의 장, '지방공기업법'에 따른 지방 공기업의 장, '공공기관의 운영에 대한 법률' 제4조부터 제6조까지의 규정에 따라 지정된 공공기관의 장

(3) 형사처벌 형량

중대산업재해 사항	형량
사망 1명 이상 발생	1년 이상 징역 또는 10억 원 이하 벌금(징역 및 벌금은 병과할 수 있음)
• 동일한 사고로 6개월 이상 치료가 필요한 부상자가 2명 이상 발생 • 동일한 유해 요인으로 급성중독 등 대통령령으로 정하는 작업성 질병자가 1년 이내에 3명 이상 발생	7년 이하 징역 또는 1억 원 이하 벌금

※ 형량이 확정된 후 5년 이내에 죄를 저지른 자는 각 형량에서 정한 형의 2분의 1까지 가중한다.

(4) 징벌적 손해배상제도 도입

고의 또는 중대 과실로 재해가 발생할 경우 사업주 및 법인은 손해액의 최대 5배 이내에서 배상책임을 지는 징벌적 손해배상제도가 도입되었다. 다만 법인 또는 기관이 해당 업무에 대해 상당한 주의와 감독을 게을리하지 아니한 경우에는 그러하지 아니하다.

(5) 양벌규정

양벌규정에 따라 법인 및 기관은 사망인 경우에는 50억 원 이하의 벌금을, 부상 및 질병의 경우에는 10억 원 이하의 벌금을 부과한다. 다만, 법인 또는 기관이 안전 및 보건 의무 위반 행위를 방지하기 위해 해당 업무에 관하여 상당한 주의와 감독을 게을리하지 않은 경우에는 그렇지 않다.

2. 중대재해 관계 안전 및 보건 확보 의무

중대재해처벌법은 사업주 또는 경영책임자등에게 안전 및 보건 확보 의무를 부과하여 제4조 및 제5조에 규정하고 있는 안전 및 보건 확보 의무 조치사항을 철저히 이행하도록 하는 것이 핵심이다.

1) 사업주 및 경영책임자의 안전 및 보건 확보 의무 조치

[표 1-1] 사업주 및 경영책임자의 안전 및 보건 확보 의무 내용(제4조)

> 1. 재해 예방에 필요한 인력 및 예산 등 안전 보건 관리체제의 구축 및 그 이행에 관한 조치
> 2. 재해 발생 시 재발 방지 대책의 수립 및 그 이행에 관한 조치
> 3. 중앙행정기관 및 지방자치단체가 관계 법령에 따라 개선·시정 등을 명한 사항의 이행에 관한 조치
> 4. 안전보건관계법령에 따른 의무 이행에 필요한 관리상의 조치
> ※ 제1호, 제4호의 조치에 관한 구체적 사항은 대통령령으로 정한다.

2) 도급, 용역, 위탁 등 관계에서의 안전 및 보건 확보 의무(제5조)

중대재해처벌법 제5조(도급, 용역, 위탁 등 관계에서의 안전 및 보건 확보 의무)에서 사업주 또는 경영책임자 등은 사업주나 법인 또는 기관이 제3자에게 도급, 용역, 위탁 등을 행한 경우에는 제3자의 종사자에게 중대산업재해가 발생하지 않도록 제4조의 조치를 취해야 한다. 다만 사업주나 법인 또는 기관이 그 시설, 장비, 장소 등에 대하여 실질적으로 지배 및 운영, 관리하는 책임이 있는 경우에 한정한다. 즉 원청이 그 시설, 장비, 장소 등에 대해 실질적으로 지배 및 운영, 관리 책임이 있는 경우이다. 따라서 도급, 용역, 위탁 계약 등에 있어 시설, 장비, 장소 등의 지배·운용·관리하는 책임 관계를 명확하게 해야 한다.

3. 중대재해 관계 안전 및 보건 확보 의무 조치 방안

중대재해처벌법상 사업주 또는 경영책임자 등이 안전 및 보건 확보 의무에 책임이 발생하면 경영 및 자금에 큰 손실이 초래되어 기업의 경영 환경에 막대한 부담이 생길 것이다. 개별 기업이 처한 상황은 다르겠지만, 법 시행 이전에 무엇보다 조직의 규모 및 특성을 고려하여 중대재해의 예방을 위해 다음과 같은 선제적인 방안을 마련해야 한다([표 1-2]). 그리고 로드맵을 수립하여 전사적으로 조직적이고 계획적으로 추진 및 전개해야 할 것이다.

[표 1-2] 중대재해 대응 방안(예시)

> 1. 안전 보건 경영의 최우선 핵심 가치 선정하기
> 2. 중대재해처벌법의 중요성에 대한 전 근로자의 인식 공유하기
> 3. 안전보건법규준수(컴플라이언스)관리시스템 구축하기
> 4. 안전 및 보건 확보 의무 조치사항 이행하기
> 5. 안전 보건 조직 문화의 풍토 혁신 및 조성하기
> 6. 도급, 용역, 위탁 등 안전 및 보건 의무 관리 강화하기
> 7. 조직의 안전 보건 직무에 대한 의무체계 확립하기

먼저 조직의 사업주 또는 경영책임자 등은 위의 대응 방안을 효과적으로 실현하기 위해서 안전 보건 확보 의무를 규정하고, 안전 보건을 핵심 가치로 하는 안전보건경영시스템을 도입하여 조직을 시스템적으로 운영하는 안전 보건 관리체제를 구축하고 이행하는 것이 핵심이다. 안전 보건의 국제 표준인 ISO 45001(안전보건경영시스템)은 안전 보건 관리체제를 구축하는 기본 틀과 가이드라인을 제시하여, 기업이 조치해야 할 안전 및 보건 확보 의무 사항에 대한 전략적 방향을 제공할 것이다([표 1-3]).

ISO 45001의 사고와 원칙([표 1-3])을 체계적이고 실질적으로 활용하면, 중대재해 등 산업재해에 대한 리스크를 제거 및 최소화할 수 있을 것이다. 따라서 기업은 ISO 45001을 적극적으로 도입 및 운용하여 이에 필요한 조직, 인력, 예산 등 경영 자원의 지원체제를 정비하고, 전체 근로자가 자발적으로 협의하고 참여의 자리를 마련하는 등 안전 보건 의식을 전환해서 조직의 성숙한 안전 보건 문화를 구축하는 기회가 될 것이다.

[표 1-3] ISO 45001 기본 사고와 원칙

> 1. 리스크 기반 사고에 의한 리스크 평가 및 리스크 최소화하기
> 2. 법규 준수 및 법규 준수 평가의 법규준수 관리시스템 실현하기
> 3. 자율적 안전 보건 관리체제 구현하기
> 4. PDCA(Plan-Do-Check-Action) 사이클에 의한 안전 보건 수준 향상시키기
> 5. 프로세스 관리, 문서화 및 기록화 등 문서화된 정보 관리하기
> 6. 경영과 일체화된 전사적 안전보건관리시스템 운용하기
> 7. 재해재발방지시스템 구축 및 지속적 개선하기

4. 산업안전보건법령 주요 내용 및 제재

1) 산업안전보건법의 발전 경위

(1) 1953년에 근로기준법을 개정하여 위험 방지, 안전 장치, 감독상의 행동 조치 등 10조문을 신설 및 시행했다.

(2) 1981년 12월에 산업안전보건법이 제정되었다.

(3) 1990년 1월에 전부 개정되어 사업장 안전 보건 관리체제에서의 제반 문제점을 해소하고, 자율 재해 예방 활동이 촉진될 수 있도록 했다. 아울러 산업재해 예방 사업을 효율적으로 추진하기 위해 산업재해 예방 기금을 설치하여 산업재해의 감소와 근로자의 안전과 보건을 유지 및 증진했다.

(4) 2019년 1월, 산업재해를 획기적으로 줄이고, 안전하고 건강하게 일할 수 있는 여건을 조성하기 위해 이 법의 보호 대상을 다양한 고용 형태의 노무 제공자가 포함될 수 있도록 넓혔다. 근로자가 작업을 중지하고 긴급 대피할 수 있음을 명확히 규정하여 근로자의 작업 중지권 행사를 실효적으로 뒷받침했다. 또한 근로자의 산업 안전 및 보건 증진을 위해 도급 작업 등 유해·위험성이 매우 높은 작업에 대해서는 원칙적으로 도급을 금지하고, 도급인의 관계 수급인 근로자에 대한 산업재해 예방 책임을 강화하며, 근로자의 안전 및 건강에 유해하거나 위험한 화학 물질을 국가가 직접 관리할 수 있도록 했다. 이밖에도 법의 장·절을 새롭게 구분하고, 법조문을 체계적으로 재배열하여 기업이 법문장을 쉽게 이해하도록 했다.

(5) 2021년 1월 중대재해 처벌 등에 대한 법률을 제정 및 공포하여 사업주 또는 경영책임자 등의 안전 및 보건 확보 의무에 대한 책임을 명시하고 중대재해 발생에 대한 형사 책임을 강화했다.

2) 산업안전보건법상 사업주의 책임

(1) 사업주 책임

산업안전보건법령을 지켜야 하는 주된 책임자는 사업주이다. 사업주란, 근로자를 사용하여 사업하는 자를 말하며, 개인사업자일 경우에는 그 사업자가, 법인일 경우에는 당해법인이 사업주가 된다.

(2) 산업재해 발생 책임

산업재해가 발생하거나 산업안전보건법을 위반한 해당 기업은 형사적 책임, 민사적 책임, 행정적 책임, 사회적 책임 등 다양한 책임을 져야 한다.

(3) 형사적 책임

일반적으로 재해가 발생하면 산업안전보건법 위반과 형법상 업무상 과실치사상죄, 이 두 가지가 모두 문제될 수 있다. 두 개에 해당하는 경우는 상상적 경합으로 중한 죄에 정한 법정형으로 처벌된다(형법 제40조).

재해가 발생하면 지방고용노동관서의 근로감독관이 발생 상황과 원인 등을 조사하여 산업안전보건법위반의 혐의가 있고 필요하다고 인정한 경우 형사소송법상 사법경찰관으로서 산업안전보건법 피의사건으로 수사한다. 이 경우 공장장, 현장소장, 관리감독자 등의 실행행위자에 대해 피의자 신분으로 신문이 이루어지고 있다. 한편 형법 제268조에서는 업무상과실치사상죄를 규정하고, 재해에 의해 근로자 등이 사망하거나 부상을 입은 사실이 있으면 산업안전보건법위반의 수사와 병행하여 일반 경찰관에 의한 업무상 과실치사상죄 위반의 수사가 이루어진다.

(4) 민사적 책임

산업재해를 입은 근로자에 대해서는 산업재해보상보험법에 근거하여 각종의 보상이 이루어지고 있지만, 낮은 수준에 불과하다. 이러한 보상에는 불충분하다고 생각하여 사업주에게 손해배상을 청구하는 경우가 증가하고 있는 상황인데, 이러한 손해배상책임은 기업에 큰 영향을 줄 수 있다.

근로자에게 재해가 발생한 경우 재해를 입은 근로자 또는 유족이 사업주 등에게 민법상의 손해배상책임을 물을 수 있는데, 이것은 크게 '채무불이행 책임'과 '불법행위 책임'으로 나뉘어진다. 종래에 근로자에 대한 사용자의 민사책임을 묻는 경우 일반적으로 불법행위 책임을 근거로 했다. 하지만 최근에는 근로 계약에 수반하는 신의성실의 원칙상의 부수적 의미로서 안전배려의무 위반을 이유로 한 채무불이행 책임 청구를 경합적으로 청구하는 것이 일반적이다. 이러한 손해배상책임을 지는 자는 사업주, 대표이사가 일반적인 대상이 되지만, 공장장과 관리감독자, 현장책임자 등도 대상이 될 수 있다.

(5) 행정적 · 사회적 책임

위와 같은 형사적 · 민사적 책임 이외에 사업주가 산업 안전 보건 의무를 위반한 경우 과태료 등 행정적인 책임을 지게 되고, 사회적으로도 비난을 받는 등 사회적 책임을 지게 된다.

3) 산업안전보건법 주요 법령 및 벌칙

산업안전보건법	주요 내용	벌칙 및 벌금
제38조 (안전 조치)	• 산업재해를 예방하기 위해 필요한 조치를 취해야 한다. 　– 기계 · 기구, 그 밖의 설비에 의한 위험 　– 폭발성, 발화성 및 인화성 물질 등에 의한 위험 　– 전기, 열, 그 밖의 에너지에 의한 위험 　– 굴착, 채석, 하역, 벌목, 운송, 조작, 운반, 해체, 중량물 취급, 그 밖의 불량한 작업 방법 　– 추락, 붕괴, 물체가 떨어지거나 날아올 위험, 천재지변 등	근로자 사망 시 7년 이하의 징역 또는 1억 원 이하의 벌금
제39조 (보건 조치)	• 건강 장해를 예방하기 위해 필요한 조치를 취해야 한다. 　– 재료, 가스, 증기, 분진, 흄, 미스트, 산소 결핍, 병원체 등에 의한 건강 장해 　– 방사선, 유해광선, 고온 · 저온 초음파, 소음, 진동, 이상 기압 등에 의한 건강 장해 　– 사업장에서 배출되는 개체, 액체 또는 찌꺼기 등에 의한 건강 장해 　– 계측 감시, 컴퓨터 단말기 조작, 정밀 공작 등의 작업에 의한 건강 장해 　– 단순 반복 작업 또는 인체에 과도한 부담을 주는 작업에 의한 건강 장해 　– 환기, 채광, 조명, 보온, 방습, 청결 등의 적정 기준을 유지하지 아니하여 발생하는 건강 장해 등	근로자 사망 시 7년 이하의 징역 또는 1억 원 이하의 벌금
제63조(도급인의 안전 조치 및 보건 조치)	• 도급인은 자신의 근로자와 관계 수급인 근로자의 산업재해를 예방하기 위해 안전 및 보건 시설의 설치 등 필요한 안전 조치 및 보건 조치를 취해야 한다. • 보호구 착용의 지시 등 관계 수급인 작업 행동에 대한 직접적인 조치는 제외한다.	근로자 사망 시 7년 이하의 징역 또는 1억 원 이하의 벌금
제118조(유해 · 위험 물질의 제조 등의 허가)	• 유해화학 물질 제조 및 사용 시 노동부 관할지청의 허가를 받아야 한다. 　– 디클로로벤지딘, 알파나프틸아민, 크롬산아연, 베릴륨, 비소 등 허가 대상 물질	5년 이하의 징역 또는 5,000만 원 이하의 벌금
제84조 (안전 인증)	• 유해 및 위험 기계 등의 안전 인증(※ 안전 인증을 받은 제품만 사용 및 판매해야 한다.) 　– 프레스, 전단기, 크레인, 리프트, 압력용기, 롤러기, 고소작업대 등	3년 이하의 징역 또는 3,000만 원 이하의 벌금
제119조(석면 조사), 제122조(석면 해체 · 제거)	• 건축물 등 철거 시 석면 조사를 실시해야 한다. • 석면 해체 제거 시 석면 해체 및 제거 작업 기준을 준수해야 한다. 　– 일정 면적 이상의 석면 함유 건축물 · 설비 철거 시 석면 해체 제거 업자를 통해 철거 및 해체해야 한다.	3년 이하의 징역 또는 3,000만 원 이하의 벌금
제57조(산업재해 발생 은폐 금지 및 보고)	• 산업재해 발생 보고(※ 재발방지계획서 등 작성 3년 보관) 　– 사망시 : 지체없이 전화 및 팩스 보고(고용노동부 관할지청) 　– 3일 이상의 휴업재해 발생 시 : 관할지청에 1개월 이내 산업재해 조사표 보고	은폐한 경우 : 1년 이하의 징역 또는 1,000만 원 이하의 벌금
제64조(도급에 따른 산업재해 예방 조치)	• 해당 작업 시작 전에 수급인의 안전 및 보건에 대한 정보를 문서로 제공한다. 　– 협의체 구성 및 운용, 작업장 순회 점검, 안전 보건 교육 지원 등	1년 이하의 징역 또는 1,000만 원 이하의 벌금
제80조(유해하거나 위험한 기계 · 기구에 대한 방호조치)	• 유해 · 위험 기계 등의 방호조치를 실시한다. 　– 프레스, 전단기, 가스집합 용접 장치, 크레인, 승강기, 리프트, 용접기, 압력용기, 보일러, 롤러기 　– 연삭기, 목재가공용 둥근 톱, 동력식 수동 대패, 산업용 로봇 등	1년 이하의 징역 또는 1,000만 원 이하의 벌금

4) 산업안전보건법 주요 법령 및 과태료

산업안전보건법	주요 내용	과태료
제93조 (안전 검사)	• 유해 · 위험 기계 등의 주기적 안전 검사 실시 – 크레인, 리프트 및 곤돌라 : 설치 후 3년 이내 최초 안전 검사 실시, 이후부터는 2년마다(건설 현장은 최초 설치한 날부터 6개월마다) 실시 – 이동식 크레인 · 이삿짐 운반용 리프트 및 고소작업대 : 신규 등록 이후 3년 이내 최초 안전 검사 실시, 이후부터 2년마다 실시 – 프레스, 전단기, 압력용기, 국소 배기 장치, 원심시, 롤러기, 사출성형기, 컨베이어 및 산업용 로봇 : 설치 후 3년 이내 최초 안전 검사 실시, 이후부터는 2년마다 실시	1,000만 원 이하의 과태료
제125조(작업 환경 측정)	유해 인자로부터 근로자의 건강을 보호하고 쾌적한 작업 환경을 조성하기 위해 인체에 해로운 작업을 하는 작업장으로서 고용노동부령으로 정하는 자격을 가진 자가 작업 환경을 측정해야 한다(6개월에 1회 이상).	1,000만 원 이하의 과태료
제129조(일반 건강진단), 제130조(특수 건강진단)	• 일반 건강진단 : 사무직은 2년에 1회, 비사무직은 1년에 1회 • 특수 건강진단 : 소음, 분진, 화학 물질, 고열 등 노출 근로자(인자별로 6개월~2년 1회)	1,000만 원 이하의 과태료
제34조(법령요지 등의 게시 등)	산업안전보건법 요지 및 안전보건관리규정 게시	500만 원 이하의 과태료
제37조(안전 보건 표지의 설치 · 부착 등)	• 안전 보건 표지를 부착한다(※ 산업안전보건법 시행 규칙 별표 6~9). – 사업주는 유해하거나 위험한 장소, 시설, 물질에 대한 경고, 비상시에 대처하기 위한 지시, 안내 또는 그 밖에 근로자의 안전 및 보건 의식을 고취하기 위한 사항 등을 그림이나 기호 및 글자 등으로 나타낸 표지를 근로자가 쉽게 알아볼 수 있도록 설치한다.	500만 원 이하의 과태료
제16조(관리감독자) 제17조(안전관리자) 제18조(보건관리자)	• 관리감독자에게 안전보건점검, 응급조치 및 보호구 착용 교육, 지도 등 업무수행 • 안전관리자 선임 : 대통령령 시행령 별첨3 참조 • 보건관리자 선임 : 대통령령 시행령 별첨5 참조	500만 원 이하의 과태료
제29조(근로자에 대한 안전 보건 교육)	• 교육일지 작성(참석자 명단 및 날인 포함) – 정기 교육 : 비사무직(매분기 6시간), 사무직(매분기 3시간), 관리감독재(연간 16시간) – 채용 시 교육 : 건설 일용근로재(기초 안전 보건 교육 4시간), 건설 외(일용근로자 1시간, 일용근로자 외 8시간 이상) – 특별 교육 : 건설일용직(2시간 이상), 건설업 이외(16시간 이상) – 작업 내용 변경 시 교육 : 일용근로자(1시간), 일용근로자 외(2시간)	500만 원 이하의 과태료
제65조(도급인의 안전 및 보건에 대한 정보 제공 등)	• 관계 수급인 근로자가 도급인 사업장에서 작업하는 경우 – 유해성 · 위험성이 있는 화학 물질 또는 화학 물질을 함유한 혼합물을 제조, 사용, 운반 등	500만 원 이하의 과태료
제66조(도급인의 관계 수급인에 대한 시정조치)	• 관계 수급인에게 위험 행위를 시정하도록 필요한 조치를 취할 수 있다. – 법에 따른 명령을 위반하면 수급인에게 그 위반 행위를 시정하도록 필요한 조치를 취할 수 있다.	500만 원 이하의 과태료
제114조(물질 안전 보건 자료 게시 및 교육)	• 작업 공정별로 물질 안전 보건 자료(MSDS) 대상 물질의 관리 요령을 게시한다. • 근로자의 안전 및 보건을 위해 근로자를 교육하는 등 적절한 조치를 취해야 한다.	500만 원 이하의 과태료
제164조(서류의 보존)	산업재해 발생 기록, 관리 책임자 · 안전관리자 · 보건관리자 · 산업 보건의 선임에 대한 서류, 석면 조사 서류, 작업 환경 측정, 건강진단 서류 등 : 3~30년 간 보관	300만 원 이하의 과태료

3 ISO 45001 이해하기

ISO 45001은 기업이 근로자의 상해 및 건강상 장해를 예방하고, 안전하고 건강한 작업장 조성을 목적으로 근로자의 안전 및 보건의 유지 및 증진을 위한 방침과 목표를 정하고, 이를 달성하기 위한 경영시스템을 국제 표준으로 정한 것이다.

이 표준은 조직의 안전 보건을 체계적으로 관리하기 위한 요구사항을 규정하여 최고경영자를 비롯한 모든 근로자 및 이해관계자가 참여하는 방식으로 사업장에서 발생 가능한 모든 위험요인 및 리스크를 사전에 예측 및 예방, 관리하는 시스템적 관리 방법이다.

여기서는 조직이 업무상 중대재해 등의 상해와 직업성 질병을 방지하여 안전 보건 성과를 향상시킬 수 있도록 사용 지침을 제공한다.

ISO 45001은 최근에 개정된 다른 ISO 경영시스템, 예를 들어 품질경영시스템(ISO 9001), 환경경영시스템(ISO 14001)과 동일하게 HLS(High Level Structure, 상위 문서 구조)를 바탕으로 하고 있다. 이 구조에 따라 공통 요구사항과 ISO 45001만의 요구사항을 나열하고 있다. 즉 이 구조를 통해 공통 요구사항은 다른 경영시스템과의 통합성을 가지고 있으며, 구체적 요구사항은 경영시스템별 특성을 반영하여 경영시스템에 대한 접근을 요구하고 있다.

따라서 안전보건경영시스템 표준에서 제시하는 요구사항을 조직의 특성 및 규모에 적합하게 구축하여 제대로 실천한다면 중대재해 등 산업재해에 인한 사고가 크게 줄어들 것으로 기대된다. 또한 ISO 45001 인증을 통해 고객이나 이해관계자에게 안전 보건의 신뢰성을 확보할 수 있다.

이를 위해 최고경영자는 강력한 리더십을 가지고 깊은 관심과 안전에 대한 실질적인 투자 등 지원을 아끼지 않는 것이 무엇보다도 중요하다.

안전보건경영시스템의 목적은 안전 보건 리스크 및 기회를 관리하기 위한 틀을 제공하여 안전 보건 경영체제를 구축함으로써 근로자의 업무와 관련된 상해 및 건강상 장해를 예방하고, 안전하고 건강한 작업장을 제공하는 것이다. 결과적으로 조직이 위험요인을 제거하고 효과적인 예방 및 보호 조치를 취함으로써 안전 보건 리스크를 제거하거나 최소화하는 것이 매우 중요하다. 이러한 선제적·예방적 조치가 안전보건경영시스템을 통해 조직에 적용되면 안전 보건 성과가 개선된다. 안전 보건 성과 개선을 위한 기회를 다루기 위해 사전적인 조치를 취할 때 안전보건경영시스템은 더욱 효과적이고 효율적일 수 있다.

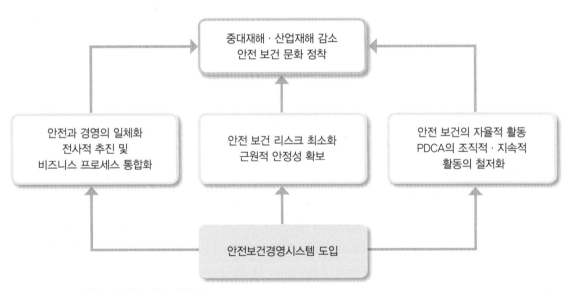

[그림 1-4] 안전보건경영시스템의 도입 목적

이 표준에 따라 안전보건경영시스템을 이행함으로써 조직이 안전 보건 리스크를 관리하고 안전 보건 성과를 향상시킬 수 있다. 안전보건경영시스템은 조직이 법적 요구사항 및 기타 요구사항을 충족하도록 지원할 수 있다. 따라서 국제 표준인 ISO 45001 안전보건경영시스템을 도입하여 [그림 1-4]와 같이 경영과의 일체화, 근원적 안전화 추진, 자율적 활동의 촉진을 전개하여 이를 효과적으로 운용함으로써 안전 보건 성과의 지속적 개선, 법적 요구사항 및 기타 요구사항의 충족 및 안전 보건 목표 달성을 포함한 조직의 의도한 결과가 달성된다. 그리고 안전 보건 성과의 지속적 개선이 이루어지면서 안전 보건의 수준 향상을 실현할 수 있다.

이것은 산업안전보건법 '제1조(목적) 산업 안전 및 보건에 대한 기준을 확립하고, 그 책임의 소재를 명확하게 하여 산업재해를 예방하며, 쾌적한 작업 환경을 조성함으로써 근로자의 안전과 보건을 유지 및 증진시키는 것을 목적으로 한다.'와 의미가 같다.

또한 중대재해법 '제1조(목적) 이 법은 사업 또는 사업장, 공중이용시설 및 공중교통 수단을 운영하거나 인체에 해로운 원료나 제조물을 취급하면서 안전·보건 조치 의무를 위반하여 인명피해를 발생하게 한 사업주, 경영책임자, 공무원 및 법인의 처벌 등을 규정함으로써 중대재해를 예방하고 시민과 종사자의 생명과 신체를 보호함을 목적으로 한다.'와 동일한 의미를 가지고 있다.

그리고 안전보건경영시스템 도입 목적과 ISO 45001 안전보건경영시스템의 구성 요소는 중대재해법 제4조(사업주와 경영책임자 등의 안전 보건 확보 의무) 및 제5조(도급, 용역, 위탁 등 관계에서의 안전 보건 확보 의무)에 관련하여 다음과 같이 조치 의무에 필요한 안전보건관리체계를 구축하고 중대재해법상의 안전 및 보건 확보 의무 조치사항을 이행하는 지침과 틀을 제공하여 중대재해를 예방하는 데 지원해야 한다.

1. 재해 예방에 필요한 인력 및 예산 등 안전보건관리체계의 구축 및 그 이행에 관한 조치
2. 재해 발생 시 재발방지 대책의 수립 및 그 이행에 관한 조치
3. 중앙행정기관·지방자치단체가 관계 법령에 따라 개선, 시정 등을 명한 사항의 이행에 관한 조치
4. 안전·보건 관계 법령에 따른 의무이행에 필요한 관리상의 조치

기업이나 사업장에 안전 보건 리스크가 발생할 경우 경제적 손실이 발생한다. 또한 사업 영위에도 지장을 초래하여 고객·근로자 및 그 가족으로부터의 신뢰가 한순간에 상실되고 사회적으로 비판 및 제재를 받게 된다. 따라서 리스크를 방지하고, 조직 전체의 안전 보건의 체제를 적용하여 근로자 전원이 안전하고 건강한 작업장을 조성하는 환경을 정비하기 위한 체제가 필요한데, 이것을 기업에 효율적으로 적용하기 위한 것이 안전보건경영시스템이다. 최근 기술 진보에 따라 규제에 의한 안전 보건 활동에서 자율적인 안전 보건 활동으로 크게 변화하고 있다. 특히 중대재해법이 시행되면서 사업주 또는 경영책임자 등은 재해 예방에 필요한 인력 및 예산 등 안전 보건 관리체계를 구축하고 이행에 관한 조치를 해야 한다. 최고경영자는 이를 위해 리더십부터 조직, 인력 및 안전 보건 투자까지 얼마나 안전 보건 체계를 잘 구축하고 있는지 확인하고 살펴보아야 할 것이다.

ISO 45001 안전보건경영시스템은 이러한 중대재해법에서 요구하는 안전 및 보건 확보 의무를 위한 조치 활동에 필요한 프레임워크를 제공하여 기업이 어떤 방식으로 무엇을 어떻게 준비하는지에 대한 안전 보건 관리의 시스템 접근 방식의 필요성을 인식하게 한다.

그리고 기업의 안전 보건 관리가 관리시스템으로서 계획적이고 체계적으로 실현하는 데 필요한 역량과 인프라 구축의 역할과 기능을 다할 것이다. 조직은 이를 통하여 안전 보건 리스크를 관리하고 안전 보건 성과를 향상시킴과 아울러 법적 요구사항을 충족하는 데 도움이 된다.

이러한 상황에서 다음과 같은 요인 때문에 대내외적으로 안전보건의 중요성이 증가되고 있다.

(1) 중대재해법의 제정과 산업안전보건법 대폭 개정 등 규제 강화
(2) 기업의 사회적 책임과 요구 수준의 상승
(3) 산업재해로 인한 재해자의 고통과 노동력 상실
(4) 안전 보건이 노사의 주요 이슈로 등장
(5) 기업의 수익과 생존에 직결된 조직 성패 요인
(6) 이해관계자의 안전 보건에 대한 요구 수준의 증대
(7) 산업의 다양화·복잡화로 인한 재해 요인의 확대 및 감독 강화

이러한 여건 및 상황에서 안전 보건을 경영의 최우선 가치로 인식하게 되었다. 그리고 국제 표준인 ISO 45001 안전보건경영시스템을 도입 및 구축하여 ISO 45001 인증을 취득함으로써 안전 보건 관리의 신뢰성 확보와 사업 가치가 향상됨과 동시에 산업의 안전성과 이해관계자의 신뢰도 상승에 큰 효과가 생긴다. 이와 같이 안전보건경영시스템의 구축 및 이행은 다음과 같은 유·무형의 효과를 기대할 수 있다.

(1) 사업장 자율적 안전 보건 관리체제의 구축, 이행 및 지속적 개선 추구
(2) 안전 보건 관련 법령 및 기타 요구사항 등 법규준수관리시스템 확보
(3) 안전 보건 리스크의 정량적 평가 및 리스크 최소화의 위험 관리체계 구축
(4) 재해율·작업 손실률 감소로 재해 보상액 감소 및 생산성 향상에 기여
(5) 재해 대응 및 재발 방지체제 확보와 개선 활동 기반 구축
(6) 이해관계자에 대한 공신력 확보 및 사회적 이미지 제고
(7) 국내외 안전 보건 변화에 대처하고 무역장벽 해소를 통한 경쟁력 증대
(8) 작업의 안전 보건 개선에 통해 불량률 감소와 근로자의 사기 증진
(9) 전 계층의 안전보건경영시스템 참여로 노사관계 안정에 기여
(10) 글로벌 안전 보건 표준의 적용으로 산업의 안전성 제고와 수준 향상
(11) 도급, 용역, 위탁 등 외주화 사업의 안전 보건체계 구축

6 안전보건경영시스템의 특징

1. 경영과 일체화로 전사적 안전 보건 운용체제 구축하기

최고경영자가 리더십을 발휘하여 안전보건경영시스템을 효과적으로 운용하려면 전사적인 안전 보건을 추진하기 위한 자율적인 체제를 조성하는 것이 매우 중요한 요소이다. 최고경영자는 안전보건경영시스템에 대한 방침을 공포하고, 그 운용을 위한 역할, 책임과 권한을 명확하게 구축해야 한다. 더불어 정기적인 경영 검토를 실시함으로써 안전 보건 활동이 경영과 일체화하는 체제가 된다.

ISO 45001 5.1(리더십과 의지 표명)에서는 최고경영자가 의지를 표명해야 할 13개 사항을 제시하고 있다. 5.2(안전 보건 방침)에서는 안전 보건 방침을 충족할 여섯 가지 요구사항이 명기되는 등 안전 보건 활동을 경영과 일체화하여 추진하기 위한 최고경영자의 적극적인 자세가 매우 중요시되고 있다. 이와 함께 조직 안의 모든 계층의 근로자에게 안전보건경영시스템을 운용하고 있는데, 그 역할과 책임을 부여함과 동시에 근로자와 협의 및 참여 프로세스를 수립할 것을 요구하고 있다.

2. PDCA 사이클의 자율적 안전보건시스템

ISO 45001(안전보건경영시스템)은 전체 경영시스템의 일부분을 차지하고 있다. 이 시스템은 안전 보건 리스크 관리에 기반을 두고 안전 보건체계를 수립·실행·유지·개선하는 경영시스템으로, ISO 45001 개요 0.4 계획 → 실행 → 검토 → 조치(PDCA)의 개념을 바탕으로 경영시스템 구축과 실행, 성과 평가, 그리고 지속적인 개선을 위한 요구사항으로 구성되어 있다.

최고경영자는 이러한 요구사항을 기반으로 안전 보건 방침과 목표의 달성을 위해 PDCA 사이클을 연속적·반복적으로 돌리면서 자율적 안전 보건 활동을 전개함으로써 잠재적인 위험성을 감소시켜야 한다.

PDCA 사이클은 '계획', '실행', '검토', '조치'라는 사이클 요소로 구성되어 있다.

- 계획(Plan) : 사업장 실태를 파악하고 안전 보건 목표 및 프로세스를 수립한다.
- 실행(Do) : 계획한 대로 프로세스를 실행한다.

- 검토(Check) : 목표의 달성도나 활동 내용의 효과성을 평가한다.
- 조치(Act) : 안전 보건 수준 향상을 위한 지속적 개선을 수행한다.

안전보건경영시스템은 PDCA 사이클을 돌릴 수 있도록 설계되어 있다. ISO 45001 요구사항에 따라 안전보건경영시스템을 운용한다면, 안전 보건 관리가 '계획', '실행', '검토', '조치'에 의한 일련의 연속성을 가지고 자율적으로 PDCA 사이클이 실행된다. 구체적으로 이 표준은 [그림 1-5]와 같이 ISO 45001의 6절(기획)에서 계획을 수립하고, 8절(운용)에서 운용하며, 9절(성과 평가)에서 계획의 진척이나 활동 운용 상황을 평가하고, 필요에 따라 10절(개선)에서 개선 조치를 실시한다. 이러한 PDCA 단계별 활동을 통해 지속적으로 개선하여 안전 보건 수준을 향상시킨다.

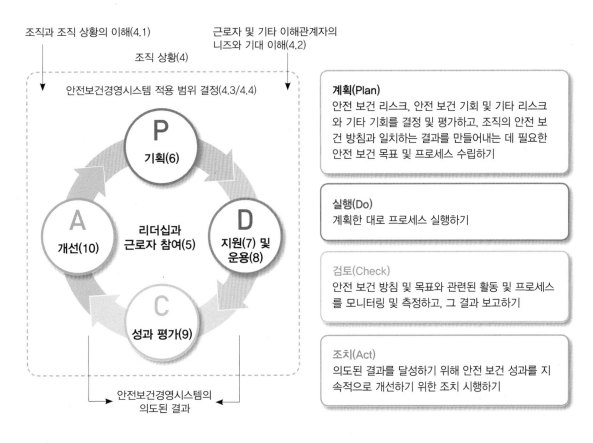

[그림 1-5] PDCA와 ISO 45001의 관계

3. 근로자의 협의 및 참여 강화

안전보건경영시스템이 ISO 45001 국제 표준으로 제정되면서 근로자 협의 및 참여의 중요성을 강조하고 근로자의 권리 및 법적 요구사항 준수를 더욱 강화하고 있다. 이것은 조직이 의사 결정 이전에 근로자의 의견을 구하고, 근로자가 의사 결정에 관여하는 근로자의 협의 및 참여는 부속서 SL이나 다른 ISO 경영시스템 표준에는 없는 항목으로, ISO 45001 고유의 큰 특징이다.

ISO 45001에서는 관리자가 아닌 근로자의 협의와 참여를 규정하여 안전보건경영시스템에 대한 조직의 의사 결정에 관여하도록 의도한 것이다. 그리고 안전보건경영시스템을 효과적으로 운용하려면 사업장의 작업장 실태뿐만 아니라 현장 근로자의 의견을 중시하는 것은 불가결하다. 산업안전보건위원회의 설치가 의무화된 업종 및 규모의 조직은 산업안전보건위원회를 활용하여 근로자의 협의 및 참여를 실현할 수 있다.

노동조합이 있는 조직은 조합이 근로자 대표로서 산업안전보건위원회에 참여하는 것도 가능하다. 조직에서는 산업안전보건위원회, 노사협의회 및 안전보건회의 등 회의체를 활용하여 근로자의 의견을 청취하는 절차를 정한 후 근로자의 의견을 반영해서 안전 보건의 과제를 다루는 것이 필요하다. ISO 45001에는 다음과 같이 근로자의 협의 및 참여에 대한 요구사항이 나타나 있다.

(1) 5.1(리더십과 의지 표명) : 조직이 근로자의 협의 및 참여를 위한 프로세스를 수립하고 실행 보장
(2) 5.2(안전 보건 방침) : 근로자 및 근로자 대표(있는 경우)의 협의 및 참여에 대한 의지 표명을 포함
(3) 6.2.1(안전 보건 목표): 목표는 근로자 및 근로자 대표(있는 경우)와 협의 결과
(4) 9.3(경영 검토) : 근로자 협의 및 참여에 대한 정보의 경영 검토 대상 포함

4. 안전 문화 개념의 도입

1) ISO 45001의 안전 문화 인식

ISO 45001의 전신인 OHSAS 18001에는 거의 기술되지 않았던 '문화'에 대한 개념이 [표 1-4]와 같이 ISO 45001에는 표준의 요구사항과 부속서에 나타나 있다.

개요 3.0 성공 요인에서는 안전보건경영시스템의 성공 요인 중 하나로, 최고경영자가 안전보건경영시스템의 의도한 결과를 지원하는 안전 문화를 개발 주도 및 촉진할 것을 언급하고 있

다. 안전보건경영시스템은 최고경영자의 리더십으로 안전 문화를 향상시켜서 안전보건경영
시스템을 개선하고, 그 결과로서 산업재해를 감소시키는 시스템이다. 안전 문화는 경영자의
의지와 근로자의 협의와 참여를 통해 안전 문화 목표 달성이 가능하다.

[표 1-4] ISO 45001의 안전 보건 문화 관련 사항

구분	항목	내용
표준	0.3(성공 요인)	최고경영자의 안전보건경영시스템에 대한 의도된 결과를 지원하는 조직의 문화를 개발, 선도 및 증진한다.
	0.3(성공 요인)	조직의 상황(⑩ 근로자 수, 규모, 지리적 위치, 문화, 법적 요구사항 및 기타 요구사항)
	5.1(리더십과 의지 표명)	안전보건경영시스템의 의도된 결과를 지원하는 조직의 문화를 개발, 선도 및 촉진한다.
	6.1.2.1(위험요인 파악)	작업 구성 방법, 사회적 요인(작업량, 작업 시간, 희생 강요, 괴롭힘 포함), 리더십 및 조직 문화
	7.4.1(일반 사항)	조직은 의사소통의 니즈를 고려할 때 다양성 측면(⑩ 성별, 언어, 문화, 독해 능력, 장애)을 반영해야 한다.
	10.3(지속적 개선)	안전보건경영시스템을 지원하는 문화 촉진
부속서	A.4.1(조직과 조직 상황의 이해)	조직 문화
	A.5.1(리더십 및 의지 표명)	조직의 안전보건경영시스템을 지원하는 문화는 주로 최고경영자가 결정한다.
	A.6.1.1(일반 사항)	안전 보건과 관련된 직무 역량을 요구사항 이상으로 확대하거나, 근로자가 적기에 사건을 보고하도록 장려하는 등의 안전 보건 문화를 개선한다.

2) 안전 문화의 의미

기업 경영에 있어서 조직 문화는 개인과 집단, 그리고 조직의 태도·의식·행동 패턴에 영향
을 주는 공유된 가치·규범·사고 방식 등을 말한다.

안전 문화란, 조직 문화의 안전에 관한 측면인 것으로, 사업자나 개인이 작업 환경에서 안전
에 관하여 근로자들이 공유하는 태도나 신념, 인식, 가치관을 총칭하는 개념이다. '안전 문화'
라는 용어는 1986년 체르노빌 원전 원자력 누출 사고로 인해 국제원자력기구의 국제원자력
안전자문단(INSAG) 보고서에서 처음으로 사용되어 안전 문화의 중요성을 인식하게 되었다.
이때 INSAG에서는 안전 문화를 '원자력 안전을 위해 조직 구성원들이 공유하는 가치관'과
'신념·습관·지식·기술 등을 포함하는 종합적 개념으로서 구성원의 행동을 형성하는 데 영
향을 주는 것'이라고 정의하였다.

일반적으로 안전 문화란, 조직은 작업자가 작업하는 행동에서 안전 기준을 준수하는지에 따
라 안전 행동의 여부를 판단하며, 안전 행동의 활동은 룰(rule)을 지키는 법규 준수, 위험이
나 이상함을 인식하고 참여하는 안전 참여 및 습관화시키고 개선하는 행동 양식이라고 생각
한다.

경영자는 기업의 경우 개개인의 근로자들이 책임감을 갖고 효과적으로 행동할 수 있도록 안전에 대한 가치관이 업무 및 작업 프로세스에 반영되는 환경을 제공해 주어야 한다. 이러한 환경에는 근로자들이 안전 문화의 역할과 기능을 이해할 수 있도록 인식 전환은 물론이고 업무를 안전하고 효과적으로 수행할 수 있도록 하는 안전 문화를 조성하여야 한다.

안전 문화 수준이 높은 기업일수록 근로자들의 안전 관련 법규 준수와 참여 의식이 높으므로 재해 감소라는 긍정적인 효과를 확인할 수 있다. 즉 사고와 재해를 감소시키기 위해서는 관련 조직의 안전 분위기를 정기적으로 관찰하고 관리하는 것이 무엇보다도 중요하다. 이를 통해 기업이 안전을 중시하는 문화가 조직에 정착시킬 수 있도록 보다 바람직한 방향으로 변화시켜 나아가야 할 것이다.

5. 안전 보건 리스크와 기회 강조하기

공통 텍스트(부속서 SL) 규정에서 요구하는 리스크 및 기회는 다른 경영시스템 표준과 같이 ISO 45001에도 있다. 하지만 ISO 45001 6.1.2.2 및 6.1.2.3에 따르면 안전 보건 리스크 및 안전 보건경영시스템에 대한 기타 리스크, 안전 보건 기회와 안전보건경영시스템에 대한 기타 기회의 두 종류 리스크와 두 종류 기회를 규정하고 있다.

1) 안전 보건 리스크와 안전보건경영시스템에 대한 기타 리스크

안전 보건 리스크란, 용어와 정의(3.21)에서 '업무/작업과 관련하여 위험한 사건 또는 노출에 의한 발생 가능성과 사건 또는 노출에 의해 야기될 수 있는 상해 및 건강상 장해(3.18) 심각성의 조합이다.'라고 정의한다. 이것은 근로자가 작업과 관련되어 발생하는 부상이나 질병을 입는 리스크를 나타낸다. 그리고 위험성이란, 사업장 위험성 평가 지침(고용노동부고시 제2020-53호, 2020.1.14.)에 의거하여 '유해 · 위험요인이 부상 또는 질병으로 이어질 수 있는 가능성(빈도)과 중대성(강도)을 조합한 것'을 의미한다.

경영시스템에 대한 기타 리스크란, 조직의 안전보건경영시스템이 적절하게 운용되지 않아 의도한 결과를 달성하지 못하는 것을 의미한다. 예를 들면 경영층의 안전 보건에 대한 관심의 미흡, 안전 보건 예산의 부족 등을 생각할 수 있다. 따라서 ISO 45001에서 이 두 가지 리스크 평가를 실시하여 이에 적절하게 대응 조치할 것을 요구하고 있다. 안전 보건 리스크 평가를 통해 유해 위험요인 때문에 발생하는 리스크에 대한 관리 단계를 실행하여 이를 감소해야 한다.

2) 안전 보건 기회와 안전보건경영시스템에 대한 기타 기회

ISO 45001에서는 'opportunity'를 '기회'로 번역했다. 기회란, '상황이 좋아지는 호기'라고 정의할 수 있다. ISO 45001에는 안전 보건 기회와 안전보건경영시스템에 대한 기타 기회, 이렇게 두 가지의 기회가 있다. 이 중에서 안전 보건 기회는 안전 보건 성과가 향상되는 상황을 의미한다. 그리고 안전보건경영시스템에 대한 기타 기회는 안전보건경영시스템이 개선되는 기회를 의미한다. 따라서 이러한 기회에 대해 조치 기획을 수립하여 실행해야 한다.

6. 프로세스 구축하기

ISO 45001에서는 프로세스가 요구되고 있다. 이 프로세스에는 당연히 절차도 포함되고, 그것에 추가하여 필요한 자재나 정보, 절차를 실행할 수 있는 능력을 가진 사람, 사용하는 설비 등 프로세스 전체를 관리하는 것도 포함하고 있다. 따라서 프로세스를 수립할 때는 프로세스의 요소인 입력, 출력, 물적 자원(자재 및 설비), 인적 자원(역량 및 기능), 절차(방법), 측정 지표를 포함하여 수립한다.

'용어와 정의' 3.25에는 '프로세스란, 입력을 사용하여 의도된 결과를 만들어내는 상호 관련되거나 상호작용하는 활동의 집합'이라고 정의하고 있다. 프로세스는 가치를 부가하는 일련의 활동으로, 입력되는 것과 성과를 창출하는 활동을 요구하기 때문에 가치를 부가하는 대상인 '입력'과 가치가 부가된 대상인 '출력'을 명확히 해야 한다.

ISO 45001 4.4(안전보건경영시스템)에서는 14개의 프로세스가 요구되고 있다. 따라서 이 표준의 요구사항에 따라 필요한 프로세스 및 그들의 상호작용을 포함한 안전보건경영시스템을 확립하고, 실행 및 유지하면서 지속적으로 개선해야 한다. 또한 조직의 비즈니스 프로세스에 ISO 45001 요구사항을 통합해야 한다고 규정하고 있다. 이것은 ISO 45001 요구사항을 일상 활동과 일치시키기 위해 기존 업무와 별도로 새로운 활동을 실시하지 않고 일상 업무 프로세스에 ISO 45001 요구사항이 통합 및 구축되어 실행되는 것이다.

7 ISO 45001의 발행 배경

1. ISO란

ISO(국제표준화기구)는 제품 및 서비스의 국제간 교류를 쉽게 하고, 지적·과학적·기술적 및 경제적 분야에서 국제간의 협력을 도모하기 위한 국제기구이다. 이 기구는 표준화 및 관련 활동의 발전·개발을 도모하는 것을 목적으로 1947년 2월에 설립되었고, 스위스 제네바에 사무국이 있다.

ISO는 'International Organization for Standardization'의 약자로, 국제표준화기구를 의미한다. 제품의 품질, 성능, 안전성, 치수, 시험 방법이 국가에 따라 다르면 무역에 지장을 초래하기 때문에 이러한 사항에 대한 표준을 국제적으로 표준화하고 제정하고 있다.

ISO가 제정한 국제 기준은 'ISO 표준'이라고 명명한다. 이 ISO 표준 가운데 조직의 경영시스템에 대한 표준은 ISO 45001(안전보건경영시스템), ISO 9001(품질경영시스템), ISO 14001(환경경영시스템), ISO/IEC27001(정보보안경영시스템) 등이 있다.

ISO 표준 작성 및 개정 작업은 ISO 조직 중 핵심 조직인 기술관리평의회(TMB)에 있는 각 전문위원회(TC; Technical Committee)에서 수행한다. 각 전문위원회는 분과위원회(SC), 작업그룹(WG)을 설치하여 표준의 개발 활동을 검토한다. ISO 국제 표준은 작업 초안(WD)을 제안하면 그 후에 토론과 검토를 거쳐 위원회안(CD), 국제 표준안(DIS), 최종 국제 표준안(FDIS)과 최종적으로 국제 표준(IS)이 만들어지며, 여러 단계에서 투표와 각 회원국 전문가의 의견을 청취한다.

2. 제정 배경

1996년에 44개국과 ILO(국제노동기구) 등 6개의 국제기구가 모여서 안전보건경영시스템의 ISO 국제 표준에 대해 검토하는 회의가 개최되었다. 이 회의에서는 안전 보건의 규제나 접근이 나라마다 다르고 사회·경제나 문화가 서로 다르기 때문에 안전보건경영시스템을 국제 표준으로 제정하기 어려우므로 각국에서 국내 표준으로 운용해야 한다는 반대 의견이 많아 동의를 얻지 못했다. 그 후 2000년과 2007년에도 안전보건경영시스템의 ISO 제정에 대해서 ISO 회원 각국이 투표했지만 부결되었다.

2011년에 ISO가 실시한 조사에서는 OHSAS 18001(안전보건경영시스템 단체규격)의 인증 수가 127개국에서 9만 건 넘게 발행되고 있다고 보고되었다. 이것을 바탕으로 BSI(영국표준협회)는 2013년에 안전보건경영시스템의 ISO 표준 제정에 대해 다시 제안하여 ISO와 ILO(국제노동기구)가 국제 표준 제정에 상호협의해 합의서를 체결했다. 2013년 10월에는 ISO/PC283(프로젝트위원회)가 설치되어 제1차 회의가 런던에서 개최되었고, 그 후 4년 반 동안 9회의 국제회의 심의를 거쳐 2018년 3월에 ISO 45001이 공표되었다.

3. ISO 45001의 개발 경위

연도	개발 경위
1994~	ISO/TC 207 2회 총회(안전보건경영시스템의 국제 표준화 논의 개시)
1996	BS8800 : 1996 제정(영국표준협회)
1996	제네바 위크숍에서 ISO 대신 가이드라인 제정 추진 협의
1999. 4	OHSAS 18001 제정(영국표준협회)
2000	ILO 국제 가이드라인(OSH-MS) 초안 작성하여 의견 수렴
2001. 5	ILO 안전보건경영시스템에 대한 가이드 라인 공표(ILO-OSH2001)
2013. 6	ISO 45001 ISO/PC 283 구성
2013. 8	ISO-ILO 업무 협약(MOU) 체결
2013.10	ISO/PC 283 제1차 회의 개최(런던), 작업 초안(WD) 작성
2014. 3	ISO/PC 283 제2차 회의 개최(카사블랑카)위원회, 초안(CD) 작성
2014. 6	PC 283 위원회 수정안(CD1) 검토 의견 수정 및 최종안 투표
2015. 1	ISO 45001 PC 283 위원회수정안(CD2) 발표
2015. 1	ISO/PC 283 제3차 회의 개최(트리니다드) CD2에서 국제 표준안(DIS) 작성 추진
2015. 6	ISO 45001 PC 283 위원회 수정안(CD2) 투표
2015. 9	ISO/PC 283 제4차 회의 개최(제네바) 국제 표준안(DIS) 작성
2016. 1	ISO 45001 최종안(FDIS) 발표
2016. 6	제5차 PC283 및 WG1회의 개최(캐나다/토론토)
2017. 9	제6차 ISO/PC283 총회(WGI)/말레이시아 최종국제 표준안(FDIS) 발행
2017. 11	최종안(FDIS) 승인
2018. 3	ISO 45001:2018 공표
2019. 1	KS Q ISO 45001:2018 제정

4. Annex SL(부속서 SL)

Annex SL이란, 부속서로서 경영시스템 표준(이하 MSS)을 작성하기 위한 지침이다. 종래의 ISO 9001, ISO 14001, ISO/IEC 27001의 ISO MSS는 표준마다 각각의 전문위원회(TC 또는 PC)가 개발했기 때문에 표준마다 용어와 정의 및 구성이 조금씩 다르다. 따라서 ISO에서는 2006년부터 2011년에 걸쳐 ISO 9001, ISO 14001, ISO 27001 등 MSS의 정합성을 도모하기 위한 검토를 실시했다. 그 결과, 경영시스템 통합에 대한 변화의 필요성을 인식하고 경영시스템 표준을 표준화하여 Annex SL을 개발했다.

2012년 2월에 개최된 ISO TMB(Technical Management Board, 기술관리평의회) 회의에서는 ISO에서 발행이나 개정되는 모든 경영시스템 표준을 원칙으로 이 가이드를 따르도록 결의되어 통합된 구조로 표준화했다. 부속서 SL에는 다음 요소가 규정되어 있다.

1) 상위 문서 구조(HLS; High Level Structure)

HLS은 경영시스템의 구조를 표준화하는 방법으로, 개별 표준보다 상위 개념에서 공통되는 내용을 정한 것이다. 이것은 경영시스템 표준의 목차 구성을 규정하고 있다.

2) 공통 텍스트(요구사항 본문)

공통 표준 요구사항의 내용을 규정하고 있다.

3) 공통 용어, 정의

각 경영시스템에서 사용하는 공통의 용어와 그 정의를 규정하고 있다.

Annex SL은 ISO MSS를 제정할 때 따라야 할 기준 중 하나이다. ISO/IEC 전문 업무용 지침 중에서 부속서 Annex SL이 있다. 2012년 5월부터 제정 또는 개정되는 모든 ISO MSS는 원칙적으로 부속서 Annex SL에 따라 표준을 개발하는 것이 의무화되었다.

HLS란, ISO/TMB/JTCG에서 개발한 것으로, 경영시스템 표준에 대한 표준화된 구조, 동일한 제목, 동일한 텍스트, 공통의 용어와 정의를 사용하도록 규정하고 있다. ISO 45001도 Annex SL에 따라 작성되어 있는데, Annex SL(공통 텍스트)의 HLS 내용은 다음과 같이 구성되었다.

[표 1-5] HLS 목차

HLS 목차	
1. 적용 범위	1. Scope
2. 인용 표준	2. Normative references
3. 용어와 정의	3. Terms and definitions
4. 조직 상황	4. Context of organization
5. 리더십	5. Leadership
6. 기획	6. Planning
7. 지원	7. Support
8. 운용	8. Operation
9. 성과 평가	9. Performance evaluation
10. 개선	10. Improvement

1. 요구사항 살펴보기

ISO 45001 표준은 ISO 다른 경영시스템 표준과 호환성·정합성을 강화하기 위해 공통 텍스트 (부속서 Annex SL)를 준용하여 작성되어 있다. ISO 45001: 2018의 목차 구성의 경우 [표 1-6] 과 같이 안전보건경영시스템에 포함되는 요구사항은 4절(조직 상황)부터 10절(개선)이다. 구체적 으로 개요는 안전보건경영시스템의 중요한 사고 방식을 요약하고 있는데, 4절~10절의 설명 중에 서 인용하고 있다.

[표 1-6] ISO 45001 목차(머리말~10)

ISO 45001 목차	
머리말 개요 1. 적용 범위 2. 인용 표준 3. 용어와 정의 4. 조직 상황 　4.1 조직과 조직 상황의 이해 　4.2 근로자 및 기타 이해관계자의 니즈와 기대 이해 　4.3 안전보건경영시스템 적용 범위 결정 　4.4 안전보건경영시스템 5. 리더십과 근로자 참여 　5.1 리더십과 의지 표명 　5.2 안전 보건 방침 　5.3 조직의 역할, 책임 및 권한 　5.4 근로자 협의 및 참여 6. 기획 　6.1 리스크와 기회를 다루는 조치 　　6.1.1 일반 사항 　　6.1.2 위험요인 파악 및 리스크와 기회의 평가 　　6.1.3 법적 요구사항 및 기타 요구사항의 결정 　　6.1.4 조치의 기획 　6.2 안전 보건 목표와 목표 달성 기획 　　6.2.1 안전 보건 목표 　　6.2.2 안전 보건 목표 달성 기획	7. 지원 　7.1 자원 　7.2 역량/적격성 　7.3 인식 　7.4 의사소통 　　7.4.1 일반 사항 　　7.4.2 내부 의사소통 　　7.4.3 외부 의사소통 　7.5 문서화된 정보 　　7.5.1 일반 사항 　　7.5.2 작성 및 갱신 　　7.5.3 문서화된 정보의 관리 8. 운용 　8.1 운용 기획 및 관리 　　8.1.1 일반 사항 　　8.1.2 위험요인 제거 및 안전 보건 리스크 감소 　　8.1.3 변경 관리 　　8.1.4 조달 　8.2 비상시 대비 및 대응 9. 성과 평가 　9.1 모니터링, 측정, 분석 및 성과 평가 　　9.1.1 일반 사항 　　9.1.2 준수 평가 　9.2 내부 심사 　　9.2.1 일반 사항 　　9.2.2 내부 심사 프로그램 　9.3 경영 검토 10. 개선 　10.1 일반 사항 　10.2 사건, 부적합 및 시정조치 　10.3 지속적 개선

2. 표준의 내용

ISO 45001 표준 중 개요 0.5(표준의 내용)를 인용하면 다음과 같다.

1) 이 표준은 경영시스템 표준에 대한 ISO 요구사항을 준수한다. 이 요구사항에는 여러 ISO 경영시스템 표준을 실행하는 사용자에게 도움이 되도록 설계한 상위 문서 구조(HLS), 동일한 핵심 문구 및 핵심 정의와 함께 공통 용어를 포함한다.

2) 이 표준의 요소들은 품질, 환경, 보안 또는 재무 경영과 같은 다른 경영시스템과 정렬되거나 통합될 수 있지만, 이 표준은 다른 경영시스템에 특정한 요구사항을 포함하지 않는다.

3) 이 표준은 조직이 안전보건경영시스템을 실행하고 적합성 평가를 위해 사용할 수 있는 요구사항을 포함하고 있다. 조직은 다음과 같은 방법을 통해 이 표준의 적합성을 실증할 수 있다.

   - 자기 주장과 자기 선언
   - 고객 등 조직의 이해관계자에 의해 조직의 적합성에 대한 확인 추구
   - 조직 외부의 당사자에 의해 자기 선언의 확인 추구
   - 외부 조직에 의한 안전보건경영시스템의 인증/등록 추진

4) 이 표준의 1절(적용 범위)에서 3절(용어와 정의)은 이 표준의 활용에 적용되는 적용 범위, 인용 표준 및 용어와 정의를 설명하고, 4절(조직 상황)에서 10절(개선)까지 이 표준의 적합성을 평가하는 데 사용되는 요구사항을 포함한다. 부속서 A는 이러한 요구사항에 대한 참고가 되는 설명을 제공한다. 3절의 용어와 정의는 개념상의 순서에 따라 배열되었다.

5) 이 표준에서는 다음과 같은 조동사 형태가 사용된다.

   - '하여야 한다(shall)'는 요구사항을 의미한다.
   - '하는 것이 좋다, 하여야 할 것이다(should)'는 권고사항을 의미한다.
   - '해도 된다(may)'는 허용을 의미한다.
   - '할 수 있다(can)'는 가능성 또는 능력을 의미한다.

'비고'로 표기된 정보는 관련 요구사항을 이해하거나 명확히 하기 위한 가이던스이다. 3절(용어와 정의)에서 사용한 '비고(Notes to entry)'는 용어에 대한 부가적인 정보를 제공하며, 용어 사용과 관련된 조항을 포함할 수 있다.

3. 표준 요구사항이란

4.1(조직과 조직 상황의 이해)를 보면 마지막에 '~하여야 한다'는 것이 있다. 이것은 요구사항으로, 안전보건경영시스템에서 구체적인 방법을 명확하게 하는 것이 요구된다.

4. 요구사항의 의도 이해하기

ISO 45001 표준은 장문으로 되어 있는 것이 많기 때문에 요구사항의 의도를 명확하게 이해하기 어렵게 되어 있다. 표준의 요구사항은 무엇을 해야 할 것인가를 명확하게 파악한 후 어떤 결론을 요구하고 있는지를 이해하는 표준의 견해나 관점이 필요하다.

5. 각 항의 요구사항 상호관계 이해하기

요구사항은 4절~10절 내용을 구절마다 깊게 이해한 후 연결이 중요하다. 이러한 상호관계 연결이야말로 경영시스템의 핵심이고 안전 보건 활동의 요소를 연결함으로써 수준 향상이 가능하고 성과 향상으로 이어지는 것이다.

6. ISO 45001 표준 요구사항의 PDCA

ISO 45001은 공통 텍스트(부속서 SL)를 준용하여 개발되었다. ISO 9001(품질경영시스템), ISO 14001(환경경영시스템) 등 각종 경영시스템 표준과 동등하게 표준 요구사항을 PDCA 개념에 기초하여 보면 [그림 1-6]과 같다.

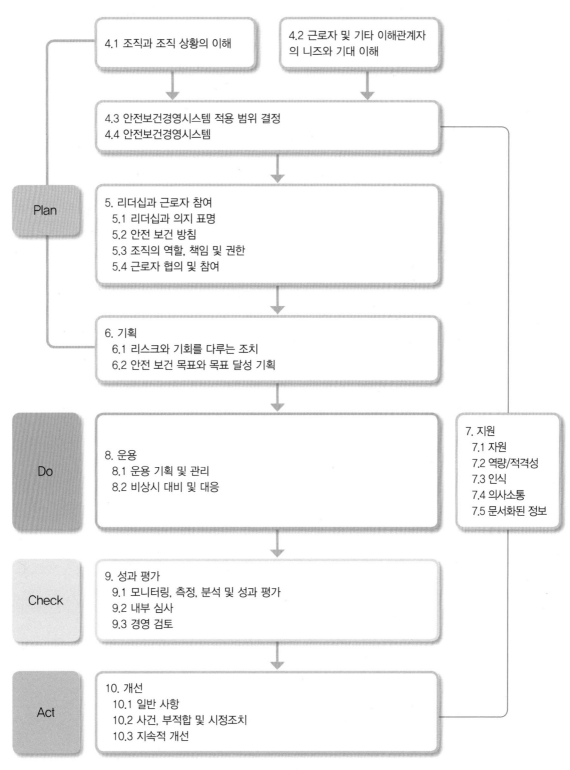

[그림 1-6] 안전보건경영시스템 표준 PDCA 구조

제2장
ISO 45001
요구사항의 해설

1 적용 범위

이 표준은 안전 보건경영시스템에 대한 요구사항을 규정하고 있으며 조직이 업무와 관련된 상해 및 건강상 장해를 예방하고 안전 보건 성과를 적극적으로 개선함으로써 안전하고 건강한 작업장을 제공할 수 있도록 활용 가이던스를 제공한다.

이 표준은 안전 보건 개선, 위험요인 제거 및 안전 보건 리스크(시스템 결함 포함) 최소화, 안전 보건 기회 활용, 조직 활동과 관련된 안전보건경영시스템 부적합 사항을 다루기 위하여 안전보건경영시스템을 수립, 이행, 유지하고자 하는 모든 조직에 적용 가능하다.

이 표준은 조직이 안전보건경영시스템의 의도된 결과를 달성하도록 지원한다. 조직의 안전 보건 방침과 일관성이 있는 안전보건경영시스템의 의도한 결과는 다음의 사항을 포함한다.

a) 안전 보건 성과의 지속적 개선
b) 법적 요구사항 및 기타 요구사항의 충족
c) 안전 보건 목표의 달성

ISO 45001 표준은 조직의 규모, 형태 및 성질에 관계없이 모든 조직에 적용할 수 있다. 조직이 운용하는 상황과 근로자 및 기타 이해관계자의 니즈와 기대와 같은 요소를 반영하여 조직의 관리하에 있는 안전 보건 리스크에 적용할 수 있다. 그리고 이 표준은 안전 보건 성과에 대한 구체적인 기준을 제시하지 않고, 안전보건경영시스템의 설계에 관한 규범이 아니며, 안전보건경영시스템을 통해 조직이 근로자의 건강/웰빙과 같은 안전 보건의 다른 측면을 통합할 수 있도록 한다. 또한 근로자 및 기타 관련 이해관계자의 리스크를 넘어서는 제품 안전, 재산 피해 또는 환경 영향과 같은 이슈를 다루지 않고, 안전 보건 경영을 체계적으로 개선하기 위해 전체적으로 또는 부분적으로 사용할 수 있다. 그러나 이 표준의 모든 요구사항이 조직의 안전보건경영시스템에 통합되어 예외 없이 충족되지 않을 경우에는 이 표준과의 적합성을 주장할 수 없다.

1) 적용 범위란, ISO 45001에 모두 포함될 수 있는 범위를 나타내고 있으며 안전보건경영시스템의 결정에는 ISO 45001을 운용하는 조직의 물리적인 범위(기업 전체, 사업장 등)를 의미한다.

2) 적용 범위에는 이 표준의 목표 및 의도한 결과인 안전보건경영시스템에서의 안전 보건 성과 개선과 근로자의 상해 및 건강상 장해를 방지함으로써 조직이 안전하고 건강한 작업장을 제공하도록 한다.

3) 조직은 개요 0.2(안전보건경영시스템의 목표) 및 적용 범위에 기재되어 있는 의도한 결과(3항목)를 근거로 하여 조직 고유의 안전보건시스템에 대한 의도한 결과를 정하면 된다. 여기서 조직 고유의 의도한 결과가 도출되어 안전 보건 방침, 안전 보건 목표로 전개되는 것이다.

4) 안전보건경영시스템의 의도한 결과, 본문 a)~c) 3항목은 근로자의 부상 및 건강상 장해를 방지하고, 안전하고 건강한 작업장을 제공하는 수단으로 인식하면 된다. 그리고 의도한 결과는 근로자에게 인지시키고 공유할 필요가 있다.

5) 안전보건경영시스템의 구축·운용에 의해 안전 보건 성과의 향상을 지향하는 조직을 위하여 ISO 45001은 조직의 규모, 업종, 활동 내용과 관계없이 도입·적용할 수 있도록 작성되어 있다.

6) ISO 45001은 4절(조직 상황)부터 10절(개선)까지 구성되어 있지만, 반드시 모두 운용을 요구하는 것은 아니고 표준 일부분만 도입해도 가능하다. 다만 ISO 인증 취득이나 자기 선언을 하기 위하여 ISO 45001 모든 요구사항을 충족시킬 필요가 있다.

2 ▶ 인용 표준

이 표준의 인용표준은 없다.

3 ▶ 용어와 정의

ISO 45001은 공통 텍스트(부속서 SL)를 기반으로 작성되어 있고, 공통 텍스트에서 정의되어 있는 용어는 그대로 ISO 45001에도 채택되고 있다. ISO 45001에서는 37개의 용어가 정의되어 있으나, 그중 16개는 ISO 45001에서 독자적으로 정의하여 안전보건 분야에서 특화된 것이고, 나머지 21개는 공통 텍스트에서 정의한 것으로, ISO9001 및 ISO14001과 동일한 것이다. ISO 45001의 기본적인 용어의 정의는 ISO/PC238 전문 Task Group(TG)에서 검토가 이루어졌으나, 아래의 사항을 주의할 필요가 있다.

1) 하나의 단어를 별도의 의미로 사용하지 않는다.
2) 우회적인 표현과 과장된 표현은 피한다.
3) ILO 가이드와 다른 ISO 표준의 정의는 가능한 모순되지 않도록 한다.
4) 사전에 게재되어 있는 용어는 정의하지 않는다.

공통 텍스트에서 사용되는 용어는 ISO 경영시스템 표준과 기본적으로 동일하게 해석하고 있으나 일부 해석이 다른 용어도 있다. 이것은 안전 보건 분야에 적절하다고 간주되어 해석한 것이다.
여기서는 ISO 45001에서 정의되고 있는 용어와 특히 주의가 필요한 용어에 대해서 해설한다.

1. ISO 45001에서 정의한 용어와 정의

3.1 조직(organization)

조직의 목표(3.16) 달성에 대한 책임, 권한 및 관계가 있는 자체의 기능을 가진 사람 또는 사람의 집단

> **비고1** 조직의 개념은 다음을 포함하나 이에 국한되지 않는다. 개인사업자, 회사, 법인, 상사, 기업, 국가 행정기관당국, 파트너십, 자선단체 또는 기구, 혹은 이들이 통합이든 아니든, 공적이든 사적이든 이들의 일부 또는 조합
>
> **비고2** 이 용어와 정의는 ISO/IEC Directives, Part 1의 통합 ISO 보충판의 부속서 SL에 제시된 ISO 경영시스템 표준을 위한 공통 용어와 핵심 정의 중의 하나이다.

3.2 이해관계자(interested party) – 표준용어(preferred term)
　 이해당사자(stakeholder) – 허용용어(admitted term)

의사결정 또는 활동에 영향을 줄 수 있거나, 영향을 받을 수 있거나 또는 그들 자신이 영향을 받는다는 인식을 할 수 있는 사람 또는 조직(3.1)

> **비고** 이 용어와 정의는 ISO/IEC Directives, Part 1의 통합 ISO 보충판의 부속서 SL에 제시된 ISO 경영시스템 표준을 위한 공통 용어와 핵심 정의 중의 하나이다.

이해관계자의 범위는 ISO 45001의 부속서 A.4.2에서 행정기관, 관계 회사, 계약자, 공급자, 주주, 방문자까지 포함하고 있으나, 어느 정도까지를 조직의 안전보건경영시스템 이해관계자로 할 것인가는 조직이 결정하면 된다.

이해관계자는 다른 ISO 경영시스템 표준과 동일하게 이해관계자에 근로자가 당연히 포함된다. 하지만 4.2에서 근로자 및 기타 이해관계자로 표현을 사용하여 근로자를 강조한 것은 안전보건경영시스템은 근로자의 협의 및 참여 없이는 기대한 결과를 달성할 수 없다는 것을 의미하고 있다.

3.3 근로자(worker)

조직(3.1)의 관리하에서 업무/작업 또는 업무 관련 활동을 수행하는 인원/사람

> **비고1** 인원은 정규적 또는 비정규적으로, 간헐적 또는 계절적으로, 임시 또는 파트타임 기반

등 다양한 계약하에 유급 또는 무급으로, 업무 또는 업무 관련 활동을 수행한다.

비고2 근로자에는 최고경영자(3.12), 관리직 및 관리직이 아닌 인원이 포함된다.

비고3 조직의 통제하에서 수행되는 업무 또는 업무 관련 활동은 조직에 고용된 근로자 또는 공급업체 소속 근로자, 계약자, 개인, 파견(용역) 근로자에 의해 수행될 수 있으며, 조직의 상황에 따라 조직이 자신의 업무 또는 관련 활동을 관리하는 정도까지 다른 인원에 의해 수행될 수 있다.

근로자란, 근로기준법 제2조제1항 제1호에 따른 근로자를 말한다. 그러나 ISO 45001의 근로자는 근로기준법의 근로자뿐만 아니라 조직의 관리하에 근무하는 최고경영자, 경영층, 관리직 및 관리자가 아닌 근로자, 시간제 근로자, 임시직, 파견 근로자, 계약자의 사원 등이 포함된다.

근로자는 조직의 관리하에 수행하는 업무 또는 노무에 관련되어 업무를 수행하는 자로 정의할 수 있다. 여기서 '조직의 관리하는' 대상 범위를 검토할 필요가 있다. 예를 들면 출장처의 업무, 엘리베이터 수리 등이 포함된다.

3.4 참여(participation)

의사 결정 과정에서 참여(involvement)

비고 참여에는 안전보건위원회 및 근로자 대표(있는 경우)와의 적극적 참여가 포함된다.

참여란, 정의된 바와 같이 의사 결정에 관여하는 것이고, 다만 회의 등의 참가를 요구하는 것이 아니다. 이 용어는 5.4 근로자 협의 및 참여에서 사용된다. 관리자가 아닌 근로자의 경영시스템 참여는 다른 표준에는 없는 ISO 45001의 큰 특징이다. 관리자가 아닌 근로자의 의견을 안전보건경영시스템에 관한 조직의 의사 결정에 관여시키는 것을 목적으로 하고 있다. 안전보건경영시스템을 효과적으로 운용하는 데 있어서 현장에서 근로자의 의견을 중시하는 것이 매우 중요하다는 의미이다.

3.5 협의(consultation)

의사 결정을 내리기 전에 의견을 구함

비고 협의는 안전보건위원회 및 근로자 대표(있는 경우)와의 협의가 포함된다.

용어와 정의 3.4(참여)와 동일하게 5.4(근로자 협의 및 참여)에서 사용되고 있는 용어도 관리자가 아닌 근로자의 의견을 안전보건경영시스템에 관한 조직의 의사 결정에 반영시키는 것을 의도하고 있다.

3.6 작업장(workplace)

인원이 업무 목적으로 근무하거나 업무를 위하여 이동할 필요가 있는 조직(3.1)의 관리하에 있는 장소

비고 작업장에 대한 안전보건경영시스템(3.11)에 따른 조직의 책임은 작업장에 대해 관리하는 정도에 달려 있다.

작업장이란, 반드시 조직의 공장 구역 내에 한정되지 않고 이동 중, 이동처, 방문 고객처 등도 포함된다. 또한 택배회사나 운송회사와 같이 근로자의 근무처가 매일 변하는 경우도 있다.
작업장의 예로서 출장처, 영업처, 외근처, 기계 설비 등 설치나 보수, 경비, 청소 등으로 이동한 고객처, 운송회사에서 근로자가 이동한 배달처 등도 포함된다.

3.7 계약자(contractor)

합의된 계약서(specification), 규정 및 조건에 따라 조직에 서비스를 제공하는 외부 조직(3.1)

비고 서비스에는 건설 업무도 포함될 수 있다.

산업안전보건법에서 도급 시 수급인으로, 관계 수급인을 의미하며 계약자의 예로서는 제조계약사, 사내운송사, 청소회사, 경비회사, 보수회사 등이 있다.

3.8 요구사항(requirement)

명시적인 니즈 또는 기대, 일반적으로 묵시적이거나 의무적인 요구 또는 기대

비고1 '일반적으로 묵시적인'이란, 조직(3.1) 및 이해관계자(3.2)의 요구 또는 기대가 고려되는 관습 또는 일상적인 관행을 의미한다.
비고2 규정된 요구사항은, 예를 들면 문서화된 정보(3.24)에 명시된 것을 말한다.
비고3 이 용어와 정의는 ISO/IEC Directives, Part 1의 통합 ISO 보충판의 부속서 SL에 제시된 ISO 경영시스템 표준을 위한 공통 용어와 핵심 정의 중의 하나이다.
ISO 45001의 요구사항이란, ISO 45001의 의도한 결과를 얻기 위하여 경영시스템의 구축·운용에 관련하여 조직이 실시하는 사항으로, 4.1에서 10.3까지 규정되어 ISO 45001 표준에는 '~하여야 한다.'고 기재되어 있다.
이 표준에는 6.1.3의 법적 요구사항 및 기타 요구사항이 있고 또 하나는 9.2.1의 조직 자체가

규정한 요구사항이 있다.

3.9 법적 요구사항 및 기타 요구사항(legal requirements and other requirements)

조직(3.1)이 준수해야 하는 법적 요구사항과 조직이 준수해야 하거나 준수하기로 선택한 기타 요구사항(3.8)

비고1 이 표준의 목적에 따라 법적 요구사항 및 기타 요구사항은 안전보건경영시스템(3.11) 과 관련된 것을 말한다.

비고2 '법적 요구사항 및 기타 요구사항'에는 단체 협약 조항이 포함된다.

비고3 법적 요구사항 및 기타 요구사항에는 법률, 규정, 단체 협약 및 관행에 따라 근로자 (3.3) 대표를 결정하는 요구사항이 포함된다.

법적 요구사항은 중대재해법, 산업안전보건법, 소방법 등의 관련 법규로서 규정되어 있는 사항으로, 법적인 의무이다. 기타 요구사항이란, 예를 들면 사내 표준, 단체 표준, 고용계약, 이해관계자 계약 등은 법적인 의무가 아니지만, 조직이 준수해야 할 사항을 의미한다.

3.10 경영시스템(management system)

방침(3.14)과 목표(3.16)를 수립하고 그 목표를 달성하기 위한 프로세스(3.25)를 수립하기 위해 상호작용하는 조직(3.1) 요소의 집합

비고1 경영시스템은 하나 또는 다수의 전문 분야를 다룰 수 있다.

비고2 시스템 요소에는 조직의 구조, 역할과 책임, 기획, 운영, 성과 평가와 개선이 포함된다.

비고3 경영시스템의 적용 범위에는 조직 전체, 구체적으로 파악된 조직의 기능, 구체적으로 파악된 조직의 부문, 또는 조직 그룹 전체에 있는 하나 또는 그 이상의 기능을 포함해도 된다.

비고4 이 용어와 정의는 ISO/IEC, Directives, Part 1의 통합 ISO 보충판의 부속서 SL에 제시된 ISO 경영시스템 표준을 위한 공통 용어와 핵심 정의 중의 하나이다. '비고 2'는 경영시스템의 더 넓은 요소 중 일부를 명확히 하기 위해 수정되었다.

경영시스템은 조직이 수립한 방침·목표를 달성하고 의도한 결과를 이루기 위한 일련의 요소이다. ISO 표준의 경영시스템으로서는 품질경영시스템(ISO 9001), 환경경영시스템(ISO 14001), 정보보안경영시스템(ISO 27001) 등 많은 경영시스템이 있다.

3.11 안전보건경영시스템(occupational health and safety management system)

안전 보건 방침(3.15)을 달성하기 위해 사용하는 경영시스템(3.10) 또는 경영시스템의 일부

> **비고 1** 안전보건경영시스템의 의도된 결과는 근로자(3.3)의 상해 및 건강상 장해(3.18)를 예방
> 하고, 안전하고 건강한 작업장(3.6)을 제공하는 것이다.
> **비고 2** '보건 안전(OH&S)'과 '안전 보건(OSH)'은 의미가 같다.

3.10의 경영시스템의 정의 '비고 1'에서 하나의 경영시스템은 복수 분야(품질, 환경, 정보보안 등)를 다룬다. 이러한 복수 분야를 하나의 경영시스템으로 운용되고 있는 조직에서 안전보건 경영시스템은 경영시스템의 일부라는 것을 이번 항목에서 표기하고 있다.

3.12 최고경영자(top management)

최고 계층에서 조직(3.1)을 지휘하고 관리하는 사람 또는 그룹

> **비고 1** 최고경영자는 안전보건경영시스템(3.11)에 대한 최종적인 책임이 있으며 조직에서 권
> 한을 위임하고 자원을 제공하는 힘(power)을 가진다.
> **비고 2** 경영시스템(3.10)의 적용 범위가 조직의 일부만 다루는 경우 최고경영자는 조직의 해
> 당 부분을 지휘하고 통제하는 인원을 지칭한다.
> **비고 3** 이 용어와 정의는 ISO/IEC Directives, Part 1의 통합 ISO 보충판의 부속서 SL에
> 제시된 ISO 경영시스템 표준을 위한 공통 용어와 핵심 정의 중의 하나이다. '비고 1'은
> 안전보건경영시스템과 관련하여 최고경영자의 책임을 명확히 하기 위해 수정되었다.

일반적으로 대표이사, 부사장, 임원 등 조직을 지휘하고 관리하는 경영자 또는 경영층을 의미 하지만, ISO에서는 조직의 최고위층을 최고경영자로 정의하고 있다.

안전보건경영시스템의 적용 범위에 의해 top management는 달리 한다. 즉 기업 전체에서 운용되고 있는 안전보건경영시스템의 top management는 본사의 최고경영자이다. 사업장 및 공장에서 운용되고 있는 경영시스템은 사업소장이나 공장장은 top management로서 책 임을 진다.

3.13 효과성(effectiveness)

계획된 활동이 실현되어 계획된 결과가 달성되는 정도

이 용어와 정의는 ISO/IEC Directives, Part 1의 통합 ISO 보충판의 부속서 SL에 제시된 ISO 경영시스템 표준을 위한 공통 용어와 핵심 정의 중의 하나이다.

ISO 45001 부속서 9.3에는 효과성이란, 안전보건경영시스템이 의도한 결과를 달성하고 있는가를 의미한다고 해설하고 있다. 즉 안전보건경영시스템의 운용에 의해 부상이나 질병을 방지할 수 있는가, 안전하고 건강한 작업장이 제공되고 있는가를 의미한다.

3.14 방침(policy)

최고경영자(3.12)에 의해 공식적으로 표명된 조직(3.1)의 의도 및 방향

비고 이 용어와 정의는 ISO/IEC Directives, Part 1의 통합 ISO 보충판의 부속서 SL에 제시된 ISO 경영시스템 표준을 위한 공통 용어와 핵심 정의 중의 하나이다.

3.15 안전 보건 방침(occupational health and safety policy)

근로자(3.3)의 작업과 관련된 상해 및 건강상 장해(3.18)를 예방하고, 안전하고 건강한 작업장(3.6)을 제공하기 위한 방침(3.14)

안전 보건 방침은 안전보건경영시스템을 운용할 때의 기본 이념으로서 최고경영자가 표명한 것으로, 조직으로서 안전 보건에 관한 의지와 자세를 조직 내외에 공표한 성격을 띤다.

3.16 목표(objective)

달성되어야 할 결과

비고 1 목표는 전략적, 전술적 또는 운영적일 수 있다.
비고 2 목표(예를 들면 재무, 안전 보건, 그리고 환경 목표)는 다른 분야와 관련될 수 있고, 상이한 계층(예를 들면 전략적, 조직 전반, 프로젝트, 제품, 그리고 프로세스(3.25))에 적용될 수 있다.
비고 3 목표는 다른 방식, 예를 들면 안전 보건 목표(3.17)로서 의도된 결과, 목적, 운용 기준 또는 비슷한 의미를 갖는 다른 용어(예를 들면 목적(aim), 목표(goal), 세부 목표(target))를 사용해서 표현할 수 있다.
비고 4 이 용어와 정의는 ISO/IEC Directives, Part 1의 통합 ISO 보충판의 부속서 SL에 제시된 ISO 경영시스템 표준을 위한 공통 용어와 핵심 정의 중의 하나이다.

3.17 안전 보건 목표(occupational health and safety objective)

안전 보건 방침(3.15)과 일관되게 특정한 결과를 달성하기 위해 조직(3.1)이 설정한 목표(3.16)

3.18 상해/부상 및 건강상 장해(injury and ill health)

사람의 신체적 · 정신적 또는 인지적 상태에 대한 악영향

> 비고1 이러한 악영향에는 직업병, 질병 및 사망이 포함된다.
> 비고2 '상해 및 건강상 장해'라는 용어는 부상 또는 건강상 장해가 단독 또는 조합하여 존재함을 의미한다.
> • 참고 : 'injury'를 안전 관리의 경우 주로 '부상'으로 번역하여 사용하고 있다.

3.19 위험요인(hazard)

상해 및 건강상 장해(3.18)를 가져올 잠재적 요인

> 비고 위험에는 해를 끼치거나 위험한 상황을 유발할 수 있는 잠재요인(source) 또는 상해 및 건강상 장해에 이르게 하는 노출 가능성이 있는 상황이 포함될 수 있다.

3.20 리스크(risk)

불확실성의 영향

> 비고1 영향은 긍정적 또는 부정적 예측으로부터 벗어나는 것이다.
> 비고2 불확실성은 사건, 사건의 결과 또는 가능성에 대한 이해 또는 지식과 관련된 정보의 부족, 부분적으로 부족한 상태이다.
> 비고3 리스크는 흔히 잠재적인 '사건'(ISO Guide 73:2009의 3.5.1.3)과 '결과'(ISO Guide 73:2009, 3.6.1.3) 또는 이들의 조합으로 특징지어진다.
> 비고4 리스크는 흔히(주변 환경의 변화를 포함하는) 사건의 결과와 연관된 '발생 가능성'(ISO Guide 73:2009, 3.6.1.1)의 조합으로 표현된다.
> 비고5 이 표준에서 '리스크와 기회'라는 용어가 사용되면, 이는 안전 보건 리스크(3.21), 안전 보건 기회(3.22), 그리고 경영시스템의 기타 리스크 및 기타 기회를 의미한다.
> 비고6 이 용어와 정의는 ISO/IEC Directives, Part 1의 통합 ISO 보충판의 부속서 SL에 제시된 ISO 경영시스템 표준을 위한 공통 용어와 핵심 정의 중의 하나이다. '비고 5'는 이 표준에서 사용하는 용어 '리스크와 기회'를 명확히 하기 위해 추가되었다.

ISO 45001에는 안전 보건 리스크 및 안전보건경영시스템에 대한 기타 리스크 중 두 종류의 리스크에 대응하는 것이 요구되고 있다. 이 두 종류의 리스크는 각각 평가해야 하기 때문에 이들의 차이를 잘 이해할 필요가 있다.

3.21 안전 보건 리스크(occupational health and safety risk)

업무/작업과 관련하여 위험한 사건 또는 노출의 발생 가능성과 사건 또는 노출로 야기될 수 있는 상해 및 건강상 장해(3.18) 심각성의 조합

위험성이란, 사업장위험성평가지침(고용노동부고시 제2020-53호, 2020.1.14.)에 의거하여 '유해·위험요인이 부상 또는 질병으로 이어질 수 있는 가능성(빈도)과 중대성(강도)을 조합한 것'에 해당한다. ISO 45001에서 안전 보건 리스크와 별도로 안전보건경영시스템에 대한 기타 리스크가 있다. 이것은 안전보건경영시스템의 실시 및 운용 등에 관계되는 리스크를 의미한다.

3.22 안전 보건 기회(occupational health and safety opportunity)

안전 보건 성과(3.28)의 개선을 가져올 수 있는 상황 또는 상황의 집합

ISO 45001에서 안전 보건 기회와 별도로 안전보건경영시스템에 대한 기타 기회가 있다. 이것은 안전보건의 수준을 향상하기 위한 안전보건경영시스템의 운용 등이 개선되는 기회를 의미한다.

3.23 역량/적격성(competence)

의도된 결과를 달성하기 위해 지식 및 스킬을 적용하는 능력

비고 이 용어와 정의는 ISO/IEC Directives, Part 1의 통합 ISO 보충판의 부속서 SL에 제시된 ISO 경영시스템 표준을 위한 공통 용어와 핵심 정의 중의 하나이다.

역량이란, 업무에 관한 자격이나 지식만 가르키는 것이 아니고 적절하게 실행할 수 있는 능력도 포함된다. 의도한 결과를 달성하기 위해서는 산업안전보건법에서 규정한 자격이나 교육 실시뿐만 아니라 리스크 평가, 내부 심사 등에 대해서도 역량이 필요하다.

3.24 문서화된 정보(documented information)

조직(3.1)에 의해 관리되고 유지되도록 요구되는 정보 및 정보가 포함되어 있는 매체

비고1 문서화된 정보는 어떠한 형태 및 매체일 수 있으며 어떠한 출처로부터 올 수 있다.

비고2 문서화된 정보는 다음 사항으로 설명될 수 있다.

　　　a) 관련 프로세스(3.25)를 포함하는 경영시스템(3.10)

　　　b) 조직에서 운영하기 위해서 만든 정보(문서화)

　　　c) 달성된 결과의 증거(기록)

비고3 이 용어와 정의는 ISO/IEC Directives, Part 1의 통합 ISO 보충판의 부속서 SL에 제시된 ISO 경영시스템 표준을 위한 공통 용어와 핵심 정의 중의 하나이다.

ISO 45001에서 문서와 기록은 구별되어 있지 않고, 문서화 정보로 통일되어 있다. 문서화 정보란, 문서와 기록을 총칭한 용어이기 때문에 전후 문장에서 문서인지, 기록인지 판단할 필요가 있다. 요구사항 중에서 '문서화된 정보를 유지한다'는 표현은 문서를 의미하고 '문서화된 정보를 보유한다'는 표현은 기록을 의미한다. 문서화된 정보는 반드시 종이매체로 작성할 필요가 없고, 전자매체 또는 동영상으로도 가능하다.

3.25 프로세스(process)

입력을 사용하여 의도된 결과를 만들어내는 상호 관련되거나 상호작용하는 활동의 집합

비고 이 용어와 정의는 ISO/IEC Directives, Part 1의 통합 ISO 보충판의 부속서 SL에 제시된 ISO 경영시스템 표준을 위한 공통 용어와 핵심 정의 중의 하나이다.

프로세스는 가치를 향상시키는 일련의 활동이며 가치를 부가하는 대상인 입력, 가치가 부가된 대상인 출력을 명확하게 해야 한다. 프로세스에는 입력, 출력 및 절차는 물론이고 절차(3.26)를 실행할 수 있는 역량을 가진 사람, 자재, 설비, 측정기준 등의 요소가 포함된다. 안전보건경영시스템에서 기대한 결과를 얻기 위해서는 이러한 프로세스 전체를 관리하는 것이 중요하며 ISO 45001에서는 프로세스가 요구된다.

3.26 절차(procedure)

활동 또는 프로세스(3.25)를 수행하기 위하여 규정된 방식

비고 절차는 문서화될 수도 있고 문서화되지 않을 수도 있다.

3.27 성과(performance)

측정 가능한 결과

> 비고 1 성과는 정량적 또는 정성적 발견 사항과 관련될 수 있다. 결과는 정성적 또는 정량적 방법으로 결정하고 평가될 수 있다.
>
> 비고 2 성과는 활동, 프로세스(3.25), 제품(서비스 포함), 시스템 또는 조직(3.1)의 경영에 관련될 수 있다.
>
> 비고 3 이 용어와 정의는 ISO/IEC Directives, Part 1의 통합 ISO 보충판의 부속서 SL에 제시된 ISO 경영시스템 표준을 위한 공통 용어와 핵심 정의 중의 하나이다. '비고 1'은 결과를 결정하고 평가하는 데 사용할 수 있는 방법의 형태를 명확히 하기 위하여 수정되었다.

3.28 안전 보건 성과(occupational health and safety performance)

근로자(3.3)에 대한 상해 및 건강상 장해(3.18) 예방의 효과성(3.13)과 관련된, 그리고 안전하고 건강한 작업장(3.6)의 제공과 관련된 성과(3.27)

3.29 외주 처리하다, 동사(outsource, verb)

외부 조직(3.1)이 조직의 기능 또는 프로세스(3.25)의 일부를 수행하도록 한다.

> 비고 1 외주 처리된 기능 또는 프로세스가 경영시스템의 범위 안에 있어도 외부 조직은 경영시스템(3.10)의 범위 밖에 있다.
>
> 비고 2 이 용어와 정의는 ISO/IEC Directives, Part 1의 통합 ISO 보충판의 부속서 SL에 제시된 ISO 경영시스템 표준을 위한 공통 용어와 핵심 정의 중의 하나이다.

3.30 모니터링(monitoring)

시스템, 프로세스(3.25) 또는 활동의 상태를 확인 결정

> 비고 1 상태를 확인 결정하기 위해서는 확인, 감독 또는 심도 있는 관찰이 필요할 수 있다.
>
> 비고 2 이 용어와 정의는 ISO/IEC Directives, Part 1의 통합 ISO 보충판의 부속서 SL에 제시된 ISO 경영시스템 표준을 위한 공통 용어와 핵심 정의 중의 하나이다.

3.31 측정(measurement)

값(value)을 결정하는 프로세스(3.25)

비고 이 용어와 정의는 ISO/IEC Directives, Part 1의 통합 ISO 보충판의 부속서 SL에 제시된 ISO 경영시스템 표준을 위한 공통 용어와 핵심 정의 중의 하나이다.

모니터링에는 문서화된 정보의 검토나 근로자의 면접과 같이 정성적인 것도 포함되고, 측정은 건강진단이나 작업측정 등과 같이 정량적인 것이라는 것이 차이이다.

3.32 심사(audit)

심사 기준에 충족되는 정도를 결정하기 위하여 심사 증거를 수집하고, 이를 객관적으로 평가하기 위한 체계적이고 독립적이며 문서화된 프로세스(3.25)

비고 1 심사는 내부 심사(1자 심사), 또는 외부 심사(2자 또는 3자)가 있으며, 결합 심사(둘 이상의 분야가 결합)가 있을 수 있다.

비고 2 내부 심사는 조직(3.1)에서 자체적으로 수행하거나 조직을 대신하여 외부 당사자가 수행한다.

비고 3 '심사 증거'와 '심사기준'은 KS Q ISO 19011에 규정되어 있다.

비고 4 이 용어와 정의는 ISO/IEC Directives, Part 1의 통합 ISO 보충판의 부속서 SL에 제시된 ISO 경영시스템 표준을 위한 공통 용어와 핵심 정의 중의 하나이다.

3.33 적합(conformity)

요구사항(3.8)의 충족

비고 이 용어와 정의는 ISO/IEC Directives, Part 1의 통합 ISO 보충판의 부속서 SL에 제시된 ISO 경영시스템 표준을 위한 공통 용어와 핵심 정의 중의 하나이다.

3.34 부적합(nonconformity)

요구사항(3.8)의 불충족

비고 1 부적합은 이 표준 요구사항과 조직(3.1)이 스스로 설정한 추가적인 안전보건경영시스템(3.11) 요구사항과 관련된다.

비고 2 이 용어와 정의는 ISO/IEC Directives, Part 1의 통합 ISO 보충판의 부속서 SL에 제시된 ISO 경영시스템 표준을 위한 공통 용어와 핵심 정의 중의 하나이다. '비고 1'은 이 표준의 요구사항과 조직의 안전보건경영시스템 요구사항에 대한 부적합의 관계를 명확히 하기 위해 추가되었다.

3.35 사건(incident)

상해 및 건강상 장해(3.18)를 초래하거나, 초래할 수 있는 작업으로부터 일어나는, 또는 작업 중에 발생한 것(occuring)

비고1 상해 및 건강상 장해가 발생하는 사건을 때때로 '사고(accident)'라고 한다.

비고2 상해 및 건강상 장해는 없지만 잠재성을 가진 사건은 '아차사고(near-miss)', '돌발 상황 (near-hit)', '위기일발(close call)'이라고 할 수 있다.

비고3 사건과 관련된 하나 이상의 부적합(3.34)이 있을 수 있지만, 부적합 사항이 없는 경우 에도 사건은 발생할 수 있다.

3.36 시정조치(corrective action)

부적합(3.34) 또는 사건(3.35)의 원인을 제거하고 재발을 방지하기 위한 조치

비고 이 용어와 정의는 ISO/IEC Directives, Part 1의 통합 ISO 보충판의 부속서 SL에 제 시된 ISO 경영시스템 표준을 위한 공통 용어와 핵심 정의 중의 하나이다. 사건이 안전보 건에서 핵심 요소이므로 '사건'을 포함하여 용어를 수정하였다. 사건 해결에 필요한 활 동은 부적합을 시정조치를 통하여 해결하는 활동과 같다.

3.37 지속적 개선(continual improvement)

성과(3.27)를 향상시키기 위하여 반복하는 활동

비고1 성과를 향상시키는 것은 안전 보건 방침(3.15)과 안전 보건 목표(3.17)와 일관성 있는 전반적인 안전 보건 성과(3.28) 개선을 달성하기 위한 안전보건경영시스템(3.11)의 활 용과 관련된다.

비고2 지속적(continual)이라는 의미는 계속적(continuous)을 의미하지 않으므로 모든 영역 에서 동시에 활동을 수행할 필요는 없다.

비고3 이 용어와 정의는 ISO/IEC Directives, Part 1의 통합 ISO 보충판의 부속서 SL에 제시된 ISO 경영시스템 표준을 위한 공통 용어와 핵심 정의 중의 하나이다. '비고 1'은 안전보건경영시스템의 상황에서 '성과'의 의미를 명확히 하기 위해서, '비고 2'는 '지 속적(continual)'의 의미를 명확히 하기 위해서 추가되었다.

2. 부속서 A.3 용어와 정의

3절의 '용어와 정의'에 추가하여 잘못된 해석을 피하기 위해 선택된 개념에 대한 설명은 아래와 같다.

a) '지속적(continual)'은 일정 기간 동안 발생하는 지속 시간을 나타낸다(중단 없는 지속 시간을 나타내는 '계속적(continuous)'과는 다름). 따라서 '지속적'은 개선 상황에서 활용하기에 적합한 단어이다.

b) '고려하다(consider)'는 해당 주제에 대해 생각할 필요가 있지만 배제될 수 있다는 것을 의미한다. 반면 '반영하다(take into account)'는 해당 주제에 대하여 생각할 필요가 있으나 배제될 수 없다는 것을 의미한다.

c) '적절한(appropriate)'과 '적용 가능한(applicable)'은 서로 바꾸어 쓸 수 없다. '적절한'은 적절함의 의미와 약간의 자유도가 있음을 암시하며, 관련 내용을 가능하면 적절한 수준으로 실행해야 한다는 의미이다. 반면 '적용 가능한'은 관계가 있거나 적용이 가능함을 의미하며 적용이 가능한 경우에는 적용해야 할 의무가 있다는 의미이다.

d) 이 표준에서는 '이해관계자(interested party)'라는 용어를 사용한다. '이해당사자(stakeholder)'는 같은 개념을 나타내는 동의어이다.

e) '보장하다(ensure)'는 책임(responsibility)은 위임될 수 있음을 의미하지만, 조치가 수행되는지 확인하는 책무(accountability)를 의미하지 않는다.

f) '문서화된 정보(document information)'는 문서와 기록을 모두 포함하는데, 이 표준에서는 '문서화된 정보를 ~의 증거로 보유~'라는 문구를 사용하여 기록을 의미하고 '문서화된 정보로 유지하여야 한다'는 절차를 포함하여 문서를 의미한다. '~의 증거로 문서화된 정보를 보유하는 것'이라는 문구는 보유한 정보가 법적인 증거 요구사항을 충족할 것을 요구하기 위한 것이 아니라 보유해야 하는 기록의 유형을 규정하기 위한 것이다.

g) '조직의 공동 관리하에 있는(under the shared control of the organization)' 활동은 조직이 법적인 요구사항 및 기타 요구사항에 따라 수단 또는 방법에 대한 관리를 공유하거나 안전보건 성과와 관련하여 수행한 작업의 방향을 공유하는 활동이다.

조직은 특정 용어와 의미의 사용을 요구하는 안전보건경영시스템과 관련된 요구사항을 적용할 수 있다. 이 표준에서 다른 용어가 사용되더라도 이 표준과 적합성이 여전히 요구된다.

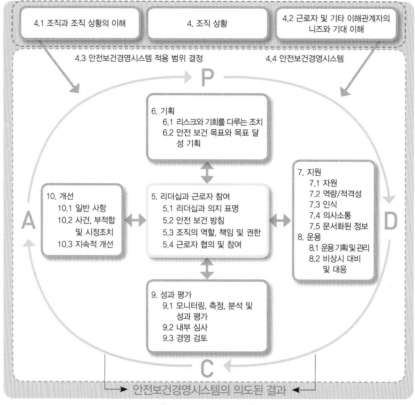

【ISO 45001 개념도】

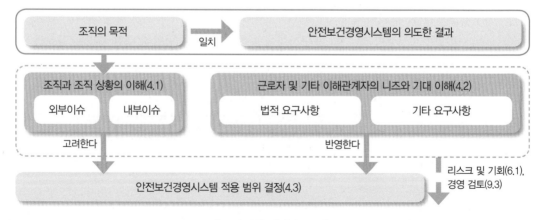

【조직 상황 전체 흐름도】

조직 상황은 안전보건경영시스템에서 PDCA의 'Plan(계획)'에 해당되는 구성 요소이다. 조직은 놓여있는 상황을 이해하고, 근로자와 이해관계자의 니즈와 기대를 명확히 하여 안전보건경영시스템의 적용 가능성과 적용 범위를 결정해야 한다. 그리고 안전보건경영시스템을 구축해야 하고 안전보건경영시스템에 필요한 프로세스의 명확화를 요구하고 있는데, 이 요구 사항은 다음과 같이 네 가지로 구성되어 있다.

4.1 조직과 조직 상황의 이해
4.2 근로자 및 기타 이해관계자의 니즈와 기대 이해
4.3 안전보건경영시스템 적용 범위 결정
4.4 안전보건경영시스템

4.1 조직과 조직 상황의 이해

조직이 안전보건경영시스템을 구축할 때 의도한 결과를 달성하는 조직의 능력을 인식하고 조직의 현재 상황을 파악하여 외부와 내부의 이슈를 명확하게 할 것을 요구한다.

> 조직은 조직의 목적에 부합하고 안전보건경영시스템의 의도된 결과를 달성할 수 있도록 조직의 능력에 영향을 주는 외부와 내부 이슈를 정하여야 한다.

[목적]

조직은 안전보건경영시스템을 구축할 때 조직이 놓여있는 상황을 정확하게 인식하고 조직의 목적과 안전보건경영시스템의 의도한 결과에 관련된 외부 이슈와 내부 이슈를 결정하기 위한 것이다.

[실무 가이드]

조직의 목적과 안전보건경영시스템의 의도된 결과 달성에 관련되어 조직의 능력에 영향을 미치는 경영적 관점의 외부 이슈와 내부 이슈를 결정해야 한다. 여기서 조직의 능력은 조직마다 다르지만, 개요 0.3(성공 요인)에서 언급한 '안전보건경영시스템의 실행과 유지, 효과성, 그리고 의도한 결과를 달성할 수 있는 능력'이라고 이해하면 된다.

조직의 외부 이슈와 내부 이슈는 ISO 45001 도입에 의해 처음으로 파악되는 것이 아니고 종래에 경영 계획 및 사업 계획, 안전 보건 방침 및 목표 검토, 경영 회의 등 회의체에서 이미 검토해 왔던 것이다. 따라서 지금까지 수행해 왔던 것을 보다 명확하게 정리하는 것으로 이해하면 된다. 또한 안전 보건 주관 부서는 여러 가지 상황 변화에서 외부 이슈와 내부 이슈에 대한 정보를 평소에 파악하는 것이 바람직하다. 외부 이슈와 내부 이슈를 결정할 때는 다음의 순서로 진행하면 된다.

1. 조직의 목적 명확하게 확인하기

조직의 목적이 무엇인지 재확인한다. 그것은 경영 이념, 비전 등에서 조직이 달성해야 할 명확한 최종 목표를 확인하는 것이다.

2. 안전보건경영시스템의 의도한 결과 명확하게 하기

조직은 ISO 45001을 근거로 하여 안전보건경영시스템을 구축할 때 달성해야 할 의도한 결과를 명확하게 해야 한다. 안전보건경영시스템의 의도한 결과는 조직에 따라 다르지만, [표 2-1]에 명기된 사항을 참조하여 안전보건경영시스템에서 기대하는 조직 고유의 의도한 결과를 결정 및 설정하고 안전 보건 방침이나 안전 보건 목표에 반영해도 된다.

[표 2-1] ISO 45001의 의도한 결과

구분	내용
개요 0.2 (안전보건경영시스템 목표)	① 근로자의 업무와 관련된 상해 및 건강상 장해를 방지하는 것 ② 안전하고 건강한 작업장을 제공하는 것
1절(적용 범위)	① 안전 보건 성과의 지속적 개선, ② 법적 요구사항 및 기타 요구사항의 충족 ③ 안전 보건 목표 달성

3. 외부 이슈와 내부 이슈 결정하기

조직의 목적과 안전보건경영시스템의 의도한 결과 달성에 대한 외부 이슈와 내부 이슈를 명확하게 결정한다. 외부 이슈와 내부 이슈는 조직 고유의 다양한 이슈를 가지고 있다. 여기서 이슈란, 조직 전체의 이슈가 아니라 안전보건경영시스템에 대해 조직의 능력에 영향을 주는 이슈를 가르킨다.

외부 이슈는 법령 규제 사항, 경쟁사, 고객 등 이해관계자 요구사항 등에 대한 외부 요인이고, 내부 이슈는 인원, 자금, 물품, 기술 및 인식 등에 대한 내부 요인이 해당된다. 이러한 이슈는 부정적 이슈와 긍정적 이슈가 있다. 또한 이슈는 시간의 경과와 함께 변화하고 조직의 환경에 의해 새로운 이슈가 발생하기 때문에 외부 이슈와 내부 이슈에 대한 정보를 파악할 수 있도록 지속적으로 부속서 A.4.1을 참조하여 모니터링 및 검토하는 것이 바람직하다.

이러한 외부 이슈와 내부 이슈의 변화는 경영 검토의 입력 정보가 된다. 따라서 최고경영자가 기업 경영과 관련되어 안전보건경영시스템에 영향을 주는 외부 이슈와 내부 이슈를 결정하고 이해해야 한다. 그리고 해당 이슈는 안전 보건 방침이나 목표, 또는 안전보건경영시스템에 어떻게 반영되고 있는지를 확인하는 것이 중요하다.

조직의 외부 이슈와 내부 이슈를 결정하는 방법은 외부와 내부, 그리고 긍정적 측면과 부정적 측면을 고려하는 수법으로, SWOT 분석을 이용하는 것도 바람직하다. 또한 결정된 외부 이슈와 내부 이슈는 다음의 사항의 입력 정보가 되어 안전보건경영시스템의 적용 범위 결정과 해결할 필요가 있는 리스크와 기회의 결정에 고려해야 할 요소가 된다.

1) 안전보건경영시스템 적용 범위 결정(4.3)
2) 리스크와 기회를 다루는 조치(6.1)

4. 문서화된 정보 관리하기

본문은 문서화가 요구되는 것은 없다. 하지만 안전보건경영시스템과 관련된 외부 이슈와 내부 이슈의 변경이 경영 검토(9.3)의 입력 정보로 요구되므로 문서화된 정보를 보유하는 것이 바람직하다.

부속서 A.4.1 조직과 조직의 상황 이해

조직의 상황 이해는 안전보건경영시스템의 수립, 실행, 유지 및 지속적 개선을 위해 사용한다. 내부 이슈와 외부 이슈는 긍정적 또는 부정적일 수 있고, 안전보건경영시스템에 영향을 줄 수 있는 조건, 특성 또는 변화하는 환경을 포함한다. 예를 들면

a) 외부 이슈의 예
   1) 국제적, 국가적, 지역적 또는 지방적인 문화적, 사회적, 정치적, 법적, 재무적, 기술적, 경제적 및 자연적 환경 및 시장 경쟁
   2) 새로운 경쟁자, 계약자, 하도급업자, 공급자, 파트너와 제공자, 신기술, 새로운 법률의 도입과 새로운 직업의 출현
   3) 제품에 대한 새로운 지식과 안전 보건에 미치는 영향
   4) 조직에 영향을 주는 산업 또는 분야와 관련된 핵심 요인(key drivers)과 추세
   5) 조직의 외부 이해관계자와의 관계, 인식 및 가치
   6) 위의 사항과 관련된 변경

b) 내부 이슈의 예
   1) 거버넌스, 조직 구조, 역할, 책무
   2) 방침, 목표 및 이를 달성하기 위한 전략
   3) 자원, 지식 및 역량(예 자본, 시간, 인적 자원, 프로세스, 시스템 및 기술)으로 이해되는 능력
   4) 정보시스템, 정보 흐름 및 의사 결정 프로세스(공식 및 비공식)
   5) 새로운 제품, 재료, 서비스, 도구, 소프트웨어, 부지 및 장치 도입
   6) 근로자와의 관계 및 근로자의 인식 및 가치
   7) 조직 문화
   8) 조직에 의해 채택한 표준, 지침 및 모델
   9) 계약 관계의 형태와 범위, 예를 들면 외주화된 활동 포함
   10) 근무 시간 조정
   11) 작업 조건
   12) 위의 사항과 관련된 변경

4.2 근로자 및 기타 이해관계자의 니즈와 기대 이해

안전보건경영시스템을 구축할 때 근로자 및 기타 이해관계자가 조직에게 무엇을 요구하는지를 결정하여 관리할 것을 요구하고 있다.

> 조직은 다음 사항을 정하여야 한다.
>
> a) 안전보건경영시스템과 관련이 있는 근로자와 기타 이해관계자
> b) 근로자 및 이해관계자의 니즈와 기대(즉 요구사항)
> c) 이러한 니즈와 기대 중 어느 것이 법적 요구사항 및 기타 요구사항인지 또는 될 수 있는지의 여부

[목적]

안전보건경영시스템에 관련된 근로자 및 기타 이해관계자가 누구이고, 어떠한 니즈와 기대를 가지고 있는지를 파악 및 결정한 후 조직이 반드시 준수해야 할 것이 무엇인가를 결정하기 위한 것이다.

[실무 가이드]

조직은 안전보건경영시스템에 관련된 근로자와 기타 이해관계자의 대상 범주를 이해하고 그들의 니즈 및 기대 즉, 요구사항의 수준에 관심을 가지고 명확하게 구체적으로 결정한다. 이러한 이해 관계자의 요구사항 중에서 준수의무사항인 안전보건 관련 법령과 기타 요구사항이 무엇인지 파악하는 것이 중요한 것이며 이러한 요구사항은 리스크 및 기회를 도출하는 데 고려해야 할 사항인 것이다.

1. 근로자 및 기타 이해관계자란

근로자 및 기타 이해관계자는 [표 2-2]에 나타낸 것과 같다. 근로자란, '용어와 정의'(3.3)에 의하면 조직의 관리하에 있는 작업 또는 작업 관련 활동을 수행하는 인원/사람으로, 비고 2 에 따르면 최고경영자, 관리직 및 관리자가 아닌 인원이 포함된다. ISO 45001 표준의 경우 ISO 9001 및 ISO 14001과 달리 근로자를 정의하고, 기타 이해관계자와 별도로 명기하여 안전보건에서 근로자가 가장 중요하다는 것을 강조하고 있다.

이해관계자란, ISO 45001 '용어와 정의'(3.2)에서 의사 결정 또는 활동에 영향을 줄 수 있거나, 영향을 받을 수 있거나, 또는 그들 자신이 영향을 받는다는 인식을 할 수 있는 사람 또는 조직이라고 정의하고 있다. 여기서 이해관계자는 조직의 이해관계자가 아니고 어디까지나 안전보건경영시스템에 관계하는 이해관계자를 의미한다. 법적 및 규제 당국, 공급자, 계약자 및

하도급업자, 고객, 근로자 대표, 노동조합, 방문자, 행정기관, 지역 사회 및 인근 주민, 업종 단체 및 민간 단체, 의료 및 사회 서비스 등이 포함된다. 따라서 조직의 이해관계자가 누구인지 파악하는 것은 조직의 기업 경영에서 매우 중요한 것이다. 고객, 경쟁사, 규제 기관, 공급자 및 계약자 등의 관계를 분석하면서 안전보건경영시스템의 구축 및 운용을 추진하면 좋다.

[표 2-2] 근로자 및 기타 이해관계자의 사례

근로자	기타 이해관계자
① 종사원 ② 최고경영자, 관리자 ③ 파견 근로자 ④ 외국인 근로자 ⑤ 출장자 등 ⑥ 아르바이트 ⑦ 계약사원 ⑧ 조직 내 계약자	① 모기업, 자회사 ② 계약자, 외부 위탁자 ③ 공급자 ④ 고객 ⑤ 근로자 대표 ⑥ 노동조합 ⑦ 방문자 ⑧ 업계 단체 및 민간 단체 ⑨ 지역 사회 및 인근 주민 ⑩ 행정기관

2. 근로자 및 기타 이해관계자 결정하기

근로자 및 기타 이해관계자의 대상 범위는 안전보건경영시스템의 연관성과 영향도를 감안하여 조직이 결정하면 된다. 즉 조직은 근로자를 포함하여 안전보건경영시스템에 관련되어 영향을 주거나, 영향을 줄 가능성이 있는 이해관계자가 누구인가를 [표 2-2]에서 결정한다.

조직은 많은 기타 이해관계자가 존재하지만, 대상 범위를 어디 수준까지 결정할 것인가를 업종 실태 및 안전보건경영시스템의 영향력에 따라 조직이 정하면 된다.

3. 니즈와 기대의 파악 및 결정하기

니즈와 기대는 니즈와 기대로 나누어 생각하지 말고 요구사항이라고 이해하면 된다. 이러한 니즈와 기대는 명시적인 것뿐만 아니라 암묵적인 것도 포함되어 있다. 근로자 및 기타 이해관계자가 조직에 무엇을 요구하고 있는지에 대해 니즈와 기대를 명확하게 하여 결정한다. 그리고 그중에서 안전보건경영시스템에서 조직이 준수해야 할 요구사항이 무엇이 있는지를 결정하는 것이다.

조직은 안전보건경영시스템의 영향력과 관련성을 고려하여 근로자와 기타 이해관계자의 니즈와 기대를 어느 정도 수준까지 파악하는가를 결정하면 된다. 근로자 및 노동조합의 니즈와 기대는 산업안전보건위원회, 안전보건협의회 등에서 의견을 청취하거나 설문조사 및 면담을 통해 입수하여 정리한다. [표 2-2]의 고객, 계약자 및 행정기관 등의 이해관계자의 니즈와 기대는 조직의 안전보건경영시스템에 어떠한 영향을 주는지를 결정해야 한다.

안전 보건 주관 부서는 경영 환경 변화에 따른 니즈와 기대에 대한 정보를 파악할 수 있도록 평소에 관심을 가지고 모니터링하는 것이 필요하다. 또한 근로자 및 기타 이해관계자의 니즈와 기대를 구체적으로 파악하지 않으면, 리스크 및 기회(6.1)가 불명확하게 되어 안전보건경영시스템의 조치사항은 효과가 나타나지 않는다. 또한 문서화된 정보는 요구되고 있지 않다. 하지만 리스크 및 기회의 조치 기획과 안전보건경영시스템과 관련된 이해관계자의 니즈와 기대는 경영 검토(9.3)의 입력 정보가 되는 것이므로 파악한 이해관계자의 니즈와 기대는 문서화된 정보를 보유하는 것이 바람직하다.

4. 법적 요구사항 및 기타 요구사항 결정하기

조직은 파악한 니즈와 기대 중 조직으로서 무엇이 준수 의무 사항이 되는 법적 요구사항인지, 기타 요구사항인지를 결정한다. 즉 근로자 및 기타 이해관계자의 니즈와 기대를 파악 및 결정하고 다음의 어느 것에 해당하는가에 대해 결정하여 정리하는 것이 좋다.

(1) 준수 의무인 법적 요구사항
(2) 조직의 규정 및 기준 등에서 실시해야 할 기타 요구사항
(3) 요구사항은 아니지만 향후 실행해야 할 사항

　니즈와 기대 중에서 법령 및 규제는 반드시 준수해야 할 것으로, 6.1.3(법적 요구사항 및 기타 요구사항의 결정)에서 법적 요구사항에 해당된다. 이 경우 강제적인 항목으로 되어 있으면 법령 및 규제 이외의 니즈와 기대는 6.1.3에서 기타 요구사항에 해당되면 반드시 강제력이 없다. 그 중에서 조직이 자발적으로 준수한다고 합의 및 약속할 것을 결정한다.

부속서 A.4.2 근로자 및 기타 이해관계자의 니즈와 기대 이해

근로자(3.3) 이외에 이해관계자에 다음 사항을 포함할 수 있다.

a) 법적 기관 및 규제 기관(지방, 지역, 도, 국내 또는 국제)
b) 모기업 조직
c) 공급자, 계약자, 하도급 업자
d) 근로자 대표
e) 근로자 조직(노조) 및 사용자 조직
f) 소유자, 주주, 의뢰자, 방문자, 지역사회와 이웃 조직 및 일반 대중
g) 고객, 의료 및 기타 지역사회 서비스, 미디어, 학계, 사업 협회 및 비정부 조직(NGOs)
h) 안전 보건 조직과 안전 보건 전문가

어떤 니즈와 기대는 그들이 법과 규제에 통합되어 있기 때문에 의무적이다. 조직은 또한 자발적으로 다른 니즈나 기대(예 단체협약을 따르거나 자발적 이니셔티브에 가입)에 동의하고 채택하도록 결정해도 된다. 조직이 이를 한 번 채택하면 안전보건경영시스템을 기획하고 수립할 때 이를 다뤄야 한다.

4.3 안전보건경영시스템 적용 범위 결정

조직 자체가 안전보건경영시스템을 조직의 어느 범위까지 적용할 것인지 결정할 것을 요구한다.

조직은 안전보건경영시스템의 적용 범위를 설정하기 위하여 안전보건경영시스템의 경계 및 적용 가능성을 정하여야 한다. 적용 범위를 정할 때 조직은 다음 사항을 고려하여야 한다.

a) 4.1에 언급된 외부 이슈와 내부 이슈 고려
b) 4.2에 언급된 요구사항의 반영
c) 계획되거나 수행된 작업 관련 활동의 반영

안전보건경영시스템은 조직의 안전 보건 성과에 영향을 줄 수 있는 조직의 관리 또는 영향 내에 있는 활동, 제품 및 서비스를 포함하여야 한다. 적용 범위는 문서화된 정보로 이용할 수 있어야 한다.

[목적]

조직은 결정된 외부 이슈 및 내부 이슈와 이해관계자의 니즈와 기대를 고려하여 안전보건경영시스템의 경계 및 적용 범위를 결정하고 적용 범위의 문서화 정보를 하기 위한 것이다.

[실무 가이드]

조직은 안전보건경영시스템을 어느 범위에 적용할 것인가를 결정하여 해당 내용을 문서화하고 적용 범위를 결정하기 위해 경계 및 적용 가능성을 명확하게 정해야 한다.

1. 적용 범위 결정하기

조직은 본문 (a) 외부 이슈와 내부 이슈(4.1), (b) 근로자 및 기타 이해관계자의 니즈와 기대 (4.2), 4.3 (c) 계획되거나 수행한 작업 관련 활동을 반영하여 조직의 안전보건경영시스템 성과에 영향을 미칠 수 있고, 조직이 통제하거나 조직의 영향 하에 있는 조직의 활동, 제품 및 서비스에 대하여 물리적 경계(본사, 공장, 지점 등), 업무적 경계(설계 개발, 제조 및 서비스 등) 및 조직적 경계(조직 모든 부문)의 적용 가능성을 감안하여 결정한다. 따라서 외부 이슈와 내부 이슈, 근로자 및 기타 이해관계자의 니즈와 기대 등을 반영하여 안전보건경영시스템의 적용 범위가 되는 전사, 사업장, 부문 및 활동을 결정한다. 아울러 대상이 되는 조직 안에 적용 제외의 대상 범위가 있는 경우 조직도에 명기한다. 또한 적용 범위는 다음의 세 가지 적용에 대해 활용된다는 것에 유의해야 한다.

구분	적용 범위
1절 적용 범위	ISO 45001 안전보건경영시스템 표준의 적용 범위
요구사항 4.3의 결정된 것	조직의 경영시스템 적용 범위
인증기관에 신청하는 적용 범위	조직이 인증에 대한 적용 범위

조직의 안전보건경영시스템 적용 범위와 ISO 45001 인증의 적용 범위는 반드시 일치하는 것은 아니고 그 내용을 다르게 할 수 있다. 따라서 안전보건경영시스템의 적용 범위 중 ISO 45001 인증 범위를 결정한다. 다만 타당성은 인증기관에 명확하게 설명해야 한다.

안전보건경영시스템의 적용 범위는 조직이 결정한다. 하지만 수용할 수 없는 리스크가 존재하는 작업장이나 업무를 의도적으로 제외하는 것은 표준이 의도하는 것이 아니며 이해관계자에게 오해를 주어서는 안 된다. 사업장의 일부를 적용 범위로 하는 등 산업 안전 보건상으로 관리 범위를 다르게 지정하여 적용 범위를 정할 경우에는 타당성 있는 명확한 사유가 필요하다.

2. 적용 가능성

1) 조직의 적용 가능성

적용 가능성이란, 표준 요구사항을 조직에 적용 가능한지에 대한 가능성을 의미한다. 즉 어느 부문이나 어느 업무에 어느 정도까지 적용 가능할 것인가 등이 해당된다. 예를 들면 일절 물품을 구매하고 있어도 외부에 기능 및 프로세스를 위탁하지 않으면 요구사항 외주 처리(8.1.4.3)는 적용 불가능하고, 안전보건경영시스템의 적용에서도 제외한다.

2) 조직 부문 및 계층 적용 가능성

ISO 요구사항 중 어느 요구사항을 어느 부서 및 계층 등에 적용할 것인가를 분석하는 것도 적용 가능성을 결정하는 작업이다. 예를 들면 안전 보건 목표(6.2.1)는 관련 기능과 계층에서 안전 보건 목표를 수립해야 한다고 요구하고 있다. 이것을 조직 전체로 할 것인지, 조직 부서 단위(부, 과 및 팀)의 어느 조직 단위로 할 것인지를 결정해야 할 것이다.

3. 문서화된 정보로서 이용 가능한 상태

조직은 안전보건경영시스템을 어느 범위에 적용할 것인가를 정하여 그 내용을 문서화할 것을 요구하고 있다. 따라서 적용 범위는 안전보건경영 매뉴얼, 홈페이지 및 회사 소개 등에 명기하여 이해관계자가 입수할 수 있도록 할 필요가 있다.

4.4 안전보건경영시스템

조직에 대해서 ISO 45001 표준 요구사항에 따라 안전보건경영시스템을 수립, 실행, 유지 및 지속적 개선을 요구하고 있다.

> 조직은 이 표준의 요구사항에 따라 필요한 프로세스와 그 프로세스의 상호작용을 포함하는 안전보건경영시스템을 수립, 실행, 유지 및 지속적으로 개선하여야 한다.

[목적]

ISO 45001 요구사항에 따라 필요한 프로세스와 그 프로세스의 상호작용을 포함한 안전보건경영시스템을 구축 및 운용하는 데 그 의도가 있다.

[실무 가이드]

ISO 45001 표준 요구 사항에 따라 안전보건경영시스템을 구축 및 이행하여 그 의도한 결과를 달성하기 위해 필요한 프로세스는 조직의 특성에 의거하여 프로세스 간의 상호작용 관계를 이해하고 프로세스를 수립해야 한다.

1. 안전보건경영시스템 구축하기

ISO 경영시스템 표준은 조직에 대해 경영시스템의 구축(수립, 실시, 유지, 개선)을 요구한다. 이 경영시스템의 구축은 ISO 45001의 근원적 요구이다. 이것은 부속서 SL의 공통 텍스트의 요구사항에서 기술되어 있으며, ISO 45001과 동일하게 ISO 9001이나 ISO 14001 등 다른 표준에서도 동일하다.

경영시스템이란, 용어의 정의 3.10에 의하면 '방침(3.14) 및 목표(3.16)를 수립하고, 해당 목표를 달성하기 위한 프로세스(3.25)를 수립하기 위한 조직(3.1)의 상호 관련되거나 상호작용하는 요소의 집합이다.'라고 정의하고 있다.

경영시스템의 용어와 정의 비고2의 시스템의 요소는 조직의 구조, 역할과 책임, 기획, 운용, 성과 평가 및 개선을 포함한다. 따라서 경영시스템의 구성 요소는 경영시스템의 용어와 정의 (3.10)와 비고를 감안하면 방침, 목표, 프로세스, 조직 구조, 역할 및 책임, 기획 및 운용, 성과 평가 및 개선이다.

본 항에서는 주요 구성 요소인 프로세스의 수립을 요구하고 있다. 그리고 필요한 프로세스의 대상은 ISO 45001의 4.1에서 10.3까지 각 요구사항에 나타나 있다.

2. 프로세스와 상호작용 명확하게 정의하기

프로세스(process)란, '용어와 정의'(3.25)에 의하면 '입력을 사용하여 의도한 결과를 만들어내는 상호 관련되거나 상호작용하는 활동의 집합'이라고 정의되어 있다.

ISO 45001에서 각 요구사항이 제시되고 있다. 하지만 본문에서는 '필요한 프로세스 및 그 프로세스의 상호작용을 포함한다.'고 나타나 있어서 프로세스 간의 관계를 의식하여 프로세스를 수립하는 것이 중요하다. 특히 ISO 45001에서 비즈니스 프로세스의 통합화를 강조하고 있으므로 조직의 업무 프로세스 중에서 ISO 45001 요구사항을 포함함과 동시에 이러한 프로세스를 유기적으로 연관시키는 것이 중요하다. 또한 ISO 45001 1절(적용 범위)에 '이 표준은 안전 보건 경영을 체계적으로 개선하기 위해 전체적 또는 부분적으로 사용될 수 있다.' 는 취지가 기술되어 있다. 이와 같이 표준의 활용 방법은 조직에 위임되고 있지만, PDCA 사이클을 적절하게 돌리는 체제로서 요구사항 전체에 대응하여 다루는 것이 효과성을 향상시키는 데 바람직하다. 또한 안전 보건경영매뉴얼에 필요한 프로세스와 그 상호작용의 조직 전체에 걸친 적용 관계를 매트릭스로 나타내어 설명할 수 있다.

3. 프로세스 구축하기

ISO 45001 표준의 요구사항에 따라 필요한 프로세스와 그 프로세스의 상호작용을 포함하는 안전보건경영시스템은 수립, 실행, 유지 및 지속적인 개선을 해야 한다고 요구하고 있다. 하지만 ISO 45001 표준에서 구체적으로 제시하는 14개의 프로세스는 [표 2-4]와 같다. 여기서 언급한 프로세스는 조직의 비즈니스 프로세스와 통합됨을 보장해야 한다고 규정되어 있다(5.1항 c)). 이러한 프로세스는 조직의 일상적인 다양한 비즈니스 프로세스 중에서 통합되어 실행되어야 하고, 그렇지 않으면 안전보건경영시스템은 이중 체제가 되어 형식화될 우려가 있다.

[표 2-4] ISO 45001 프로세스

장 구분	조항 번호	프로세스명
제5장. 리더십과 근로자 참여	5.4	근로자 협의 및 참여 프로세스
제6장. 기획	6.1.2.1	위험요인 파악 프로세스
	6.1.2.2	안전 보건 리스크 및 기타 리스크 평가 프로세스
	6.1.2.3	안전 보건 기회 및 기타 기회 평가 프로세스
	6.1.3	법규 요구사항 및 기타 요구사항의 결정 프로세스
제7장. 지원	7.4.1	내부 및 외부 의사소통 프로세스
제8장. 운용	8.1.1	안전보건경영시스템의 요구사항을 충족하기 위한 프로세스 및 6절에서 정한 조치를 실행하기 위해 필요한 프로세스
	8.1.2	위험요인 제거 및 안전 보건 리스크 감소 프로세스
	8.1.3	변경 관리 프로세스
	8.1.4.1	조달 프로세스
	8.2	비상시 대비 및 대응 프로세스
제9장. 성과 평가	9.1.1	모니터링, 측정, 분석 및 성과 평가 프로세스
	9.1.2	준수 평가 프로세스
제10장. 개선	10.2	사건, 부적합 및 시정조치 프로세스

4. 프로세스 수립하기

프로세스를 수립할 때는 프로세스(process)의 정의를 고려하여 다음의 사항을 명확하게 할 필요가 있다.

1) 프로세스 요소인 입력 사항 결정
2) 프로세스 요소인 출력 사항 결정
3) 프로세스에 대한 기준 수립(8.1.1의 요구사항)
4) 문서화

> ## 부속서 A.4.4 안전보건경영시스템
>
> 조직은 다음과 같은 세부 수준 및 범위를 포함하여 이 표준의 요구사항을 충족시키는 방법을 결정하기 위해 권한, 책임 및 자율성을 보유한다.
>
> 1) 조직이 계획대로 관리되고 수행되어 안전보건경영시스템의 의도된 결과를 달성한다는 확신을 갖기 위해 하나 이상의 프로세스를 수립한다.
> 2) 안전보건경영시스템의 요구사항을 다양한 비즈니스 프로세스(예 설계 및 개발, 조달, 인적 자원, 영업 및 마케팅)에 통합한다.
>
> 이 표준을 조직의 특정 부분을 위해 실행하는 경우 조직의 다른 부분에서 개발한 방침과 프로세스는 적용 대상이 되는 특정 부분에 적용할 수 있고 이 표준의 요구사항을 준수한다면 이 방침과 프로세스는 이 표준의 요구사항을 만족시키기 위해 사용될 수 있다. 이런 예로는 기업의 안전 보건 방침, 학력, 교육 훈련, 역량 프로그램, 조달 관리 등이 있을 수 있다.

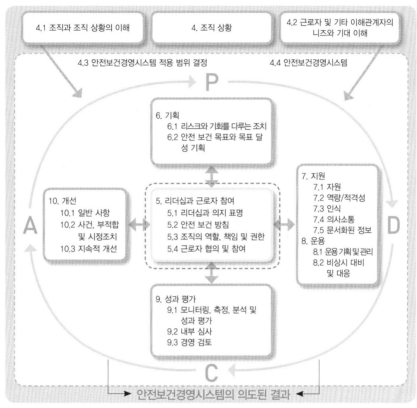

【ISO 45001 개념도】

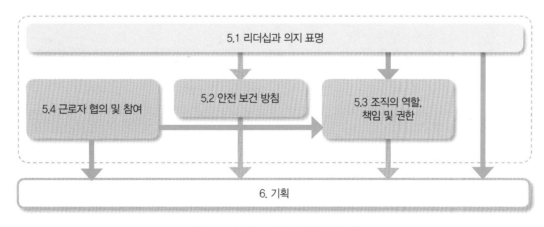

【리더십과 근로자 참여 전체 흐름도】

리더십과 근로자 참여는 안전보건경영시스템에서 PDCA의 'Plan(계획)'에 해당되는 구성 요소로, 안전보건경영시스템의 성공은 최고경영자의 리더십 및 의지 표명, 근로자의 참여에 달려있다. 최고경영자가 안전보건경영시스템이 있어서 역할에 대한 고유의 요구사항(13개 항목)에 관련되는 사항을 요구함과 동시에 안전 보건 방침의 결정과 조직의 역할·책임 및 권한의 부여를 요구하고 있다. 또한 근로자의 협의와 참여 프로세스를 요구하고 있는데, 이 요구사항은 다음과 같이 네 가지로 구성되어 있다.

5.1 리더십과 의지 표명
5.2 안전 보건 방침
5.3 조직의 역할, 책임 및 권한
5.4 근로자 협의 및 참여

5.1 리더십과 의지 표명

본문은 최고경영자가 안전보건경영시스템에 있어서 그 역할에 대한 요구사항과 의도한 결과를 달성하기 위한 최고경영자의 리더십과 의지 표명을 조직에게 명확하게 전달하기 위한 요구사항이 규정되어 있다.

최고경영자는 안전보건경영시스템에 대한 리더십과 의지표명(commitment)을 다음 사항에 따라 실증하여야 한다.

a) 안전하고 건강한 작업장 및 활동의 제공뿐만 아니라 작업과 관련된 상해 및 건강상 장해 예방을 위한 전반적인 책임과 책무
b) 안전 보건 방침 및 관련된 안전 보건 목표가 수립되고 조직의 전략적 방향과 조화됨 보장
c) 안전보건경영시스템 요구사항이 조직의 비즈니스 프로세스와 통합됨 보장
d) 안전보건경영시스템의 수립, 실행, 유지 및 개선을 위하여 필요한 자원의 가용성 보장
e) 효과적인 안전 보건 경영의 중요성과 안전보건경영시스템 요구사항과의 적합성에 대한 중요성을 의사소통
f) 안전보건경영시스템이 의도한 결과를 달성함 보장
g) 안전보건경영시스템의 효과성에 기여하도록 인원을 지휘하고 지원
h) 지속적인 개선을 보장하고 촉진
i) 기타 관련 경영자의 책임 분야에 리더십이 적용될 때 그들의 리더십을 실증하도록 경영자 역할에 대한 지원
j) 안전보건경영시스템의 의도된 결과를 지원하는 조직의 문화를 개발, 선도 및 증진

> k) 사건, 위험요인, 리스크와 기회 보고 시 보복으로부터 근로자 보호
> l) 조직이 근로자의 협의 및 참여를 위한 프로세스를 수립하고 실행 보장(5.4 참조)
> m) 안전보건위원회 수립 및 기능 지원 (5.4 e) 1) 참조)
>
> • 비고 : 이 표준에서 '비즈니스'에 대한 언급은 조직의 존재 목적의 핵심이 되는 활동을 의미하는 것으로 광범위하게 해석될
>   수 있다.

[목적]

최고경영자가 조직 안에서 안전보건경영시스템에 대한 리더십 및 의지 표명을 실증하기 위해 자신이 관여하고 지휘하는 활동을 파악하고 실행할 것을 의도하고 있다.

[실무 가이드]

최고경영자가 안전보건경영시스템에 대한 리더십과 의지를 표명하고 재해 예방의 그 역할과 책임을 가지고 스스로 관리·지휘하여 사업장의 안전 및 보건 확보의 의무사항을 인지하고 조치해야 한다. 이를 위하여 안전보건경영시스템의 구축과 이행에 필요한 인적 자원 및 물적 자원의 각종 지원활동 등 제반 안전 보건 활동을 통하여 다음 사항을 실증하고 보장해야 한다.

1. 최고경영자의 역할

최고경영자(3.12)는 최고 계층으로서 조직을 지휘하고 관리하는 사람 또는 그룹으로 정의되어 있고 대표이사, 부사장, 임원 등 조직을 지휘, 관리하는 경영자 또는 경영자층을 의미한다. 최고경영자의 역할은 개요 0.3(성공 요인)에 '안전보건경영시스템의 성공 여부는 조직의 리더십, 의지 표명 및 모든 계층과 기능의 참여에 달려있다.'고 기재되어 있다.

부속서 A.5.1에도 안전보건경영시스템의 성공과 의도한 성과 달성을 위해서는 인식, 책임성, 적극적인 지원 및 피드백을 포함하여 조직의 최고경영자가 제시한 리더십과 의지 표명이 중요하다고 기재되어 있다. 중대재해법 제4조(사업주와 경영책임자 등의 안전 및 보건 확보 의무) 및 산업안전보건법 제5조(사업주의 의무)를 바탕으로 최고경영자 스스로가 안전 및 보건 확보 의무의 책임을 인식하고 솔선수범하여 안전보건경영시스템을 적극적으로 추진하면 안전보건경영시스템이 구축되어 중대재해 등 재해 예방과 현장의 안전 보건에 대한 의식과 안전 보건 수준이 향상될 것이다. 또한 안전보건경영시스템을 효과적으로 운용하기 위해 필요한 경영 자원을 아낌없이 제공해야 한다.

리더십은 통솔력과 지도력을, 의지 표명은 약속, 의무, 깊은 관심을 의미한다. 따라서 조직의 안전 보건에 대한 최종적인 책임은 최고경영자가 진다. 요구 사항 a)~m)의 13항목의 경우 최고

경영자는 통솔력을 발휘하여 깊이 관여한다는 것을 사실로 증명하고 증거를 보여주어야 한다. 본문 요구 사항 a)~m) 중에서 최고경영자가 자신이 실행할 책무 8개 항목(a), e), g), h), i), j), k), m))과 보장(ensure)하는 5개 항목(b), c), d), f), l))에 대해 구분하여 설명한다.

2. 최고경영자 스스로 실증하는 것(8개 항목)

본문 중 다음의 8개 항목은 최고경영자 스스로가 실행하고 책임을 부여하는 것이다.

a) 작업과 관련된 상해 및 건강상 장해의 예방에 대한 전반적인 책임과 책무

e) 안전 보건 경영의 중요성을 의사소통하고 안전보건경영시스템 요구사항과의 적합성의 중요성 의사소통

g) 인원의 지휘 및 지원

h) 지속적 개선의 보장 및 촉진

i) 기타 관련 관리자의 역할 지원

j) 의도한 결과를 지원하는 조직 내 문화를 개발, 선도 및 증진

k) 보복으로부터 근로자 보호

m) 안전보건위원회 수립 및 기능 지원((5.4 (e) 1))

위의 8항목에 대해 설명하면 다음과 같다.

a) 최고경영자는 안전보건경영시스템이 의도한 결과에 대한 전체적인 책임을 지고, 무엇을 설계하고 그 결과는 어떻게 되고 있는지에 대해 설명해야 한다. 이를 위해 안전보건경영시스템이 의도한 결과 달성 상황이나 미달될 우려가 있는 경우에는 대응책을 파악할 필요가 있다.

e) 안전 보건 경영의 중요성과 안전보건경영시스템 요구사항의 적합성에 대한 중요성을 경영회의, 산업안전보건위원회, 안전보건회의, 안전 교육 등을 통해 근로자 및 관련 이해관계자에게 의사소통한다.

g) 안전 보건의 조직 설치와 인원의 적절한 배치 및 역할을 지원하여 안전 보건 효과성에 기여하도록 한다.

h) 최고경영자가 지속적 개선을 보장하고 촉진하는 역할을 다해야 한다. 예를 들면 경영 검토를 효과적으로 실행하여 안전보건시스템 및 안전 보건 성과에 대해 지속적인 개선을 확실하게 추진하는 것이다.

i) 안전 보건에 관련된 조직의 관리자가 리더십을 발휘할 수 있도록 필요한 권한을 부여하고 지원 활동을 해야 한다.

j) 안전보건경영시스템이 의도한 결과를 달성하기 위해 적극적으로 활동하도록 지원하는 안전 문화를 조성하여 근로자의 인식, 태도 및 가치관 등을 개발하고 촉진한다.

k) 근로자가 사건, 유해·위험요인, 리스크 및 기회의 정보를 제때 보고함으로써 안전 보건 리스크 감소가 조기에 조치 가능하다. 이를 위해 리스크와 기회 등 정보의 보고를 권장하고 보고한 사람에게 불이익을 주지 않아야 한다.

m) 5.4(근로자 협의 및 참여)의 (a)와 관련되어 산업안전보건위원회의 설치를 산업안전보건법에서 규정하고 있으며, 그 기능을 효과적으로 운용하려면 심의하는 것이 필요하다. 위원회 회의가 보고회로서 끝나지 않도록 하여 근로자의 의견이 내기 쉽도록 기회를 마련하도록 한다.

3. 보장하는 것(5개 항목)

보장한다는 것은, 최고경영자가 스스로 실행하지 않고 그 책임과 권한을 관련 부문 및 요원에게 위임할 수 있지만, 실행한 결과를 확인하는 책임이 있다는 의미이다. 경영자가 보장하는 5개 항목은 다음과 같다.

b) 안전 보건 방침과 목표의 전략적 방향과 조화됨을 보장한다.
안전 보건 방침은 조직의 목적과 상황, 안전 보건에 관련된 리스크 및 기회를 고려하고 안전보건경영시스템의 목표 및 계획은 조직의 전략적 방향과 일체화한다.

c) 안전보건경영시스템 요구사항이 비즈니스 프로세스와의 통합을 보장한다.
ISO 45001 요구사항이 기존 업무 활동과 일체화되어 운용되도록 비즈니스 프로세스와 통합하여 현재 운용 중인 업무의 안전보건경영시스템이 운용됨을 보장해야 한다.

d) 필요 자원의 가용을 보장한다.
안전보건경영시스템을 실질적으로 운용하기 위한 인원, 물자 및 예산 등 인적 자원 및 물적 자원을 확보하고 필요한 시기에 자원을 지원할 수 있어야 한다.

f) 의도한 결과를 달성 보장
안전보건경영시스템의 의도한 결과를 달성하기 위한 조치 기획을 파악하고, 달성할 수 없는 경우에는 조치 기획을 수정한 후 구체적인 운용 기획의 실행을 지원하여 조직의 목표를 확실하게 달성할 수 있도록 대책을 취해야 한다.

l) 조직이 근로자의 협의 및 참여 프로세스를 수립·실행하도록 보장한다(5.4).
근로자와 협의 및 참여하는 프로세스가 확실하게 수립, 실행, 유지되도록 최고경영자가 적극적으로 관여하고 확인한다.

위의 5개 항목 중 d), f), l)의 내용은 경영 검토의 반영 사항으로 검토 과정에서 보장하게 된다.

부속서 A.5.1 리더십과 의지 표명

안전보건경영시스템의 성공과 의도된 성과 달성을 위해서는 인식, 책임성, 적극적인 지원 및 피드백을 포함하여 조직의 최고경영자가 제시한 리더십 및 의지 표명이 중요하다. 따라서 최고경영자는 개인적으로 관여해야 하거나 지시해야 하는 특정 책임을 진다.

조직의 안전보건경영시스템을 지원하는 문화는 주로 최고경영자에 의해서 결정되고, 이는 안전보건경영시스템에 대한 의지 표명과 스타일(style) 및 숙련도를 결정하는 개인과 집단의 가치, 태도, 경영 관행, 인식, 역량 및 활동 방식의 산물이다.

문화는 다음 사항에 한정하지는 않지만, 근로자의 적극적 참여, 상호 신뢰를 바탕으로 한 협력과 의사소통, 안전 보건 기회 발견에 적극적 참여, 예방 및 보호 조치의 효과성에 대한 확신으로, 안전보건경영시스템의 중요성에 대한 공유된 인식을 특징으로 한다.

최고경영자가 리더십을 발휘하는 중요한 방법은 근로자가 사고, 위험요인, 리스크 및 기회를 보고하도록 격려하고, 보고하였을 때 근로자를 해고 위협이나 징계 조치와 같은 보복으로부터 보호하는 것이다.

관련 법령

1. 중대재해법 제4조(사업주와 경영책임자 등의 안전 및 보건 확보 의무)
   1) 사업주 또는 경영책임자 등은 사업주나 법인 또는 기관이 실질적으로 지배 및 운영, 관리하는 사업 또는 사업장에서 종사자의 안전 보건상 유해 또는 위험을 방지하기 위해 그 사업이나 사업장의 특성 및 규모 등을 고려하여 다음 각 호에 따른 조치를 취해야 한다.
      (1) 재해 예방에 필요한 인력 및 예산 등 안전 보건 관리체제의 구축 및 그 이행에 대한 조치
      (2) 재해 발생 시 재발 방지 대책의 수립 및 그 이행에 대한 조치
      (3) 중앙행정기관, 지방자치단체가 관계 법령에 따라 개선, 시정 등을 명한 사항의 이행에 대한 조치
      (4) 안전보건관계법령에 따른 의무 이행에 필요한 관리상의 조치
   2) 제1항 제1호, 제4호의 조치에 관한 구체적인 사항은 대통령령으로 정한다.
2. 산업안전보건법 제2장 2절 제14조(이사회 보고 및 승인 등)
   1) '상법' 제170조에 따른 주식회사 중 대통령령으로 정하는 회사의 대표이사는 대통령령으로 정하는 바에 따라 매년 회사의 안전 및 보건에 대한 계획을 수립하여 이사회에 보고하고 승인을 받아야 한다.
   2) 제1항에 따른 대표이사는 제1항에 따른 안전 및 보건에 대한 계획을 성실하게 이행해야 한다.
   3) 제1항에 따른 안전 및 보건에 대한 계획에는 안전 및 보건에 대한 비용, 시설, 인원 등의 사항을 포함해야 한다.
3. 산업안전보건법 시행령 제13조(이사회 보고, 승인 대상 회사 등)
   1) 법 제14조제1항에서 '대통령령으로 정하는 회사'란, 다음 각 호의 어느 하나에 해당하는 회사를 말한다.
   2) 상시 근로자 500명 이상을 사용하는 회사
   3) '건설산업기본법' 제23조에 따라 평가하여 공시된 시공 능력(같은 법 시행령 별표 1의 종합 공사를 시공하는 업종의 건설 업종란 제3호에 따른 토목 건축 공사업에 대한 평가 및 공시로 한정한다.)의 순위 상위 1,000위 이내의 건설회사
   4) 법 제14조제1항에 따른 회사의 대표이사('상법' 제408조의 2의 제1항 후단에 따라 대표이사를 두지 못하는 회사의 경우에는 같은 법 제408조의 5에 따른 대표 집행 임원을 말한다는 회사의 정관에서 정하는 바에 따라 다음 각 호의 내용을 포함한 회사의 안전 및 보건에 대한 계획을 수립해야 한다.
      (1) 안전 및 보건에 대한 경영 방침
      (2) 안전 보건 관리 조직의 구성, 인원 및 역할
      (3) 안전 보건 관련 예산 및 시설 현황
      (4) 안전 보건에 대한 전년도 활동 실적 및 다음 연도 활동 계획

4. 산업안전보건법 제5조(사업주 등의 의무)

1) 사업주(제77조에 따른 특수 형태 근로 종사자로부터 노무를 제공받는 자와 제78조에 따른 물건의 수거, 배달 등을 중개하는 자를 포함한다. 이하 이 조 및 제6조에서 같다.)는 다음 각 호의 사항을 이행함으로써 근로자(제77조에 따른 특수 형태 근로 종사자와 제78조에 따른 물건의 수거, 배달 등을 하는 사람을 포함한다. 이하 이 조 및 제6조에서 같다.)의 안전 및 건강을 유지 및 증진시키고 국가의 산업재해 예방 정책을 따라야 한다. 〈개정 2020. 5. 26.〉

   (1) 이 법과 이 법에 따른 명령으로 정하는 산업재해 예방을 위한 기준

   (2) 근로자의 신체적 피로와 정신적 스트레스 등을 줄일 수 있는 쾌적한 작업 환경의 조성 및 근로 조건 개선

   (3) 해당 사업장의 안전 및 보건에 대한 정보를 근로자에게 제공

2) 다음 각 호의 어느 하나에 해당하는 자는 발주, 설계, 제조, 수입 또는 건설을 할 때 이 법과 이 법에 따른 명령으로 정하는 기준을 지켜야 한다. 그리고 발주, 설계, 제조, 수입 또는 건설에 사용되는 물건 때문에 발생하는 산업재해를 방지하기 위해 필요한 조치를 취해야 한다.

   (1) 기계, 기구와 그 밖의 설비를 설계, 제조 또는 수입하는 자

   (2) 원재료 등을 제조, 수입하는 자

   (3) 건설물을 발주, 설계, 건설하는 자

5.2 안전 보건 방침

최고경영자는 안전 보건 방침을 수립하여 근로자 및 이해관계자에게 자신의 의지를 전달할 것을 요구한다.

최고경영자는 다음 사항과 같은 안전 보건 방침을 수립, 실행 및 유지하여야 한다.

a) 업무 관련 상해 및 건강상 장해의 예방을 위해 안전하고 건강한 근무 조건을 제공하기 위한 의지 표명을 포함하고 조직의 목적, 규모 및 상황, 그리고 안전 보건 리스크와 기회의 특정한 성질에 적절

b) 안전 보건 목표의 설정을 위한 틀 제공

c) 법적 요구사항 및 기타 요구사항의 충족에 대한 의지 표명 포함

d) 위험요인을 제거하고 안전 보건 리스크를 감소하기 위한 의지 표명 포함(8.1.2 참조)

e) 안전보건경영시스템의 지속적인 개선에 대한 의지 표명 포함

f) 근로자 및 근로자 대표(있는 경우)의 협의와 참여에 대한 의지 표명 포함

안전 보건 방침은 다음 사항과 같아야 한다.

   – 문서화된 정보로 이용 가능

   – 조직 내에서 의사소통

   – 해당하는 경우 이해관계자가 이용 가능

   – 관련되고 적절

[목적]

최고경영자가 조직의 안전보건경영시스템에서 목적, 기본 이념 및 기본 원칙을 밝힌 안전 보건 방침을 수립하여 근로자 및 이해관계자에게 전달하는 것이다.

[실무 가이드]

안전 보건 방침은 최고경영자가 안전보건경영시스템에서 목적 및 지향하는 방향성과 안전 보건에 대한 기본 이념, 그리고 기본 원칙을 밝힌 공식적인 문서를 말한다. 그리고 근로자 및 이해관계자에게 자신의 의지를 전달하는 것이다.

1. 안전 보건 방침 수립하기

안전 보건 방침 수립 시 조직의 목적, 업종, 규모 및 상황과 안전 보건 리스크 및 기회를 반영해야 한다. 그리고 안전 보건 방침을 수립하는 것은 최고경영자의 중요한 책무이므로 안전 보건 방침의 수립, 실시, 유지에 대한 책임 소재를 명확히 해야 한다.

본문 a)~f)는 안전보건경영시스템을 운용하여 의도한 결과를 달성하기 위해 중요한 사항이고, 안전 보건 방침은 다음의 6개 요구사항을 충족해야 한다.

a) 안전보건경영시스템의 의도한 결과는 안전하고 건강한 작업장을 제공한다고 한다. 하지만 방침에는 보다 구체적으로 안전하고, 상해 · 건강상 장해를 예방하기 위해 건강한 근로 조건을 제공한다는 의지 표명이 포함되어야 한다.

b) 안전 보건 방침에 제시된 지속적 개선과 안전 보건 리스크 감소에 대한 개선 의지 및 요구사항의 준수를 위한 목표 설정의 방향성을 제공할 수 있어야 한다는 의미이다. 그리고 안전 보건 목표 설정 시 방침과 목표와 일관성이 있어야 한다.

c) 방침에는 법적 요구사항 및 기타 요구사항을 충족한다는 의지 표명이 포함되어야 한다.

d) 안전 보건 고유의 요구사항이며 8.1.2에 제시된 안전 보건의 리스크 감소의 관리단계 우선순위에 따른다는 의지 표명이 포함되어야 한다.

e) 안전보건경영시스템을 PDCA로 개선하고 안전 보건 성과를 지속적으로 개선시킨다는 의지 표명이 포함되어야 한다.

f) 근로자 협의 및 참여에 대한 요구사항을 충족한다는 의지 표명이 포함되어야 한다.

2. 안전 보건 방침의 관리 방법

안전 보건 방침은 문서로 작성 및 관리되고 조직 내부의 모든 인원에게 방침을 게시하거나, 인터넷 등의 조직 내 전달 방법을 통해 의사소통되어야 하고 해당되는 경우 계약자 및 공급자 등 이해관계자가 입수 가능하도록 한다. 그리고 방침 및 목표의 달성 정도를 고려하여 변경의 필요성이 있을 경우 안전 보건 방침은 수정해야 한다.

3. 안전 보건 방침과 연결된 표준 요구사항

ISO 45001 표준에서 안전 보건 방침에 관련된 요구사항은 [표 2-5]와 같다.

[표 2-5] 방침과 관련된 요구사항

구분	요구사항
5.1	안전 보건 방침과 관련된 목표를 수립한다.
5.4	안전 보건 방침 수립에 대한 근로자와의 협의한다.
6.2.1	안전 보건 방침과 일관성 있는 안전 보건 목표를 수립한다.
7.3	근로자에게 방침을 인식시키는 것
9.2.1	방침 및 목표를 포함한 안전보건경영시스템에 대한 조직 자체 요구사항의 적합성 여부
9.3	안전 보건 방침과 목표의 달성 정도

부속서 A.5.2 안전 보건 방침

안전 보건 방침은 최고경영자가 조직의 안전 보건 성과를 지원하고 지속적으로 개선하기 위해 조직의 장기적인 방향을 제시하는 의지 표명으로 명시된 일련의 원칙이다. 안전 보건 방침은 전반적인 방향 감각을 제공하고 조직의 목표를 설정하고 안전보건경영시스템의 의도된 결과를 달성하기 위한 조치를 취할 수 있는 틀을 제공한다.

이러한 의지 표명은 조직이 강건하고, 믿을 수 있으며, 신뢰할 수 있는 안전보건경영시스템(이 표준에서는 특정 요구사항을 다루는 것도 포함된다.)을 보장하기 위해 수립하는 프로세스에 반영된다.

'최소화'라는 용어는 안전보건경영시스템에 대한 조직의 목표(aspirations)를 설정하기 위해 안전 보건 리스크와 관련하여 사용된다. '감소'라는 용어는 이를 달성하기 위한 프로세스를 설명하는 데 사용된다. 안전 보건 방침을 개발할 때 조직은 다른 방침과의 일관성과 조정을 고려하여야 할 것이다.

5.3 조직의 역할, 책임 및 권한

안전보건경영시스템에서 역할, 책임 및 권한을 모든 계층에게 부여하고, 의사소통하며, 문서화된 정보로 유지됨을 보장하는 최고경영자의 책무와 근로자에게 부여된 책임에 대해 요구하고 있다.

최고경영자는 안전보건경영시스템과 관련된 역할에 대한 책임과 권한을 조직 내 모든 계층에 부여하고, 의사소통을 하며, 문서화된 정보로 유지함을 보장하여야 한다.

조직 각 계층의 근로자는 자신이 관리하는 안전보건경영시스템의 측면에 대한 책임을 져야 한다.

• 비고 : 책임과 권한이 부여될 수 있지만 궁극적으로 최고경영자는 안전보건경영시스템의 기능에 대해 책무가 있다.

최고경영자는 다음 사항에 대하여 책임과 권한을 부여하여야 한다.

a) 안전보건경영시스템이 이 표준의 요구사항에 적합함 보장
b) 안전보건경영시스템의 성과를 최고경영자에게 보고

[목적]
최고경영자는 안전보건경영시스템에 관련된 조직 및 관련 인원을 포함한 모든 계층의 역할, 책임과 권한을 부여한다. 그리고 조직 안에서 의사소통하고, 조직의 근로자는 부여된 자신의 업무를 수행하는 책임을 이해한 후 의무를 이행하기 위한 것이다.

[실무 가이드]
최고경영자는 안전보건경영시스템을 효과적으로 운용하기 위해 조직 내 모든 계층의 근로자에게 필요한 조직체제 그리고 그 역할과 책임 및 권한을 부여하여 소통해야 한다. 근로자들은 이러한 안전 및 보건 의무체계를 인지하여 개개인이 안전 보건에 관한 책임의식을 갖고 적극적으로 안전 행동해야 한다.

1. 안전 보건 관리체제와 역할

책임과 권한은 안전보건경영시스템에서 모든 근로자에게 역할 및 책임과 권한을 부여하여 실행해야 할 임무에 대해 누가 무엇을 하는지를 프로세스에 명확히 하여 근로자에게 안전 보건 업무를 수행하여야 하는 의무와 책임을 알려주는 것이 필요하다. 조직은 산업안전보건법에 의거하여 안전 보건 관리체제를 갖추고 안전 보건 활동의 역할을 부여하고 있다. 그러므로 안전보건경영시스템에 대해 산업안전보건법에서 규정한 기존 안전 보건 활동의 임무를 포함하여 안전보건경영시스템 운용을 위한 추진체제를 구축하면 보다 효과적이다.
산업안전보건법은 제2장 제1절(안전 보건 관리체제)과 제2절(안전보건관리규정)에서 조직의 자율적 안전 보건 관리를 위해 사업주에게 조직의 안전 보건 관리체제를 구축하도록 요구함으로써 조직 단위로 산재예방 활동이 체계적이고 효율적으로 이루어지도록 규정하고 있다.

조직은 먼저 산업안전보건법에 규정되어 있는 안전 보건 관리체제를 이해하고 필요한 안전 보건 관계자를 조직에 적절하게 배치하는 것이 필요하다. 그리고 안전보건경영시스템은 조직 전원이 참여하여 효과적으로 운용하려면 계층별로 필요한 역할과 책임을 부여하고, 조직 체계에 맞게 그 의무를 실천하는 것이 중요하다. 또한 ISO 45001의 중요한 특징은 ISO 9001 및 ISO 14001과 달리 안전보건경영시스템에 관련되는 역할, 책임과 권한은 모든 계층에 있

는 근로자의 경우 자신이 관리하는 안전보건경영시스템 측면에 대해 책임을 져야 한다고 요구하고 있다. 따라서 최고경영자를 포함하여 관리자 및 근로자의 각 개인에게 역할과 의무를 부여하고 자율적으로 운용하게 하지만, 궁극적으로는 본문 비고에 기술한 것처럼 최고경영자가 최종적으로 안전보건경영시스템의 기능에 대해 책임을 져야 한다.

2. 문서화 방법

안전보건경영시스템에 관련된 책임과 권한을 부여하여 일상적으로 사용하고 있는 관련 문서(조직도, 조직 및 업무분장 규정 등)에 안전 보건상의 역할, 책임과 권한을 추가하여 문서화하고 조직 안에서 의사소통하여 공유하면 된다.

3. 안전 보건 책임자 선임

최고경영자는 본문 a) 및 b)에 대한 책임, 권한을 부여해야 한다. 안전보건경영시스템이 체계적이고 효과적으로 운용하려면 이러한 책임과 권한이 부여된 안전 보건 업무의 책임자를 선임하여 관리되어야 한다.

즉, 이 표준의 요구사항이 적합하게 유지되고 안전보건경영시스템의 성과를 최고경영자에게 보고할 수 있도록 안전 보건 책임자를 지명하여 그 역할 및 책임과 권한을 부여해야 한다. 특히 중대재해법의 경우 기업의 경영책임자 등을 어떻게 규정할 것인가를 결정하고 필요할 경우 안전 보건에 관한 업무를 담당하는 최고 안전책임자 및 안전 보건 담당 임원을 선임하여 실질적인 책임과 권한을 부여하고 안전 및 보건 의무 이행에 의사 결정권을 갖게 한다.

> **부속서 A.5.3 조직의 역할 · 책임 및 권한**
> − 조직의 안전보건경영시스템에 참여하는 인원은 안전보건경영시스템의 의도된 결과를 달성하기 위해 그들의 역할, 책임 및 권한을 명확하게 이해하여야 할 것이다.
> − 최고경영자가 안전보건경영시스템에 대하여 전반적인 책임과 권한을 가지나, 작업장의 모든 인원은 자신의 건강과 안전뿐만 아니라 다른 사람의 건강과 안전도 고려할 필요가 있다.
> − 책임 있는 최고경영자란, 조직을 지배하는 기관, 법적인 관계 당국 및 더 나아가 조직의 이해관계자들에 관하여 결정과 활동에 대하여 책임을 지는 것을 의미한다. 이것은 궁극적인 책임을 진다는 것을 의미한다. 또한 수행하지 않거나, 적절하게 수행하지 않거나, 목표 달성에 기여하지 못했거나, 목표를 달성하지 못하였을 때 책임을 지는 인원과 관련된다.
> − 근로자에게는 위험한 상황을 보고하고 조치를 취할 수 있는 권한을 주어야 할 것이다. 근로자는 해고, 징계 또는 기타 보복의 위험 없이 필요시 책임 있는 관계 당국에 우려 사항을 보고할 수 있도록 하여야 할 것이다.
> − 5.3에서 규정하고 있는 특별한 역할과 책임은 한 개인에게 부여하거나, 여러 개인이 공유하거나, 최고경영진의 구성원에게 부여하여도 된다.

1. 산업안전보건법 제1절 안전 보건 관리체제

사업주는 산업안전보건법에 규정된 다음의 안전 보건 관리체제를 실질적으로 구축 및 운용할 의무가 있다. 또한 산업안전보건법 제25조에 안전보건관리규정을 정하여 안전 보건 조직과 그 직무에 대한 사항을 규정해서 근로자에게 전달해야 한다. 산업안전보건법에 관련되어 안전 보건 임무가 부여된 다음에 해당되는 자를 선임 배치하여 안전 보건 업무를 담당하게 한다.

(1) 이사회 보고 및 승인(제14조)

(2) 안전 보건 관리 책임자(제15조)

(3) 관리감독자(제16조)

(4) 안전관리자(제17조)

(5) 보건관리자(제18조)

(6) 안전 보건 관리 담당자(제19조)

(7) 산업 보건의(제22조)

(8) 산업안전보건위원회(제24조)

(9) 안전 보건 총괄 책임자(제62조)

2. 산업안전보건법 제15조 안전 보건 관리 책임자의 의무

사업주는 사업장을 실질적으로 총괄하여 관리하는 사람에게 해당 사업장의 다음 각 호의 업무를 총괄하여 관리하도록 해야 한다.

(1) 사업장의 산업재해 예방 계획의 수립에 대한 사항

(2) 제25조 및 제26조에 따른 안전보건관리규정의 작성 및 변경에 대한 사항

(3) 제29조에 따른 안전 보건 교육에 대한 사항

(4) 작업 환경 측정 등 작업 환경의 점검 및 개선에 대한 사항

(5) 제129조부터 제132조까지에 따른 근로자의 건강진단 등 건강 관리에 대한 사항

(6) 산업재해의 원인 조사 및 재발 방지 대책 수립에 대한 사항

(7) 산업재해에 대한 통계의 기록 및 유지에 대한 사항

(8) 안전 장치 및 보호구 구입 시 적격품 여부 확인에 대한 사항

(9) 그 밖에 근로자의 유해 · 위험 방지 조치에 대한 사항으로서 고용노동부령으로 정하는 사항

5.4 근로자 협의 및 참여

조직은 안전보건경영시스템의 개발, 기획, 실행, 성과 평가 및 개선을 위한 조치에 대해서 근로자와 협의 및 참여에 대한 프로세스를 수립할 것을 요구하고 있다.

조직은 안전보건경영시스템의 개발, 기획, 실행, 성과 평가 및 개선을 위한 조치에 적용 가능한 모든 계층 및 기능에 있는 근로자 및 존재하는 경우 근로자 대표와 협의 및 참여에 대한 프로세스를 수립 및 실행, 유지하여야 한다.

조직은 다음 사항에 대해 실행하여야 한다.
   a) 협의 및 참여를 위하여 필요한 방법(mechanisms), 시간, 교육 훈련 및 자원을 제공한다.
   비고 1 근로자 대표제는 협의와 참여를 위한 방법이 될 수 있다.
   b) 안전보건경영시스템에 대하여 명확하고, 이해할 수 있으며, 관련된 정보에 시의적절한 접근성을 제공한다.

c) 참여에 대한 장애 또는 장벽을 결정하여 제거하며 제거할 수 없는 것은 최소화한다.

비고 2 장애 및 장벽에는 근로자의 의견이나 제안, 언어 또는 독해(literacy) 장벽, 보복 또는 보복 위협, 근로자 참여를 방해하거나 처벌하는 방침 또는 관행에 대한 대응 실패가 포함될 수 있다.

d) 관리자가 아닌 근로자와 다음 사항에 대하여 협의하도록 강조한다.
   1) 이해관계자의 니즈와 기대를 결정(4.2 참조)
   2) 안전 보건 방침 수립(5.2 참조)
   3) 적용 가능한 경우 조직의 역할, 책임 및 권한 부여(5.3 참조)
   4) 법적 요구사항 및 기타 요구사항을 충족시키는 방법 결정(6.1.3 참조)
   5) 안전 보건 목표 수립과 목표 달성 기획(6.2 참조)
   6) 외주 처리, 조달 및 계약자에게 적용 가능한 관리 방법 결정(8.1.4 참조)
   7) 모니터링, 측정 및 평가가 필요한 사항 결정(9.1 참조)
   8) 심사 프로그램을 기획, 수립, 실행 및 유지(9.2.2 참조)
   9) 지속적 개선 보장(10.3 참조)

e) 관리자가 아닌 근로자가 다음 사항에 참여하도록 강조
   1) 근로자의 협의와 참여를 위한 방법 결정
   2) 위험요인을 파악하고 리스크와 기회 평가(6.1.1 및 6.1.2 참조)
   3) 위험요인을 제거하고 안전 보건 리스크를 감소하기 조치 결정(6.1.4 참조)
   4) 역량 요구사항, 교육 훈련 필요성, 교육 훈련 및 교육 훈련 평가의 결정(7.2 참조)
   5) 의사소통이 필요한 사항과 의사소통 방법 결정(7.4 참조)
   6) 관리 수단과 관리 수단의 효과적인 실행 및 사용 결정(8.1, 8.1.3과 8.2 참조)
   7) 사건 및 부적합의 조사, 그리고 시정조치 결정(10.2 참조)

비고 3 관리자가 아닌 근로자의 협의와 참여를 강조하는 것은 업무 활동을 수행하는 인원들에게 적용하도록 의도한 것이다. 하지만 조직에서 업무 활동 또는 기타 요인에 의해 영향을 받는 관리자를 배제하려고 의도한 것은 아니다.

비고 4 근로자에게 무료로 훈련을 제공하는 것, 그리고 가능한 경우 근무 시간에 교육 훈련을 제공하는 것은 근로자의 참여에 중대한 장벽을 제거할 수 있는 것으로 인정된다.

[목적]

안전보건경영시스템의 기획, 실행, 성과 평가 및 개선을 위한 조치에 대해서 근로자와의 협의 및 참여를 위한 프로세스를 확립하여 안전 보건에 대한 이슈 해결에 근로자의 의견을 충분히 반영시키기 위함이다.

[실무 가이드]

근로자의 협의 및 참여는 다른 ISO 경영시스템이나 부속서 SL에는 없는 ISO 45001 고유의 요구사항으로, 작업장의 안전 보건을 확보하려면 경영층이 일방적으로 안전 보건상의 조치를 강구하는 것만으로는 불충분하다. 안전 보건에 대한 문제를 다루고 있는 근로자의 의견을 반영시킬 필요가 있으므로 협의와 참여를 강조하고 있다.

1. 협의와 참여의 의미('용어와 정의' 3.4 및 3.5)

협의와 참여는 '용어와 정의' 3.4 및 3.5에 따르며 다음과 같다.

1) 협의 : 의사 결정을 내리기 전에 의견을 구하는 것이며, 안전보건위원회 및 근로자 대표(있는 경우)와의 협의가 포함된다.
2) 참여 : 의사 결정 과정에서 참여하는 것으로, 의사 결정 프로세스에 근로자가 참여하는 것이다. 안전보건위원회 및 근로자 대표(있는 경우)와의 적극적인 참여가 포함된다.

2. 협의 및 참여 프로세스 구축하기

조직은 근로자에 의한 협의 및 참여의 프로세스를 수립, 실행 및 유지하기 위한 절차, 자원, 실행 결과의 판단 기준 및 프로세스의 책임자를 결정해야 한다. 조직은 법령에 의한 산업안전보건위원회의 설치와 기타 안전보건회의 등의 회의체를 두어 근로자 중에서 안전 보건에 대한 역량을 가진 적절한 자를 선임하고 근로자의 의견을 프로세스를 통해 반영하여 본문 다음의 a)~e)의 5항목을 효과적으로 실행해야 한다.

a) 협의 및 참여에 필요한 방법(메커니즘), 시간, 교육 훈련 및 자원을 제공한다.
b) 안전보건경영시스템에 대해 명확하게 이해할 수 있도록 관련 정보의 적시 접근성을 제공한다.
c) 참여에 대한 장애나 장벽을 결정하고, 제거하며, 제거할 수 없는 것들은 최소화한다.
d) 관리자가 아닌 근로자와의 협의 사항
e) 관리자가 아닌 근로자의 참여 사항

3. 근로자의 협의 및 참여 방법(메커니즘)

a)에서 근로자의 의견을 청취하는 방법(메커니즘)에 대해서는 법령 의무인 산업안전보건위원회를 설치한다. 또는 위원회 설치 의무가 없는 경우에는 안전보건협의회 등 회의체를 설치하거나 작업장 단위 회의, 조례 등을 이용하여 안전 보건에 대한 사항에 대해 근로자의 의견을 청취하기 위한 기회를 마련하는 것이다. 사업장마다 산업안전보건위원회 또는 자체 안전보건회의 등에서 노사가 정기적으로 심의, 의결하는 것이 중요하다. 그리고 산업안전보건위원회 등이 단순하게 보고회로 끝나지 않도록 사전에 자료를 배포하는 등 의견을 제시하기 쉽게 검토할 필요가 있다. 근로자 대표 등 참가자는 협의 및 참여 시 필요한 역량에 대해서는 7.2(역량)의 요구사항에 따라 교육 훈련을 제공하여 안전 보건에 대해 의논할 수 있는 역량을 갖추어야 한다.

4. 관련 정보의 예

b)에서 안전보건경영시스템의 관련 정보를 적시에 이용 가능하도록 조직은 산업안전보건위원회 및 회의 등에 관련 정보를 제공한다. 관련 정보의 예는 다음과 같다.

- 외부 이슈와 내부 이슈, 안전 보건 방침 및 목표
- 안전보건경영시스템의 역할, 책임 및 권한
- 준수 의무 법적 요구사항 및 기타 요구사항
- 리스크 평가의 실시 사항 및 실시 순서
- 유해·위험 제거 및 안전 보건 리스크 감소 대책에 대한 관리 단계
- 필요한 역량과 역량 강화 교육 훈련
- 변경 관리의 구체적인 절차
- 비상시의 대응 계획, 역할, 책임 및 권한과 임무 부여된 담당자
- 안전 보건의 성과 모니터링, 측정 및 측정 대상과 평가 결과
- 법적 요구사항 및 기타 요구사항의 준수 평가 결과
- 사건에 대한 조사 결과와 결정 내용 및 취해진 조치 결과
- 관련되는 내부 심사 결과
- 조직이 지속적 개선을 위한 조치 내용 및 그 영향과 결과

5. 이해를 위한 배려

c)와 관련되어 '비고 2'에 장해 및 장벽의 예가 제시되고 있지만, 외국인 근로자가 근무하는 경우 참여하는 데 언어 장애가 없어야 한다. 따라서 안전 보건에 관련된 게시 등을 통하여 명확하게 이해할 수 있도록 위험이나 주의를 색깔로 식별하거나 작업장의 인원이 이해할 수 있는 언어로 기재하는 배려가 필요하다.

6. d)와 e)의 관리자가 아닌 근로자 협의 및 참여 사항

관리자가 아닌 근로자의 의견을 듣고 반영하기 위해 협의에 중점을 두어야 할 9개 사항이 규정되어 있다. 또한 관리자가 아닌 근로자의 의사 결정에 관여시키기 위해 참여에 중점을 두어야 할 7개 사항이 제시되고 있다. 이들을 실행할 때 사전에 협의 및 참여 사항을 잘 확인하고 회의체의 심의 및 개별 활동의 협의 및 구체적인 참여 방법을 결정하는 것이 바람직하다. 관리자가 아닌 근로자의 협의 및 참여 대상은 [표 2-6]과 같다.

[표 2-6] 관리자가 아닌 근로자의 협의 및 참여 대상

협의	참여
1) 이해관계자의 니즈와 기대 결정(4.2) 2) 안전 보건 방침 수립(5.2) 3) 조직의 역할, 책임 및 권한 부여(해당하는 경우) 4) 법적 요구사항 및 기타 요구사항을 충족시키는 방법 결정 (6.1.3) 5) 안전 보건 목표와 목표 달성 기획(6.2) 6) 조달, 외주 처리 및 계약자 관리 방법 결정(8.1.4) 7) 모니터링, 측정, 평가 대상 결정(9.1) 8) 내부 심사 계획, 수립, 실행, 유지(9.2.2) 9) 지속적 개선 보장(10.3)	1) 협의 및 참여 방법(메커니즘) 결정 2) 위험요인 파악과 리스크 및 기회 평가(6.1.1, 6.1.2) 3) 위험요인을 제거하고 안전 보건 리스크 감소를 위한 조치 결정(6.1.4) 4) 역량 요구사항 및 교육 훈련 관리(7.2) 5) 의사소통의 결정 방법(7.4) 6) 운용 관리, 변경 관리, 비상사태 결정 및 관리(8.1, 8.1.3, 8.2) 7) 사건 및 부적합 조사, 그리고 시정조치(10.2)

협의 및 참여 사항 중 주요 내용은 다음과 같다.

1) 안전 보건 방침은 최고경영자가 표명한 것이므로 산업안전보건위원회에서 안전 보건 방침을 협의해야 한다(d), 1)).
2) 모니터링, 측정, 평가 대상은 9.1.1에 있는 것처럼 법적 요구사항의 준수 상황, 리스크 관리 상황, 안전 보건 계획의 진척 상황 등을 파악하는 것으로, 모니터링, 측정 및 평가의 대상을 선정하여 협의한다(d), 7)).
3) 산업안전보건위원회의 구성원이 되는 관리자가 아닌 근로자의 선임은 안전 보건에 대한 경험을 가진 인원을 노동조합 등으로부터 추천받아 지명할 수 있다(e), 1)).
4) 유해 · 위험요인 파악과 리스크 및 기회 평가는 실시할 때 관리자가 아닌 근로자의 참여가 요구되고 있어 실제로 작업자의 유해 · 위험 파악과 리스크 및 기회 평가를 실시할 때 관리자가 아닌 근로자를 참가시키고 산업안전보건위원회를 활용하는 것이 바람직하다(e), 2)).
5) 근로자의 의견이 재해 예방에 필요한 경우 해당 의견의 개선 대책을 마련하여 개선 조치하는 것이 중요하다(d), 9)).

7. 산업안전보건위원회의 운용(관련 법령 참조)

산업안전보건법 제24조의 산업안전보건위원회에서 심의 · 의결한 사항으로, 산업재해 예방 계획 수립, 안전보건관리규정의 작성 및 변경, 안전 보건 교육, 작업 환경 측정, 근로자의 건강 관리, 중대재해의 원인 조사 및 재발 방지 대책 수립 등을 규정하여 5.4 요구사항에 대해 이미 심의 · 의결되고 있을 것이다. 만약 심의 · 의결되고 있지 않은 사항이 있으면 다루면 된다.

관련 법령

1. 산업안전보건법 제6조(근로자의 의무)

   근로자는 이 법과 이 법에 따른 명령으로 정하는 산업재해 예방을 위한 기준을 지켜야 하며, 사업주 또는 근로기준법 제101조에 따른 근로감독관, 공단 등 관계인이 실시하는 산업재해 방지에 관한 조치에 따라야 한다.

2. 산업안전보건법 제24조(산업안전보건위원회)

   1) 사업주는 사업장의 안전 및 보건에 관한 중요 사항을 심의·의결하기 위하여 사업장에 근로자 위원과 사용자 위원이 같은 수로 구성되는 산업안전보건위원회를 구성·운용하여야 한다.

   2) 사업주는 다음 각 호의 사항에 대해서는 제1항에 따른 산업안전보건위원회(이하 '산업안전보건위원회'라 한다.)의 심의·의결을 거쳐야 한다.

      ① 사업장의 산업재해 예방 계획의 수립에 관한 사항
      ② 안전보건관리규정의 작성 및 변경에 관한 사항
      ③ 안전 보건 교육에 관한 사항
      ④ 작업 환경 측정 등 작업 환경의 점검 및 개선에 관한 사항
      ⑤ 근로자의 건강진단 등 건강 관리에 관한 사항
      ⑥ 중대재해의 원인 조사 및 재발 방지 대책 수립에 관한 사항
      ⑦ 산업재해에 관한 통계의 기록 및 유지에 관한 사항
      ⑧ 유해하거나 위험한 기계·기구·설비를 도입한 경우 안전 및 보건 관련 조치에 관한 사항
      ⑨ 그 밖에 해당 사업장 근로자의 안전 및 보건을 유지·증진시키기 위하여 필요한 사항

   3) 산업안전보건위원회는 대통령령으로 정하는 바에 따라 회의를 개최하고 그 결과를 회의록으로 작성하여 보존하여야 한다.

   4) 사업주와 근로자는 제2항에 따라 산업안전보건위원회가 심의·의결한 사항을 성실하게 이행하여야 한다.

   5) 산업안전보건위원회는 이 법, 이 법에 따른 명령, 단체협약, 취업 규칙 및 제25조에 따른 안전보건관리규정에 반하는 내용으로 심의·의결해서는 아니 된다.

   6) 사업주는 산업안전보건위원회의 위원에게 직무 수행과 관련된 사유로 불리한 처우를 해서는 아니 된다.

   7) 산업안전보건위원회를 구성하여야 할 사업의 종류 및 사업장의 상시 근로자 수, 산업안전보건위원회의 구성·운용 및 의결되지 아니한 경우의 처리 방법, 그 밖에 필요한 사항은 대통령령으로 정한다.

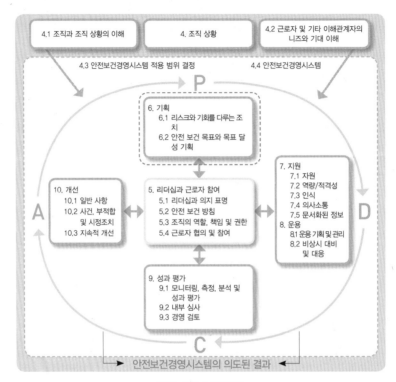

【ISO 45001 개념도】

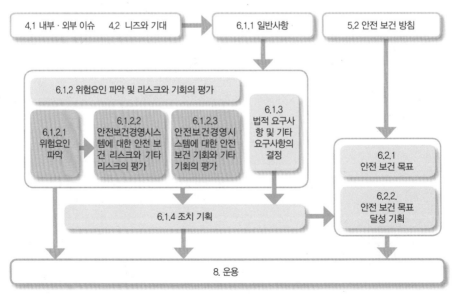

【기획 전체 흐름도】

기획은 안전보건경영시스템에서 PDCA의 'Plan(계획)'에 해당되는 구성 요소로, 안전보건경영시스템의 관리 대상과 방법을 결정하는 가장 중요한 요구사항을 규정하고 있다. 안전보건경영시스템에서 유해·위험요인 파악 및 안전 보건 리스크 및 기회와 안전보건경영시스템에 대한 기타 리스크 및 기회를 결정, 평가하여 리스크 및 기회의 조치 기획을 수립한다. 또한 법적 및 기타 요구사항의 결정과 안전 보건 목표의 설정을 요구하고 있다.

4절에서 결정된 조직의 외부 이슈와 내부 이슈, 근로자 및 기타 이해관계자의 니즈와 기대, 안전보건경영시스템의 적용 범위를 고려하여 의도한 결과를 달성하고, 바람직하지 않는 영향을 방지 및 감소시키기 위한 대응 실시 사항을 결정하여 해당 조치 기획을 수립하는 것이다. 또한 해당 조치 기획의 실시 사항은 목표를 설정하여 목표 달성을 위한 계획으로 전개하거나, ISO 45001의 프로세스 및 조직의 비즈니스 프로세스에 관련된 운용 기획 및 관리로 전개하는 것이 주요 포인트이다. 이 내용은 다음과 같이 두 가지로 구성되어 있다.

6.1 리스크와 기회를 다루는 조치
6.2 안전 보건 목표와 목표 달성 기획

6.1 리스크와 기회를 다루는 조치

리스크 및 기회를 파악하여 다루어야 할 필요성이 있는 것은 평가 및 결정하여 조치 기획을 수립하는 것이 목적이다. 6.1의 내용은 6.1.1 일반 사항, 6.1.2 위험요인 파악 및 리스크와 기회의 평가, 6.1.3 법적 요구사항 및 기타 요구사항의 결정, 6.1.4 조치 기획의 4개 항목으로 구성되어 있다.

6.1.1 일반 사항

안전보건경영시스템을 기획할 때 4.1, 4.2, 4.3의 요구사항을 고려하여 리스크 및 기회를 결정하기 위한 요구사항이다.

> 안전보건경영시스템 기획할 때 조직은 4.1(조직과 조직 상황의 이해)에서 언급된 이슈, 4.2(근로자 및 기타 이해관계자의 니즈와 기대 이해), 4.3(안전보건경영시스템의 적용 범위 결정)의 요구사항을 고려하여야 하고 다음의 사항을 다룰 필요가 있는 리스크와 기회를 결정하여야 한다.
> a) 안전보건경영시스템이 의도된 결과를 달성할 수 있음을 보증
> b) 바람직하지 않는 영향을 예방 또는 감소
> c) 지속적인 개선의 달성

안전보건경영시스템에 대한 리스크와 기회 및 해결해야 할 의도된 결과를 결정할 경우 조직은 다음의 사항을 반영해야 한다.
- 위험요인(6.1.2.1 참조)
- 안전 보건 리스크 및 기타 리스크(6.1.2.2 참조)
- 안전 보건 기회 및 기타 기회(6.1.2.3 참조)
- 법적 요구사항 및 기타 요구사항(6.1.3 참조)

조직은 기획 프로세스에서 조직, 조직의 프로세스 또는 안전보건경영시스템에서의 변경과 연관된 안전보건경영시스템의 의도된 결과와 관련된 리스크와 기회를 결정하고 평가하여야 한다. 계획된 변경의 경우 영구적이든 또는 일시적이든 이러한 평가는 변경이 실행되기 전에 수행한다(8.1.3 참조).

조직은 다음 사항에 대하여 문서화된 정보를 유지하여야 한다.
- 리스크와 기회
- 프로세스의 조치가 계획된 대로 수행된다고 확신하는 데 필요한 정도까지 리스크와 기회(6.1.2에서 6.1.4 참조)를 결정하고 다루는 데 필요한 프로세스와 조치

[목적]

안전보건경영시스템을 기획할 때 리스크 및 기회를 결정하기 위해 4.1, 4.2 및 4.3의 요구사항에 대해 리스크와 기회를 검토하고 조직이 실시해야 할 사항을 명확하게 규정하기 위함이다.

[실무 가이드]

안전보건경영시스템에서 안전 보건 리스크 및 안전 보건 기회와 안전보건경영시스템에 대한 기타 리스크 및 기타 기회의 정의를 규정하고 조직이 다루어야 할 리스크 및 기회를 선정, 결정하는 접근 방법과 조직의 계획된 변경에 관련하여 리스크 및 기회의 결정 방법에 대하여 설명한다.

1. 리스크와 기회란

조직은 다루어야 할 리스크와 기회를 결정해야 한다. 리스크의 정의(3.20)의 '비고 5'에 제시한 것처럼 리스크 및 기회는 다음의 네 가지가 있다.

비고 5 이 표준에서 '리스크와 기회'라는 용어가 사용되면 이것은 안전 보건 리스크, 안전 보건 기회, 그리고 경영시스템의 기타 리스크와 기타 기회를 의미한다. 즉 다루어야 할 대상은 다음과 같이 각각 두 가지의 리스크와 기회가 있다.

1) 안전 보건 리스크
2) 안전보건경영시스템에 대한 기타 리스크
3) 안전 보건 기회

4) 안전보건경영시스템에 대한 기타 기회

2. 리스크와 기회의 종류

앞에서 소개한 두 개의 리스크 및 두 개의 기회는 [표 2-7]과 같이 정리하여 설명하면 다음과 같다.

[표 2-7] 리스크 및 기회 분류하기

구분	의미
안전 보건 리스크	업무/작업과 관련하여 위험한 사건 또는 노출에 의한 발생 가능성과 사건 또는 노출에 의해 야기될 수 있는 상해 및 건강상 상해의 심각성 조합
안전보건경영시스템에 대한 기타 리스크	의도한 결과의 달성을 저해시키는 안전보건경영시스템의 운용에 영향을 주는 리스크
안전 보건 기회	안전 보건 성과 개선을 가져올 수 있는 상황 또는 상황의 조합
안전보건경영시스템에 대한 기타 기회	의도한 결과의 달성을 증진시키는 안전보건경영시스템의 운용 등 개선되는 기회

1) 안전 보건 리스크

안전 보건 리스크는 용어의 정의 3.21에 의하면 업무/작업과 관련하여 위험한 사건이나 노출에 의한 발생 가능성과 사건이나 노출에 의해 야기될 수 있는 상해 및 건강상 상해의 심각성 조합으로 정의하고 있다. 이것은 종래에 다루어 왔던 위험성이다.

2) 안전보건경영시스템에 대한 기타 리스크

안전보건경영시스템의 수립, 운용, 유지에 대한 리스크를 말하며, 유해·위험요인에 대한 것이 아니라 경영시스템상의 리스크로서 의도한 결과의 달성을 저해하는 요인을 의미한다. 예를 들면 안전 보건 예산 삭감, 사내 안전 보건 전문가 부족, 안전 보건 교육 부족으로 안전 보건 의식 저하 등이 해당된다.

3) 안전 보건 기회

안전 보건 기회는 용어의 정의 3.22에 의하면 안전 보건 성과의 개선을 가져올 수 있는 상황 또는 상황의 조합으로 정의하고 있다. 즉 성과 향상이 이어지는 상황을 의미한다. 예를 들면 위험 예지 훈련 도입, 건강검진, 리스크 감소 대책, 작업 환경 개선 등이 해당된다.

4) 안전보건경영시스템에 대한 기타 기회

안전보건경영시스템에 대한 기회는 안전보건경영시스템에 긍정적인 영향을 주는 상황 또는 상황으로 안전보건경영시스템의 운용 등 개선되는 기회를 의미한다. 예를 들면 최고경영자의 안전 보건 의식 향상, 근로자의 협의 및 참여 프로세스 개선 등이다. 따라서 조직은 기회에 대하여 이러한 상황을 구체화하여 조치 기획을 수립하는 것이 중요하다(6.1.4).

3. 다루어야 할 필요성이 있는 리스크와 기회 결정하기

안전보건경영시스템을 기획할 때 4.1(조직과 조직 상황의 이해), 4.2(근로자 및 이해관계자의 니즈와 기대 이해) 및 4.3(안전보건경영시스템 적용 범위 결정)을 고려하여 안전보건경영시스템이 의도한 결과를 달성하고, 바람직하지 않는 영향 감소 및 지속적 개선이라는 세 가지 사항을 달성하기 위해 리스크와 기회를 결정한다. 조직은 다루어야 할 필요성이 있는 리스크 및 기회를 결정할 때는 다음의 사항을 반영한다.

1) 위험요인 파악(6.1.2.1)
2) 안전보건경영시스템에 대한 안전 보건 리스크 및 기타 리스크의 평가(6.1.2.2)
3) 안전보건경영시스템에 대한 안전 보건 기회 및 기타 기회의 평가(6.1.2.3)
4) 법적 요구사항 및 기타 법적 요구사항의 결정(6.1.3)

위의 2), 3)을 정리하면 리스크 및 기회는 6.1.2.2 및 6.1.2.3에서 평가한 리스크 및 기회 중에서 다루어야 할 필요가 있는 리스크와 기회를 결정하는 것이다. 즉 리스크 및 기회 모두를 다룰 필요는 없고 조직의 현상을 기초하여 다루어야 할 대상을 선정하면 된다.

4. 조직, 조직 프로세스 및 안전보건경영시스템 변경하기

조직은 계획된 변경(조직 변경, 조직의 프로세스 변경, 안전보건경영시스템 변경)과 관련되어 안전보건경영시스템이 의도한 결과에 대한 리스크와 기회를 평가하고 결정해야 한다. 계획적인 변경의 경우 변경 내용이 영구적 변경이든, 임시적 변경이든 관계없이 변경하기 전에 리스크와 기회를 결정한 후 평가해야 한다. 이것에 대한 상세한 사항은 8.1.3(변경 관리) 요구사항에 규정되어 있으므로 참조한다. 리스크 및 기회 평가 결과는 필요한 경우 리스크 및 기회의 조치는 6.1.4(조치 기획)에 따라 반영할 필요가 있다.

5. 문서화된 정보

조직은 리스크 및 기회의 프로세스와 조치에 필요한 다음의 사항에 대해 문서화된 정보를 유지 및 보유해야 한다.
1) 리스크 및 기회(네 종류)
2) 리스크 및 기회를 결정하고 다루는 프로세스와 조치(6.1.2 및 6.1.3)

3) 조치 기획 프로세스 및 조치사항(6.1.4)

6.1.2 위험요인 파악 및 리스크와 기회의 평가

안전보건경영시스템에서 주요 관리 대상인 유해 위험요인 파악, 리스크 및 기회 평가 프로세스와 평가 방법 및 기준에 대한 요구사항이다. 이 요구사항은 세 가지 요구사항이 구성되어 있다.

(1) 위험요인 파악(6.1.2.1)
(2) 안전보건경영시스템에 대한 안전 보건 리스크 및 기타 리스크의 평가(6.1.2.2)
(3) 안전보건경영시스템에 대한 안전 보건 기회 및 기타 기회의 평가(6.1.2.3)

6.1.2(위험요인 파악 및 리스크와 기회의 평가)는 기술된 내용이 다른 요구사항과 비교하여 많은 것은 위험요인 파악과 리스크 및 기회가 ISO 45001 표준 내용 중 중요한 요구사항으로 되어 있다.

6.1.2.1 위험요인 파악

위험요인 파악을 위한 프로세스를 수립, 실행 및 유지하고 위험요인을 파악할 때 반영할 사항을 요구하고 있다.

조직은 지속적이고 적극적인 위험요인 파악을 위한 프로세스를 수립, 실행 및 유지하여야 한다. 프로세스에는 다음을 반영해야 하지만 이에 국한하지 않는다.

a) 작업 구성 방법, 사회적 요소(작업량, 작업 시간, 희생 강요, 괴롭힘 및 따돌림 포함), 리더십 및 조직 문화
b) 다음 사항으로부터 발생하는 위험요인을 포함하여 일상적 및 비일상적 활동 및 상황
 1) 기반 구조, 장비, 재료, 물질 및 작업장의 물리적 조건
 2) 제품 및 서비스 설계, 연구, 개발, 시험, 생산, 조립, 건설, 서비스 인도, 유지 보수 및 폐기
 3) 인적 요인
 4) 작업 수행 방법
c) 비상사태를 포함하여 조직의 내부 또는 외부와 관련된 과거의 사건과 그것들의 원인
d) 잠재적 비상 상황
e) 다음 사항의 포함을 고려한 인원
 1) 근로자, 계약자, 방문자 및 기타 인원을 포함하여 작업장 및 그들 활동에 접근할 수 있는 인원
 2) 조직의 활동으로 영향을 받을 수 있는 작업장 주변 인원
 3) 조직이 직접 관리하지 않는 장소에 있는 근로자
f) 다음 사항의 포함을 고려한 기타 이슈
 1) 관련 근로자의 니즈와 능력에 대한 그들의 적응을 포함하여 작업 구역, 프로세스, 설치, 기계/장비, 운용 절차 및 작업 구성의 설계
 2) 조직의 관리하에 있는 작업 관련 활동으로 인해 작업장 인근에서 발생하는 상황
 3) 조직에 의해 관리되지 않고 작업장 인근에서 발생하는 상황으로, 작업장에 있는 사람에게 상해 및 건강상 장해를 일으킬 수 있는 상황
g) 조직, 운용, 프로세스, 활동 및 안전보건경영시스템의 실제(actual) 또는 제안된 변경(8.1.3 참조)
h) 위험요인에 대한 지식 및 정보의 변화

[목적]

업무 및 활동 과정에서 발생할 수 있는 유해 · 위험요인을 체계적으로 파악하기 위한 프로세스를 구축하는 것이 목적이다.

리스크 평가에서 가장 핵심적인 사항으로 재해의 근원인 유해·위험요인이 작업장 어디에 있는지를 찾아내는 것이다. 업무 및 작업상의 유해·위험요인을 조사하고 파악하는 절차 및 방법 등 프로세스를 구축 실시하여 리스크 평가 대상인 유해·위험요인의 발생 원인 및 상황을 결정하는 데 적극적으로 참여·발굴하고 최대한 누락되지 않도록 하는 것이 가장 중요하다.

1. 위험요인(Hazard)이란

위험요인은 '용어와 정의'(3.19)에 의하면 '상해 및 건강상 장해를 가져올 잠재적인 요인'으로 정의하고 있다. 산업안전보건법에서 '유해·위험요인'은 유해·위험을 일으킬 잠재적 가능성이 있는 것의 고유한 특징이나 속성을, '유해·위험요인 파악'은 유해요인과 위험요인을 찾아내는 과정을 의미한다. 여기서 위험요인은 산업안전보건법 제36조(위험성 평가 실시) 및 사업장 위험성 평가 지침(고용노동부고시)에 유해 위험요인으로 나타나 있어 위험요인은 유해·위험요인으로 사용하기로 한다. 유해요인과 위험요인을 구분하면 [표 2-8]과 같다.

[표 2-8] 위험요인과 유해 요인 구분(예시)

위험요인	유해 요인
1) 기계, 기구, 설비 등에 의한 요인 2) 폭발성 물질, 방화성 물질, 인화성 물질, 부식성 물질에 의한 요인 3) 전기, 열, 기타 에너지에 의한 요인 4) 작업 방법 및 작업 장소에 관계되는 요인 5) 작업 행동 등으로부터 발생하는 요인 6) 기타 요인	1) 원재료, 가스, 증기, 분진에 의한 요인 2) 방사선, 고온, 저온, 초음파, 소음, 진동, 이상 기압에 의한 요소 3) 작업 행동 등으로부터 발생하는 요인 4) 기타 요인

2. 유해·위험요인 파악 프로세스 수립, 실행 및 유지

안전 보건 리스크에 관련되는 유해·위험요인 파악을 위한 프로세스를 수립, 실행 및 유지해야 한다. 유해·위험요인 파악은 6.1.2.2의 안전보건리스크 평가 프로세스에 연결되는 것이다. 유해 위험 파악 시 a)~h)는 반영해야 할 사항이지만 이에 국한하지 않는다.

a) 조직의 풍토에 관련된 요인으로 과중한 업무 및 근로 노동, 리더십 부족, 안전을 경시하는 문화 등

b) 설비·물질 작업장 조건과 조직의 업무(개발, 생산, 인도 등) 인적 요인, 작업 방법 등 이러한 일상적·비일상적 활동 및 상황

c) 조직 내부 및 외부에서 과거 발생한 사건

d) 발생 기능성이 있는 잠재적 비상 상황(예 화재, 폭발, 자연재해 등)

e) 인원에 관한 요인으로 조직이 영향을 줄 수 있는 근로자, 계약자, 방문자, 주민 등을 고려하고, 특히 계약자나 방문자 출입 및 활동에 유의

f) 조직의 활동에 기인하여 발생하는 작업장 인근의 발생 상황과 작업장 인근의 발생 상황으로 조직 인원에게 영향을 일으키는 상황 등

g) 변경에 대한 유해 · 위험요인 사항으로 조직 변경, 운용 변경, 공정 변경, 활동의 변경 및 안전보건시스템 변경 등에 의해 사고가 발생할 우려가 있는 상황(⑩ 공정이 변경되는 경우 새로운 유해 위험요인이 발생하지 않는지 사전에 파악한다.)

h) 유해 · 위험요인의 지식 및 정보 변경은 안전 보건 리스크에 대해 새로운 정보 제공

3. 유해 · 위험요인 파악의 프로세스 활동

유해 · 위험요인 파악은 유해 · 위험요인을 찾아내는 과정이다. 이 과정은 유해 · 위험요인의 범주 이해, 유해 · 위험요인 정보 수집 및 유해 · 위험요인 파악의 단계로 진행되며, 각 단계별 내용은 다음과 같다.

1) 유해 · 위험요인의 범주

유해 · 위험요인은 조직의 상황이나 안전보건경영시스템 범위 안에서 유해 · 위험요인을 파악하기 위한 다음 종류 [표 2-9]의 요인을 기반으로 적절한 방법을 적용한 후 해당 내용을 이해하고 유해 · 위험요인을 찾을 수 있도록 한다.

[표 2-9] 위험요인의 종류(예시)

요인	내용
기계적 요인	협착 위험, 낙하, 비래, 충돌, 추락 위험, 절단, 회전 요소, 붕괴, 물체의 전도 등
전기적 요인	감전, 정전기, 아크, 과부하, 화재/폭발
화학적 요인	화학 물질의 가스, 증기, 분진, 흄, 미스트, 화재/폭발, 독성 물질 흡입 및 접촉, 인화성 물질
물리적 요인	소음, 진동, 초음파, 방사선, 복사선
생물학적 요인	병원성 미생물, 바이러스 감염 등
심리사회적 요인	작업의 양, 근무 형태, 노동 시간, 조직 문화, 폭력 행위
인간공학적 요인	중량물 작업, 반복 작업, 불안전한 자세, 정보기기 작업, 힘든 작업, 작업(조작) 도구
운동 및 에너지 요인	전기, 고열 기타 에너지로 인한 위험, 화염, 폭발
작업 환경	조명, 온도, 습도, 산소 부족, 번개, 기후 및 한랭

2) 유해 · 위험요인 정보 수집

유해 · 위험요인 파악을 수행하기 전에 사업장에 대해 작업 환경 및 작업 관리와 인사 노무 관리의 기본적인 정보를 수집 및 정리하는 것이 중요하다. 그리고 본문 요구사항 a)~h)를

파악하기 위해 다음의 사항에 대한 정보를 사전에 조사하는 것이 필요하다.

(1) 작업 표준, 작업 절차 등에 관련된 작업에 대한 정보
(2) 관련 법령, 지침 등 안전보건법규 및 기타 요구사항 수집
(3) 기계, 기구, 설비 등 시방서, MSDS 등의 정보
(4) 기계, 기구, 설비 등의 공정 흐름과 작업 주변 정보
(5) 작업 장소에서 사업의 일부 및 전부를 도급 용역, 위탁을 행하는 작업의 경우 혼재 작업의 리스크 및 작업 정보
(6) 재해사례, 재해 통계 등에 대한 정보
(7) 작업 안전 보건 측정 결과, 근로자 건강진단에 대한 정보
(8) 안전 보건 활동 기록 등 기타 리스크 평가에 대한 정보

3) 유해 · 위험요인 파악

유해 · 위험요인 파악은 수집된 유해 · 위험요인 정보를 활용하여 업종, 규모 등 사업장 실정에 맞게 수립한 안전 보건 리스크 평가 방법 및 기준에 따라 상기의 유해 · 위험요인 분류 방법을 정한다. 그리고 위험성 평가 실시자가 유해 · 위험 점검표 등의 체크리스트를 사용하여 순회 점검하고 현장 청취, 안전 보건 자료의 조사 등 적절한 방법을 채택하여 파악한다.

4) 유해 · 위험요인 파악 시 유의 사항

작업자가 알고 있는 아차사고 등 유해 위험요인의 영향에 대한 의견을 활용하고, 유의할 사항은 다음과 같다.

(1) 근로자의 동선 파악
(2) 생산 공정의 변경 및 교체 작업
(3) 청소, 수리, 보수, 이상 발생의 조치 대응 예측
(4) 설비 일시 정지 및 작업 중단
(5) 필요하다면 근로자의 작업 상황에 대한 연출
(6) 온도, 소음 등 오감 작동
(7) 공구 · 치구, 운반기구 등 비품류 사용 방법
(8) 작업 중 발생하는 모든 비일상적 작업 착안

부속서 A.6.1.2.1(위험요인 파악)

적극적으로 진행하는 위험요인 파악은 새로운 작업장, 시설, 제품 또는 조직의 개념 설계 단계에서 시작된다. 이것은 설계가 구체화되고 운영될 때까지 계속되어야 하며, 현재 변화하고 있는, 그리고 미래의 활동을 반영하기 위해 전체 수명 주기 동안 진행되어야 한다.

이 문서는 제품 안전(즉 제품의 최종 사용자에 대한 안전)을 다루지는 않지만 제품의 제조, 건설, 조립 또는 시험 중에 발생하는 근로자에 대한 위험요인을 고려해야 한다.

위험요인 파악은 조직이 위험요인을 평가, 우선순위 지정 및 제거하거나 안전 보건 리스크를 줄이기 위하여 작업장에, 그리고 근로자에게 있는 위험요인을 인식하고 이해하는 것을 돕는다. 위험요인은 물리적, 화학적, 생물학적, 정신 사회적, 기계적, 전기적이거나 운동 및 에너지에 근거할 수 있다.

6.1.2.1에 기술된 위험요인 목록은 완전한 것이 아니다.

• 비고 : 다음의 항목 a)~f)의 번호는 6.1.2.1 목록의 항목 번호와 정확하게 일치하지는 않는다.

조직의 위험요인 파악 프로세스는 다음 사항을 고려해야 한다.

a) 일상적 및 비일상적인 활동 및 상황
    1) 일상적인 활동 및 상황은 일상적인 작업과 정상적인 업무 활동을 통해 위험요인을 초래한다.
    2) 비일상적인 활동 및 상황은 가끔 또는 비계획적으로 발생한다.
    3) 단기간 또는 장기간의 활동은 다른 위험요인을 초래할 수 있다.
b) 인적 요인
    1) 인간의 능력, 한계 및 기타 특성과 관련된다.
    2) 인간이 안전하고, 편하게 사용하기 위하여 도구, 기계, 시스템, 활동 및 환경에 정보가 적용되어야 한다.
    3) 업무, 근로자 및 조직의 세 가지 측면을 다루어야 하며, 이것이 안전보건에 어떻게 상호작용하고 영향을 미치는지 다루어야 한다.
c) 새로운 또는 변경된 위험요인
    1) 친숙하거나 환경 변화의 결과로서 작업 프로세스가 악화되거나, 수정되거나, 적응되거나, 진화될 때 발생할 수 있다.
d) 잠재적 비상 상황
    1) 즉각적인 대응을 필요로 하는 비계획적이거나 예정에 없는 상황을 포함한다(예 작업장에서 화재가 발생한 기계, 작업장 주변 또는 근로자가 업무 관련 활동을 수행하는 다른 장소에서 발생하는 자연재해)
    2) 업무 관련 활동을 수행하는 장소에서 근로자의 긴급한 대피를 요구하는 민간 소요사태 같은 상황을 포함한다.
e) 인원
    1) 조직의 활동으로 영향을 받을 수 있는 작업장 주변의 인원(예 지나가는 사람, 계약자 또는 인접한 이웃)
    2) 이동(mobile)하면서 일하는 근로자 또는 다른 장소에서 업무 관련 활동을 수행하기 위해 이동하는 근로자와 같이 조직의 직접적인 통제를 받지 않는 장소에 있는 근로자(예 집배원, 버스 운전기사, 고객 사업장에서 근무하거나 그곳으로 가기 위해 이동하는 서비스 직원)
    3) 재택 근로자 또는 혼자 일하는 사람
f) 위험요인에 대한 지식 및 정보의 변화
    1) 위험요인에 대한 지식, 정보 및 새로운 이해의 출처는 출판된 문헌, 연구 및 개발 사항, 근로자로부터의 피드백 및 조직이 자체 운영한 경험에 대해 검토한 사항을 포함할 수 있다.
    2) 이러한 출처는 위험요인 및 안전 보건 리스크에 대한 새로운 정보를 제공할 수 있다.

6.1.2.2 안전보건경영시스템에 대한 안전 보건 리스크 및 기타 리스크의 평가

안전 보건 리스크 평가와 안전보건경영시스템에 대한 기타 리스크의 평가를 위한 프로세스의 수립, 실행 및 유지가 요구되고 있다.

> 조직은 다음 사항을 위한 프로세스를 수립, 실행 및 유지하여야 한다.
>
> a) 기존 관리 대책의 효과를 반영하면서 파악된 위험요인으로부터 안전보건리스크를 평가
> b) 안전보건경영시스템의 수립, 실행, 운용 및 유지와 관련된 기타 리스크를 결정 및 평가
>
> 안전 보건 리스크 평가를 위한 조직의 방법론 및 기준은 그 적용 범위, 특성(nature) 및 시기에 관하여 사후 대응적이기보다는 사전 예방적이며 체계적인 방식으로 사용됨을 보장하도록 정의되어야 한다. 방법론 및 기준에 관한 문서화된 정보는 유지 및 보유하여야 한다.

[목적]

6.1.2.1에서 파악된 유해·위험요인에 의한 근로자 상해 및 건강상 장해의 안전 보건 리스크 평가와 4.1(조직과 조직 상황의 이해) 및 4.2(근로자 및 기타 이해관계자의 니즈와 기대 이해)에서 야기될 수 있는 안전보건경영시스템의 기타 리스크를 평가하는 것이 목적이다.

[실무 가이드]

리스크 평가는 실시 목적과 방법을 이해하고 효과적으로 활용하여 사고를 미연에 방지하는 것이 핵심이다. 그리고 체계적으로 문서화하고 계속적으로 수정 보완하여 피드백하는 시스템이다. 안전 보건 리스크 및 안전보건경영시스템의 기타 리스크를 이해한 후 리스크 평가 절차와 방법, 시기 등의 기준에 대한 리스크 평가 프로세스를 구축, 실행해야 한다.

1. 안전 보건 리스크 및 기타 리스크 평가 프로세스 구축

안전보건경영시스템에 대한 안전 보건 리스크 평가 프로세스를 수립, 실행 및 유지해야 한다. 리스크 평가는 유해·위험요인에 대한 '안전 보건 리스크 평가'와 '안전보건경영시스템에 대한 기타 리스크 평가', 이렇게 두 가지로 구분한다. 또한 평가 방법과 평가 기준을 포함한 리스크 평가 프로세스 및 평가 결과에 대해 문서화된 정보로 유지 및 보유해야 한다. 프로세스를 수립할 때 입력 및 출력, 평가 방법 및 평가 기준을 계획해야 한다.

2. 안전 보건 리스크의 개념

안전 보건 리스크 용어의 개념은 [표 2-10]과 같다.

[표 2-10] 안전 보건 리스크 관련 용어의 개념

구분		개념
용어와 정의(3.21)	안전 보건 리스크	업무/작업과 관련하여 위험한 사건 또는 노출에 의한 발생 가능성과 사건 또는 노출로 야기될 수 있는 상해 및 건강상 장해 심각성의 조합이다.
산업안전보건법	위험성	유해 위험요인이 부상이나 질병으로 이어질 수 있는 가능성(빈도)과 중대성(강도)을 조합한 것이다.
	위험성 평가	유해 · 위험요인을 파악하고 해당 유해 · 위험요인에 의한 부상 또는 질병의 발생 가능성(빈도)과 중대성(강도)을 추정 · 결정하고 감소 대책을 수립하여 실행하는 일련의 과정을 말한다.

따라서 리스크 평가의 발생 가능성과 중대성의 평가 기준과 방법은 사업장의 특성에 적합한 합리적인 방법으로 수립해야 한다. 그리고 이것은 사전에 예방적이고 체계적인 방식으로 활용되도록 정해져야 한다.

3. 안전 보건 리스크의 평가 방법

6.1.2.1에서 파악된 업무 및 작업 활동의 유해 · 위험요인으로부터 야기될 수 있는 안전 보건 리스크에 대해 안전 보건 리스크의 평가 방법과 기준을 결정할 것을 요구하고 있다. 그 평가 방법과 기준은 조직 업종과 사업장의 특성에 따라 자체적으로 설정하고 문서화된 정보로서 유지 보유해야 한다.

안전 보건 리스크 평가는 산업안전보건법 제36조 2항(위험성 평가 실시) 및 사업장 위험성 평가에 대한 지침(고용노동부고시)에 따라 규정되어 지금까지 실행되고 있는 위험성 평가에 의해 적절하게 대응하는 것이 현실적이다. 또한 안전 보건 리스크 평가 방법으로는 위험요인의 종류 분류 방법(기계적 요인, 전기적 요인, 물리적 요인, 화학적 요인, 생물학적 요인 및 사회심리적 요인 등)과 4M 방식, 화학 물질 위험성 평가(CHARM), 위험과 운전 분석 방법(HAZOP), 사건수 분석(ETA) 등의 정량적 및 정성적 위험성 평가 방법 등이 있다.

4. 안전 보건 리스크 평가 프로세스

안전 보건 리스크 평가는 6.1.2.1 위험요인 파악에 기초하여 안전 보건 리스크 평가(6.1.2.2) 후는 위험요인 제거 및 안전 보건 리스크 감소(8.1.2)로 연결된다. 따라서 이 프로세스는 다음의 사전 준비, 유해 · 위험요인 파악, 위험성 추정, 위험성 결정 등의 단계로 수행되는 평가 프로세스이며, 위험성 평가의 일반적인 프로세스는 [그림 2-1]과 같다.

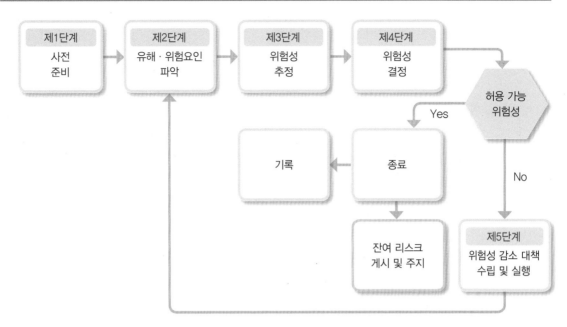

[그림 2-1] 위험성 평가 프로세스

제1단계 사전 준비하기

위험성 평가 지침 작성, 평가 대상 선정, 위험성 평가팀 구성, 위험성 평가 실시 계획 작성, 평가에 필요한 각종 평가 정보 자료를 수집한다. 사업장의 어떤 업무/작업이 어떻게 수행되고 있는지 모든 설비, 재료, 작업 및 사람에 대해 상세하게 다음의 평가 대상에 대해서 연간 계획 및 수시 계획을 수립하여 평가한다.

1) 조직 내부 또는 외부에서 작업장에 제공되는 위험 시설(모든 설비)
2) 작업장에서 보유 또는 취급하고 있는 모든 유해. 물질
3) 일상적인 작업 및 비일상적인 작업
4) 발생할 수 있는 비상 상황의 조치 작업
5) 작업장에 출입하는 모든 사람(공사업체, 협력업체 및 방문자 포함)의 활동

제2단계 유해 · 위험요인 파악하기

6.1.2.1에서 평가 대상 업무 및 작업 활동의 위치, 설비 · 장비에 대해 사업장 순회 점검 및 안전 보건 체크리스트 등을 활용하여 작업장에 내재된 유해 · 위험요인이 파악한다.

1) 평가 대상 업무 및 작업 활동에 대한 유해 · 위험요인을 도출한다(6.1.2.1).
2) 파악된 유해 · 위험요인에 대한 그 영향 형태(상해 및 건강상 장해)와 이에 대한 현재 안전

보건 조치사항을 조사하여 명확히 한다.

3) 유해·위험요인 및 안전 보건 리스크에 관련된 법적 요구사항 및 기타 요구사항을 확인해야 한다.

4) 이전 사건 기록을 파악하고 안전 보건 관계자의 의견을 청취한다.

제3단계 위험성 추정하기

식별된 유해·위험요인이 부상 또는 질병으로 이어질 수 있는 가능성 및 중대성의 크기를 추정하여 위험성의 크기를 산출한다.

1) 파악된 유해·위험요인마다 리스크 내용을 파악한다. 즉 유해·위험요인에 대해 누가 어떠한 영향을 받는가 등 리스크 방지 대책의 상황을 충분히 검토한다.

2) 위험성 추정이란, 유해·위험요인에서 발생하는 리스크에 대해 그 크기를 추정하는 것이다. 즉 유해·위험요인이 어떠한 상해와 건강상 장해가 야기될 수 있는가 파악하고, 상해 및 건강상 장해로 이어질 수 있는 발생 가능성(빈도)과 중대성(강도)에 대해 추정값을 산출하여 리스크 크기(수준)를 결정한다.

3) 화학 물질의 안전 보건 리스크 추정은 작업 안전 보건 측정 결과나 노출 기준 등을 이용하여 노출 수준과 유해성 등급을 결정하고 결정된 노출 수준과 유해성을 조합하여 리스크를 추정한다.

4) 업무/작업 활동에서 파악된 유해·위험요인에 대한 현재 안전 조치의 효과성을 검증한다.

제4단계 위험성 결정하기

유해·위험요인별 위험성 추정 결과를 근거로 하여 사업장에서 설정한 허용 가능한 위험성의 기준을 비교한다. 그리고 추정된 위험성의 크기가 허용 가능한지의 여부를 판단한다.

1) 위험성 결정은 3단계에서 추정된 유해·위험요인별 리스크 크기(수준)에 대해 수용할 수 있는 수준인지, 즉 허용 가능 여부를 판단하는 단계로서 허용 가능한 리스크인지, 허용할 수 없는 리스크인지를 판단한다. 허용 가능한 리스크란, 조직의 법적 의무와 안전 보건 방침을 고려하여 조직이 허용할 수 있는 수준으로 감소한 리스크를 말한다.

2) 위험성 평가 결과 허용할 수 없는 위험성에 대해 개선 대책을 수립할 경우 우선순위를 결정하기 위한 방법 및 기준은 문서화된 정보로 유지하고 보유해야 한다. 프로세스를 기획할 때 위험성 평가 방법은 사전에 계획하여 두어야 한다.

3) 리스크 평가 방법 및 평가 기준은 조직 사업장의 특성에 따라 자체적으로 설정하고 그 기

준을 다르게 할 수 있다.

4) 허용 가능한 리스크로 감소할 수 없는 잔류 리스크에 대해서는 새로운 위험성 감소 대책을 수립 · 실행하는 것이 바람직하다. 하지만 이것을 할 수 없는 경우에는 교육 훈련 등 관리적 대책이나 개인 보호구 착용으로 산업재해 방지를 도모하기로 한다. ISO 45001 조항 8.1.2(위험요인 제거 및 안전 보건 리스크 감소)의 요구사항인 관리 단계의 우선순위에 따라 잔류 리스크에 대해서도 필요한 조치를 취해야 한다.

제5단계 위험성 감소 대책 수립 및 실시하기

1) 위험성 평가 결과 위험성 감소 대책의 관리 단계 우선 적용 순위를 결정하여 허용 불가능한 위험성을 합리적으로 실천 가능한 범위에서 가능한 낮은 수준으로 감소시키기 위한 대책을 수립하고 실행한다.

2) 위험성 감소 대책은 본 조항 8.1.2에서 구체적인 관리 단계를 다루고 있으므로 참조한다.

5. 위험성 평가 시기

사업장 위험성 평가에 대한 지침(고용노동부고시) 제15조에 의하면, 위험성 평가는 최초 평가 및 수시 평가, 정기 평가로 구분하여 실시해야 한다. 이 경우 최초 평가 및 정기 평가는 전체 작업을 대상으로 한다.

1) 최초 평가 : 최초 작업 및 전체 작업 대상

2) 정기 평가 : 정기 평가는 최초 평가 후 매년 정기적으로 실시한다.

3) 수시 평가 : 중대재해 또는 산업재해 발생 시 또는 건설물의 설치 · 이전 · 변경 또는 해체, 작업장 설비, 작업자, 방법 및 절차 변경, 기계 · 기구 설비 정비 보수 작업 시 등에 대해 재해 발생 작업을 대상으로 작업을 재개하기 전에 실시해야 한다.

6. 위험성 평가 프로세스 고려 사항

상기 위험성 평가 프로세스를 실효성 있게 실행하기 위해 다음의 사항을 고려해야 한다.

1) 위험성 평가 요원을 선정하여 교육 훈련을 실시하고, 현장의 작업 내용을 가장 잘 인지하고 있는 해당 작업자 및 현장 감독자뿐만 아니라 기계 설비 및 화학 물질 등 기술 전문가, 안전 보건의 전문가 등 많은 사람이 참여하여 실시하는 것이 바람직하다.

2) 위험성 평가 시 안전관리자나 보건관리자는 유해 · 위험요인이나 리스크에 대해 관련되는 법적 요구사항 및 기타 요구사항을 확인해야 한다.

3) 4절 4.1 및 4.2에서 결정된 외부 이슈와 내부 이슈, 근로자 및 기타 이해관계자의 니즈와 기대 이해에서 도출된 안전 보건 리스크도 고려한다.

7. 안전보건경영시스템의 기타 리스크 평가하기

1) 안전보건경영시스템의 기타 리스크란

3절 '용어와 정의'에는 식별되어 있지 않지만, 유해 · 위험요인에 대한 것이 아니고 안전보건경영시스템의 수립 · 실행 및 유지와 관련된 리스크이다. 이것은 의도한 결과의 달성을 저해하는 요인으로, 안전보건경영시스템 운용 등에 관계되는 리스크를 나타낸다. 예를 들면 안전보건 예산 삭감, 안전 보건 추진 인원 부족, 숙련자 퇴직과 기술 계승 부족으로 역량 저하, 안전 보건 의식 부족 등이며, 부속서 A.6.1.2.2는 구체적인 예시가 나타나 있지 않다.

2) 안전보건경영시스템의 기타 리스크 결정

안전보건경영시스템의 기타 리스크는 조직이 4절 4.1(조직과 조직 상황의 이해) 및 4.2(근로자 및 기타 이해관계자의 니즈와 기대 이해)에서 결정된 사항을 고려하여 그 내용 중에서 안전보건경영시스템에 대한 기타 리스크를 결정한다.

3) 안전보건경영시스템의 기타 리스크의 평가 방법

안전보건경영시스템에서 결정된 기타 리스크의 평가 방법은 ISO 45001에 명시되어 있지 않으므로 조직이 적절한 평가 방법과 기준을 정하여 안전보건경영시스템에 대한 기타 리스크를 평가하면 된다. 평가 방법의 예로서 외부 이슈와 내부 이슈, 근로자 및 이해관계자의 니즈와 기대 이해에서 도출된 기타 리스크의 평가 방법은, 예를 들어 가능성, 영향의 중대성 및 긴급성을 고려하여 평가하는 것이 바람직하다.

8. 문서화된 정보 유지 및 보유하기

안전 보건 리스크 평가 방법과 기준을 포함한 안전 보건 리스크 평가 프로세스와 리스크 평가의 결과와 조치사항에 대해 문서화된 정보를 유지하고 기록을 보유해야 한다. 그리고 사업장 위험성 평가에 대한 사항(고용노동부고시)에 의하면 위험성 평가 실시 내용 및 기록은 3년간 보존해야 한다.

부속서 A.6.1.2.2(안전보건경영시스템에 대한 리스크와 기타 리스크 평가)

조직은 서로 다른 위험요인이나 활동을 다루기 위한 전반적인 전략의 하나로 안전 보건 리스크를 평가하기 위해 여러 가지 방법을 사용할 수 있다. 평가의 방법과 복잡성은 조직의 규모가 아니라 조직의 활동과 관련된 위험요인에 달려 있다.

안전보건경영시스템에 대한 다른 리스크도 적절한 방법을 사용하여 평가해야 한다.
안전보건경영시스템에 대한 리스크 평가 프로세스는 일상적인 업무 및 의사 결정(例 최대 작업량, 구조 조정)뿐만 아니라 외부 쟁점(이슈)(例 경제적 변화)도 고려해야 한다. 방법론은 매일의 활동(例 작업량의 변화)에 영향을 받는 근로자에 대한 지속적인 상담, 새로운 법적 요구사항 및 기타 요구사항에 대한 모니터링 및 의사소통(例 규제 개혁, 안전보건에 관한 단체협약 개정), 기존의, 그리고 변화하는 요구사항을 충족시키는 자원 확보(例 새롭게 개선된 장비 또는 소모품에 대한 교육이나 조달) 등을 포함할 수 있다.

관련 법령

1. 산업안전보건법 제36조(위험성 평가의 실시)
   1) 사업주는 건설물, 기계·기구·설비, 원재료, 가스, 증기, 분진, 근로자의 작업 행동 또는 그 밖의 업무로 인한 유해·위험요인을 찾아내어 부상 및 질병으로 이어질 수 있는 위험성의 크기가 허용 가능한 범위인지를 평가해야 한다. 그리고 해당 결과에 따라 이 법과 이 법에 의한 명령에 따른 조치를 취해야 하며, 근로자에 대한 위험 또는 건강 장해를 방지하기 위해 필요한 경우에는 추가적인 조치를 취해야 한다.
   2) 사업주는 제1항에 따른 평가 시 고용노동부장관이 정하여 고시하는 바에 따라 해당 작업장의 근로자를 참여시켜야 한다.
   3) 사업주는 제1항에 따른 평가의 결과와 조치사항을 고용노동부령으로 정하는 바에 따라 기록하여 보존해야 한다.
   4) 제1항에 따른 평가의 방법, 절차 및 시기, 그 밖에 필요한 사항은 고용노동부장관이 정하여 고시한다.
      • 제1장 : 총칙(제1조~제4조)
      • 제2장 : 사업장 위험성 평가(제5조~제15조)
      • 제3장 : 위험성 평가 인정(제16조~제25조)
      • 제4장 : 지원사업의 추진(제26조~제28조)
      • 부칙 : 고용노동부고시 제2020-53호 2020.1.14.) '사업장 위험성 평가에 대한 지침'
2. 산업안전보건법 시행 규칙 제37조(위험성 평가 실시 내용 및 결과의 기록·보존)
   1) 사업주가 산업안전보건법 제36조제3항에 따라 위험성 평가의 결과와 조치사항을 기록·보존할 때는 다음 각 호의 사항이 포함되어야 한다.
      (1) 위험성 평가 대상의 유해·위험요인
      (2) 위험성 결정의 내용
      (3) 위험성 결정에 따른 조치의 내용
      (4) 그 밖에 위험성 평가의 실시 내용을 확인하기 위해 필요한 사항으로, 고용노동부장관이 정하여 고시하는 사항
   2) 사업주는 제1항에 따른 자료를 3년간 보존해야 한다.
3. 산업안전보건법 제105조(유해 인자의 유해성·위험성 평가 및 관리)
   1) 고용노동부장관은 유해 인자가 근로자의 건강에 미치는 유해성·위험성을 평가하고 해당 결과를 관보 등에 공표할 수 있다.
   2) 고용노동부장관은 제1항에 따른 평가 결과 등을 고려하여 고용노동부령으로 정하는 바에 따라 유해성·위험성 수준별로 유해 인자를 구분하여 관리해야 한다.
   3) 제1항에 따른 유해성·위험성 평가 대상 유해 인자의 선정 기준, 유해성·위험성 평가의 방법, 그 밖에 필요한 사항은 고용노동부령으로 정한다.
4. 산업안전보건법 시행 규칙 제142조(유해성·위험성 평가 대상 선정 기준 및 평가 방법 등)

6.1.2.3 안전보건경영시스템에 대한 안전 보건 기회 및 기타 기회의 평가

안전 보건 기회와 안전보건경영시스템의 기타 기회에 대해 평가 프로세스를 수립 및 실행, 유지하는 것을 요구하고 있다.

조직은 다음 사항을 평가하기 위한 프로세스를 수립, 실행 및 유지하여야 한다.

    a) 조직, 방침, 프로세스 또는 활동에 대한 계획된 변경을 반영하면서 안전 보건 성과를 향상시킬 수 있는 안전 보건 기회, 그리고 다음 사항의 기회
      1) 근로자에게 작업, 작업 구성 및 작업 환경을 적용하기 위한 기회
      2) 위험요인을 제거하고 안전 보건 리스크를 감소하기 위한 기회
    b) 안전보건경영시스템을 개선하기 위한 기타 기회

• 비고 : 안전 보건 리스크 및 안전 보건 기회는 조직에 기타 리스크 및 기타 기회를 초래할 수 있다.

[목적]

안전 보건 기회와 안전보건경영시스템의 기타 기회에 대해 평가 프로세스를 구축하여 근로자를 위한 안전 보건 및 경영시스템에 대한 개선의 기회를 평가하는 것이 목적이다.

[실무 가이드]

안전 보건 기회와 안전보건경영시스템의 기타 기회를 이해하고 기회 평가 프로세스를 구축하여 개선의 기회를 마련함으로써 안전 보건 성과 향상을 도모하는 것이다.

1. 안전 보건 기회 평가

1) 안전 보건 기회란

안전 보건 기회는 '용어와 정의'(3.22)에 의하면 '안전 보건 성과의 개선을 가져올 수 있는 상황 또는 상황의 조합이다.'라고 이해할 수 있다. 안전 보건 기회는 지금까지 안전 보건의 성과를 개선하는 많은 조치 활동을 전개하여 왔으므로 이러한 활동을 활용하거나 더욱 강화하여 운용하면 된다. 예를 들면 안전 보건 순회 점검, 작업 환경 개선, 작업 절차 수정 및 변경, 위험 예지 훈련 도입 등이 해당된다. 따라서 지금까지 운용하는 조치 활동뿐만 아니라 새로운 재해 예방에 필요한 조치 활동의 기회를 지속적으로 개발하는 것이 중요하다.

2) 안전 보건 기회의 평가 방법

안전 보건 기회의 평가 방법과 기준은 ISO 45001에 명시되어 있지 않으므로 조직이 적

절한 방법을 정하면 된다. 예를 들면 근로자가 토론하여 채택 여부를 평가하거나 관계자들이 브레인스토밍에 의해 실행하는 우선순위를 평가할 수도 있다. 또한 조직, 조직 프로세스, 안전보건경영시스템 등 계획적인 변경 시에는 변경이 발생하기 이전에 안전 보건 결과를 보다. 개선하도록 안전 보건 기회를 평가하여 수정하는 것도 요구된다. 4절의 4.1 및 4.2에서 결정된 조직의 외부 이슈와 내부 이슈, 근로자 및 기타 이해관계자의 니즈와 기대 이해에서 초래한 안전 보건 기회도 고려한다.

2. 안전보건경영시스템에 대한 기타 기회의 평가

1) 안전보건경영시스템에 대한 기타 기회란

기타 기회란, 안전 보건의 수준을 향상시키기 위한 각종 활동으로 안전보건경영시스템 운용의 개선을 가르킨다. 예를 들면 안전 의식 개선, 위험 예지 훈련, 리스크 감소 대책, 작업 환경 측정, 새로운 기술 활용 등이며 부속서 A.6.1.1 일반 사항에 예시가 제시되어 있다.

2) 안전보건경영시스템에 대한 기타 기회 결정

안전보건경영시스템에 대한 기타 기회는 4절 4.1 및 4.2에서 결정된 조직의 외부와 내부 이슈, 근로자 및 기타 이해관계자의 니즈와 기대 이해를 고려하고 안전보건경영시스템의 기타 기회를 결정하는 것이다.

3) 안전보건경영시스템에 대한 기타 기회의 평가 방법

기타 기회의 평가 방법과 기준도 ISO 45001에 명시되어 있지 않으므로 조직이 적절한 방법을 정하면 된다. 예를 들면 기타 리스크 평가와 동일하게 가능성, 중대성 및 긴급성 등을 고려한 방법이 바람직하다.

> 부속서 A.6.1.2.3 안전보건경영시스템에 대한 안전 보건 기회 및 기타 기회 평가하기
> 평가 프로세스는 안전 보건 기회 및 결정된 기타 기회, 그 혜택 및 안전 보건 성과를 향상시킬 잠재성을 고려해야 한다.

6.1.3 법적 요구사항 및 기타 요구사항의 결정

안전보건경영시스템에서 법적 요구사항 및 기타 요구사항의 결정, 이해관계자의 의사소통이나 조직에서 전개하기 위한 프로세스 구축을 요구하고 있다.

조직은 다음 사항을 위한 프로세스를 수립, 실행 및 유지하여야 한다.

　a) 위험요인, 안전 보건 리스크 및 안전보건경영시스템에 적용할 수 있는 최신 법적 요구사항 및 기타 요구사항의 결정과 이용
　b) 이러한 법적 요구사항 및 기타 요구사항이 어떻게 조직에 적용되고 무엇이 의사소통될 필요가 있는지 결정
　c) 안전보건경영시스템을 수립, 실행, 유지 및 지속적으로 개선할 때 이러한 법적 요구사항 및 기타 요구사항 반영

조직은 법적 요구사항 및 기타 요구사항에 대한 문서화된 정보를 유지 및 보유하여야 하고 모든 변경을 반영하기 위해 갱신됨을 보장하여야 한다.

• 비고 : 법적 요구사항 및 기타 요구사항은 조직에 리스크와 기회를 초래할 수 있다.

[목적]

조직에 적용되는 최신 법적 요구사항 및 기타 요구사항을 결정하여 조직에서 전개하기 위한 프로세스 구축 및 운용과 법적 요구사항의 적용 방법 및 의사소통의 필요성을 결정하는 것이 목적이다.

[실무 가이드]

ISO 45001 6.1.3은 안전보건경영시스템이 추구한 목적의 하나이다. 안전 보건 방침에서 최고경영자가 결의한 법령 등 요구사항의 준수, 즉 법규 준수를 확실하게 하기 위한 매우 중요한 내용이며, 중대재해법은 '안전보건관계법령에 따른 의무 이행에 필요한 관리상의 조치'에 대해 사업주 또는 경영책임자 등의 안전 및 보건 확보 의무를 규정하고 이에 대한 강력한 제재를 대폭 강화했다. 따라서 안전 보건에 관련되는 법령 등을 관리하기 위한 법규준수(컴플라이언스)관리시스템을 최우선적으로 구축하여 중점적으로 철저히 이행하도록 해야 한다.

본문은 조직이 4.2(근로자 및 이해관계자의 니즈와 기대 이해)에서 이해관계자의 니즈와 기대 중 준수해야 할 법적 요구사항 및 기타 요구사항을 파악 및 결정하고 적용 대상, 적용 방법 및 의사소통 등 법규 준수 프로세스를 구축할 것을 요구하고 있다.

1. 법규 준수 프로세스의 구축 및 운용

조직은 조직에서 적용해야 할 법적 요구사항 및 기타 요구사항을 결정하고 입수, 적용 및 변경 등에 대해 다음의 사항을 포함한 프로세스를 수립, 실행 및 유지해야 한다.

　1) 유해 · 위험요인 파악 및 안전 보건 리스크 식별
　2) 안전보건경영시스템에 적용할 수 있는 법적 요구사항 및 기타 요구사항의 파악

3) 적용되는 법적 및 기타 요구사항 중 규정되어 있는 법령 조문 및 요구 내용의 결정

4) 조직의 어느 부문에 적용할 것인지 적용 대상 및 적용 방법

5) 법규의 적용 및 내용에 대해 근로자 및 이해관계자의 의사소통 및 이해

6) 법적 요구사항 및 기타 요구사항의 변경 관리

7) 법규 준수의 모니터링 및 평가

8) 법적 요구사항 및 기타 요구사항의 위반 사항에 대한 시정조치

9) 문서화 정보의 유지 및 보유

2. 법적 요구사항과 기타 요구사항의 종류

법적 요구사항은 중대재해법 및 산업 안전 보건에 관계되는 각종 법령이나 규제를 의미한다. 일반적으로 산업안전보건법에 관련된 법령, 설비의 신고 및 안전 기준, 유해·위험 물질 관리, 법정 관리자 선임, 법정 자격, 안전 보건 교육, 작업 환경 측정, 건강진단 등이 있다. 기타 요구사항은 법령에 해당되지 않지만, 안전 보건 활동을 수행하는 데 있어서 강제적 또는 자발적으로 준수해야 할 사항으로 조직의 규정류·기준, 이해관계자와 계약, 고용 계약, 기술 시방서 등이 해당된다. 또한 법적 요구사항과 기타 요구사항은 부속서 A.6.1.3을 참조하여 [표 2-11]과 같이 분류한다.

[표 2-11] 법적 요구사항과 기타 요구사항 분류

구분	법규 및 기타 요구사항의 종류	
법적 요구사항	① 법령을 포함한 법률(국내, 지역 및 국제)	② 명령 및 지침
	③ 허가, 면허	④ 조약, 협약, 의정서
	⑤ 단체 협약	⑥ 법원 또는 행정재판소 판결
기타 요구사항	① 조직의 요구사항	② 계약 조건
	③ 고용 계약	④ 이해관계자의 합의
	⑤ 보건 당국 합의	⑥ 비규제 표준
	⑦ 자발적 원칙, 기술 규격	⑧ 조직 또는 모기업의 공약

3. a)와 관련되어 법적 및 기타 요구사항의 결정, 입수와 적용 부문의 적용 방법

1) 적용되어 준수해야 할 법적 요구사항 및 기타 요구사항을 결정한다.

2) 파악된 해당 법령 및 기타 요구사항의 조항을 파악하고 규정되어 있는 요구사항의 적용 내용을 결정한다.

3) 적용되는 법령의 조문 내용은 조직의 어디에 적용되는지 명확히 하여 해당 부문이나 시설·설비 및 물질을 파악하고 적용 방법을 검토 조치한다.

4) 법적 및 기타 요구사항은 조직의 리스크 및 기회에 깊은 관계가 있기 때문에 리스크 및 기회 평가 시에 조직의 활동 영역에 관계되는 법령에 비추어 분석 및 대응하는 것이 바람직하다.

4. b)와 관련되어 적용 법령의 의사소통

의사소통할 대상을 외부 및 내부로 나누어 내부적으로 근로자 및 이해관계자에게 전달 및 주지하고, 외부적으로 허가·신고 및 보고 대상을 도출하여 법령에 따라 허가 및 보고한다.

5. c)와 관련되어 법규 준수(컴플라이언스) 프로세스 반영

안전보건경영시스템의 수립, 실행, 유지 및 지속적 개선을 수행할 때 적용되는 법적 및 기타 요구사항과 법규 준수 프로세스 수립 시 [표 2-12]의 ISO 45001 요구사항을 상호작용 및 연결하여 반영하는 것이 바람직하다.

[표 2-12] ISO 45001 법적 및 기타 요구사항의 관련 요구사항

단계	구분	요구사항
P	4.2(c)	근로자 및 기타 이해관계자의 니즈와 기대 중 준수해야 할 법적 요구사항 및 기타 요구사항 파악
	5.2	법적 요구사항 및 기타 요구사항을 충족하겠다는 의지 표명
	6.1.3	(a) 조직의 위험요인, 안전 보건 리스크, 안전보건경영시스템에 적용되는 최신 법적 요구사항 및 기타 요구사항의 결정 이용 (b) 법적 요구사항 및 기타 요구사항이 조직에 적용하는 방법과 의사소통 할 필요가 있는 대상 결정 (c) 안전보건경영시스템을 수립, 실행, 유지 및 지속적으로 개선할 때 이러한 법적 요구사항 및 기타 요구사항 반영
	6.1.4	법적 요구사항 및 기타 요구사항의 조치 기획
	6.2	안전 보건 목표와 목표 달성 기획
D	7.4	법적 요구사항 및 기타 요구사항의 의사소통
	8.1.1	운용 프로세스 수립, 실행, 관리 및 유지와 문서화된 정보의 유지 및 보유
	8.1.3	법적 요구사항 및 기타 요구사항의 변경
C	9.1.2	적용 법적 요구사항 및 기타 요구사항의 준수 평가 프로세스 수립과 준수상태 평가 및 준수 결과에 대한 기록의 보유
	9.3	경영 검토 수행 시 적용되는 법적 요구사항 및 기타 요구사항의 변경
A	10.2	미준수 사항에 대한 시정 및 재발 방지를 위한 시정조치

6. 법적 요구사항의 정보 입수 및 최신판 유지하기

적용 법령의 제정·개정 정보는 정보원(법제처, 관련 관청 인터넷, 정부관보, 정기간행물, 관련 단체, 산업안전공단, 법령 설명회, 기타 이해관계자 등)을 통해 입수한다. 관련 법령은 정기적으로 모니터링하여 적용 법령이 변경될 경우는 변경 사항을 업데이트하여 항상 최신판을 유지해야 한다.

7. 문서화된 정보의 유지 및 보유하기

조직에 적용되는 법적 요구사항 및 기타 요구사항은 무엇인가를 정리한 후 문서화하여 최신

상태로 유지하고, 적용 법령이 요구하는 보존 기록 및 조직이 정한 각종 기록 등 안전 보건에 관련되는 모든 기록 및 자료는 반드시 보유해야 한다.

부속서 A.6.1.3(법적 요구사항 및 기타 요구사항의 결정)

a) 법적 요구사항에는 다음 사항이 포함될 수 있다.
  1) 법령 및 규정을 포함한 법규(국가, 지역 또는 국제)
  2) 법령 및 지침(decrees and directives)
  3) 규제 당국이 발급한 명령
  4) 허가, 면허 또는 다른 형태의 승인
  5) 법원 또는 행정법원의 판결
  6) 조약, 협약, 의정서
  7) 단체 협약

b) 기타 요구사항에는 다음 사항이 포함될 수 있다.
  1) 조직의 요구사항
  2) 계약 조건
  3) 고용 계약
  4) 이해관계자와의 합의
  5) 보건 당국과의 합의
  6) 비강제적 표준, 합의 표준 및 지침
  7) 자발적 원칙, 실무 규범, 기술 규격, 선언문(charters)
  8) 조직 또는 모기업의 공약

관련 법령

1. 중대재해법 제4조(사업주와 경영책임자 등의 안전 및 보건 확보 의무)
   사업주 또는 경영책임자 등은 사업주나 법인 또는 기관이 실질적으로 지배·운영 관리하는 사업 또는 사업장에서 종사자의 안전 보건상 유해 또는 위험을 방지하기 위해 그 사업 또는 사업장의 특성 및 규모 등을 고려하여 다음 각 호에 따른 조치를 취해야 한다.
   • 안전보건관계법령에 따른 의무 이행에 필요한 관리상의 조치
2. 조직에서 적용되는 안전 보건에 관련된 법령은 다음의 [표 2-13]과 같다.

[표 2-13] 안전보건관계법령(예시)

분야	관련 법률	소관 부처	산하 기관
안전 보건	중대재해법	고용노동부	안전보건공단
	산업안전보건법령	고용노동부	안전보건공단
화학 물질	화학물질관리법, 화학물질 등록·평가법	환경부	환경관리공단
위험물	위험물안전관리법	소방청	–
건설	건설기술관리법, 건설기계관리법, 시설물의 안전관리에 대한 특별법	국토교통부	한국시설안전공단
가스	고압가스안전관리법, 액화석유가스의안전관리 및 사업법, 도시가스사업법	산업통상자원부	한국가스안전공단
전기	전기사업법, 전기공사업법, 전력기술관리법	산업통상자원부	한국전기안전공사

분야	관련 법률	소관 부처	산하 기관
에너지	에너지이용합리화법, 집단에너지사업법	산업통상자원부	에너지관리공단
원자력	원자력안전법	산업통상자원부	한국원자력안전 기술원
광산	광산보안법	산업통상자원부	
승강기	승강기시설안전관리법	행정안전부	한국승강기안전공단
소방국민안전	소방기본법, 재난 및 안전관리기본법	행정안전부	한국소방산업기술원, 한국소방안전원
연구소 및 대학	연구실 안전환경조성에 대한 법률	과학기술정보 통신부	–
기업 규제	기업활동규제완화에 대한 특별조치법	산업통상자원부	–

6.1.4 조치 기획

6.1.1~6.1.3 요구사항에서 결정된 리스크 및 기회, 법적 요구사항 및 비상사태에 대한 대응 계획 수립과 그 관리 방법을 결정하기 위한 요구사항이 규정되어 있다.

조직은 다음의 사항을 계획해야 한다.

a) 다음의 사항을 위한 조치
1) 리스크와 기회를 다룸(6.1.2.2 및 6.1.2.3 참조)
2) 법적 요구사항 및 기타 요구사항을 다룸(6.1.3 참조)
3) 비상 상황에 대비 및 대응(8.2 참조)
b) 다음의 사항을 위한 방법
1) 조치를 안전보건경영시스템 프로세스나 기타 비즈니스 프로세스에 통합 및 실행
2) 이러한 조치의 효과성 평가

조직은 조치를 취하기 위한 기획 시 관리 단계(8.1.2 참조), 그리고 안전보건경영시스템의 결과를 반영하여야 한다. 조직은 조치를 기획할 때 모범 사례, 기술적 선택, 그리고 재무, 운용 및 비즈니스 요구사항을 고려하여야 한다.

[목적]

조직이 안전 보건 리스크 및 안전 보건 기회와 안전보건경영시스템 기타 리스크 및 안전보건경영시스템 기타 기회, 법적 요구사항 및 비상사태를 안전보건경영시스템에서 어떻게 대응하고 운용할 것인가에 대해 조치 기획을 수립하고, 관리 방법 및 유효성 평가 방법을 정하여 관리하는 것이 목적이다.

6.1.1~6.1.3에서 결정된 안전 보건에 관한 리스크 및 기회, 법적 요구사항 및 비상상황에 대해 대응하는 조치 기획을 수립하고 그 조치 기획은 안전보건경영시스템 요소의 프로세스에 반영하여 실행, 전개하고 또한 효과성 평가 방법을 정하여 관리해야 한다.

1. 조치 기획 수립하기

조치 기획은 6.1.2.2 및 6.1.2.3에서 평가한 리스크와 기회, 6.1.3의 법적 요구사항, 6.1.2.1 c) (비상사태를 포함하여 조직 내부 또는 외부와 관련된 과거 사건 및 사건 원인) 및 d) (잠재적인 비상 상황)에 대해 조치 대상을 정하여 다음의 사항에 대해 실행할 조치 기획을 수립해야 한다.

1) 안전보건경영시스템에 대한 기타 리스크 조치사항
2) 안전보건경영시스템에 대한 기타 기회 조치사항
3) 안전 보건 리스크 조치사항
4) 안전 보건 기회 조치사항
5) 법적 요구사항 및 기타 요구사항 결정에 의한 조치사항
6) 비상 상황의 대비 및 대응 조치사항

상기 ISO 45001 6.1.4의 요구사항 외에 추가로 다음의 사항을 포함하여 조치 기획을 수립하는 것이 바람직하다.

1) 안전 보건 활동의 조치사항
2) 안전 보건 교육 및 건강 증진 교육에 대한 사항
3) 도급 시 수급업체 및 외주 처리 조치사항

2. 상기 사항의 조치 기획에 대한 설명

1) 안전보건경영시스템의 기타 리스크 조치 기획 및 기타 기회 조치 기획

외부 이슈와 내부 이슈, 이해관계자의 니즈와 기대에 대한 리스크 및 기회를 도출하고 리스크를 평가하여 그 조치 내용과 전개 방법(예 목표 반영, 기술적 대응, 절차서 작성, 교육 훈련 계획, 모니터링 및 측정, 중장기 계획 반영 등)에 대한 조치 기획을 수립하면 된다. 이러한 조치 기획은 안전 보건 수준을 고려하여 경영 전략적이고 중장기적 관점의 과제가 포함될 수 있다.

2) 안전 보건 리스크에 대한 조치 기획

안전 보건 리스크는 리스크 평가에 의해 파악된 리스크에 대해 즉시 실행 가능한 것은 리스크 대책을 실시하고, 계획적으로 추진할 것은 차기 안전 보건 계획에 반영하여 실시한다. 일반적으로 안전 보건 리스크는 안전 보건 리스크 평가를 통해 수립된 리스크 감소 계획을 수립하여 실시한다. 다만 리스크 중 내부 이슈가 되는 중대한 사항이 현재화되는 경우 관리 단계의 우선순위(8.1.2)에 근거하여 안전보건경영시스템의 조치 기획에 포함시키면 된다.

3) 법적 요구사항 및 기타 요구사항의 조치 기획

6.1.3에서 결정한 법적 요구사항 및 기타 요구사항은 법규의 종류 및 분야별로 적용 법규의 적용 부서 및 대응개소의 적용 방법 등을 계획하여 안전 조치 및 보건 조치 등 적절한 조치를 취한다.

4) 비상시 대비 및 대응의 조치 기획

조치 기획은 6.1.2.1 (c), (d)의 비상시 잠재적인 상황이 예상되는 유해·위험요인의 비상사태에 대해서 발생한 경우에 취해야 할 대응 계획을 수립할 것을 요구한다(8.2). 예를 들면 화재, 재난, 사고, 유해 물질 누출의 비상사태에 대한 구체적인 대응 계획이나 소방 계획 등을 수립한다.

3. 조치 기획의 전개 방법

조치 기획의 대상인 리스크(6.1.2.1), 기회(6.1.2.2), 법적 요구사항(6.1.3) 및 비상사태는 안전보건경영시스템에서 어떻게 운용할 것인가 계획하는 것으로, 조치 기획의 대상 및 전개 방법에 따라 다음과 같은 안전보건경영시스템 요소에 반영하여 전개한다([그림 2-2]).

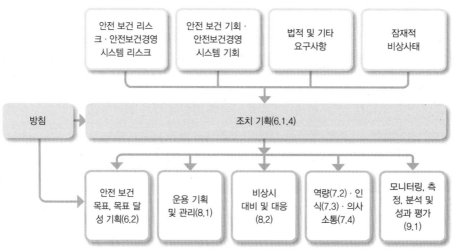

[그림 2-2] 조치 기획의 대상과 전개 방법

1) 안전 보건 목표 및 목표 달성 기획(6.2)

2) 역량(7.2),인식(7.3) 및 의사소통(7.4)

3) 운용 기획 및 관리(8.1)

4) 비상시 대비 및 대응(8.2)

5) 모니터링, 측정, 분석 및 성과 평가(9.1)

4. 조치 기획의 실시하기

조치 기획은 안전보건경영시스템 프로세스나 기타 비즈니스 프로세스에 통합 및 실행할 것을 요구하고 있다. 따라서 안전보건경영시스템의 프로세스나 다른 경영시스템(QMS, EMS 등)과 통합하여 실시하는 것이 보다 효율적인 업무 실행을 위해 좋다.

5. 조치 기획의 효과성 평가하기

조치 기획의 실시 내용에 대해 효과성 평가도 규정되어 있어 효과적으로 실행되었는지 평가하는 방법도 조치 기획에 포함시킨다. 효과성 평가는 성과 평가(9절)와 관련되어 모니터링, 측정, 분석 및 성과 평가, 준수 평가, 내부 심사 등에 의해 평가하는 것을 정해야 한다. 또한 순회 점검 및 작업 안전 보건 측정 등의 평가도 될 수 있다.

6. 조치 기획 수립 시 반영 및 고려 사항

1) 안전 보건 리스크 감소 관리 단계(8.1.2)와 안전보건경영시스템의 성과를 반영해야 한다.

2) 모범사례, 기술적 선택 사항 및 재무, 운용, 사업적 요구사항을 고려하여 어떠한 조치 기획도 선택 사항이 적절한지 평가할 필요가 있다.

부속서 A.6.1.4 조치 기획

계획된 활동은 주로 안전보건경영시스템을 통해 관리되어야 하며, 환경, 품질, 비즈니스 연속성, 리스크, 재정 또는 인적자원 관리를 위해 수립된 다른 비즈니스 프로세스와 통합하여야 한다. 결정된 조치를 이행하는 것은 안전보건경영시스템의 의도된 결과를 달성할 것으로 기대된다.

안전 보건 리스크 및 기타 리스크의 평가가 통제의 필요성을 확인한 경우 계획 활동은 이러한 활동이 운용되는 방식을 결정한다(8절 참조). 예를 들어 이러한 통제를 작업 지시 또는 역량 향상을 위한 조치로 통합할지 결정할 수 있다. 다른 통제는 측정 또는 모니터링의 형태를 취할 수 있다(9절 참조).

리스크와 기회를 다루는 조치는 의도하지 않은 결과가 발생하지 않도록 하기 위하여 변경 관리(8.1.3) 속에서 고려하여야 한다.

6.2 안전 보건 목표와 목표 달성 기획

6.2.1 안전 보건 목표

안전 보건 방침 및 6.1.1~6.1.3을 고려하여 안전 보건 목표와 그 달성을 위한 안전보건계획을 수립할 것을 요구하고 있다.

> 조직은 안전보건경영시스템 및 안전 보건 성과를 유지하고 지속적으로 개선하기 위해 관련 기능과 계층에서 안전 보건 목표를 수립하여야 한다(10.3 참조).
>
> 안전 보건 목표는 다음 사항과 같아야 한다.
>
> a) 안전 보건 방침과 일관성이 있어야 함
> b) 측정 가능하거나(실행 가능한 경우) 성과 평가가 가능하여야 함
> c) 다음 사항을 반영해야 함
>   1) 적용 가능한 요구사항
>   2) 리스크와 기회의 평가 결과(6.1.2.2 및 6.1.2.3 참조)
>   3) 근로자 및 근로자 대표(있는 경우)와의 협의 결과(5.4 참조)
> d) 모니터링을 하여야 함
> e) 의사소통을 하여야 함
> f) 해당되는 경우 갱신하여야 함

[목적]

안전 보건 목표는 안전보건경영시스템 및 안전 보건 성과의 유지 및 지속적 개선을 도모하기 위해 조직 전체와 관련된 부문 및 계층에 전개하는 것이다.

[실무 가이드]

조직은 안전보건경영시스템을 계획적으로 추진하고 안전 보건 성과의 유지 및 지속적 개선을 위해 안전 보건 목표를 수립하는 것은 불가결하다. 이 안전 보건 목표는 안전 보건 방침(5.2)에 근거하여 해결해야 할 사항에 대해 조직 전체나 부문별 및 부서별로 수립해서 구체적인 실시 사항을 포함한 안전 보건 계획을 작성하고, 목표의 달성도를 평가할 수 있다. 아울러 조치의 기획(6.1.4) 중 목표 설정 및 목표 달성의 계획에 포함시켜서 전개할 필요가 있는 실시 사항을 반영해야 한다. 따라서 안전 보건 목표는 안전 보건 방침이나 조치의 기획(6.1.4)을 입각하여 수립하고 다른 사업 목표와 통합될 수 있다. 지금까지 많은 조직에서 실행해 왔던 안전 보건 계획의 안전 보건 목표라고 생각해도 된다. 안전 보건 목표의 설정 내용과 목표의 모니터링 등 관리 방법은 다음과 같다.

1. 안전 보건 목표 내용의 요구사항

1) 안전 보건 방침과 일치해야 한다.

안전 보건 목표는 안전 보건 방침과 일치하여 안전 보건 방침의 틀과 방향성에 일관성 있게 모순 없는 안전 보건 목표가 수립되어야 한다.

2) 안전 보건 목표는 측정 가능하고 성과 평가 가능해야 한다.

정량적·정성적 평가가 가능하지만, 가능한 한 수치화하여 목표를 설정하는 것이 달성도를 파악하는 데 효과적이다.

2. 안전 보건 목표를 설정할 때 반영해야 할 요구사항

조직은 안전 보건 목표를 설정할 때 다음의 세 가지를 고려하는 것이 요구되고 있다.

1) 적용 가능한 요구사항 반영

적용되는 요구사항에는 이 표준의 요구사항, 법적 요구사항 및 기타 조직이 준수한다고 결정한 요구사항이다. 이러한 요구사항을 만족시키기 위한 안전 보건 활동을 목표로 설정하면 된다. 예를 들면 법적 요구사항으로 법정 안전 보건 교육, 안전 점검, 건강진단, 작업 환경 측정 등과 조직이 규정한 기타 요구사항으로 법정 이외의 안전 보건 교육, 안전 보건 순찰, 건강 증진 활동 등 각종 안전 보건 활동 등이다.

2) 리스크 및 기회의 평가 결과 반영(6.1.2.2 및 6.1.2.3)

조치 기획에서 도출된 리스크 및 기회의 조치사항 중 안전 보건 목표로 설정하여 해결해야 할 적절한 것이 있으면 목표로 추가한다. 리스크는 안전 보건 리스크 및 기타 리스크를 감소시키는 관점에서 목표를 설정하는 것이고, 기회도 안전 보건 기회 및 기타 기회의 평가에서 우선순위가 높은 조치사항을 목표로 설정하면 된다.

3) 근로자 및 근로자 대표(있는 경우)와의 협의 결과 반영(5.4)

조직의 목표를 설정할 때 근로자의 의견을 모아 안전 보건 목표 설정 및 협의에 참여시켜서 목표 설정이 보다 효과적으로 추진될 수 있다. 따라서 산업안전보건위원회 및 안전보건회의 등을 활용하여 근로자와 협의한 결과는 안전 보건 목표에 반영한다.

3. 상기 목표 반영 요구사항 외 추가 요구사항

1) 과거 발생한 사건·사고의 통계 분석 결과

2) 이해관계자의 불만 요구사항 및 피드백 사항

3) 새로운 기술 변화에 대한 대응책

4. 안전 보건 목표의 사용 방법

1) 모니터링하기(d))

안전 보건 목표로 설정된 추진 항목의 달성 상황이 계획대로 실행되고 있는지를 모니터링 대상으로 정하고 9.1.1a)에 근거하여 정기적으로 모니터링해야 한다. 진척의 지연 등 문제가 있으면 필요한 시정조치(10.2)를 실행한다.

2) 근로자 및 이해관계자에게 전달하기(e))

안전 보건 목표의 설정 · 변경 및 전달 사항은 산업안전보건위원회, 안전보건회의, 사내 인터넷, 게시 등을 통해 근로자 및 이해관계자에게 전달한다. 필요에 따라 계약자 등 관계자에게 전달한다.

3) 필요에 따라 갱신하기(f))

안전 보건 목표는 계획 기간마다 모니터링 및 달성 상황을 감안하여 갱신할 필요가 있다. 또는 변경 관리(8.1.3)에 따라 목표의 신규 설정 및 변경의 필요가 있을 경우에는 설정 시와 동일하게 바꿀 수 있다.

부속서 A.6.2.1 안전 보건 목표

목표는 안전 보건 성과를 유지하고 향상시키기 위해 설정된다. 목표는 조직이 안전보건경영시스템의 의도된 결과를 달성하기 위하여 필요한 것으로, 식별한 리스크와 기회 및 성과 기준과 연계되어야 한다.

안전 보건 목표는 다른 사업 목표와 통합될 수 있으며 관련 기능과 수준에 맞게 설정되어야 한다. 목표는 전략적, 전술적 또는 운용적일 수 있다.

a) 전략적 목표는 안전보건경영시스템의 전반적인 성과를 개선하기 위해 설정될 수 있다(예 소음 노출 제거하기).
b) 전술적 목표는 시설, 프로젝트 또는 프로세스 수준에서 설정될 수 있다(예 발생원에서 소음 줄이기).
c) 운용적 목표는 활동 수준에서 설정될 수 있다(예 소음을 줄이기 위한 개별 기계의 방음 설비).

안전 보건 목표의 측정은 정성적 또는 정량적일 수 있다. 정성적 측정은 설문조사, 인터뷰 및 관찰에서 얻은 것과 같은 근사치일 수 있다. 조직은 결정할 모든 리스크와 기회에 대해 안전 보건 목표를 수립할 필요는 없다.

6.2.2 안전 보건 목표 달성 기획

6.2.1에서 설정한 안전 보건 목표를 달성하기 위한 안전 보건 계획을 수립할 것을 요구한다.

> 조직은 안전 보건 목표를 어떻게 달성할 것인지 기획할 때 다음 사항을 결정하여야 한다.
>
> a) 무엇을 할 것인가?
> b) 어떤 자원이 필요한가?
> c) 누가 책임을 질 것인가?
> d) 언제 완료할 것인가?
> e) 모니터링을 위한 지표를 포함하여 결과를 어떻게 평가할 것인가?
> f) 안전 보건 목표 달성을 위한 조치를 조직의 비즈니스 프로세스에 어떻게 통합시킬 것인가?
>
> 조직은 안전 보건 목표와 목표 달성 계획에 관한 문서화된 정보를 유지 및 보유하여야 한다.

[목적]

안전 보건 목표 달성을 위한 안전 보건 계획을 수립하고 달성 대상, 필요 자원, 달성 기한 등을 결정하는 것이 목적이다.

[실무 가이드]

안전 보건 계획은 기업 전체 안전 보건 계획과 부서의 안전 보건 계획도 수립할 필요가 있으며 실제적으로 실효성 있게 실행되어 재해예방에 효과적이어야 한다.

안전 보건 추진 계획 수립 시 목표 달성의 실시사항, 자원, 책임자, 달성기한 등 필요 사항을 포함하여 효과적인 계획이 다음과 같이 수립과 실행되어야 한다.

1. 안전 보건 계획 수립

6.2.1에서 설정한 안전 보건 목표를 달성하기 위한 안전 보건 계획을 수립해야 하고 안전 보건 계획을 작성할 때 다음의 사항을 결정해야 한다.

1) 달성 대상

계획된 안전 보건 목표는 어떤 수단으로 달성하게 할 것인가를 구체적으로 정한다.

2) 필요 자원

안전 보건 계획의 실시 사항을 수행하는 데 필요한 자원을 결정해야 한다. 필요한 자원에는 예산, 인적 자원, 설비, 기반 구조 등이 포함된다.

3) 책임자

안전 보건 계획의 실시 사항마다 책임자를 명확히 해야 한다. 조직 전체에 대한 것은 안전 보건부서의 책임자, 각 부문에 대한 것은 각 부문 책임자가 담당하게 한다. 또한 조직 전체의 안전 보건 계획에 각 부문의 실시 사항이 수립된 경우, 또는 각 부문에서 안전 보건 계획을 작성하는 경우에는 각 부문의 안전 보건 계획에 실시 사항을 반영하여 실행 책임자를 명확하게 할 필요가 있다.

4) 달성 기한

안전 보건 계획의 실시 사항의 완료 시기를 정하고 일반적으로 계획 기간 자체를 달성 기간으로 여긴다.

5) 모니터링의 지표를 포함한 실시 결과의 평가 방법

안전 보건 계획의 실시 결과에 대한 평가 방법은 9.1과 관련되는 요소이고 계획 단계에서 지표 등 측정 방법을 정해두어야 한다. 안전 보건 계획의 진척 상황, 목표의 달성 상황을 정기적으로 모니터링하여 평가하는 것이 필요하다. 목표가 적절하게 설정되어 있으면 그 달성 정도에 대한 계획의 진척 상황을 평가할 수 있으며, 필요 시 미달성의 원인을 파악하여 개선 대책을 검토 및 조치해야 한다.

6) 안전 보건 목표 달성을 위한 조치를 조직의 비즈니스 프로세스에 통합하는 방법

안전 보건 계획을 일상 업무에 통합하는 방법을 결정할 것을 요구하고 있다. 안전 보건 목표를 달성하기 위한 조치사항을 비즈니스 프로세스에 통합하는 방법은 조직의 사업 관련 규정(⑩ 사업계획관리규정, 방침관리규정, 목표관리규정 등)에 안전 보건 목표의 조치사항을 규정화하거나 조직의 연간 사업 계획의 목표 중에서 안전 보건 목표를 포함하는 것을 의미한다. 따라서 안전 보건 목표 달성의 실시 사항을 비즈니스 프로세스에 통합하는 것은 비즈니스 프로세스 자체를 명확히 하여 어떤 업무 규정이나 업무절차서가 존재하고 있는지 확인하여 명확하게 해야 통합할 수 있다.

7) 계획 변경 사항

안전 보건 계획 기간 중 신규 설비 도입, 리스크 평가 결과에 의한 안전 보건 계획의 변경이 필요한 경우에는 실시 사항을 결정하여 변경 관리한다.

8) 안전 보건 목표 및 계획의 달성 상황 확인

안전 보건 목표 및 계획의 달성 상황은 주기적으로 점검하여 달성 정도를 확인하고 미달성시 적절한 조치를 취한다.

2. 문서화된 정보

안전 보건 목표 및 안전 보건 계획에 대한 문서화된 정보가 요구되므로 계획 수립과 승인 절차 등을 포함하여 안전 보건 목표 및 안전 보건 계획서를 작성해 두어야 한다.

부속서 A.6.2.2 안전 보건 목표 달성 기획

조직은 목표를 개별적으로 또는 전체적으로 달성할 계획을 세울 수 있다. 필요한 경우 여러 목표를 위해 계획을 발전시킬 수 있다. 조직은 목표 달성을 위해 필요한 자원(● 재정, 인력, 장비, 기반 구조)을 조사해야 한다. 실행 가능한 경우 각 목표는 전략적, 전술적 또는 운영적 지표와 결합되어야 한다.

관련 법령

1. 산업안전보건법 제14조(이사회 보고 및 승인 등)
   ① '상법' 제170조에 따른 주식회사 중 대통령령으로 정하는 회사의 대표이사는 대통령령으로 정하는 바에 따라 매년 회사의 안전 및 보건에 대한 계획을 수립하여 이사회에 보고하고 승인을 받아야 한다.
   ② 제1항에 따른 대표이사는 제1항에 따른 안전 및 보건에 대한 계획을 성실하게 이행해야 한다.
   ③ 제1항에 따른 안전 및 보건에 대한 계획에는 안전 및 보건에 대한 비용, 시설, 인원 등의 사항을 포함해야 한다.
2. 산업안전보건법 제15조(안전 보건 관리 책임자)
   안전 보건 책임자의 업무로서 사업장의 산업재해 예방 계획의 수립에 대한 사항이 규정되어 있다.

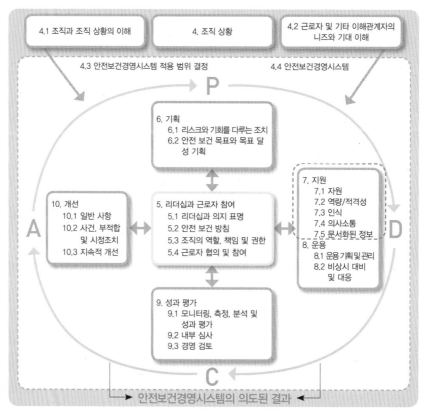

【ISO 45001 개념도】

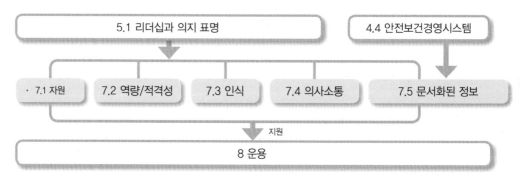

【지원 전체 흐름도】

지원은 안전보건경영시스템의 PDCA에서 'Do(실시)'에 해당되는 구성 요소이다. 이것은 안전보건경영시스템의 운용을 지원하는 기본 요소로 안전 보건 성과를 유지 향상시키기 위해 필요한 자원의 결정 및 제공, 요원의 역량 관리 및 인식을 고취시킨다. 그리고 내부 및 외부의 의사소통에 필요한 프로세스를 구축하고 문서화된 정보의 관리, 유지 및 보유에 대해서 요구하고 있다. 지원은 다음과 같이 다섯 가지 내용으로 구성되어 있다.

7.1 자원
7.2 역량/적격성
7.3 인식
7.4 의사소통
7.5 문서화된 정보

7.1 자원

안전보건경영시스템 PDCA 사이클을 돌리기 위해 필요한 경영 자원을 결정하여 제공할 것을 요구하고 있다.

> 조직은 안전보건경영시스템의 수립, 실행, 유지 및 지속적인 개선에 필요한 자원을 결정하고 제공해야 한다.

[목적]

안전보건경영시스템의 구축 및 운용에 필요한 자원 및 경영시스템의 지속적 개선에 필요한 인력, 예산 등 자원을 결정하여 배분하는 것이 목적이다.

[실무 가이드]

최고경영자는 안전보건경영시스템을 체계적으로 구축하여 안전 및 보건 조치의무를 다하기 위해서는 재해예방 등 의도한 결과의 목표 달성에 필요한 인력, 예산 등 인적자원과 물적자원 등 적절한 경영자원을 결정하여 투입하거나 지원해야 한다.

1. 자원이란

부속서 A.7.1에 의하면 자원은 인적 자원, 천연자원, 기반 구조, 기술, 재정 자원 등이 포함된다. 기반 구조의 예는 조직의 건물, 플랜트, 장비, 유틸리티, 정보 기술 및 통신 시스템, 비상 봉쇄 시스템 등이 포함된다.

자원은 조직이 안전보건경영시스템을 구축 및 운용하고 지속적인 개선을 추진하는 데 주요한 요소이다. 최고경영자는 안전보건경영시스템을 효과적으로 성공하기 위해 자원의 확보에 대한 책임과 의무를 인지하는 것이 가장 중요하다. 필요한 자원을 어느 수준까지 확보하고 제공할 것인가에 대한 의무는 최고경영자에게 부여되고 있고 경영 검토에서 자원의 필요성에 대한 출력이 요구된다.

최고경영자는 설비 개선 비용, 안전 보건 교육비 등의 예산 책정뿐만 아니라 안전보건경영시스템 전체적인 출력에서 자원의 적절성을 검토하는 것이 필요하다. 일반적으로 경영 자원으로 인력, 물적 자원, 예산, 기술 및 정보는 내부 자원이며, 구체적인 예는 다음과 같다.

1) 인력 : 안전보건경영시스템을 적절하게 운용하는 데 필요한 인적 자원으로, 안전 보건 관리 책임자나 운용 담당자, 사업장마다의 추진 담당자, 기계·설비나 화학 물질 전문가, 안전관리자, 보건관리자 등 법령상 필요한 인원이 해당된다.

2) 물적 자원 : 기계 설비, 원자재, 안전 장치, 국소배기설비, 그리고 안전보건경영시스템 운용을 지원하는 IT소프트, 통신시스템, 긴급 시 대응 기자재 등이 해당된다.

3) 예산 : 인원의 충원, 안전 보건 교육, 물자 구매, 안전 보건 대책 및 개선, 안전 보건 행사 등의 각종 안전 보건 활동 예산이다.

4) 기술 : 안전보건경영시스템의 적절한 운용이나 안전 보건 성과 향상에 연계되는 조직 고유의 기술로서 보다 안정성 높은 생산 방식, 안전보건경영시스템을 지원하는 독자적인 IT 소프트웨어 등이 있다.

5) 정보 : 안전보건경영시스템의 적절한 운용이나 안전 보건 성과 향상에 연결되는 정보로서 안전 보건 관련 법령, 타사 사례 등이 있다.

2. ISO 45001 표준에서 자원에 관련된 요구사항

1) 5.1d) : 안전보건경영시스템의 수립·실행·유지 및 개선을 위해 필요한 자원의 가용성 보장

2) 9.3e) : 효과적인 안전보건경영시스템을 유지하기 위한 자원의 충족성

3) 5.4a) : 협의 및 참여에 필요한 방법, 시간, 교육 훈련 및 자원 제공

4) 6.2.2 : 안전 보건 목표를 달성하기 위한 방법을 기획할 때 조직의 필요 자원 결정

관련 법령

중대재해법 제4조(사업주와 경영책임자 등의 안전 및 보건 확보 의무)

① 사업주 또는 경영책임자 등은 사업주나 법인 또는 기관이 실질적으로 지배 및 운영 관리하는 사업 또는 사업장에서 종사자의 안전 보건상 유해 또는 위험을 방지하기 위해 그 사업 또는 사업장의 특성 및 규모 등을 고려하여 다음의 사항에 따른 조치를 취해야 한다.
  • 재해 예방에 필요한 인력 및 예산 등 안전 보건 관리체제 조치

7.2 역량/적격성

안전보건경영시스템의 효과적인 운용을 위해 필요한 역량 관리에 대해 요구한다.

조직은 다음 사항을 실행하여야 한다.

a) 안전보건경영시스템 성과에 영향을 미치거나 미칠 수 있는 근로자에게 필요한 역량 결정
b) 근로자가 적절한 학력, 교육 훈련 또는 경험에 근거한 역량(위험요인을 파악할 수 있는 능력 포함)을 가지고 있음을 보장
c) 적용 가능한 경우 필요한 역량을 확보하고 유지하기 위한 조치를 취하고, 취해진 조치의 효과성 평가
d) 역량의 증거로서 적절한 문서화된 정보 보유

• 비고 : 적용할 수 있는 조치에는, 예를 들어 현재 고용 인원에 대한 교육 훈련 제공, 멘토링이나 재배치 시행 또는 역량이 있는 인원의 고용이나 이러한 인원과의 계약 체결을 포함할 수 있다.

[목적]

안전보건경영시스템의 성과 및 효과성에 영향을 미치는 업무를 수행하는 인원에 대해 필요한 역량을 결정하여 역량을 획득하고 유지하기 위한 조치를 취하는 것이 목적이다.

[실무 가이드]

안전보건경영시스템의 프로세스 활동에 대해 안전 보건 성과에 영향을 미치는 근로자는 직무 수행에 필요한 역량/적격성을 결정하고, 이를 확보하기 위한 방법을 다음과 같이 정하여 유지해야 한다.

1. 역량이란

역량은 '의도한 결과를 달성하기 위해 지식 및 스킬을 적용하는 능력이다.'라고 '용어와 정의'(3.23)에서 정의하고 있다. 즉 근로자가 안전 보건에 대한 필요한 지식과 스킬을 가지고 실제로 사용할 수 있는 상태이다.

조직은 필요한 역량을 결정하고 역량을 갖춘 인적 자원을 확보할 수 있도록 교육 훈련체계를 확립한다. 그리고 교육 훈련을 체계적이고 실질적으로 실시하여 계획적으로 인재를 육성하는 것이 필요하다. 본 조항에서는 근로자가 필요한 역량을 갖추고 그것을 확보 및 유지하기 위해 필요한 사항이 규정되어 있다. 1)~4)의 요구사항을 정리하면 다음과 같다.

1) 필요한 역량을 결정한다

조직의 안전 보건 성과에 영향을 미치거나 영향을 줄 수 있는 근로자에게 업무 수행에 필요한 역량 요소인 자격, 지식, 기술, 경험 등을 보유할 것을 요구하고 있다. 안전보건경영시스템의 업무 수행에 필요한 역량을 결정하고 조직 계층에서 역량의 대상이 되는 근로자의 역량을 파악해야 한다.

필요한 역량은 안전보건경영시스템 운용상 역량과 산업안전보건법 등 관련 법령의 자격 및 교육 등의 관점에서 결정할 필요가 있다. 따라서 안전보건경영시스템에 필요한 조직 공통의 역량과 각 부문의 업무 수행에 필요한 역량을 결정한다.

2) 적절한 교육 · 훈련 또는 경험에 의해 적격성을 보장한다

1)에서 파악된 역량의 대상이 되는 근로자의 충족 정도를 파악하여 역량이 필요한 근로자에 대해 교육 훈련 계획을 수립하여 외부 교육, 사내 교육, 훈련, 현장 실무 경험 등을 실시한다. 특히 근로자는 작업장 및 작업에 수반하는 유해 · 위험요인을 파악하는 능력을 포함한 지식과 기능을 보유하도록 요구하고 있으므로 유해 · 위험요인과 리스크에 대해 충분한 훈련을 제공하는 것이 중요하다. 또한 신규 근로자 및 기존 근로자는 역량을 부족한 경우 교육 · 훈련 등에 의해 적격함을 보장해야 한다. 다만 ISO 45001에서는 안전 보건 훈련 계획을 수립하는 요구는 없으나, 산업안전보건법에는 산업안전보건위원회의 심의 사항에 안전 보건 교육 실시 계획의 작성에 대한 사항이 포함되어 있다.

3) 필요한 역량을 획득하고 유지하기 위한 조치를 취하고 효과성을 평가한다

역량의 확보 또는 향상시키기 위한 조치는 훈련 제공, 멘토링, 전환 배치 등을 실시하고 조치 후 실행한 결과에 대해서 효과성을 평가한다. 평가 결과, 불충분하다고 판단되면 조치 내용을 검토하여 재교육 및 훈련 등 재조치를 취하는 것이 바람직하다. 효과성 평가 방법은 다음과 같다.

(1) 교육 훈련 종료 후 이해도 시험 실시
(2) 실기 시험 실시
(3) 참석자 개인 면접 실시
(4) 일정 기간 경과 후 안전 순회 점검 등으로 운용 상황 및 성과 관찰
(5) 기타 업무의 기록 검토 등

본문 요구사항 비고에 서술되어 있는 '적용할 수 있는 조치'는 역량을 확보하는 수단이다. 예를 들면 훈련 제공, 멘토링이나 현재 고용 인원의 재배치 또는 역량이 있는 인원의 고용이나 계약이 포함될 수 있다.

4) 역량을 가진 증거는 문서화된 정보로서 보유한다

역량 취득의 증거로 필요한 인적 자원이 충족되고 있는지를 알 수 있도록 자격 취득 현황, 교육 실시 현황 및 평가 결과 등 문서화된 정보를 보유한다. 조직이 도급, 용역, 위탁 등을 수행할 경우 장비 및 장소에 대해 실질적으로 지배, 운영, 관리에 의해 활동을 수행하는 계약자나 근로자는 법규 및 계약 관계에서 자격의 보유나 교육 훈련을 받은 기록의 제출을 통해 필요한 역량을 확실하게 보유하고 있는지 확인해야 한다.

2. 역량 확보 방법

조직에서 필요한 역량을 결정하고 교육 · 훈련 등을 실시하는 데 다음과 같은 사항을 참고하여 역량을 확보한다.

1) 산업안전보건법 등 법적 요구 자격 및 교육

산업안전보건법 등 법적으로 필요한 역량을 결정하는 데 참고가 되는 대상 및 교육 훈련 자격 등이 정해져 있다. 특히 법규에서 의무화되어 있는 사항에 대해서는 필요 법령 대상 목록표를 작성하여 누락되지 않도록 하면서 동시에 인사 이동 등에 의해 결원이 생기지 않도록 조직적으로 대응해야 한다.

2) ISO 45001의 프로세스 운용에 필요한 역량

ISO 45001에서 요구되고 있는 프로세스의 활동을 실행하려면 [표 2-14]와 같은 역량을 요구한다.

[표 2-14] ISO 45001이 요구하는 프로세스 관련 역량

프로세스	프로세스 활동	역량	대상
위험요인 파악(6.1.2.1) 및 안전 보건 리스크 평가(6.1.2.2)	리스크 평가 실시	리스크 평가에 대한 지식 스킬	리스크 평가 요원
위험요인 제거 및 안전 보건 리스크 감소(8.1.2)	위험요인 제거 및 리스크 감소	위험요인 및 리스크 제거 스킬	
법적 요구사항 및 기타 요구사항 결정(6.1.3)	법적 요구사항 및 기타 요구사항의 결정	산업안전보건법 등 법령에 관련된 지식	법규 관리자
준수 평가(9.1.3)	준수 평가 활동	안전 보건 관련 법령의 지식과 실제 적용	법규 준수 평가자
사건, 부적합 및 시정조치(10.2)	재해 원인 조사	분석 기법의 지식	재해 처리 담당자
변경 관리(8.1.3)	신규 설비 도입, 작업 표준 변경 등	설비 안전 및 안전 작업에 대한 지식	해당 담당자
비상시 대피 및 대응(8.2)	비상사태 파악 및 대응 계획 수립	비상사태 대응 스킬	비상사태 담당자
내부 심사(9.2)	내부 심사 수행	내부 심사 지식과 스킬	내부 심사원

3) 작업 방법 변경 및 신규 설비 도입에 따른 필요 역량

조직의 업무/작업에 대해 작업 방법 및 설비 도입 등 변경이 있는 경우 안전 보건을 포함한 작업을 적절하게 수행하기 위해 필요한 역량이 새롭게 요구되고 변경되므로 이에 대한 역량 확보가 필요하다.

4) 조직의 담당 업무 수행에 필요한 역량

조직의 담당 업무/작업에 필요한 역량은 담당 업무의 역할이나 유해·위험요인, 안전 보건 리스크의 상황에 따라 필요한 역량을 결정한다. 예를 들면 화학 물질 취급, 일상적인 안전 보건 활동 내용을 근거하여 필요 역량을 결정하면 된다. 현장에서 교육·지도 등 역량을 유지하기 위한 조치가 필요한 경우도 있다.

5) 유해·위험한 작업의 자격 부여

조직은 유해하거나 위험한 작업을 수행하는 인원 중 법적으로 자격 부여자에게 해당되지 않는 작업의 인원에 대해 조직 자체에서 작업 대상을 선정하고 해당 인원의 적격성 기준을 설정하여 교육, 경험 및 숙련도 등을 고려하여 사전에 자격을 부여하는 것도 검토해야 한다.

부속서 A.7.2 역량/적격성

근로자의 역량에는 근로자의 업무 및 작업장과 관련된 위험요인 및 안전 보건 리스크를 다루는 데 필요한 지식과 기술을 반영하여야 할 것이다. 개개의 역할에 대한 역량을 정할 때 조직은 다음과 같은 사항을 고려하여야 할 것이다.

a) 역할 수행에 필요한 학력, 교육 훈련, 자격 및 경험과 역량 유지에 필요한 재교육 훈련
b) 업무 환경
c) 리스크 평가 프로세스에 의한 예방 및 관리 조치
d) 안전보건경영시스템에 적용할 수 있는 요구사항
e) 법적 요구사항 및 기타 요구사항
f) 안전 보건 방침
g) 근로자의 건강 및 안전에 대한 영향을 포함한, 준수 및 미준수의 잠재적 결과
h) 근로자가 그들의 지식과 기술을 가지고 안전보건경영시스템에 참여하는 것에 대한 가치
i) 역할과 관련된 의무와 책임
j) 경험, 어학 능력, 글을 읽고 쓸 줄 아는 능력 및 다양성을 포함하는 개별 능력
k) 상황 변화나 업무 변경에 따라 필요한 역량을 습득하는 것

근로자는 역할에 필요한 역량을 결정할 때 조직을 지원할 수 있다. 근로자는 긴급하고 심각한 위험 상황에서 스스로 벗어날 수 있는 필요한 역량을 가져야 할 것이다. 이러한 목적을 위해 근로자가 그들의 업무와 관련된 위험요인과 리스크에 대하여 충분한 교육 훈련을 받는 것이 중요하다. 해당하는 경우 근로자는 안전보건에 대한 그들의 전형적 기능을 효과적으로 수행할 수 있도록 필요한 교육 훈련을 받아야 할 것이다. 많은 국가에서 근로자에게 무료로 교육을 제공하는 것은 법적 요구사항이다.

관련 법령

안전보건법령 제29조(근로자에 대한 안전 보건 교육)

1. 사업주는 소속 근로자에게 고용노동부령으로 정하는 바에 따라 정기적으로 안전 보건 교육을 해야 한다.
2. 사업주는 근로자(건설 일용근로자는 제외한다. 이하 이 조에서 같다)를 채용할 때와 작업 내용을 변경할 때는 그 근로자에게 고용노동부령으로 정하는 바에 따라 해당 작업에 필요한 안전 보건 교육을 해야 한다.
3. 사업주는 근로자를 유해하거나, 위험한 작업에 채용하거나, 그 작업으로 작업 내용을 변경할 때는 제2항에 따른 안전 보건 교육 외에 고용노동부령으로 정하는 바에 따라 유해하거나 위험한 작업에 필요한 안전 보건 교육을 추가로 해야 한다.
4. 사업주는 제1항부터 제3항까지의 규정에 따른 안전 보건 교육을 제33조에 따라 고용노동부장관에게 등록한 안전 보건 교육기관에 위탁할 수 있다.

7.3 인식

근로자가 인식하여 두어야 할 사항을 명확히 하여 근로자를 인식시키는 것을 요구하고 있다.

> 근로자는 다음 사항을 인식하여야 한다.
>
> a) 안전 보건 방침과 안전 보건 목표
> b) 개선된 안전 보건 성과의 이점을 포함한 안전보건경영시스템의 효과성에 대한 자신의 기여
> c) 안전보건경영시스템 요구사항에 부합하지 않을 경우의 영향(implication) 및 잠재적 결과
> d) 근로자와 관련이 있는 사건과 그 사건과 관련된 조사 결과
> e) 근로자와 관련이 있는 위험요인, 안전 보건 리스크 및 결정된 조치
> f) 근로자가 자신의 생명이나 건강에 긴급하고 심각한 위험을 초래할 수 있다고 생각하는 작업 상황에서 스스로 벗어날 수 있는 권한, 그리고 그렇게 하는 것에 대한 부당한 결과로부터 근로자를 보호하기 위한 준비(arrangements)

[목적]

근로자에게 인식을 가지게 할 사항을 명확히 규정하여 안전 보건 방침, 목표, 리스크 및 재해 상황, 안전보건경영시스템 등 이러한 사항을 인식시키기 위함이다.

[실무 가이드]

조직의 근로자가 안전 보건 및 관련 법령의 중요성을 인식하고 자율적인 안전 보건 활동에 참여하여 예방의식을 증진시켜야 한다. 본문은 이러한 안전 보건 인식에 대해 인식 대상 근로자, 인식 사항 및 인식 방법은 다음과 같다.

1. 인식 대상 및 내용

조직은 근로자에게 인식시켜야 할 내용으로 여섯 가지 사항 (a~f)이 있으며, 근로자의 인식 대상은 사내 근로자, 파견 근로자, 아르바이트, 계약자나 방문자 등 필요한 범위를 정하고 안전보건의 인식 수준을 향상시켜서 조직의 안전 보건 문화를 조성해야 한다.

여섯 가지 인식 사항의 핵심 내용은 7.3 a) 안전 보건 방침 및 목표, b) 안전보건경영시스템 효과성에 대한 자신의 기여, c) 안전보건경영시스템 효과성에 부합하지 않을 경우의 영향력과 잠재적 결과, d) 근로자에 대한 사건과 조사 결과, e) 유해 · 위험요인, 리스크 및 안전 대책, f) 근로자 자신의 생명이나 건강에 급박한 상황에 대한 권한 및 행동과 그 행동으로부터 야기된 부당한 결과의 보호 조치이다. 본문 요구사항인 근로자의 여섯 가지 인식사항(a)~f))은 다음과 같이 이해하면 된다.

a) 방침 및 목표는 중요한 내용을 이해하고, 그것을 달성하기 위하여 근로자 자신이 행동해야 할 것 또는 행동해서는 안 되는 것을 인지한다. 이때 자신의 업무·활동에 반영할 수 있다는 것이 중요하다.

b) 조직의 근로자는 5.3(조직의 역할, 책임과 권한)에서 자신이 관리하는 안전보건경영시스템의 활동에 대한 임무와 책임을 져야 한다고 요구하고 있다. 하지만 관리자는 근로자가 안전보건에 대한 능력과 감수성을 높이는 다양한 안전보건 활동에 자발적으로 참여하여 성과 향상에 기여할 수 있도록 지원 지도하는 것이 필요하다.

c) 안전보건경영시스템에 부합하지 않을 경우 야기되는 결과나 영향을 예측 및 예상하여 불안전한 행동을 일으키지 않도록 위험에 대한 감수성을 높여야 한다. 인식시키는 방법에는, 예를 들면 위험 예지 훈련은 스스로 유해·위험요인을 제거 또는 회피할 수 있는 능력을 키우는 것이다.

d) 근로자가 발생한 아차사고 등 사고 사례와 그 조사 결과를 조직 내에서 정보를 공유하여 동일한 재발 방지를 위해 근로자에게 관련되는 산업재해의 사례를 상시적으로 교육을 통해 이해시켜야 한다.

e) 근로자가 수행하는 작업에 수반하는 유해·위험요인, 안전 보건 리스크를 인식시키고, 리스크에 대해 어떠한 행동을 취할 필요가 있는가를 근로자에게 이해시켜서 자신의 행동 사항을 정확하게 인지하도록 조치해야 한다. 특히 사업장에서 지게차 운전이나 위험한 작업 등 특별한 전문성이 필요한 업무를 하는 근로자에게 안전 보건 리스크를 인식시켜야 한다.

f) 근로자는 자신의 생명이나 건강에 급박한 유해·위험을 초래하는 작업 상황을 파악할 때는 작업 중지 등 자신의 대피 권한과 더불어 대피 행동을 취함으로써 불리한 처우를 받는 것이 없고 보호받는다는 것을 인식시켜야 한다. 아울러 산업안전보건법 제51조(사업주의 작업 중지) 및 법 제52조(근로자의 작업 중지)에 작업 중지 등에 대한 행동 사항이 포함되어 있다.

이러한 요구사항은 근로자 자신에게 유해·위험요인을 파악하는 능력을 포함한 역량을 갖추는 것으로, 비상사태 발생 시 근로자를 확실하게 피난시키는 데 도움이 될 것이다. 5.1 k)에서도 '최고경영자가 사건, 위험요인, 리스크와 기회 보고 시 보복으로부터 근로자를 보호한다.'라고 규정하고 있다. 따라서 근로자가 화재, 폭발, 화학 물질 누출, 건물 붕괴 등 자신의 생명이나 건강에 절박하고 위험한 상황이 발생할 경우에는 그 상황에서 피하는 능력을 키워야 한다. 또한 근로자는 중대재해법 및 안전보건관계법령의 중요성을 인식하는 것도 중요하다.

2. 인식 방법

조직에서 지금까지 실행하여 왔던 인식 방법은 다양한 활동 및 조치 중에서 가장 효과적이라고 인지되는 방법을 이용하면 된다. ISO 45001 도입하는 데 인식을 위한 새로운 활동을 요구하는 것은 아니고, 인식 시기도 중요하다. 여섯 가지(a~f) 인식 사항의 필요성이 발생할 때 적시에 실시하는 것이 바람직하다. 그리고 인식 사항은 다음의 사항을 고려하여 조직에서 적당한 수단을 선택하여 활용하면 된다.

(1) 산업안전보건위원회의 의제 상정 및 회의록 주지

(2) 사업장의 안전보건 회의, 조례시간 등 설명

(3) 신입사원 연수, 계층별 안전 보건 교육

(4) 경영자의 훈시 및 상사 면담

(5) 활동게시판, 표시

(6) 사내 인터넷 게재

부속서 A.7.3 인식

근로자(특히 임시직 근로자)뿐만 아니라 계약자, 방문자 및 기타 인원은 그들에게 노출된 안전 보건 리스크를 인식하여야 할 것이다.

관련 법령 : 산업안전보건법

- 제51조(사업주의 작업 중지)
  사업주는 산업재해가 발생할 급박한 위험이 있을 때는 즉시 작업을 중지시키고 근로자를 작업 장소에서 대피시키는 등 안전 및 보건에 관하여 필요한 조치를 하여야 한다.
- 제52조(근로자의 작업 중지)
1. 근로자는 산업재해가 발생할 급박한 위험이 있는 경우에는 작업을 중지하고 대피할 수 있다.
2. 제1항에 따라 작업을 중지하고 대피한 근로자는 지체 없이 그 사실을 관리감독자 또는 그 밖의 부서의 장(이하 '관리감독자 등'이라 한다)에게 보고하여야 한다.
3. 관리감독자 등은 제2항에 따른 보고를 받으면 안전 및 보건에 관하여 필요한 조치를 하여야 한다.
4. 사업주는 산업재해가 발생할 급박한 위험이 있다고 근로자가 믿을 만한 합리적인 이유가 있을 때는 제1항에 따라 작업을 중지하고, 대피한 근로자에 대하여 해고나 그 밖의 불리한 처우를 해서는 아니 된다.

7.4 의사소통

7.4.1 일반 사항

조직은 의사소통의 프로세스를 수립·실행·유지할 것을 요구하고 있다.

조직은 다음의 사항을 결정하는 것을 포함하여 안전보건경영시스템에 관련되는 내부 및 외부 의사소통에 필요한 프로세스를 수립, 실행 및 유지하여야 한다.

  a) 무엇에 대해 의사소통을 할 것인가?
  b) 언제 의사소통을 할 것인가?
  c) 누구와 의사소통을 할 것인가?
    1) 조직 내부의 다양한 계층과 기능
    2) 계약자와 작업장 방문자
    3) 기타 이해관계자
  d) 어떻게 의사소통을 할 것인가?

조직은 의사소통의 니즈를 고려할 때 다양한 측면(⑩ 성별, 언어, 문화, 독해 능력, 장애)을 반영하여야 한다.

조직은 의사소통 프로세스를 수립하는 과정에서 외부 이해관계자의 의견에 대한 고려를 보장하여야 한다. 의사소통 프로세스 수립할 때, 조직은 다음 사항을 실행하여야 한다.

  – 법적 요구사항 및 기타 요구사항의 반영
  – 의사소통이 되는 안전보건 정보가 안전보건경영시스템에서 생성된 정보와 일관성이 있고, 신뢰할 수 있음을 보장

조직은 안전보건경영시스템에서 관련된 의사소통에 대응하여야 한다. 그리고 조직은 의사소통의 증거로서 적절하게 문서화된 정보를 보유하여야 한다.

[목적]

의사소통 프로세스를 구축하여 내부 및 외부 의사소통에 대한 사항을 결정하고 실행하는 것이 목적이다.

[실무 가이드]

조직은 안전보건경영시스템의 효과적인 운용을 실현하기 위해 내부 및 외부의 의사소통 프로세스를 수립 및 운용하여 모든 근로자와 이해관계자에게 정보 수집 및 제공을 보장하고 실행해야

한다. 조직은 안전 보건의 방향성 및 원칙을 관련자에게 전달하고, 근로자의 의견이나 정보를 충분히 듣는 프로세스를 규정해서 협의 및 참여 인식을 높이는 것이 중요하다.

1. 의사소통 프로세스 구축

조직은 안전보건경영시스템과 관련된 내부 및 외부 의사소통에 필요한 프로세스를 수립하여 실행 및 유지해야 한다. 이때 본문 (a) 소통 내용, (b) 실시 시기, (c) 대상자, (d) 소통 방법을 결정하여 포함해야 한다.

의사소통 프로세스를 수립할 때 관련된 근로자 및 이해관계자의 견해를 반영하여 안전보건경영시스템 운용상 관련 대상자를 선정하고 언제, 어떠한 내용을, 어떤 방법으로 의사소통할 것인가를 명확하게 결정해야 한다. 또한 조직은 의사소통 프로세스를 수립할 때 외부 이해관계자의 의견을 고려하는 것을 보장해야 한다. 이에 대해서 조직은 작업 환경 상황 등에 대한 정부 기관의 문의 등이 있을 경우 회신의 필요성, 조직 내 응대의 필요성 등 적절한 판단을 수행할 수 있는 요원의 역할, 책임, 권한을 부여해 두는 것이 바람직하다.

의사소통 대상에서 소통 대상자를 결정할 때 조직이 정한 안전보건경영시스템의 적용 범위 안에 있는 최고경영자로부터 관리감독자 및 근로자 등의 조직 내부 인원과 계약자 및 방문자 등의 기타 이해관계자 등 외부 조직도 대상으로 한다.

(d)의 의사소통 방법에 대하여 근로자 및 이해관계자와 관련된 정보를 제공하고, 확실하게 이해하기 위해 성별, 언어, 문화, 독해 능력, 장애사항 등을 근거하여 토론 및 대화, 문서, 웹사이트와 전자메일 등 다양한 소통방법을 반영하는 것이 바람직하다. 따라서 외국인이 다수인 사업장에서는 복수 언어로 방침, 절차서, 게시물 등을 작성하고 절차서에는 사진 등을 사용하는 검토 과정이 필요하다.

2. 의사소통 프로세스 수립 시 반영 사항

1) 프로세스의 단계별 내용

조직의 특성 및 규모, 중대한 유해·위험요인 및 이해관계자의 요구사항을 고려하여 다음의 사항을 포함해서 프로세스를 수립한다.

- 의사소통 정보의 책임 및 권한
- 소통 정보 입수 대상 및 수집 방법 등 절차
- 정보의 효과성 및 필요성 검토
- 의사소통 대상자(조직 내부 및 조직 외부)

- 의사소통 정보의 의사소통 방법 및 시기
- 의사소통 증거의 문서화된 정보 보유

2) 법적 요구사항 및 기타 요구사항 반영

6.1.3에서 결정된 법적 요구사항 및 기타 요구사항을 근거하여 의사소통 사항은 내부 및 외부 의사소통 프로세스에 반영할 필요가 있다. 내부 의사소통에서 적용되는 법령은 근로자, 계약자 및 기타 관계자에게 게시하여 주지해야 할 의무가 있다. 그리고 외부 의사소통에서 조직은 법령에서 규정된 각종 허가, 신고 및 보고 의무가 있다.

3) 안전보건경영시스템에서 생성된 정보의 신뢰성 보장

근로자 및 이해관계자에게 전달되는 정보는 안전보건경영시스템에서 작성 및 관리된다. 그리고 보고한 정보는 입수 경로가 투명하고, 사실에 근거하여 정확하며, 신뢰할 수 있어야 한다.

3. 의사소통 정보에 대한 대응

외부의 다양한 이해관계자의 정보에 대한 의사소통에서 그 정보 내용에 따라 책임 부서의 책임과 권한을 명확하게 한다. 그리고 내부적 대응 및 정보 공유와 외부 이해관계자의 대응 및 정보 공개 등을 명확하게 규정하는 것이 필요하다.

4. 문서화 정보의 보유

의사소통의 문서화 정보는 해당되는 경우 안전보건경영시스템에 관련되는 의사소통의 기록 대상 범위에 대해서는 조직에서 중요성을 고려하여 판단한다. 그리고 의사소통한 결과로서 회의 결과를 기록 및 보관하고 의사소통의 증거로서 보유해야 한다.

5. 의사소통에 관련된 요구사항

ISO 45001 7.4 이외에서 규정하고 있는 의사소통의 요구사항은 [표 2-15]와 같다. 이러한 사항도 프로세스에 포함시켜야 한다.

[표 2-15] 의사소통에 대한 요구사항

	구분	의사소통 요구사항
5.1	리더십과 의지 표명	효과적인 안전보건 경영의 중요성을 의사소통하고 안전보건경영시스템 요구사항과의 적합성에 대한 중요성을 의사소통한다.
5.2	안전 보건 방침	안전 보건 방침을 조직에 전달한다.

구분		의사소통 요구사항
5.3	조직의 역할, 책임 및 권한	• 조직에 역할, 책임 및 권한을 전달한다. • 안전보건경영시스템의 성과를 최고경영자에게 보고한다.
5.4	근로자 협의 및 참여	의사소통이 필요한 사항과 의사소통 방법의 결정에 대하여 관리자가 아닌 근로자의 참여를 강화한다.
6.1.3	법적 요구사항 및 기타 요구사항의 결정	법적요구사항 및 기타요구사항이 어떻게 조직에 적용되고 무엇이 의사소통될 필요가 있는지 결정하는 프로세스를 수립, 실시 유지한다.
6.2.1	안전 보건 목표	안전 보건 목표를 근로자에게 전달한다.
7.3	인식	d) 사건 및 조사 결과 e) 유해 · 위험요인, 안전 보건 리스크 및 결정된 조치 f) 근로자가 자신의 생명이나 건강에 긴급하여 심각한 위험을 초래할 수 있다고 생각하는 작업 상황으로부터 스스로 벗어날 수 있는 권한, 그리고 그렇게 하는 것에 대한 부당한 결과로부터 자신을 보호하기 위한 준비
8.2	비상시 대비 및 대응	e) 모든 근로자에게 자신의 의무와 책임에 관한 정보를 의사소통 및 제공 f) 계약자, 방문자, 비상 대응 서비스, 정부기관 및 적절하게 지역 사회에 관련 정보의 의사소통
9.1	모니터링, 측정, 분석 및 성과 평가(9.1.1 일반)	e) 모니터링 및 측정 결과를 분석 · 평가 및 의사소통해야 하는 경우 의사소통한다.
9.3	경영 검토	f) 이해관계자와 관련된 의사소통을 고려한다. 최고경영자는 경영 검토의 출력 사항을 근로자 및 근로자 대표(있는 경우)에게 의사소통하여야 한다.
10.2	사건, 부적합 및 시정조치	사건 또는 부적합의 성질 · 조치 및 조치의 실효성을 포함한 모든 대책 및 시정조치 결과의 증거로서 문서화된 정보를 보유하고 관련 있는 근로자 및 근로자 대표(있는 경우) 및 기타 관련 이해관계자에게 전달한다.
10.3	지속적 개선	지속적 개선의 관련 결과를 근로자 및 근로자 대표(있는 경우)와 의사소통한다.

7.4.2 내부 의사소통

조직은 내부 의사소통 프로세스를 수립, 실행 및 유지할 것을 요구한다.

> 조직은 다음 사항을 실행하여야 한다.
>
> a) 안전보건경영시스템의 변경을 포함하여 조직의 다양한 계층과 기능 간에 안전보건경영시스템과 관련된 정보를 내부적으로 적절하게 의사소통
> b) 조직의 의사소통 프로세스를 통하여 근로자가 지속적 개선에 기여할 수 있다는 것을 보장

[목적]

조직 안의 다양한 계층 및 기능에서 안전보건경영시스템에 대한 정보의 의사소통을 실행하는 경우 고려할 사항 및 소통하는 프로세스를 명확하게 하는 것이 목적이다.

의사소통이란 일을 수행하는 과정에서 의견이나 생각과 감정을 주고받는 것이며, 안전보건경영 시스템에 관련되는 정보를 조직 내의 다양한 계층과 기능 간에 내부 의사소통이 활발하고 원활 하게 유지하여 산업재해를 예방하고 쾌적한 직장을 조성할 필요가 있다. 조직 근로자의 내부 의 사소통에 관한 정보 내용과 원활한 의사소통 방법은 다음과 같다.

1. 내부 의사소통 시스템 구축 및 소통 정보

a)에서 조직은 결정한 안전보건경영시스템 적용 범위의 최고경영자에서 관리감독자 및 작업 자 등 모든 근로자(계약자 및 방문자 포함)까지 조직 전체적으로 개방적인 내부 의사소통시스템 을 구축해야 한다. 따라서 모든 계층 및 기능에서 관계하는 근로자에게 의사소통이 원활이 이 루어질 수 있는 분위기를 조성하여 근로자의 지식과 경험이 안전 보건 활동에 반영되어야 한 다. 그리고 다음의 정보는 내부 의사소통하는 것이 중요하다.

- 안전 보건 경영에 대한 최고 경영층의 결의
- 안전 보건 방침, 목표 및 계획과 재해 목표의 진행 상황 등 안전 보건 성과
- 안전 보건 부적합 사항 및 사고 사례
- 작업 공정의 유해 위험요인에 관련된 안전 보건 지침
- 외부로부터 접수된 안전 보건 관련 정보
- 법적 요구사항 및 기타 요구사항
- 변경 사항(작업 조건, 설비, 작업 방법 등 변경, 법적 요구사항 및 기타 요구사항 변경, 유해·위험요인 및 리스크 정보의 변경)
- 기타 안전 보건 정보

특히 상기 사항 중 변경 사항은 적시에 관련 정보를 관련 근로자에게 내부 소통해야 한다.

2. 의사소통 방법

안전보건경영시스템의 운용상 근로자의 필요한 정보 청취나 전달이 바로 의사소통이다. 근로 자와 의사소통의 장을 마련하여 근로자가 협의 및 참여함으로써 안전 보건의 수준 향상에 기 여한다. 의사소통 방법은 산업안전보건위원회, 사업장 안전보건협의회나 미팅, 게시판, 웹사 이트, 전자메일 소집단 활동 등 다양한 방법에 의한 일상적인 안전 보건 활동이 있다. 특히 외 국인이 많은 사업장은 복수 언어나 사진 등 적절한 방법을 사용하는 것이 바람직하다.

조직의 이러한 의사소통을 통해 요구사항이나 프로세스의 개선 사항 등 근로자의 의견을 충

분히 반영하여 안전보건경영시스템의 기대한 결과를 향상시키는 안전보건 활동과 지속적 개선에 기여할 수 있도록 한다. 최근에는 사내 포털 사이트와 안전 보건 모바일 어플로 위험성 평가 정보의 확인을 통해 우리 작업장 및 나의 유해·위험요인은 무엇인지 대처 방법을 알려주고 있다. 또한 제대로 조사되었는지, 개선 조치가 이루어졌는지 등을 확인할 수 있고, 직접 위험요인을 추가 등록할 수 있게 해서 알 권리와 참여할 권리를 보장하고 있다.

7.4.3 외부 의사소통

조직은 외부 의사소통 프로세스를 수립, 실행 및 유지할 것을 요구한다.

> 조직은 의사소통 프로세스에 의해 수립되고 법적 요구사항 및 기타 요구사항을 반영한 안전보건경영시스템과 관련된 정보를 외부와 의사소통하여야 한다.

[목적]

외부 이해관계자와의 의사소통을 수행하는 경우 고려해야 할 사항을 명확하게 하는 것이 목적이다.

[실무 가이드]

조직은 외부 이해관계자와 의사소통의 필요성을 결정할 때 일상적인 업무와 비상 상황 시의 업무를 고려하여 프로세스를 수립하는 것이 바람직하다. 조직은 외부로부터의 의사소통 사항을 접수하고, 문서화하고, 회신하는 외부 의사소통 프로세스를 수립하여 실행해야 한다. 아울러 비상 상황 및 사고가 발생한 경우를 대비하여 외부 이해관계자와의 의사소통을 위한 프로세스를 수립한다.

외부 이해관계자의 정보는 그 내용에 따라 다양한 대응이 필요하다. 비상 상황 발생 등을 예측하여 외부 이해관계자에 대한 대응 및 정보 공개 절차·책임 권한을 명확하게 해 두는 것이 유용하다. 특히 중대재해 발생 시 관계 기관의 통보·보고에 따른 정보 공개 및 보안 관리는 특별한 프로세스를 수립해야 한다. 의사소통 대상자는 계약자, 방문자, 외부 공급자 외에 감독청, 소방서 등의 행정기관, 안전보건단체, 경찰청, 관련 지역단체, 지방자치제 등이 해당된다. 따라서 이러한 대상자에 대해 의사소통 정보와 시기 및 방법 등을 어떻게 수행할 것인가를 정리하면 된다. 또한 하청업체 등 계약자에 대해서는 사고 발생 시 연락창구 등 소통 수단 등을 규정하고, 방문자에 대해서는 안전 보건 리스크에 대한 인식이 부족하다고 생각한다. 따라서 내방 시 교육을 실시함과 동시에 응대자가 감시를 강화하고 위험 표시 게시물, 보행 시 안전 경로 등 안전 보건 정보를 제공하여 주의사항을 환기시킬 필요가 있다.

외부 의사소통 대상자는 지정된 연락 창구 담당자 및 연락처 전화번호 등을 파악해서 일관성을 가지고 적절한 정보를 전달할 수 있고, 정기적인 갱신이나 비상 상황의 대응을 할 수 있어서 효과적이다. 그리고 의사소통의 문서화 정보는 외부 의사소통에 대해서는 해당 결정 내용을 기록해야 한다.

부속서 A.7.4. 의사소통

조직에 의해서 수립된 의사소통 프로세스에는 정보의 수집, 갱신 및 배포가 규정되어 있어야 할 것이다. 의사소통 프로세스는 관련된 정보를 제공하고, 이를 모든 관련된 근로자와 이해관계자에게 배포하고 그들이 이해할 수 있도록 보장하여야 할 것이다.

7.5 문서화된 정보

안전보건경영시스템에서 필요한 문서화된 정보의 종류·작성 및 관리 방법에 대해 요구하고 있다.

7.5.1 일반 사항

조직의 안전보건경영시스템에는 다음의 사항이 포함되어야 한다.

(a) 이 표준에서 요구하는 문서화된 정보
(b) 조직에서 안전보건경영시스템의 효과성을 위하여 필요한 것으로 조직이 결정한 문서화된 정보

• 비고 : 안전보건경영시스템을 위한 문서화된 정보의 정도는 다음과 같은 이유로 조직에 따라 다를 수 있다.
– 조직의 규모와 활동, 프로세스, 제품 및 서비스의 유형
– 법적 요구사항 및 기타 요구사항의 충족을 실증할 필요성
– 프로세스의 복잡성과 프로세스의 상호작용
– 근로자의 역량

[목적]

조직이 안전보건경영시스템에서 표준이 요구하는 문서화된 정보와 조직 자체가 결정한 문서화 정보를 명확하게 하여 작성 및 유지, 보유하는 것이 목적이다.

[실무 가이드]

조직이 안전보건경영시스템의 구축 및 이행에 있어서 문서화된 정보(문서와 기록)는 ISO 45001 표준 요구사항 및 조직 자체의 요구사항에 필요한 문서화 대상과 문서화 범위 및 정도를 조직의 규모 및 특성에 적합하게 정하여야 한다. 이러한 문서와 기록은 기업 내부적으로 안전 및 보건에 관련된 원칙과 절차에 대한 문서화 작업을 수행하여 안전 및 보건 확보를 위한 활동이나 법규 준수 등에 관한 프로세스가 효과적으로 실행되는 것이 중요하다.

1. 문서화된 정보란

문서화된 정보는 '용어와 정의'(3.24)에 의하면 조직에 의해 관리되고 유지되도록 요구되는 정보 및 정보가 포함되어 있는 매체를 말한다. 문서화된 정보는 어떠한 형태 및 매체일 수 있다고 설명하고 있다. 공통 텍스트(부속서 SL)에 의하면 문서화된 정보란, '해당 경영시스템에서 모든 형식 또는 매체이고 관리 유지할 필요가 있다고 결정한 정보를 의미한다.'라고 되어 있다. 이 용어에는 문서류, 문서, 문서화된 절차 및 기록 등 종래의 개념이 포함되어 있다.

ISO 45001에서는 [그림 2-3]과 같이 문서와 기록은 구별하여 쓰지 않고 문서화된 정보로 총칭한 용어이다. 즉 문서와 기록 모두를 의미하기 때문에 문서화된 정보를 유지한다는 표현은 규정이나 절차서 등의 문서를, 문서화된 정보를 보유한다는 표현은 기록을 의미한다. 종래의 경영시스템에서 문서 관리 및 기록 관리가 잘 수립되어 있으면 종래의 방법을 변경할 필요는 없다.

[그림 2-3] 문서화된 정보 정의하기

2. 안전보건경영시스템의 문서화된 정보

문서화된 정보는 ISO 45001이 직접 요구하는 문서화된 정보와 조직이 필요한 것으로, 결정한 문서화된 정보, 즉 본문 (a) 및 (b) 두 가지가 있다.

(a) ISO 45001 표준에서 요구하는 문서화된 정보

(b) 안전보건경영시스템의 효과성을 위해 필요한 것으로, 조직이 결정한 문서화된 정보

1) (a)에 대해서는 ISO 45001 표준이 요구하는 문서화된 정보이다. [표 2-16]에는 작성, 관리, 유지 또는 보유해야 하는 것이 열거되어 있다.

[표 2-16] 문서화된 정보 일람표

구분	문서화 정보의 유지(문서)	구분	문서화된 정보의 보유(기록)
4.3	안전보건경영시스템의 적용 범위 결정	6.1.2.1	위험요인 파악 및 리스크와 기회의 평가 기록
5.2	안전 보건 방침	6.1.2.2	안전 보건 리스크 및 기타 리스크의 평가 결과
5.3	안전보건경영시스템의 역할, 책임 및 권한	6.1.3	법적 요구사항 및 기타 요구사항의 기록
6.1.1	리스크와 기회의 조치	6.2.2	안전 보건 목표와 달성 계획 실시 결과
6.1.2.1	위험요인 파악 및 리스크와 기회의 평가	7.2	역량의 증거
6.1.2.2	안전 보건 리스크 및 기타 리스크의 평가 방법 및 기준	7.4.1	의사소통 기록
6.1.3	법적 요구사항 및 기타 요구사항의 문서	8.1.1	프로세스가 계획대로 수행됨을 확신하는 문서화된 정보 기록
6.2.2	안전 보건 목표의 달성 계획	8.2	비상시 대비 및 대응 실시 기록
8.1.1	프로세스가 계획대로 수행됨을 확신하는 문서화된 정보 유지	9.1.1	모니터링 측정, 성과 평가 결과, 측정기기의 보수 교정 및 점검 기록
8.2	비상시 대비 및 대응 계획	9.1.2	준수 평가의 결과 기록
9.2	내부 심사 프로그램의 문서화	9.2	내부 심사의 결과 기록
10.3	지속적 개선	9.3	경영 검토의 결과 기록
		10.2	사건 및 부적합의 시정조치와 효과성 평가 기록
		10.3	지속적 개선의 결과 기록

2) (b)에 대해서는 이 표준에서 요구하는 것 이외에 조직이 안전보건경영시스템을 효과적으로 계획 및 운용하기 위해 어떠한 문서화된 정보가 필요한지 판단하는 것은 조직의 책임이다. 그리고 문서화된 정보는 다음과 같다.

(1) 조직이 필요하다고 판단한 것

이 표준에서 요구하는 문서화 정보 이외에 조직에 따라 필요한 문서화의 정도는 조직 규모 및 업종 형태가 다르기 때문에 주체적으로 판단하여 결정할 것이다. 일반적으로 조직 규모가 큰 경우, 활동의 종류가 많은 경우, 프로세스 및 그 상호작용이 복잡한 경우는 문서화 정보의 요구가 높을 것이다. 또한 원래 안전보건경영시스템 이외의 목적으로 작성된 기존 문서화된 정보를 이용해도 된다.

(2) 법적 요구사항 및 기타 요구사항의 문서화 정보

산업안전보건법에 의해 준수하기 위한 문서화된 정보는 문서와 기록을 정리하여 관리한다. 그리고 대부분의 해당 문서는 동법 제25조(안전보건관리규정)에 안전 보건 관리 조직과 그 직무, 안전 보건 교육, 작업장의 안전 보건 관리, 사고 조사 및 대책, 위험성 평가, 산업안전보건위원회의 운용, 건강진단, 작업 환경 측정 등에 대해서 규정하도록 되어 있다. 기록은 법령에 따라 작성하는 서류 중 일정 기간 보유해야 하는 보존 문서는 산업안전보건법 제164조(서류의 보존)에 명시되어 있다. 재해 발생 시 제시할 수 있는 안전 보건 조치에 대한 문서화된 정보는 관리하는 것이 매우 중요하다.

3. 문서화된 정보의 범위와 정도

조직의 규모, 활동, 제품 및 서비스의 종류, 법적 요구사항, 프로세스 및 상호작용의 복잡성, 근로자의 역량 등의 상황을 근거하여 그 조직 능력에 맞게 적절한 문서화 정부를 실현하면 될 것이다. 문서화된 정보의 복잡성 수준은 부속서 A.7.5에서 효과성, 효율성 및 단순성을 동시에 보장하기 위해 가능한 최소화하도록 유지하는 것이 중요하다고 기술하고 있다.

4. 문서화 작업

조직은 안전보건경영시스템의 문서화된 정보에 대해 앞에서 언급한 사항을 고려하여 다음의 사항을 명확하게 한 후 문서화 작업을 수행한다. 그리고 다른 경영시스템과 통합화하는 것이 중요한 성공 포인트가 된다.

1) 문서화 정보 대상 중에서 문서화되어 있지 않으면 안전보건경영시스템의 계획이나 운용·관리에 영향을 미치는 프로세스를 파악하여 문서화하는 것이 바람직하다.
2) 현재 활용하고 있는 기존의 문서는 적절성과 충족성을 검토하여 실효성이 높은 문서는 안전보건경영시스템 문서로서 이용한다.
3) 새로운 문서의 작성이 필요한 경우 문서화 수단 및 방법을 선택하여 실효성을 고려하여 작성한다. 따라서 안전보건경영시스템을 수립하여 운용하는 조직이 있으면 문서 및 기록이 있을 것이다. 안전보건경영시스템을 최초로 구축하는 경우나 갱신하는 경우는 ISO 45001 표준을 근거하여 7.5.2 및 7.5.3에 따라 작성 및 관리 방법을 규정하여 실행하면 된다.

5. 프로세스의 문서화

ISO 45001 4절에서 10절까지 요구하는 프로세스는 14개 있으며, 이러한 프로세스는 4.4에서 '필요한 프로세스와 그 프로세스의 상호작용을 포함하는 안전보건경영시스템을 수립, 실행, 유지 및 지속적으로 개선하여야 한다.'라고 규정하고 있어 문서화해야 한다. 더불어 조직 자체가 필요한 프로세스의 문서화는 안전보건경영시스템을 적절하고 유효하게 운용하기 위해서 조직이 중요하다고 판단되는 프로세스에 대해 문서화하는 것을 권장한다.

다른 ISO 경영시스템에서 프로세스가 요구되는 사항이 이미 운용되고 있는 문서류에 규정되어 있는 경우에는 그것을 사용하면 된다. 그리고 규정된 프로세스의 내용에 부분적으로 부족한 요구사항이 있으면 추가하면 된다.

부속서 A.7.5 문서화된 정보

효과성, 효율성 및 단순성을 동시에 보장하기 위해 문서화된 정보의 복잡성 수준을 가능한 한 최소화하도록 유지하는 것이 중요하다. 여기에는 법적 요구사항 및 기타 요구사항을 다루는 기획에 관한, 그리고 이러한 조치의 효과성 평가에 대한 문서화된 정보가 포함되어야 할 것이다. 7.5.3에서 기술한 조치는 특별히 문서화된 정보의 의도하지 않은 사용의 방지를 목적으로 한다. 기밀 정보의 예에는 개인 및 의료 정보가 된다.

관련 법령

1) 산업안전보건법 제25조(안전보건관리규정)

① 사업주는 사업장의 안전 및 보건을 유지하기 위해 다음 각 호의 사항이 포함된 안전보건관리규정을 작성해야 한다.

   1. 안전 및 보건에 대한 관리 조직과 그 직무에 대한 사항
   2. 안전 보건 교육에 대한 사항
   3. 작업장의 안전 및 보건 관리에 대한 사항
   4. 사고 조사 및 대책 수립에 대한 사항
   5. 그 밖에 안전 및 보건에 대한 사항

② 제1항에 따른 안전보건관리규정(이하 '안전보건관리규정'이라 한다.)은 단체 협약 또는 취업 규칙에 반할 수 없다. 이 경우 안전보건관리규정 중 단체 협약 또는 취업 규칙에 반하는 부분에 대해서는 그 단체 협약 또는 취업 규칙으로 정한 기준에 따른다.

③ 안전보건관리규정을 작성해야 할 사업의 종류, 사업장의 상시 근로자 수 및 안전보건관리규정에 포함되어야 할 세부적인 내용, 그 밖에 필요한 사항은 고용노동부령으로 정한다.

2) 산업안전보건법 제26조(안전 보건 관리 작성, 변경 절차)

사업주는 안전보건관리규정을 작성하거나 변경할 때는 산업안전보건위원회의 심의 및 의결을 거쳐야 한다. 다만 산업안전보건위원회가 설치되어 있지 아니한 사업장의 경우에는 근로자 대표의 동의를 받아야 한다.

3) 산업안전보건법 제164조(서류의 보존)

법 제164조는 법령에 따라 작성하는 서류 중 일정 기간 보존하도록 의무를 부과하고 있다. 보유해야 하는 보존 문서는 [표 2-17]과 같다.

[표 2-17] 보존 서류의 유형 및 보존 기간

보존 서류의 유형	보존 기간	관련 법령 조항
• 석면 해체·제거업자의 업무에 대한 서류 • 작업 환경 측정 결과를 기록한 서류 중 고용노동부장관이 고시하는 발암성 확인 물질에 대한 기록이 포함된 서류	30년	법 제122조제3항 시행 규칙 제241조제1항
고용노동부장관이 고시하는 발암성 확인 물질을 취급하는 근로자에 대한 건강진단 결과 서류 또는 전산 입력 자료		시행 규칙 제241조제2항
작업 환경 측정 결과 보고 서류	5년	시행 규칙 제188조
건강진단에 대한 서류 중 건강진단 개인표, 건강진단 결과표 및 근로자가 제출한 건강진단 결과를 증명하는 서류		시행 규칙 제209조, 법 제133조 단서
산업 안전 보건 지도사가 업무에 대한 사항을 기재한 서류		법 제145조
관리 책임자, 안전관리자, 보건관리자 및 산업 보건의 선임에 대한 서류	3년	법 제15조, 제17조, 제18조, 제21조
화학 물질의 유해성 및 위험성 조사에 대한 서류		법 제108조, 제109조
작업 환경 측정에 대한 서류(5년 보존 서류 제외)		법 제125조
건강진단에 대한 서류(5년 보존 서류 제외)		법 제129조~제131조
안전 조치 및 보건 조치에 대한 사항 중 노동부령으로 정하는 사항		법 제38조, 제39조
산업재해 발생 원인 등 기록		법 제87조제2항
석면 조사 결과에 대한 서류		법 제119조제1항
• 산업안전보건위원회 회의록 • 안전 보건에 대한 노사협의체 회의록 • 자율 안전 기준에 맞는 것임을 증명하는 서류 • 자율 검사 프로그램에 따라 실시하는 검사 결과 기록 서류	2년	법 제24조제3항 법 제75조제4항 법 제89조제3항 법 제98조제3항

7.5.2 작성 및 갱신

문서화된 정보를 작성하고 갱신할 경우 조직은 다음 사항의 적절함을 보장해야 한다.

a) 식별 및 내용(예 제목, 날짜, 작성자 또는 문서 번호)
b) 형식(예 언어, 소프트웨어 버전, 그래픽) 및 매체(예 종이, 전자매체)
c) 적절성 및 충족성에 대한 검토 및 승인

[목적]

문서화 정보의 작성 및 갱신에 대한 작성 방법, 형식 및 매체, 승인 절차 등을 규정하는 것이 목적이다.

[실무 가이드]

조직은 문서화된 정보를 작성하고 갱신할 경우 작성 절차 및 원칙을 정하여 a), b), c)의 적절함을 보장해야 한다.

b)의 형식 및 매체는 종이매체, 전자매체, 사진, 동영상, 음성 등이 가능하고, 문장보다는 플로차트,

사진 등을 이용하여 근로자의 이해를 높이는 것이 효과적이다.

c) 문서화된 정보는 종류별 작성 책임 부서를 결정하여 문서화된 정보의 유형 및 종류별 검토 및 승인권자를 정하고, 이에 따라 적절성 · 충족성 · 일치성을 검토 및 승인해야 한다.

문서의 제정 및 갱신에 따른 구체적인 다음 사항을 고려하여 작성 방법을 규정해야 한다.

1) 문서명, 날짜, 작성자, 문서 번호, 개정 번호, 페이지 번호 결정
2) 문서의 작성 양식 및 항목 번호 부여 방법 결정
3) 문서에 사용하는 글자 크기 및 글꼴의 결정
4) 문서 대상, 작성 부서의 작성자, 검토자 및 승인권자 결정 및 수행

기존의 문서를 작성 및 갱신하는 관련 규정에 (a), (b), (c)가 규정되어 있지 않을 경우 미흡한 사항은 관련 규정을 추가 수정하여 개정하는 것이 바람직하다.

7.5.3 문서화된 정보의 관리

안전보건경영시스템 및 이 표준에서 요구하는 문서화된 정보는 다음의 사항을 보장하기 위하여 관리되어야 한다.
 a) 필요한 장소 및 필요한 시기에 사용할 수 있고 사용하기에 적절해야 함
 b) 충분하게 보호되고 있어야 함(예 기밀성 상실, 잘못된 사용, 완전성 상실로부터)

문서화된 정보의 관리를 위하여 적용 가능한 경우 다음 활동을 다루어야 한다.
 – 배포, 접근, 검색 및 사용
 – 읽을 수 있는 상태로의 보관 및 보존
 – 변경 관리(예 버전 관리)
 – 보유 및 폐기

안전보건경영시스템의 기획과 운용을 위하여 필요하다고 조직이 정한 외부 출처의 문서화된 정보는 적절하게 식별되고 관리되어야 한다.
• 비고 1 : 접근(access)이란, 문서화된 정보를 보는 것만 허락하거나, 문서화된 정보를 보고 변경하는 승인 및 권한에 관한 의사결정을 의미할 수 있다.
• 비고 2 : 관련 문서화된 정보에 대한 접근은 근로자 및 근로자 대표(있는 경우)의 접근도 포함한다.

[목적]

조직이 필요한 문서화된 정보의 이용, 보호 및 기록 관리에 대한 관리 방법을 규정하여 관리하는 것이 목적이다.

조직이 관리하는 문서화 정보에 관해 문서의 이용, 문서의 보호 및 보관, 변경 관리와 안전 보건 관련 기록 및 법령 기록의 보존 등 문서 및 기록의 관리 방법과 외부 출처 문서의 문서화된 정보에 대한 식별 및 관리사항은 다음과 같다.

1. 문서화된 정보의 관리 방법

문서화된 정보의 관리 목적은 안전 및 보건 확보와 안전 보건 성과 달성을 위한 업무의 표준화나 기준의 명시 및 기록을 보유하는 것이다. 이를 위해 관련 부서 및 인원은 다음의 사항을 중점 관리해야 한다.

1) 문서화된 정보가 필요할 시기에 필요한 장소에서 입수 가능하고 사용하기에 적절해야 한다.
2) 문서화된 정보가 충분히 보호되고 있어야 한다(예 기밀성 상실, 잘못된 사용이나 훼손 방지/보호). 조직은 적용 가능한 경우 효과적으로 사용되도록 다음과 같이 문서화된 정보를 구체적으로 관리한다.

    (1) 이용 방법 결정(배포, 접근, 검색, 활용)
    (2) 보관 및 보존의 방법 결정(훼손 방지)
    (3) 갱신이 있을 경우 변경 관리 방법 결정(최신판 관리)
    (4) 문서의 폐지 · 폐기 방법 결정

기록 관리는 기록 보유의 기준을 정한 후 문서화하여 실행해야 한다. 보유 기간 등에 대해 적용되는 법적 및 기타 요구사항에 근거하여 보유하고 관리되어야 한다. 특히 중대재해법 및 산업안전보건법이 강화되어 사업주 또는 경영책임자와 안전 보건 관리 책임자가 안전 보건 확보 의무 조치를 위반한 경우 처벌 수위 및 벌금이 높아짐에 따라 보다 신중한 자료 및 기록 관리가 요구된다. 따라서 자료 및 기록 대상, 기록 내용 및 보유 기간 등을 규정하여 리스크 관리에 대비할 필요가 있다. 또한 문서는 언제, 왜, 어떻게 갱신되었는지 변경 관리의 이력도 필요하다.

2. 외부 출처 문서화 정보

안전보건경영시스템의 기획과 운용을 위해 필요하다고 조직이 정한 외부 출처의 문서화 정보를 파악하고 입수 및 식별하여 활용해야 한다. 이때 관리해야 할 외부 출처의 문서화 정보는 다음과 같다.

1) 기계 설비의 취급 설명서나 팸플릿

2) 취급 화학 물질 MSDS

3) 소방서 등의 관청으로부터의 지도 · 권고 문서

4) 관계 회사의 안전 보건상의 전달 문서

5) 인근 주민(지방단체)의 안전 보건에 대한 요청 문서

이러한 외부 출처의 문서화 정보는 관련된 업무를 수행하는 부서를 파악하여 배포하고 항상 최신본을 지속적으로 모니터링하고 입수해야 한다.

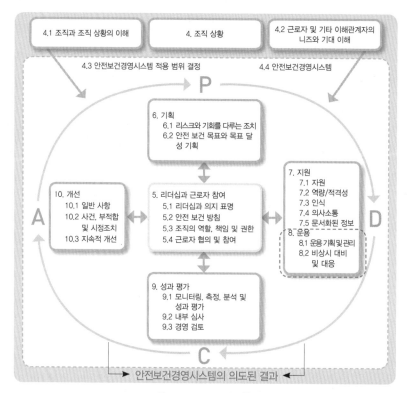

【ISO 45001 개념도】

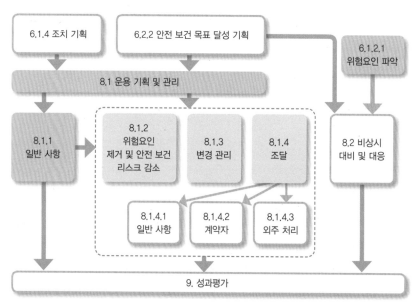

【운용 전체 흐름도】

운용은 안전보건경영시스템에서 PDCA의 'Do(실시)'에 해당되는 구성 요소로, 안전보건경영시스템의 요구사항을 충족시키기 위한 프로세스를 계획, 실시, 유지할 것을 요구하고 있다. 6절의 조치의 기획(6.1.4) 및 안전 보건 목표 달성 기획(6.2.2)을 실행하기 위한 프로세스의 구체적인 전개를 규정하고 있다.

이 절에서 위험요인의 제거 및 안전 보건 리스크 감소는 매우 중요한 요구사항으로, 안전 보건 리스크를 감소하기 위한 프로세스를 설정하고 관리 방법을 결정할 것을 규정하고 있다. 그리고 변경 관리의 프로세스를 수립하고 조달 관리에 대한 프로세스 및 비상시의 대비 및 대응을 위한 필요한 프로세스를 수립 및 실시, 유지할 것을 요구하고 있다. 운용 내용은 다음과 같이 두 가지로 구성되어 있다.

8.1 운용 기획 및 관리
8.2 비상시 대비 및 대응

8.1 운용 기획 및 관리

안전보건경영시스템의 요구사항을 충족하고 6절에서 결정된 조치사항을 실행하기 위한 필요한 프로세스를 구축 운용하는 것을 목적으로 다음 네 가지의 요구사항으로 구성되어 있다.

8.1.1 일반 사항
8.1.2 위험요인 제거 및 안전 보건 리스크 감소
8.1.3 변경 관리
8.1.4 조달

8.1.1 일반 사항

조직은 다음 사항을 통하여 안전보건경영시스템의 요구사항을 충족하기 위해 필요한, 그리고 6절에서 정한 조치를 실행하기 위해 필요한 프로세스를 계획, 실행, 관리 및 유지하여야 한다.

   a) 프로세스에 대한 기준 수립
   b) 기준에 따른 프로세스의 관리 실행
   c) 프로세스가 계획대로 수행되었음을 확신하는 데 필요한 정도로 문서화된 정보를 유지하고 보유
   d) 근로자에게 적용하는 업무
      복수 사업주의 작업장에서 조직은 안전보건경영시스템의 관련된 부분을 다른 조직과 조정하여야 한다.

[목적]

구축한 안전보건경영시스템의 요구사항을 만족함과 동시에 6절(기획)에서 결정한 조치사항을 실시하고 의도한 결과를 달성하기 위해 시스템 운용에 필요한 프로세스에 대한 기준을 결정하고 관리하는 것이 목적이다.

[실무 가이드]

안전보건경영시스템의 요구사항 및 기대한 결과를 충족하고 달성하기 위해 필요한 운용 프로세스의 기준, 실행 및 수행 결과 등을 관리해야 한다.

1. 프로세스 수립 대상

프로세스의 수립 대상은 다음의 두 가지로 나누어 규정하고 있다.

1) 조직이 구축한 안전보건경영시스템 요구사항을 충족하기 위해 필요한 프로세스이다. 이 프로세스는 4.4에서 요구하는 필요한 프로세스와 동일한 프로세스라고 이해하면 된다.

2) 6절에서 결정된 조치사항을 실행하기 위해 필요한 프로세스이다. 이 프로세스는 6.1.4(조치 기획)와 6.2.2(안전 보건 목표 달성 기획)에서 정한 실시 사항을 적절하고 지속적으로 실행하기 위해 프로세스의 운용 기준을 수립, 실행 및 유지해야 한다.

2. 프로세스 수립에 필요한 요소 관리

필요한 프로세스를 수립할 때는 요구사항 a)~d)에 규정되어 있는 사항을 실행해야 한다.

a) 프로세스에 대한 기준 수립

b) 기준에 부합하는 프로세스 관리의 실행

c) 문서화된 정보의 유지 및 보유

d) 근로자에게 적용하는 업무

3. 프로세스에 대한 기준 수립

프로세스 기준이란, 프로세스를 적절하게 관리하기 위한 기준을 말한다. 프로세스 기준을 수립할 때 프로세스 활동 기준에 포함되는 요소는 다음과 같다.

1) 활동 플로

2) 활동의 구체적인 방법 및 절차(절차서, 지침서 등)

3) 활동의 측정기준(측정 지표)

4) 활동의 인적 자원(책임자, 요원의 역량)

5) 활동에 필요한 물적 자원(설비, 시스템 정보)

이것에 대한 구체적인 예는 다음과 같다.

- 안전 보건상의 절차서 및 지침서(위험성 평가 절차, 작업 안전 기준 등)
- 현장에서 실행하는 점검 사항(안전 보건 순회 계획 및 안전 점검 기준 등)
- 설비, 물품 및 자재 등 조달 시방서 및 사전 승인
- 실행되는 법령으로 고려한 관리 기준
- 안전 보건 계획 및 안전 보건 활동, 안전 보건 교육 계획

1) 안전 보건 운용 기준의 문서화 작업

프로세스 기준에 대해 많은 조직에서 이전부터 안전보건경영시스템에 대한 것, 유해·위험요인에 대한 안전 및 보건 조치에 대한 것 등 많은 문서 등을 보유하고 있을 것이다. 이번 기회에 문서화 정보체제를 확립하여 기존의 문서를 최대한 이용하고, 규정된 문서를 확인하여 필요시 개정한다. 만약 절차가 규정되어 있지 않다면 새로운 문서를 제정하여 명확하게 해 두는 것이 바람직하다. 특히 안전 보건 측면에서 영향을 미치는 유해, 위험한 기계·기구·설비나 사용 물질, 작업, 구매 물품 등은 다음의 사항에 대해 안전 및 보건 조치를 위한 기준을 수립하여 이행해야 한다.

(1) 작업장, 공정, 시설 및 기계의 설계 및 접근, 운용 등 안전 조치, 개인 보호구 지급 및 착용, 안전 보건에 관련된 장비 및 시스템의 주기적 검증

(2) 위험한 작업의 사전 승인, 작업 인원의 자격 부여, 작업 허가 및 인원 통제 등 절차

(3) 위험한 물질의 장소 식별, 저장 설비 접근 통제, MSDS 관리 등의 절차

(4) 물품 및 서비스 구매, 물류, 외부 자원의 사용 승인 및 안전 취급 절차

2) 안전 보건 관련 운용 절차 예시

안전 보건 활동에 관련된 운용 절차는 다음의 사례(예시)를 수립하는 것이 바람직하다.

(1) 작업장의 안전 조치

(2) 중량물 취급·운반 기계에 대한 안전 조치

(3) 개인 보호구 지급 및 관리

(4) 위험 기계 · 기구에 대한 방호조치

(5) 떨어짐 및 무너짐에 대한 방지조치

(6) 폭발, 화재 및 위험물 누출 예방 활동

(7) 전기 재해 예방 활동

(8) 쾌적한 작업 환경 유지 활동

(9) 근로자 건강 장해 예방 활동

(10) 고압가스 안전 관리

4. 기준에 부합되는 프로세스 관리 실행

수립된 프로세스 기준, 즉 활동 순서, 활동 및 실시 방법, 활동 모니터링 및 측정, 책임자, 활동에 필요한 자원 등이 설정한 기준대로 실행되고 있는가를 관리하는 것이다. 즉 절차서 및 지침서 등이 준수되고 있는지, 계획은 적절하게 수행되는지, 관계하는 근로자의 역량은 충분한지, 물품이나 설비는 적절한지 등에 대해 관리한다.

5. 문서화된 정보 유지 및 보유

프로세스가 계획대로 실행되는 것을 확인하기 위해 필요한 정도의 문서화된 정보를 유지 및 보유해야 한다. 이때 프로세스 계획은 문서로 유지하고, 계획한 프로세스 실행 상황은 기록으로 보유해야 한다. 예를 들면 절차서 및 지침서 등은 유지되고, 실행 기록은 보유해야 한다.

6. 근로자에게 적용되는 업무

프로세스는 계획 및 실행하는 데 근로자의 연령, 경험, 역량, 특성에 맞도록 작업 내용이나 설비 변경, 인적 구성의 조정, 필요한 교육 등을 실시한다(**예** 신규 채용 사원의 계획적인 교육, 필요한 조명 확보, 고령자가 많은 직장은 난간 설치, 신체 크기에 맞는 작업대 조정 등).

7. 복수 사업주의 운용 관리

한 장소에 복수의 사업주가 존재하는 작업장에서 조직이 안전보건경영시스템의 관계되는 부분을 다른 조직과 조정하여야 한다는 사항이 있다. 즉 8.1.4.2(계약자)에서 조직은 다음 사항으로부터 발생하는 유해 · 위험요인 파악 및 안전 보건 리스크를 평가하고 관리하기 위해 조달 프로세스를 계약자와 조정해야 한다는 것과 연계된다. 따라서 조직은 구축한 안전보건경영시스템의 운용에서 다른 부분과 관계하는 부분에 대해 사전에 다른 조직과 조정하여 산업재해를 방지하도록 해야 한다. 조직 간 조정의 예는 다음과 같다.

- 관계 조직의 정기적인 협의회 개최
- 작업 순서, 점검 기준 등의 안전 보건 기준에 근거한 작업 실시에 대한 것
- 산업재해 원인과 재발 방지 대책 등에 대한 협의
- 화재 등 비상사태에 대한 공동 비상시 대응 계획 수립 및 합동 훈련

부속서 A.8.1.1 일반 사항

작업장 및 활동에 대해 합리적으로 실행 가능한 수준까지 안전 보건 리스크를 감소시킴으로써 위험요인을 제거하거나 실행 불가능한 경우에는 작업장 안전 보건을 향상시키기 위해 필요에 따라 운영 기획 및 관리를 수립하고 실행해야 한다.
프로세스의 운용 관리 예는 다음 사항과 같다.

a) 절차 및 작업 시스템의 활용
b) 근로자의 역량 확보
c) 예방 또는 예측 유지 보전 및 검사 프로그램 수립
d) 재화와 용역의 조달 규격
e) 법적 요구사항 및 기타 요구사항의 적용 또는 장비에 대한 제조업체의 지침
f) 기술 및 행정적 관리
g) 근로자들에게 작업을 적용, 예를 들면 다음 사항과 같다.
　① 업무를 구성하는 방법의 정의 또는 재정의
　② 새로운 근로자 채용
　③ 프로세스 및 작업 환경의 정의 또는 재정의
　④ 새로운 또는 개조된 작업장, 장비 등을 설계할 때 인간공학적 접근법 활용

관련 법령

프로세스 운용에 대한 기준의 설정에 관련된 산업안전보건법은 다음과 같다.
제37조(안전 보건 표지의 설치·부착), 제38조(안전 조치), 제39조(보건 조치), 제63조(도급인의 안전 조치 및 보건 조치),제64조(도급에 따른 산업재해 예방 조치), 제80조(유해하거나 위험한 기계·기구에 대한 방호조치), 제125조(작업 환경 측정) 등

8.1.2 위험요인 제거 및 안전 보건 리스크 감소

위험요인 제거 및 리스크 감소를 위한 프로세스 구축을 요구하고 있다.

조직은 다음 사항의 '관리 단계(hierarchy)'를 활용하여 위험요인을 제거하고 안전 보건 리스크를 감소하기 위한 프로세스를 수립, 실행 및 유지하여야 한다.

a) 위험요인 제거
b) 위험요인이 더 적은 프로세스, 운용, 재료 또는 장비로 대체
c) 기술적(engineering) 관리 및 작업 재구성 활용
d) 교육 훈련을 포함한 행정적인 관리 활용
e) 적절한 개인보호구 착용

• 비고 : 많은 국가에서 법적 요구사항 및 기타 요구사항에 개인보호구(PPE)를 근로자에게 무상으로 제공하는 요구사항을 포함해 놓았다.

[목적]

결정된 유해 · 위험요인 제거 및 리스크 감소에 대한 관리 단계의 우선순위를 결정하기 위한 프로세스를 구축하여 리스크를 감소시키는 것이 목적이다.

[실무 가이드]

안전 보건 리스크 감소는 발생 가능한 위험요인을 제거하는 것이며 그것이 불가능한 경우 합리적인 실행 가능한 수준까지 감소할 필요가 있다. 업무/작업상에서 파악된 유해 · 위험요인 제거 및 리스크 감소 프로세스를 구축하고 본문 a)~e)의 관리 단계 우선순위를 고려하여 구체적인 리스크 감소 개선계획을 수립하여 필요한 조치를 실시해야 한다.

1. 프로세스 구축

위험요인의 파악 및 리스크와 기회의 평가(6.1.2)에 따라 결정된 유해 · 위험요인 및 리스크를 감소시키는 방법이다. 여기서는 다음 관리 단계의 우선순위에 근거하여 유해 · 위험요인 제거 및 안전 보건 리스크를 감소하기 위한 프로세스를 수립 및 유지해야 한다. 여기서 관리단계란, 유해 · 위험요인을 제거하고 안전 보건 리스크를 감소하기 위한 우선순위 단계를 의미한다.

a) 유해 · 위험요인의 제거
b) 유해 · 위험요인이 적은 프로세스, 운용, 재료 또는 장비 대체
c) 기술적 관리, 작업 재구성 활용
d) 교육 훈련을 포함한 행정적인 관리 활용
e) 적절한 개인 보호 장비 사용
이 프로세스는 (1) 관리 단계의 우선순위에 기초하여 유해 · 위험요인의 제거 및 안전 보건 리스크 감소 조치의 검토 (2) 채택된 조치 결정 (3) 조치 실시 (4) 조치 후 효과 확인의 단계를 정하면 된다.

2. 위험요인 제거 및 안전 보건 리스크 감소의 관리 단계

본문 관리 단계 a)~e)의 우선순위에 따라 유해 · 위험요인 제거 및 안전 보건 리스크 감소를 위한 관리 단계는 다음과 같다.

a) 유해 · 위험요인 제거

유해 위험한 작업의 폐지 및 변경 등 유해 · 위험요인 그 자체를 제거하는 것이다. 부속서에서 예시한 것처럼 새로운 작업장을 기획할 때 인간공학적으로 접근하는 것으로, 새로운 작업장에 설치되는 기계 장비에 대해서 유해 · 위험한 부위에 작업자의 신체 부위가 닿지 않도록 배치하여 유해 · 위험요인을 제거한다.

b) 유해 · 위험요인이 더 적은 프로세스, 운용, 재료 또는 장비 교체

프로세스, 방법, 설비, 재료의 변경으로 기존의 유해 · 위험 물질 또는 유해 · 위험요인이 보다 적은 설비, 재료 또는 보다 안전한 프로세스, 방법의 변경을 의미한다.

c) 기술적 대책을 수행하고 작업 재구성 활용

기술적 대책은 안전 장치, 방호문, 가드, 인터록 장치, 국소 배기 장치 등을 설치하여 리스크를 감소하는 대책이다. 또한 작업의 재구성이란, 작업 방법을 변경하여 유해 · 위험요인이 신체에 접근되지 않고 격리하여 작업할 수 있도록 하는 것으로, 혼자(1인) 작업이나 장시간 근무 등을 피하도록 조치를 취하는 것도 의미한다.

d) 교육 훈련을 포함한 행정적인 관리 활용

작업 절차서의 정비, 출입 금지 조치, 작업 시간의 단축, 교육 훈련, 건강 관리 등에 의해 작업자를 관리하는 관리적 대책을 실행하는 것이다.

e) 적절한 개인 보호구를 사용한다.

a)~d)의 조치로 제거 및 감소할 수 없는 리스크에 대해 필요한 개인 보호구를 지급하여 적절하게 사용하면 된다.

이상과 같은 다섯 가지 관리 단계의 우선순위에 따라 유해 · 위험요인 제거 및 안전 보건 리스크를 감소하기 위한 개선 대책을 검토한다. 또한 부속서 A.8.1.2의 사례를 참조하여 각 관리 단계에서 실행할 수 있는 적절한 수단을 검토하여 조치하면 된다.

관리 단계의 우선순위는 a)를 1순위로 채택하고, 그 다음 순서부터 우선순위가 낮아지다가 마지막으로 e)가 가장 우선순위가 낮다. 위의 조치사항 중 a)~c)는 설비적 대책으로, a)~b)가 가장 우선적으로 실행하는 것이 가장 바람직한 개선 방법이다. 그리고 그 다음은 c)를 실행하고 이들의 조치를 할 수 없는 경우나 리스크가 존재하는 경우 d)~e)와 같이 사람에 의한 대책을 취하도록 한다. 만약 a)~d)의 조치를 취해도 제거 및 감소할 수 있는 리스크에 대해서는 필요한 개인용 보호구를 사용하여 대응한다. 또한 유해 · 위험요인이나 안전 보건 리스크에 적용되는 법적 요구사항이 있을 경우 a)~e)의 대책에 앞서 우선적으로 확실하게 실시해야 한다.

3. 안전 보건 리스크의 감소 대책 검토 시 유의 사항

유해·위험요인의 제거 및 안전 보건 리스크의 감소 대책을 검토할 때는 다음과 같은 사항을 유의하는 것이 좋다.

1) 리스크는 부속서 A.8.1.1에서 '작업장 및 활동에 대해 합리적으로 실행 가능한 수준까지 안전 보건 리스크를 감소시킴으로써 위험요인을 제거하거나 실행 불가능한 경우에는 작업장 안전보건을 향상시키기 위해 필요에 따라 운영기획 및 관리를 수립하고 실행해야 한다.'는 ALARP(As Low As Reasonably Practicable)의 원칙을 언급하고 있다.

2) 현장의 작업 내용을 상세하게 알고 직접 감독하는 현장 관리 책임자를 중심으로 작업자를 참가시켜서 의견도 듣고 효과를 확인하는 것이 바람직하다.

3) 검토 단계에서 개선 대책은 비용 대비 효과를 분석하여 조치하고 실행 가능성과 상관없이 가능한 많은 아이디어를 도출한다.

4) 개선 대책의 조치를 실시했을 때 새로운 리스크가 발생하는 경우가 있으므로 개선 조치 후의 리스크 추정을 실시하여 취한 조치의 효과성을 확인한다. 또한 적절한 조치를 즉시 실시할 수 없는 경우는 잠정적인 대책을 실시한다.

부속서 A.8.1.2 위험요인 제거 및 안전 보건 리스크 감소

관리 단계는 안전 보건을 강화하고, 위험요인을 제거하며, 안전 보건 리스크를 감소 또는 관리하기 위한 체계적 접근 방법을 제공하기 위한 것이다. 개별적 관리는 이전 관리보다 덜 효과적이다. 합리적으로 실행 가능한 수준으로 안전 보건 리스크 감소를 성공시키기 위해 여러 가지 관리를 조합하는 것이 일반적이다. 다음 사항의 예는 각 수준에서 실행하는 방법을 설명하기 위해 제공한 것이다.

a) 제거 : 위험요인 제거, 유해한 화학 물질 사용 중단, 새로운 작업장을 계획할 때 인체공학적 접근법 적용, 부정적인 스트레스를 주는 단조로운 일 제거, 하나의 지역에서 지게차 트럭 제거

b) 대체 : 덜 위험한 것으로 위험물을 대체, 온라인 지침으로 고객 불만에 응답하는 것으로 변경, 안전 보건 리스크 요인에 대처, 기술적 발전 적용(예 용제페인트를 수성페인트로 대체, 미끄러운 바닥 재료 변경, 장비의 전압 요구사항 낮춤)

c) 기술적 관리, 작업 재구성, 또는 양쪽 모두 : 사람들을 위험요인으로부터 격리, 집단 방호조치(예 격리, 기계 보호, 환기 시스템) 시행, 기계적 취급 다룸, 소음 감소, 가드 레일을 사용하여 높은 곳에서 추락 방지(예 혼자 일하는 사람, 건강에 좋지 않은 근무 시간 및 작업량을 피하고 희생을 방지하기 위한 작업 재구성)

d) 교육 훈련 포함한 행정적인 관리 : 정기적인 안전 설비 검사 수행, 왕따 및 괴롭힘을 방지하기 위한 훈련 수행, 하도급자의 활동에 따른 안전 및 보건 협력 관리, 유도 훈련 수행, 지게차 운전면허 관리, 보복에 대해 두려움 없이 사고와 부적합 및 희생을 신고하는 방법에 대해 지침 제공, 작업자의 작업 패턴(예 교대제) 변경, 위험에 처한 것으로 확인된 근로자(예 손목 진동, 호흡기 질환, 피부 질환 또는 노출 관련)에 대한 건강 또는 의료 감시 프로그램 관리 근로자에게 적절한 지침 제공(예 출입 통제 프로세스)

e) 개인 보호구(PPE) : 개인 보호구 사용 및 유지 보수를 위한 의류 및 지침(예 안전화, 보안경, 청력 보호, 장갑)을 포함하여 적절한 개인 보호구 제공

관련 법령

1. 산업안전보건법 제38조(안전조치)

법 제38조에서는 사업주가 안전상의 조치를 취해야 할 유해 · 위험요인을 규정하고 이에 대한 조치기준을 고용노동부령으로 산업안전보건기준에 관한 규칙(약칭 : 안전보건규칙)에 사업주가 강구해야 할 구체적인 조치사항을 안전보건규칙 제2편 안전 기준에 규정하여 이를 따르도록 하고 있다. 제2편 안전 기준의 제1장 및 제8장의 위험 방지 조치사항은 다음과 같다.

장 구분	조치사항
제1장	기계, 기구 및 그 밖의 설비에 의한 위험 방지
제2장	폭발, 화재 및 위험물 누출에 위험 방지
제3장	전기에 의한 위험 방지
제4장	건설작업에 의한 위험 방지
제5장	중량물 취급시의 위험 방지
제6장	하역작업 등에 의한 위험 방지
제7장	벌목작업에 의한 위험 방지
제8장	궤도 관련 작업에 의한 위험 방지

2. 산업안전보건법 제39조(보건 조치)

법 제39조는 근로자의 건강 장해를 예방하기 위하여 사업주에게 유해 인자에 따라 보건 조치를 취하도록 의무를 부여하고 있다. 사업주가 강구하여야 할 구체적인 보건상의 조치사항은 안전보건규칙 제3편에 보건 기준에 규정하여 이를 따르도록 하고 있다. 제3편 보건 기준의 제1장 및 제12장의 건강 장해 예방 조치사항은 다음과 같다.

장 구분	조치사항
제1장	관리 대상 유해 물질, 건강 장해의 예방
제2장	허가 대상 물질 및 석면에 의한 건강 장해의 예방
제3장	금지 유해 물질에 의한 건강 장해의 예방
제4장	소음, 진동에 의한 건강 장해의 예방
제5장	이상기온에 의한 건강 장해의 예방
제6장	온도, 습도에 의한 건강 장해의 예방
제7장	방사선에 의한 건강 장해의 예방
제8장	병원체에 의한 건강 장해의 예방
제9장	분진에 의한 건강 장해의 예방
제10장	밀폐 공간 작업에 의한 건강 장해의 예방
제11장	사무실에 의한 건강 장해의 예방
제12장	근골격계 부담 작업에 의한 건강 장해의 예방
제13장	그 밖의 유해 인자에 의한 건강 장해의 예방

8.1.3 변경 관리

안전보건경영시스템에 영향을 미치는 계획적 · 임시적 · 영구적 변경의 실시와 관리를 위한 프로세스를 수립할 것을 요구하고 있다.

조직은 다음 사항을 포함하는, 안전 보건 성과에 영향을 주는 계획된 임시 및 영구적인 변경의 실행과 관리를 위한 프로세스를 수립하여야 한다.

a) 새로운 제품, 서비스 및 프로세스 또는 기존 제품, 서비스 및 프로세스의 변경 사항
 – 작업장 위치와 주변 환경   – 작업 조직
 – 작업 조건   – 장비
 – 노동력
b) 법적 요구사항 및 기타 요구사항의 변경
c) 위험요인 및 관련된 안전 보건 리스크에 대한 지식 또는 정보의 변경
d) 지식과 기술의 발전

조직은 의도하지 않은 변경의 영향을 검토해야 하며 필요에 따라 부정적 영향을 완화하기 위한 조치를 하여야 한다.

• 비고 : 변경은 리스크와 기회를 초래할 수 있다.

[목적]

변경 사항에 의한 변경의 계획, 실시 및 관리하는 변경 관리 프로세스를 구축하여 작업 안전 보건에 새로운 유해 · 위험요인이나 안전 보건 리스크가 발생하는 것을 최소화하여 작업장의 안전 보건을 유지시키는 것이 목적이다.

[실무 가이드]

안전 보건 성과에 영향을 미치는 변경 때문에 발생하는 리스크의 변화를 사전에 관리하기 위한 프로세스를 구축해야 한다. 이 변경에는 신제품 또는 기존 제품 및 서비스 · 프로세스 변경이나 법적 요구사항 및 기타 요구사항의 변경, 4M 변경, 설계 변경, 인원 배치 변경 및 표준 변경 등 다양한 변경이 예상된다. 변경 관리에서 가능한 변경에 앞서 리스크 및 기회가 평가되어 변경 자체가 관리되는 것이 바람직하다.

안전보건경영시스템을 운용하는 과정에서 이러한 변경에 의해 새로운 유해 · 위험요인이 발생하거나, 이미 기존 유해 · 위험요인이 상당히 확대되는 것을 가능한 억제하여 사업장의 안전 보건을 확보하는 사전 예방적 안전 보건체제를 구축해야 하는 중요한 요구사항의 하나이다.

변경에는 계획적 변경과 의도하지 않은 변경 등 두 가지가 있으며, 각각 대응 방법이 다르다. 변경 관리를 할 경우 중요한 포인트는 6.1.1(일반 사항)에서 안전보건경영시스템의 의도한 결과와 관련된 리스크와 기회를 결정하고 평가할 것을 요구한다. 따라서 계획된 변경의 경우 리스크 및 기회의 평가는 변경을 실행하기 전에 실시 및 검토, 조치해야 한다.

1. 변경 관리 프로세스 구축하기

안전 보건 성과에 영향을 미치는 계획적 변경 및 의도하지 않는 변경의 실시와 관리를 위한 프로세스를 구축한다. 프로세스를 구축할 때 변경 사항은 본문 a), b), c), d)를 포함해야 한다.

2. 계획적 변경

계획적 변경은 일시적 변경과 영구적 변경을 포함한다. 4M 변경(기계 설비, 작업 방법, 재료, 사람), 신기술 변경 및 표준 변경 등에 의해 안전 보건 리스크 및 안전 보건 경영시스템의 리스크가 변화하기 때문에 예상되는 안전 보건 리스크 및 기회를 결정하여 사전에 평가하고 필요한 대응 조치를 검토 및 실행하는 프로세스를 구축하는 것이 필요하다.

계획적 변경의 대응 방법은 본문 a)~d)에 예시되고 있는 것처럼 변경 사항이 있으면 새로운 유해 · 위험이 발생하므로 유해 · 위험의 성질이나 작업자의 관계가 변화하여 안전 보건 리스크가 변화하는지를 평가한다. 동시에 새롭게 다루어야 할 안전 보건의 기회가 있는지 평가하고 변경에 대한 조치사항을 검토한 후 대응해야 한다. 표준 요구사항의 변경 사항 a), b), c), d)의 변경에 대한 대응 조치 방법은 다음과 같다.

1) 신규 또는 기존 제품, 서비스 및 프로세스의 변경과 작업장 위치 및 주변 환경 변경, 작업 조직 변경, 작업 환경 및 조건 변경, 장비 변경, 작업 강도 변경 a)
   (1) 변경의 계획 또는 예측되는 시점에 유해 · 위험요인 파악(6.1.2.1)
   (2) 변경에 따른 안전 보건 리스크 평가(6.1.2.2)와 평가에 의한 조치 기획 검토(6.1.4)
   (3) 필요에 따라 관련 안전 보건 목표 및 그 달성 계획 수정과 지원 프로세스(7절)와 운용 프로세스 검토(8절)
   (4) 변경 전에 안전 보건 기회나 조치사항을 변경해야 할 새로운 기회가 있는지 평가하는 것이 필요
2) 법적 요구사항 및 기타 요구사항의 변경 b)
   (1) 법적 요구사항 및 기타 요구사항의 변경 결정에 의한 개정 정보 입수(6.1.3)
   (2) 근로자와 협의를 통한 요구사항을 충족하는 방법 결정(5.4)
   (3) 리스크와 기회의 결정과 조치 기획 수립(6.1.4)
3) 위험요인 및 관련된 안전 보건 리스크에 대한 지식 또는 정보의 변경 c)와 지식과 기술 개발 d)
   (1) 외부 의사소통에 의한 변화된 정보 입수(7.4.3)
   (2) 유해 · 위험요인의 정보 변경과 리스크 및 기회의 재평가(6.1.2)
   (3) 근로자의 참여에 의한 변경 정보의 내용 검토(5.4)

(4) 리스크 및 기회의 조치사항 변경 등 조치 기획 수립(6.1.4)

3. 의도하지 않은 변경

의도하지 않은 변경이란, 계획적 변경 이외의 것을 가르키고 기계 고장 및 사고, 자연재해 등에 의해 발생한 변경 사항이 대상이다. 의도하지 않은 변경은 조직의 모든 부문에서 발생할 가능성이 있다. 그리고 이로 인해 발생된 결과를 검토하고 가능한 유해한 영향을 완화하기 위한 대응 조치를 취하는 프로세스가 필요하다.

표준 요구사항 a)~d)에 예시하고 있는 변경 사항 중 의도하지 않은 변경이 예상되면 사전에 작업장에서 가능한 새로운 유해 위험요인 및 안전 보건 리스크의 작업 영향 요인을 최소한 억제하는 대응 조치를 취하는 것이 바람직하다. 예를 들면 현장에서 갑자기 작업이 변경된 경우, 유해 위험 파악에서 위험성 평가까지 정상적인 절차를 수행하기 어려운 경우, 작업 개시 전 안전 점검 및 회의 등 재해방지를 위한 대응 프로세스 및 방법을 검토 수립해야 한다. 또한 의도하지 않은 변경에 의해 사고나 부적합이 발생한 경우(10.2) 시정 및 시정조치가 필요하므로 이에 대한 적절한 프로세스 및 절차를 수립해야 한다. 또한 변경에 발생한 결과를 검토하고 필요에 따라 안전 보건 목표와 그 달성 계획을 변경한 후 지원 프로세스 및 운용 프로세스도 검토해야 한다.

부속서 A.8.1.3 변경 관리

변경 관리 프로세스의 목표는 변경사항이 발생할 때(예 기술, 장비, 시설, 작업 관행 및 절차, 설계 규격, 원자재, 직원 배치, 표준 또는 규정) 새로운 위험요인과 안전 보건 리스크가 작업 환경에 도입되는 것을 최소화함으로써 작업장에서의 안전보건을 향상시키는 것이다. 예상되는 변화의 특성에 따라 조직은 안전 보건 리스크 및 변경의 안전 보건 기회를 평가하기 위해 적절한 설계방법(예 설계 검토)을 사용할 수 있다. 변경 관리의 필요성은 기획의 결과(6.1.4)가 될 수 있다.

8.1.4 조달

8.1.4.1 일반 사항

제품 및 서비스 조달을 관리하기 위한 프로세스를 구축할 것을 요구한다.

조직은 안전보건경영시스템에 대한 제품 및 서비스 적합성을 보장하기 위해 제품 및 서비스 조달을 관리하는 프로세스를 수립, 실행 및 유지해야 한다.

[목적]

제품 및 서비스의 조달을 관리하기 위한 프로세스를 구축하고 계약자 및 외주 처리에 대한 기준을 정하여 외부에서 유해·위험한 것이 반입 및 운용되지 않도록 관리하는 것이 목적이다.

[실무 가이드]

조직은 외부로부터 도급, 용역, 위탁 등 관계에서 제품 및 서비스를 제공받는 외부조직의 조달 프로세스를 구축하고 외부조직의 리스크를 예방하고 감소하는 필요한 조치를 취하여 선제적으로 재해방지하는 것이다.

1. 조달 프로세스 구축

조직은 외부로부터 원자재, 유해 물질, 기계, 설비 또는 서비스의 조달을 관리하는 프로세스를 구축·운용하여 사전에 잠재적 유해·위험요인 파악 및 리스크 평가와 기타 리스크 평가를 실시하여 안전 보건 리스크 및 기타 리스크를 감소하는 것이 중요하다. 조달 중에서 계약자에 해당하는 것은 8.1.4.2, 외주 처리에 해당되는 것은 8.1.4.2에 규정하고 있어 조달의 적용 대상과 범위는 유의하여 정한다. 조직은 다음 사항을 조달 프로세스에 정하여 근로자가 사용하기에 안전한지를 검증하여야 한다.

1) 조직은 조달에 앞서 안전보건경영시스템에 적합하도록 충족할 요건을 시방서(예 기계 설비 안전 기준 등)에 정하여 발주한다.

2) 설비, 원자재, 화학 물질, 기타 물질 등을 납입할 때 시방, 필요한 경우 법적 요구사항을 만족하고 있는지를 확인한다. 화학 물질의 경우 우선 MSDS를 요청하고 유해성과 위험성을 검토한 후 원자재 반입과 동시에 MSDS를 입수하여 확인한다.

3) 특히 조달하는 설비·시설이 안전하다는 것을 다음의 사항에 따라 검증하는 것이 바람직하다.

   (1) 설비가 시방서대로 반입되어 의도한 대로 기능이 작동하는지 확인하는 시험을 한다.

   (2) 설계대로 작동하는지를 보장하기 위해 설치 시 시설의 시운전을 실시한다.

   (3) 사용 취급법에 대한 요구사항이 전달되어 사용할 수 있도록 한다.

   (4) 예방 대책 또는 기타 보호 조치가 전달되어 사용할 수 있도록 한다.

4) 조달 물품 및 서비스는 사용 및 운용에 앞서 6.1.2.1 및 6.1.2.2에 따라 유해·위험물질 및 유해 위험요인을 결정하고 리스크 평가를 실시하여 필요한 안전 보건 리스크 감소 조치를 취해야 한다.

5) 모든 사용 요구사항 및 주의사항 또는 기타 보호 조치사항은 의사소통되고 사용 가능하도록 한다.

6) 사용 및 운용 단계에서 문제가 있는 경우에는 필요에 따라 조달 중지, 제품 및 서비스 개선 등에 의해 재발 발생을 방지하는 예방 조치를 취한다.

2. 조달 프로세스의 안전 및 보건 확보 의무 대상

중대재해법에 근거하여 조달 프로세스에 있어서 제3자의 도급, 용역, 위탁받은 제3자 종사자를 포함하여 안전보건 확보 의무가 규정되어 있으므로 조달 프로세스의 범위와 책임 사항을 검토하여 명확하게 정해야 한다.

중대재해법(제5조)에 의하면 제3자에게 도급, 용역, 위탁 등을 행한 경우에는 그 시설, 장비, 장소 등에 대하여 실질적으로 지배·운영·관리하는 책임이 있는 경우에 한정하고 있어 이에 대한 책임 한계를 규정해야 한다.

산업안전보건법 제5장(도급 시 산업재해 예방)에 유해한 작업의 도급 금지(제58조), 도급인의 안전조치 및 보건조치(제63조) 및 도급에 따른 산업재해 예방 조치(제64조) 등 도급에 관한 사항을 규정하고 있으므로 이에 따라 필요한 안전 및 보건 의무 조치를 취해야 한다.

부속서 A.8.1.4.1 일반 사항

조달 프로세스는 작업장에 들어오기 전에, 예를 들어 제품, 위험한 재료 또는 물질, 원자재, 장비, 또는 서비스와 관련된 위험요인을 결정, 평가, 제거하고 안전 보건 리스크를 감소시키는 데 활용하는 것이 좋다.

조직의 조달 프로세스는 조직의 안전보건경영시스템을 준수하기 위해 조직에서 구매한 소모품, 장비, 원자재 및 기타 물품 및 관련 서비스를 포함하여 요구사항을 처리하는 것이 좋다. 또한 프로세스는 협의(5.4) 및 의사소통(7.4)을 위해 필요한 모든 것을 다루는 것이 좋다. 조직은 장비, 설치, 자재가 다음 사항을 보장하여 근로자가 사용하는 데 안전한지를 검증하는 것이 좋다.

a) 장비는 규격에 따라 인도되고 의도된 대로 작동하는지 보증하기 위해 시험해야 한다.
b) 설치는 설계대로 작동하는지를 보증하기 위해 시험 가동해야 한다.
c) 자재는 규격에 따라서 인도되어야 한다.
d) 모든 사용 요구사항, 주의사항 또는 기타 보호 수단은 의사소통이 이루어져서 이용할 수 있어야 한다.

관련 법령

1. 중대재해법 제5조(도급, 용역, 위탁 등 관계에서의 안전 및 보건 확보 의무) 사업주 또는 경영책임자 등은 사업주나 법인 또는 기관이 제3자에게 도급, 용역, 위탁 등을 행한 경우에는 제3자의 종사자에게 중대산업재해가 발생하지 않도록 제4조의 조치를 취해야 한다. 다만 사업주나 법인 또는 기관이 그 시설, 장비, 장소 등에 대하여 실질적으로 지배, 운영, 관리하는 책임이 있는 경우에 한정한다.
2. 산업안전보건법 제2조(용어의 정의)
   1) '도급'이란, 명칭에 관계없이 물건의 제조, 건설, 수리 또는 서비스의 제공, 그 밖의 업무를 타인에게 맡기는 계약을 말한다.
   2) '도급인'이란, 물건의 제조, 건설, 수리 또는 서비스의 제공, 그 밖의 업무를 도급하는 사업주를 말한다. 다만 건설 공사 발주자는 제외한다.
   3) '수급인'이란, 도급인으로부터 물건의 제조, 건설, 수리 또는 서비스의 제공, 그 밖의 업무를 도급받은 사업주를 말한다.
   4) '관계 수급인'이란, 도급이 여러 단계에 걸쳐 체결된 경우에 각 단계별로 도급받은 사업주 전부를 말한다.

3. 산업안전보건법 제5장 도급 시 산업재해 예방 관련 법령은 [표 2-18]과 같다.

[표 2-18] 도급 시 산업재해 예방 관련 법령

구분	법규 내용
제1절 도급의 제한	제58조(유해한 작업의 도급 금지), 제59조(도급의 승인), 제60조(도급 승인 시 하도급 금지), 제61조(적격 수급인 선정 의무)
제2절 도급인의 안전 및 보건 조치	제62조(안전 보건 총괄 책임자), 제63조(도급인의 안전 조치 및 보건 조치), 제64조(도급에 따른 산업재해 예방 조치), 제65조(도급인의 안전 및 보건에 대한 정보 제공 등), 제66조(도급인의 관계 수급인에 대한 시정조치)
제3절 건설업 등의 산업재해 예방	제67조(건설 공사 발주자의 산업재해 예방 조치), 제68조(안전 보건 조정자), 제69조(공사 기간 단축 및 공법 변경 금지), 제70조(건설 공사 기간의 연장), 제71조(설계 변경의 요청),제72조(건설 공사 등의 산업 안전 보건 관리비 계상 등) 제73조(건설 공사의 산업재해 예방 지도), 제74조(건설재해 예방전문지도기관) 제75조(안전 및 보건에 대한 협의체 등의 구성·운용에 대한 특례) 제76조(기계, 기구 등에 대한 건설 공사 도급인의 안전 조치)
제4절 그 밖의 고용 형태에서의 산업재해 예방	제77조(특수 형태 근로 종사자에대한 안전 조치 및 보건 조치 등) 제78조(배달 종사자에 대한 안전 조치), 제79조(가맹 본부의 산업재해 예방 조치)

4. 산업안전보건법 제2절 도급인의 안전 조치 및 보건 조치는 [표 2-19]와 같다.

[표 2-19] 도급인의 안전 조치 및 보건 조치

산업안전보건법	대상	내용
안전 보건 총괄 책임자 지정 (법 제62조)	도급인 사업장에서 작업하는 경우 수급인 근로자 포함 100명 이상 사업장, 총 공사 금액 20억 원 이상 건설업	관계 수급인의 산업재해를 예방하기 위한 업무 총괄자 지정(도급인 관리 책임자)
도급인의 안전, 보건 조치(법 제63조)	도급인 사업장에서 작업하는 경우	안전 및 보건 시설의 설치 등 필요한 안전 및 보건 조치 ※ 근로자의 작업 행동 관리 제외
산재 예방 조치(법 제64조)	도급인 사업장에서 작업하는 경우	협의체 구성, 순회 점검, 교육 지원 및 확인, 경보 체제 운용·훈련, 위생시설 제공
도급인의 안전, 보건 정보 제공(법 제65조)	• 폭발성, 발화성, 인화성, 독성 등 유해 위험 화학 물질 제조, 사용, 운반, 저장 또는 당해 설비의 개조, 분해, 해체, 철거 작업 • 질식, 붕괴 위험 작업	• 안전 보건 정보를 작업 시작 전 문서로 제공 수급인의 안전 보건 조치 이행 여부 확인 • 정보 미제공 시 작업 거부, 이행 지체 면책
관계 수급인에 대한 시정조치법(법 제66조)	도급인 사업장에 관계하는 관계 수급인	관계 수급인 근로자가 법 위반 또는 법에 따른 명령 위반 시 시정조치

8.1.4.2 계약자

계약자에 의해 기인되는 유해·위험요인을 파악하여 안전보건리스크를 평가하고 관리하는 프로세스를 수립할 것을 요구하고 있다.

조직은 다음 사항으로부터 발생하는 위험요인 파악 및 안전 보건 리스크를 평가하고 관리하기 위하여 계약자와 조직의 조달 프로세스를 조정하여야 한다.

 a) 조직에 영향을 주는 계약자의 활동과 운용
 b) 계약자의 근로자에게 영향을 주는 조직의 활동과 운용
 c) 작업장에서 기타 이해관계자에게 영향을 주는 계약자의 활동과 운용

조직은 조직의 안전보건경영시스템 요구사항이 계약자와 계약자의 근로자에 의해 충족되는 것을 보장하여야 한다. 조직의 조달 프로세스에는 계약자 선정에 대한 안전보건 기준이 정의되어 적용되어야 한다.

• 비고 : 계약서에 계약자 선정에 대한 안전보건 기준을 포함시키는 것이 도움이 될 수 있다.

[목적]
조직은 계약자의 조달 프로세스를 구축하여 계약자 및 그들의 근로자가 조직의 안전보건경영시스템의 요구사항을 충족하고 있음을 보장하는 것이 목적이다.

[실무 가이드]
조직은 외부로부터 도급, 용역, 위탁 등 관계에서 서비스를 제공받는 계약자의 활동에 따른 리스크를 평가하고 관리하기 위한 프로세스를 구축한다. 이를 통하여 계약자의 안전 보건 활동을 체계화하고 안전 보건 책임 및 역할과 관리 방법을 규정함으로써 계약자 활동의 안전 및 보건을 확보하기 위한 재해예방의 선제적 조치를 취하는 것이다.

1. 계약자란

계약자란, '용어와 정의'(3.7)에 의하면 '합의한 계약서, 규정 및 조건에 따라 조직에 서비스를 제공하는 외주 조직'을 의미하며 계약자의 정의에 의거하여 조직에 어떠한 서비스가 외부로부터 제공되는지 조사 및 확인하는 것이 필요하다.
계약자 활동 및 운용의 예는 부속서 A.8.1.4.2에 따르면, 유지 · 보수, 건설, 보안, 청소 등 기타 여러 기능이 포함된다. 예를 들면 계약자는 공사업, 건설업, 경비업, 청소업, 운송업, 식당업 등과 컨설턴트 및 기타 기능의 전문가를 포함할 수 있다.

2. 계약자 조달 프로세스 수립

조직은 계약자의 활동 및 운용 등에 기인되는 유해 위험요인 파악 및 안전 보건 리스크 평가, 계약자 선정, 관리 방법 등 조달 프로세스를 수립하여 조직과 계약자 간의 활동과 업무를 상호 조정하여 계약자 활동의 안전 관리 기준을 규정하고 안전보건경영시스템을 충족하고 있음

을 보장해야 한다. 조달 프로세스의 내용은 다음 사항을 포함한다.

1) 관련 작업의 유해 · 위험요인 파악 및 리스크 평가
2) 자격을 포함한 계약자 선정 기준
3) 계약자와 계약 체결(안전 보건 사항)
4) 계약자 요구사항 전달 및 정보 공유
5) 사내 안전 보건 관련 표준의 준수 사항 및 교육
6) 유해 · 위험 신고와 작업 허가 기준 등 작업허가제도
7) 작업 계획 승인 및 통제 사항
8) 작업 안전 기준 수립 및 교육

또한 조직과 계약자 간에는 안전 보건에 대한 사고 방식, 방침, 기준, 절차, 준수 사항 등의 차이가 있다는 전제 하에서 계약자가 업무를 시작하기 전에 안전보건경영시스템을 이해하고 주지 사항 등을 확인하는 것이 바람직하다.

3. 계약자 평가 및 선정하기

도급인은 입찰 단계부터 수급업체를 선정할 때 안전 보건 활동을 요구하고, 계약 단계에서 수급업체를 선정하기 위한 구체적인 기준 및 방법을 규정한 후 안전 보건 관리 수준을 평가하여 적격한 수급업체를 선정한다. 계약자는 수급업체 선정 평가와 사후 평가를 정기적으로 실시하여 수급업체의 안전 보건 능력을 평가하고, 이에 필요한 적절한 조치를 취하도록 요구한다. 조직은 수급업체 선정의 안전 보건 기준에 대해 다음의 사항을 포함하여 조직이 필요한 요구사항을 정하여 평가하는 것이 바람직하다.

1) 안전 보건 관리체제 및 역량 평가
2) 안전 보건 실행 수준 및 법령 관리
3) 위험성 평가 실시 및 조치 결과
4) 자원 · 장비의 안전 보건 대책
5) 조직의 안전 보건 실적
6) 기타 안전 보건에 대한 사항

4. 계약자와 계약하기

안전 보건의 책임 및 안전 보건 기준에 대해 계약서에 명기하여 계약한다. 계약 내용은 책임

사항 등 다음의 사항 등을 포함하는 것이 바람직하다.

1) 안전보건관리규정 및 법적 요구사항 준수

2) 안전 관리 교육

3) 위험성 평가

4) 안전보건협의회의 구성 및 운용

5) 안전 보건 점검

6) 안전 보건 정보 제공

7) 계약자의 안전보건경영시스템의 평가

5. 계약자와 안전 보건 정보 공유하기

조직은 작업을 진행할 때 계약자와 협력하여 다음과 같은 사항에 대해 절차를 규정하여 리스크의 정보를 공유한다. 이렇게 하여 조직의 활동에 의한 리스크가 계약자와 근로자에게 영향을 미치는 경우 그 리스크 정보를 계약자에게 제공한다. 그리고 계약자의 활동에 의한 리스크가 조직의 근로자 및 이해관계자에게 영향을 주는 경우 계약자로부터 리스크 정보를 입수하여 필요한 대응을 취해야 한다.

1) 작업 간의 연락 및 조정의 실시

2) 협의하기 위한 회의체 설치 운용

3) 작업의 위험성 및 유해성의 정보 제공

4) 사용 기계 등의 잔류 리스크 정보 제공

5) 조직과 계약자의 리스크 평가 공동 실시

6. 계약자의 안전보건경영시스템 관리 방법

조직은 계약자 및 그 근로자가 조직의 안전보건경영시스템 요구사항을 충족한다는 것을 관리하는 방법으로서 다음 사항(예시)을 정하여 관리할 필요가 있다.

1) 안전 보건 관련 표준의 준수

2) 비상사태의 대응에 대한 사항

3) 유해·위험 업무의 작업 전 신고

4) 작업 계획 승인

5) 작업 장소의 합동 순회 점검

6) 산업안전보건위원회의 참관

7) 계약자 근로자의 안전 보건 교육

부속서 A.8.1.4.2 계약자

협력의 필요성은 일부 계약재(즉 외부 공급자)가 전문 지식, 숙련도, 방법 및 수단을 보유하고 있음을 인식해야 한다. 계약자 활동 및 운용의 예로는 유지 보수, 건설, 운용, 보안, 청소 및 기타 여러 기능이 있다. 계약자는 컨설턴트 또는 행정, 회계 및 기타 기능의 전문가를 포함할 수 있다. 계약자에게 활동을 부여하였다고 근로자의 안전 보건에 대한 조직의 책임이 면제되는 것은 아니다.

조직은 관련된 당사자의 책임을 명확하게 규정하는 계약을 활용하여 계약자의 활동을 조정할 수 있다. 조직은 작업장에서 계약자의 안전 보건 성과를 보장하기 위해 다양한 수단을 사용할 수 있다(예 과거의 안전 보건 성과, 안전 교육 훈련 또는 안전 보건 능력뿐만 아니라 직접적인 계약 요구사항을 고려한 계약 보너스 방법 또는 사전 자격 기준).

계약자와 협력할 때 조직은 조직과 계약자 간에 위험요인을 보고, 근로자의 위험 지역 접근 관리, 비상사태에 따라야 할 절차에 대하여 고려하는 것이 좋다. 조직은 계약자가 조직의 자체 안전보건경영시스템 프로세스(예 출입 통제, 밀폐 공간 진입, 노출 평가 및 공정 안전 관리) 및 사건 보고와 관련된 활동을 협력하는 방법을 명시하는 것이 좋다.

조직은 계약자가 작업을 진행하기 전에 업무를 수행할 수 있는지 검증하는 것이 좋다. 예를 들면,

a) 안전 보건 성과 기록 만족도
b) 근로자에 대한 자격, 경험, 역량 기준이 명시되고 이를 충족(예 교육 훈련을 통하여)
c) 자원, 장비 및 작업 준비가 충분하고 작업이 진행될 준비가 됨

8.1.4.3 외주 처리

조직은 외부 조직에 위탁한 기능 및 프로세스가 관리되고 있다는 것을 확실하게 할 것을 요구하고 있다.

조직은 외주 처리 기능 및 프로세스가 관리되는 것을 보장하여야 한다. 조직은 외주 처리 준비(arrangements)가 법적 요구사항 및 기타 요구사항과 일관되고 안전보건경영시스템의 의도된 결과의 달성과 일관됨을 보장하여야 한다. 이러한 기능 및 프로세스에 적용될 관리의 유형과 정도는 안전보건경영시스템에 정의되어야 한다.

• 비고 : 외부 공급자와의 조정은 외주 처리가 조직의 안전 보건 성과에 미치는 영향을 다루는 데 도움을 줄 수 있다.

[목적]

외부 공급자에게 위탁한 기능과 프로세스에 적용하는 관리 방식과 정도를 규정하여 안전 보건에 대한 문제가 발생하지 않도록 하는 것이 목적이다.

조직은 외부로부터 도급, 용역, 위탁 등 관계에 있는 외부조직 즉 외주 공급자 활동에 따른 외주 처리 프로세스를 구축하고 외주 처리 활동의 관리방식과 정도를 정하며 외주 처리의 안전 보건 활동을 체계적으로 관리하여 재해를 예방하는 것이다.

1. 외주 처리란

외주 처리란, 조직의 기능 또는 프로세스 일부를 외부 조직이 실시하는 것을 의미한다. 예를 들면 외부 기관의 작업 환경 측정, 신규 설비의 설치, 사내 운반 업무의 위탁 등 비즈니스 프로세스의 일부를 위탁하는 것도 포함한다. 이러한 외주 처리의 결정 및 약속 사항은 법적 요구사항 및 기타 요구사항에 일치하고 안전보건경영시스템의 의도한 결과를 달성되고 있는지에 대한 평가 방법을 규정하여 정기적으로 관리해야 한다.

2. 관리 유형 및 정도

외부에 위탁한 기능 또는 프로세스를 어떻게 관리할 것인가를 조직의 안전보건경영시스템의 범위 안에서 규정해야 한다. 즉 외부 처리한 기능과 프로세스에 적용하는 관리 유형과 정도를 정해야 한다.

관리 유형 및 정도는 외부 공급자에서 재해가 발생한 경우 자사 조직의 사업 연속성의 영향을 고려하여 조달 프로세스의 조직 능력과 외부 공급자의 능력 및 기술적 역량 등의 요인에 의거하여 결정하고 산업재해와 열악한 작업 환경이 발생하지 않도록 관리하여야 한다. 따라서 외주 처리된 제품 또는 서비스가 조직의 통제 하에 있을 때 외부 공급자의 유해 · 위험요인을 효율적으로 관리해야 한다.

많은 조직에서 외부 공급자에 대해 QCD(품질, 가격, 납기) 등을 평가하고 있으므로 기존 평가 요소에 안전 보건 사항을 추가하여 평가할 수도 있다.

3. 외주 처리의 프로세스 관리

조직은 안전보건경영시스템에 영향을 주는 외주 처리 기능 또는 프로세스를 정의하고 외주 처리 프로세스는 다음과 같은 요소를 관리해야 한다.

1) 외부 공급자 선정에 대한 안전 보건 요건의 능력 평가
2) 외주 처리한 프로세스 및 기능의 법적 요구사항을 포함한 안전 보건 실시 사항
3) 외주 처리 후 효과 확인 등 의도한 결과의 충족성 평가
4) 외부 공급자의 계약 및 관리 사항

4. 외주 공급자의 안전보건경영시스템의 능력 평가

외주 공급자의 평가는 선정 평가와 정기적 사후 평가를 구분하고 다음의 사항을 포함한 평가 요소를 채택하여 안전 보건 관리체계와 능력을 평가하는 것이 바람직하다.

1) 안전 보건 관리체계 및 기술적 역량 관리
2) 적용되는 법적 요구사항의 준수
3) 작업 안전 기준 등 안전 보건 절차의 정도
4) 위험성 평가 및 기계, 설비의 안전 보건 대책
5) 외부 공급자의 안전 보건 실적

5. 외주 공급자의 계약

계약서에는 다음의 사항의 안전 보건 실시 사항을 명기하여 두는 것이 바람직하다.

1) 외부 공급자의 안전 보건 실시 사항
2) 조직의 안전보건기준 및 법적 요구사항 준수
3) 조직의 유해 · 위험요인 및 위험성 발생 시 통보
4) 안전 보건 활동의 정기적 평가

부속서 A.8.1.4.3 외주 처리

조직을 외주 처리할 때 안전보건경영시스템의 의도된 결과를 달성하기 위해 외주 처리 기능 및 프로세스를 관리할 필요가 있다. 외주 처리 기능 및 프로세스에서 이 문서의 요구사항을 준수하는 책임은 조직이 보유해야 한다.

조직은 다음 사항과 같은 요소를 기반으로 외주 처리 기능 또는 프로세스에 대한 관리의 정도를 설정하는 것이 좋다.
 – 조직의 안전보건경영시스템 요구사항을 충족시키는 외부 조직의 능력
 – 적절한 관리를 정하고 관리의 적절성을 평가하는 조직의 기술적 역량
 – 외주 처리 프로세스 또는 기능이 안전보건경영시스템의 의도된 결과를 달성할 수 있는 조직의 능력에 미칠 잠재적 영향
 – 외주 처리된 프로세스 또는 기능이 공유되는 정도
 – 조달 프로세스 적용을 통해 필요한 관리를 달성할 수 있는 조직의 능력
 – 개선의 기회

일부 국가에서는 법적 요구사항으로 외주 처리 기능 또는 프로세스를 포함한다.

8.2 비상시 대비 및 대응

비상시 대비 및 대응을 위해 필요한 프로세스를 수립할 것을 요구하고 있다.

> 조직은 다음 사항을 포함하여 6.1.2.1에서 파악한 잠재적인 비상 상황에 대비하고 대응하는 데 필요한 프로세스를 수립, 실행 및 유지하여야 한다.
>
> a) 응급조치 제공을 포함하여 비상 상황에 대응하는 계획 수립
> b) 대응 계획에 대한 교육 훈련 제공
> c) 대응 계획 능력에 대한 주기적인 시험 및 연습
> d) 시험 후, 그리고 특히 비상 상황 발생 후를 포함하여 성과를 평가하고 필요한 경우 대응 계획을 개정
> e) 모든 근로자에게 자신의 의무와 책임에 관한 정보를 의사소통
> f) 계약자, 방문자, 비상 대응 서비스, 정부기관 및 적절하게 지역사회와 관련 정보를 의사소통
> g) 모든 관련 이해관계자의 니즈와 능력을 반영하고, 해당되는 경우 대응 계획 개발에 이해관계자의 참여 보장
>
> 조직은 잠재적인 비상 상황에 대응하기 위한 프로세스 및 계획에 대하여 문서화된 정보를 유지하고 보유하여야 한다.

[목적]

잠재적인 비상 상황의 대비 및 대응 프로세스를 구축 및 운용하여 계획적인 대응 절차를 수립하고 훈련 및 연습을 실시하여 대응 조치하는 것이 목적이다.

[실무 가이드]

안전 보건 리스크를 확실하게 관리해도 리스크를 제로로 할 수 없기 때문에 사고가 발생한다. 또한 자연재해 등 예상하지 못한 비상사태가 발생한다. 이러한 비상사태를 예방 및 완화하고 적절하게 대응하기 위해 비상사태의 잠재 가능성을 파악하여 그것에 대비하는 준비를 하는 것이 필요하다.

6.1.2.1 유해 위험요인에서 도출된 잠재적 비상 상황 대비 및 대응에 대해서 조직이 실시해야 할 사항(a)~g))의 7개 항목이 명확하게 되어 있다. 비상시 대비 및 대응은 ISO 45001에서 다음의 흐름으로 6절 및 8절에 걸쳐 나타나 있다.

1) 유해 · 위험요인에서 잠재적 비상 상황의 파악(6.1.2.1)
2) 비상사태의 안전 보건 리스크 평가(6.1.2.2)

3) 조치할 필요가 있는 비상사태의 결정과 조치 기획 수립(6.1.1 및 6.1.4)

4) 결정한 비상사태의 대비 및 대응을 위한 프로세스의 수립 및 실행, 유지(8.2)

1. 안전 보건상의 비상사태란

비상사태란, 유해 · 위험요인에서 파악된 잠재적인 비상 상황에 대비 및 대응을 요구하는 것으로, 정상 상태에서 벗어난 산업재해 발생의 급박한 위험에 있는 상태를 말한다. 잠재적인 비상사태의 유형은 다음과 같은 것이 있다.

1) 근로자의 중대재해, 부상 및 질병

2) 화재, 폭발, 유해 물질, 위험 물질 누출 및 가스 누출

3) 자연재해(지진, 태풍, 홍수, 폭우, 폭설, 폭염, 낙뢰 등)

4) 전력 공급 중지, 중요 설비의 고장, 교통사고

5) 감염병, 태업, 테러 위험 및 시민폭동

6) 인근 지역의 비상 상황 영향이 사업장으로 파급될 우려가 있는 경우

상기의 잠재적 비상 상황 파악 및 결정할 때 다음의 사항의 정보를 고려하여 공정 및 설비별, 구역별, 발생 가능 형태 및 크기별, 비상사태 유형 등으로 분류하는 것이 좋다.

1) 유해 · 위험요인 파악 및 리스크 평가 결과

2) 법적 요구사항(소방법, 고압가스법 등)

3) 과거 발생한 사건 및 동종 업종의 유사 재해

4) 규제 기관 및 안전보건공단의 사건 정보

2. 비상시 대비 · 대응 프로세스 수립

조직은 잠재적인 비상 상황 및 사고를 파악하고 비상 상황에 대비 및 대응하기 위한 프로세스는 다음의 사항을 포함하여 수립 및 실행, 유지해야 한다.

1) 비상사태와 관련된 업무에 대한 역할, 책임, 권한

2) 응급조치를 포함한 대응 계획

3) 대응 계획의 훈련 계획 수립 및 제공

4) 대응 계획의 주기적인 시험 및 연습

5) 훈련, 시험 및 연습의 결과 평가와 비상사태 발생 이후 효과성 평가 및 필요시 대응 계획 개정

6) 모든 근로자 및 이해관계자와 의사소통

7) 관련된 모든 이해관계자의 니즈와 능력 반영 및 참여

3. 대응 계획(a))

1) 본문 a) 비상사태의 계획된 대응은 다음과 같은 사항을 고려하여 수립하여 유지하고, 대응 계획은 항상 최신 상태로 개정해야 한다.

   (1) 비상 조직별 인원 임무 및 지휘 명령 계통의 설정

   (2) 긴급연락처 설정 및 외부 비상서비스 연계 등 비상연락망 설치

   (3) 긴급 시 대응 절차(초기 대응, 연락 방법, 피난 등)

   (4) 대피 절차 및 위치(피난 경로, 피난 장소)

   (5) 피해자 구조 및 응급조치

   (6) 소방 시설, 방재 설비, 구조 장비 등 비상 장비 위치 및 사용

   (7) 피해 확대 방지 조치

   (8) 2차 재해 방지 대책

   (9) 사업장 배치도면, 위험 물질의 식별 및 대응 조치

2) 대응 계획은 전사 공통 비상사태와 부문별 고유의 비상사태를 구분하고 다음과 같은 사항을 고려하여 유형별 특성에 맞게 수립하는 것이 좋다.

   (1) 현장의 위험성 특성

   (2) 비상 상황 또는 사고의 유형 및 규모

   (3) 인근 시설의 비상 상황 또는 사고의 잠재성

   (4) 적용되는 법적 요구사항(예 소방법)

   이미 사업장에 수립되어 있는 비상사태 대응 계획이나 소방 계획 등이 있는 경우 이것이 필요한 요건을 충족하고 있는지 검토하여 부족한 사항을 보완해야 한다.

3) 비상시 대응 계획 교육은 역량 프로그램(7.2) 수립 시 포함하여 근로자에게 교육을 실시하거나 연간 교육 계획 및 별도의 교육 훈련 계획을 수립하여 대응 계획 내용을 실시한다.

4. 대응 계획의 훈련, 시험, 연습 실시(b), c))

1) 훈련, 시험, 연습이란

비상사태 대응 프로세스는 응급조치를 포함한 훈련, 계획된 대응 능력의 시험 및 연습을 실시하는 것으로, 모든 근로자에게 의무과 책임을 전달해야 한다.

   (a) 훈련 : 어떤 기술이나 능력을 습득 및 향상하기 위해 실시하는 연습

(b) 시험 : 절차, 비상 장비 등의 준비가 역할을 다하고 있는지 시험하는 것

(c) 연습 : 이미 습득한 기능을 더욱 숙련시키기 위해 반복적으로 실시하는 훈련

2) 훈련 및 연습 실시

훈련에는 초동 훈련, 대피 훈련, 소화 훈련, 구조 훈련, 통보 훈련 등이 있다. 실제 훈련은 정기적으로 필요한 훈련을 수행하여 대응 계획대로 적절한 행동, 정해진 대응이나 조치를 할 수 있게 하고, 소화 설비나 경보 장치, 가스감지기 등의 시험을 한다.

조직은 비상사태 유형별로 비상사태 시나리오를 작성하고 비상사태가 발생할 경우 비상사태 계획의 절차에 따라 각자 맡은 역할을 숙련되게 수행할 수 있도록 주기적인 연습 및 시험을 실시한다. 따라서 매년 실시해야 할 비상사태 연습 및 시험에 대한 연간 계획을 작성하여 연습 및 시험하고 효과성 평가와 해당 결과를 반영해야 한다. 적절하고 실행 가능한 경우 연습시 외부 비상 서비스가 참여하는 것도 권장한다.

5. 대응 계획의 검토 및 개정(d))

비상사태 대응 계획은 주기적으로 절차 내용에 대해 적절성을 평가하고 변경 사항 및 보완의 필요성이 있는 경우 이를 반영하여 개정해야 한다. 또한 비상사태가 발생한 후에는 반드시 대응 계획의 절차를 검토하여 효과성을 확인하고 필요 시 개정한다. 비상시 대응 계획의 효과성 평가 시기는 다음의 사항을 고려하여 실시하는 것이 좋다.

1) 비상사태가 발생한 경우
2) 시험 또는 연습의 결과
3) 수정 필요가 발생한 경우
4) 다른 조직에서 참고가 될 중대한 비상사태가 발생한 경우
5) 관련 법규의 개정이 있는 경우
6) 사업장 안전 보건의 변화가 발생한 경우
7) 전회의 개정에서 몇 개월이 경과한 경우
8) 기타 필요한 경우 수시

6. 모든 근로자의 의무와 책임에 대한 의사소통 및 관련 정보의 전달(e))

비상사태 시에 취해야 할 역할과 책임을 모든 근로자에게 비상사태에 대한 정보를 정하여 전달하는 것이 필요하다. 교육 훈련은 필수적이고 중요한 사항은 작업장 게시 등에 의해 필요한 정보를 제때 볼 수 있도록 해 두는 것이 좋다.

7. 대응 계획 등 관련 정보는 계약자, 방문자, 정부기관, 지역사회 등 이해관계자에게 전달(f))

조직의 담당자가 비상사태 발생 시 계약자, 방문자, 비상 대응 서비스, 정부기관, 지역 사회 등 관계자에게 필요한 비상사태에 대한 정보를 적절하게 제공해야 한다. 비상사태 발생 시 구체적으로 전달할 사항은 다음과 같다.

1) 계약자나 방문객을 적절히 대피 및 유도할 수 있도록 해 두는 것
2) 비상연락처나 대피 장소 등을 사업장에 게시하여 계약자나 방문객에게 비상시에 대응이 가능하도록 하는 것
3) 비상사태가 발생할 때 소방서(소방, 응급), 경찰서, 병원, 지역사회에 정보 제공 등에 대해서도 전달 사항을 명확하게 정하여 놓는 것

8. 이해관계자의 의견 청취

본문 g)는 비상시 대응 계획의 작성·변경에서 이해관계자의 니즈와 능력을 반영함과 동시에 필요에 따라 이해관계자의 의견을 듣는 것이 바람직하다.

9. 비상사태 발생 후 조치

1) 비상사태 복구 및 회복

(a) 비상사태 수습 책임자는 비상사태가 진압되면 비상사태의 유형별 재발원에 대한 완전 진압 여부를 확인해야 한다.
(b) 비상사태로 인하여 손상된 시설 및 장비의 복구 시에는 재발 방지 대책을 고려하여 복구 계획을 수립하여 조치해야 하고, 2차 오염이 발생하지 않도록 조치해야 한다.
(c) 복구 계획은 설비 및 장비, 정보시스템, 안전보건경영시스템 유지 등이 포함된다.

2) 재발 방지 대책

(a) 책임 부서는 비상사태 수습 완료 후 발생 원인을 조사하고 수습 과정에서의 문제점을 검토한다.
(b) 다음의 사항이 포함된 재발 방지 대책을 수립해야 한다.
- 비상사태 유형 및 직접 원인과 확대 가능성
- 피해 상황 및 비용
- 해당 비상 계획서의 문제점 및 개선 대책 등

10. 문서화된 정보의 유지 · 보유

비상시 대응 계획 및 결과 보고 등 문서화된 정보를 유지 및 보유하고 문서의 내용에 대해서는 적시에 검토하고 최신 상태로 유지하는 것이 필요하다. 또한 비상사태 훈련이나 교육 훈련 등 실시한 사항에 대하여 기록을 보유해야 한다.

11. 소화 설비, 피난 설비, 구조 장비 등 비상 장비 관리

1) 비상사태 발생 시 사용하는 소방 장비, 구조 장비, 보호구 장비 등 비상용 장비를 파악하여 구비해야 한다. 비상사태 발생 시 이들의 기능과 성능이 문제없이 발휘될 수 있도록 정기적인 점검 및 작동 시험 등을 실시하여 점검 결과 문제점이 발견되면 이를 수리하거나 교체해야 한다.

2) 비상용 장비 예로는 화재 진압 장비, 산소 호흡기, 알람 시스템, 비상등과 전력, 대피 수단 및 안전 대피 장소, 통신 시설, 자동 심장 충격기(ADE), 응급처치 장비(세안대, 비상 샤워기 등) 등이 있다.

12. 유해화학 물질 및 위험물 관리

유해화학 물질이란, 유독 물질, 허가 물질, 제한 물질 또는 금지 물질, 사고 대비 물질, 그 밖에 유해성 또는 위해성이 있거나, 그러할 우려가 있는 화학 물질을 말한다. 그리고 위험물은 인화성 또는 발화성 등의 성질을 가지는 것으로, 대통령령이 정하는 물품을 말한다. 이러한 유해화학 물질 및 위험물 등 잠재적인 사고 및 비상사태의 발생 원인이 되는 유독성, 가연성, 폭발성, 산화성 물질 등에 대한 대응 절차를 수립하고, 관리 대상을 목록화하여 유해 위험물의 보관 상태와 위험 요소를 점검하고 이러한 위험 요소를 제거해야 한다.

부속서 A.8.2 비상시 대비 및 대응

비상시 대비 계획은 내 · 외부에서 정상 작업 시간 이외에 발생하는 자연적, 기술적, 인위적 사건이 이 사건에 모두 포함될 수 있다.

관련 법령

산업안전보건법 제54조(중대재해 발생 시 사업주의 조치)

(a) 사업주는 중대재해가 발생했을 때는 즉시 해당 작업을 중지시키고 근로자를 작업 장소에서 대피시키는 등 안전 및 보건에 대해 필요한 조치를 취해야 한다.

(b) 사업주는 중대재해가 발생한 사실을 알게 된 경우에는 고용노동부령으로 정하는 바에 따라 지체 없이 고용노동부장관에게 보고해야 한다. 다만 천재지변 등 부득이한 사유가 발생한 경우에는 그 사유가 소멸되면 지체 없이 보고해야 한다.

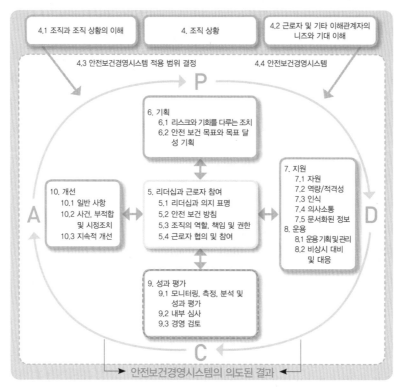

【ISO 45001 개념도】

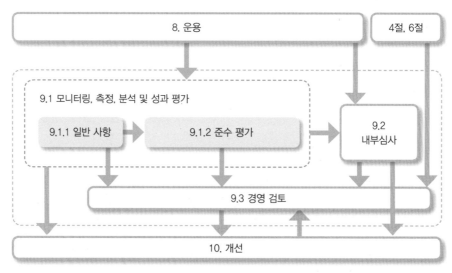

【성과 평가 전체 흐름도】

성과 평가는 안전보건경영시스템에서 PDCA의 'Check(검토)'에 해당되는 구성요소로, 계획을 수립하고 실행했을 때 그 성과가 나타나고 있는지 확인하는 단계이다. 즉 Plan, Do의 결과를 평가하는 것이다. 이 단계에서는 모니터링, 측정, 분석 및 성과 평가의 프로세스와 법적 요구사항 및 기타 요구사항의 적합 여부를 평가하는 프로세스를 수립할 것을 요구한다. 또한 안전보건경영시스템의 내부 심사와 최고경영자의 경영 검토를 실행할 것을 요구하고 있다.

성과란, 용어와 정의에 의하면 측정 가능한 결과(3.27)라고 되어 있다. 또한 성과 평가란, 부속서 A.9.1.1에 안전보건경영시스템이 설정한 목표를 달성하기 위한 주제(평가 대상)의 적절성, 충족성, 효과성을 결정하기 위해서 수행되는 활동이라고 기술되어 있다. 더불어 A.9.3에 적절성, 충족성, 효과성의 정의는 다음과 같다.

- 적절성 : 안전보건경영시스템이 조직, 조직의 업무, 조직의 문화나 비즈니스 시스템과 어떻게 부합하는지를 나타낸다.
- 충족성 : 안전보건경영시스템이 적절하게 실행되고 있는지를 나타낸다.
- 효과성 : 안전보건경영시스템이 의도한 결과를 달성하고 있는지를 나타낸다.

이번 절은 다음과 같이 세 가지 사항으로 구성되어 있다.

9.1 모니터링, 측정, 분석 및 성과 평가
9.2 내부 심사
9.3 경영 검토

9.1 모니터링, 측정, 분석 및 성과 평가

안전보건경영시스템의 의도된 결과를 달성하기 위해 안전보건경영시스템 운용 상황을 평가하는 프로세스를 요구하고 있다.

9.1.1 일반 사항

조직은 모니터링, 측정, 분석 및 성과 평가를 위한 프로세스를 수립, 실행 및 유지하여야 한다. 조직은 다음 사항을 결정하여야 한다.

a) 다음 사항을 포함한 모니터링 및 측정이 필요한 것
1) 법적 요구사항 및 기타 요구사항을 충족한 정도
2) 위험요인, 리스크와 기회에 관련된 활동 및 운용
3) 조직의 안전 보건 목표 달성에 대한 진행 상황
4) 운용 관리 및 기타 관리의 효과성
b) 유효한 결과를 보장하기 위하여 적용 가능한 경우 모니터링, 측정, 분석 및 성과 평가에 대한 방법
c) 조직이 안전 보건 성과를 평가할 기준
d) 모니터링 및 측정 수행 시기
e) 모니터링 및 측정 결과를 분석, 평가 및 의사소통하는 경우

조직은 안전 보건 성과를 평가하고 안전보건경영시스템의 효과성을 결정하여야 한다.

조직은 모니터링 및 측정 장비가 적용 가능한 경우 교정 또는 검증되었고 적절하게 사용되고 유지되고 있음을 보장하여야 한다.

• 비고 : 모니터링 및 측정 장비에 대한 교정 또는 검증되었고 관련된 법적 요구사항이나 기타 요구사항 (예 국가 표준 또는 국제 표준)이 있을 수 있다.

조직은 다음 사항과 같은 적절한 문서화된 정보를 보유하여야 한다.
− 모니터링, 측정, 분석 및 성과 평가의 증거
− 측정 장비의 유지 보수, 교정 또는 검증

[목적]

모니터링, 측정, 분석 및 성과 평가 프로세스를 구축하여 모니터링 측정 대상, 방법, 기준 및 시기를 정한 후 프로세스에 따라 실행하고, 안전 보건 성과를 평가하며, 안전보건경영시스템의 효과성을 확인하는 것이 목적이다.

[실무 가이드]

조직은 안전보건경영시스템의 운용 상황을 평가하는 프로세스를 구축하여 의도한 결과가 어떠한 상황에 있는가를 모니터링, 측정, 분석 및 성과 평가하여 달성 여부를 확인하는 것이다. 여기서는 모니터링, 측정 대상 및 시기, 분석, 성과 평가기준 및 방법, 측정결과분석 등의 프로세스에 따라 안전 보건의 성과 평가와 시스템의 효과성을 판단하는 것이다.

1. 모니터링 측정, 분석 및 성과 평가란

모니터링 측정, 분석 및 성과 평가는 안전보건경영시스템의 의도한 결과가 계획한 대로 달성되고 있는지 확인하기 위한 점검이다. 모니터링 및 측정을 수행한 정성적이고 정량적인 결과에 대해 분석하고 성과 평가하여 얻어진 정보는 개선에 연결하는 것이 목적이다. 이러한 모니터링, 측정, 분석 및 평가의 의미는 [표 2-20]과 같다.

[표 2-20] 모니터링, 측정, 분석 및 평가의 개념

용어	의미
모니터링	시스템, 프로세스 또는 활동의 상태를 결정하는 것
측정	정량적 데이터를 파악하는 것
분석	관계, 경향(패턴), 경향을 밝히기 위해 데이터를 조사하는 프로세스
평가	대상의 적절성, 충족성 및 효과성을 확정하는 활동

모니터링, 측정, 분석 및 평가의 대상이 되는 지표나 특성은 계획한 활동이 어느 정도 실행되고, 계획된 결과가 어느 정도 달성할 수 있는지를 판단하기 위해 필요충분한 정보를 제공할 수 있어야 한다. 이러한 모니터링, 측정, 분석 및 평가를 통해 조직이 안전보건시스템을 운용하여 의도한 결과에 대해 안전 보건 활동의 효과가 나타나고, 근로자의 안전 의식이 향상되며, 조직의 안전 보건 수준 향상과 안전 문화가 조성되는지를 확인하는 것이다.

2. 모니터링 및 측정의 사고 방식

1) 예방적 모니터링

예방적 모니터링은 무언가 차이가 발생하기 전에 안전보건경영시스템을 사전적 모니터링하는 것이다. 실시 예로는 시설 검사, 적용 법규 및 규정 준수 평가, 내부 심사, 안전 보건 목표의 모니터링, 정기적인 작업 안전 보건 측정이나 건강진단 등이 있다.

2) 사후적 모니터링

차이가 발생한 후에 안전보건경영시스템을 사후적 모니터링하는 것이다. 실시 예는 부상 또는 질병 보고, 사건 보고, 위험요인 보고, 손실 사고 보고 등이고, 모니터링 지표의 예는 아차사고, 주민 불만, 감독기관의 지적 사항 등이 있다.

3. 프로세스 구축하기

조직은 안전보건경영시스템이 제대로 작동하여 의도한 결과를 달성하고 안전 보건의 향상에 기여하려면 안전보건경영시스템의 운용 상황이나 효과성 평가의 체제를 확립하는 것이 중요하다. 9.1은 모니터링, 측정, 분석 및 성과 평가하는 프로세스를 구축하여 실행·유지할 것을 요구하고 있다.

조직은 프로세스를 구축하여 무엇을 모니터링 및 측정할 것인지, 어떤 모니터링 및 측정, 평가 방법을 사용할 것인지, 언제 모니터링 및 측정할 것인지 등을 계획하여 안전보건경영시스템에 따라 실행하는 운용의 진행 상황이나 정도 등을 어떤 방법으로 파악한 후에 성과 평가에 연결해야 할 것이다. 이 프로세스에 다음의 평가 대상, 평가 기준, 평가 방법, 평가 시기 및 결과의 보고 시기 등을 규정해야 한다.

1) 모니터링 및 측정이 필요한 대상
2) 모니터링, 측정, 분석 및 성과 평가의 방법
3) 안전 보건 성과를 평가를 위한 기준
4) 모니터링 및 측정의 실시 시기
5) 모니터링 및 측정의 결과 분석, 평가 및 의사소통 시기

이 프로세스에 따라 안전 보건 성과를 평가하고 안전보건경영시스템의 효과성을 결정해야 한다. 따라서 조직은 법적 요구사항과 6.1.4에서 수립된 조치 기획을 고려하여 모니터링, 측정 분석 및 성과 평가 계획을 수립한다. 이 계획에는 모니터링 측정 대상, 모니터링 및 측정 방법, 평가 기준 및 시기, 분석 평가 등을 포함한다.

4. 모니터링 및 측정 대상

1) 법적 요구사항 및 기타 요구사항의 충족 정도

6.1.3에서 적용되는 모든 법적 요구사항이 빠짐없이 결정되어 있는지 확인한다. 또한 법규 최신판이 유지되고 있는지가 대상이고, 법령이 준수되고 있다는 것은 9.1.2(준수 평가)에서 확인한다.

2) 파악된 위험요인, 리스크 및 기회에 관련된 조직의 활동 및 운용

8.1.1(일반 사항)에서 8.1.4(조달)까지의 운용이 적절하게 실시되고 있는지 확인한다.

3) 조직 안전 보건 목표의 달성 상황

6.2.1(안전 보건 목표) d)에서 안전 보건 목표의 달성 상황을 모니터링 대상으로 한다.

4) 운용 및 기타 관리 사항의 효과성

운용 관리의 프로세스나 활동에서 안전 보건 계획 또는 안전 보건 리스크 대책이 실행되어 감소 효과가 달성되었는지, 또는 근로자 및 이해관계자에 대한 인식, 훈련, 의사소통이 효

과적인지를 살펴본다.

모니터링 대상에 대해, 예를 들면 안전 보건 계획의 진척 정도, 재해지표(도수율, 재해율 등) 작업장 점검 활동 평가 결과 등이 있다. 또한 부속서 9.1.1에 모니터링 및 측정 대상으로서 다음의 예가 있다.

 (1) 직업적인 건강 불만 사항, 근로자의 건강(검사를 통해) 및 업무 환경
 (2) 작업 관련 사건, 상해 및 건강상 장해, 추세를 포함한 불만 사항
 (3) 운용 관리 및 비상 훈련의 효과성, 또는 새로운 관리를 수정하거나 도입할 필요성
 (4) 역량

5. 모니터링, 측정 방법

모니터링은 상황의 지속적인 확인, 감사, 관찰, 판단을 포함한 것이며, 기대한 성과 수준에서 변동을 파악하는 것이다.

안전 보건 활동이 어느 정도 실시되어 기대한 결과가 달성 가능한가를 판단하기 위한 정보를 제공하여 대상의 성질에 맞게 정량적 또는 정성적인 평가 방법을 결정하는 것이다. 예를 들면 모니터링은 안전 보건 순회 점검, 작업 환경 측정, 건강진단 등이고 부속서 A.9.1.1에서 모니터링에 대해서는 여러 가지 방법이 있다는 것을 알 수 있다.

모니터링은 요구되거나 기대되는 성과 수준에서의 변화를 파악하기 위해 지속적 검토, 감독, 비판적인 관찰 또는 결정을 포함할 수 있다. 그리고 모니터링은 안전보건경영시스템, 프로세스 또는 관리 사항에 적용될 수 있다. 예를 들면 문서화된 정보의 검토, 수행되고 있는 업무/작업의 관찰 등이 포함된다.

6. 분석 · 성과 평가 방법

1) 분석

분석은 데이터를 조사하는 프로세스로, 관계 및 경향 등을 명확하게 하기 위해 수행한다. 또한 통계적 방법을 사용하여 데이터에서 평가를 이끌어내는 것을 의미할 수 있다.

2) 성과 지표의 설정 및 평가

성과 평가는 설정된 목표의 달성을 위해 평가 대상의 적절성, 충족성, 효과성을 결정하는 것이다. 조직은 계획의 달성도, 각자 활동의 진척, 관리 대책의 효과성에 대해 안전 보건 성과 측정을 위한 안전 보건 성과 지표를 설정하여 정기적으로 측정하고, 결과를 분석한 후

효과성을 판단한다. 많은 기업에서 연간 안전 보건 활동 계획을 수립 및 관리하고 있다. 이 계획서 중에서 각 프로그램의 진척 상황을 확인 및 평가를 포함하여 관리하거나 별도로 일정 기간 동안 프로그램마다 목표의 달성 상황을 관리하는 것이 바람직하다.

목표의 성과 측정 결과가 목표에 미달되는 경우 분석하여 필요한 대책을 수립 및 이행해야 한다. 또한 안전보건경영시스템의 요구사항에 적합한지를 확인하여 요구사항을 충족하지 못할 경우에는 필요한 대책을 수립 및 이행해야 한다.

7. 안전 보건 성과 평가 기준

평가 기준은 안전보건경영시스템의 의도한 결과에 대한 달성 정도를 본문 (a), (b)에서 파악한 정보를 평가하는 기준이 된다. 이 평가 기준은 동종 업종 및 조직의 전년도 데이터나 안전 보건 통계 수치 등 객관적으로 비교할 수 있는 기준을 결정해야 한다.

8. 모니터링 및 측정의 실시 시기 및 의사소통

모니터링 및 측정 분석 평가의 실시 시기는 조직의 상황을 고려하여 모니터링 및 평가 대상에 대해 월별 및 분기별 등의 시기를 결정한다. 예를 들면 법규준수 평가 년 2회, 목표 달성 진척 상황 월별 등이다. 그리고 분석 평가한 결과의 의사소통은 산업안전보건위원회나 안전보건회의 등 여러 가지 방법을 활용하여 전달할 수 있다.

9. 안전보건경영시스템의 효과성 결정

모니터링, 측정, 분석 및 평가를 통해 획득한 정보는 경영 검토의 입력 정보가 된다.

10. 안전 보건의 주요 지표 통계 분석

재해율, 사망률, 강도율 등 필요한 재해 주요 지표는 매년 통계적 데이터를 산출하여 해당 추이를 분석하고, 다음의 사항을 알 수 있도록 동종 업종 평균치와 비교 및 분석한 후 적절한 대책을 마련한다.

1) 최근 재해 추이
2) 업종 평균 지표 및 타사업장의 지표와 비교 분석
3) 과거 실적과 비교한 현재의 성과 달성 정도
4) 재해 유형 종류 파악 및 재해 손실 금액

11. 문서화된 정보 보유

모니터링, 측정, 분석 및 성과 평가의 결과 증거로서 안전 보건 계획의 진척 사항, 안전 보건 활동의 각종 기록 등은 보유해야 한다.

12. 모니터링 및 측정 장비의 관리

1) 조직은 해당되는 경우 교정 또는 점검이 필요한 모니터링 및 측정 및 분석기기에 대해 조직이 정한 교정 주기에 따라 교정 계획을 수립, 실시한다. 그리고 교정 및 점검을 실시하여 사용하고 있다는 것을 보장해야 한다.
2) 모니터링, 측정 분석 등에 사용되는 기기(가스농도계, 산소농도계, 조도계, 소음계 등)의 교정과 점검 및 수리 기록은 보유되어야 한다.

부속서 A.9.1.1 일반 사항

안전보건경영시스템의 의도된 결과를 달성하기 위해서는 프로세스를 모니터링, 측정 및 분석하여야 할 것이다.

a) 모니터링 및 측정할 수 있는 예로는 다음 사항을 포함하지만 이에 국한하지 않는다.
  1) 직업적인 건강 불만 사항, 근로자의 건강(감시를 통해) 및 업무 환경
  2) 업무 관련 사건, 상해 및 건강상 장해 추세를 포함한 불만 사항
  3) 운용 관리 및 비상 훈련의 효과성 또는 새로운 관리를 수정하거나 도입할 필요성
  4) 역량

b) 법적 요구사항의 이행을 평가하기 위해 모니터링 및 측정할 수 있는 예로는 다음 사항을 포함하지만 이에 국한되지 않는다.
  1) 법적 요구사항 파악(예 모든 법적 요구사항이 결정되는지, 이에 대해 조직의 문서화된 정보가 최신 상태인지의 여부)
  2) 단체협약(법적 구속력이 있는 경우)
  3) 준수에서 확인된 갭 상태

c) 기타 요구사항의 이행을 평가하기 위해 모니터링 및 측정할 수 있는 예로는 다음 사항을 포함하지만 이에 국한되지 않는다.
  1) 단체 협약(법적 구속력이 없는 경우)
  2) 표준 및 규범
  3) 기업 및 기타 방침, 규칙 및 규정
  4) 보험 요구사항

d) 다음 사항의 기준은 조직이 성과를 비교하는 데 사용할 수 있다.
  1) 예를 들면 다음과 같은 우수 사례가 있다.
    i) 다른 조직
    ii) 표준 및 규범
    iii) 조직 자체의 규범 및 목표
    iv) 안전보건 통계
  2) 기준을 측정하기 위해 지표가 일반적으로 사용된다. 예를 들면
    i) 기준이 사건과 비교하는 것이라면 조직은 빈도, 유형, 심각성 또는 사건 횟수를 조사하도록 선택할 수 있다. 이때 지표는 이들 기준 각각에서 결정된 비율일 수 있다.
    ii) 기준이 시정조치 완료와 비교하는 것이라면 지표는 정해진 시간 안에 완료된 비율일 수 있다.

모니터링은 요구되거나 기대되는 성능 수준에서의 변화를 확인하기 위해 지속적 검토, 감독, 비판적 관찰 또는 상태 결정을 포함할 수 있다. 모니터링은 안전보건경영시스템, 프로세스 또는 관리에 적용될 수 있다. 예를 들면 인터뷰의 활용, 문서화된 정보의 검토 및 수행된 업무의 관찰이 포함된다. 측정은 일반적으로 대상이나 사건에 숫자를 부여하는 작업이 포함된다.

측정은 정량적 데이터의 기초이며 일반적으로 안전 프로그램 및 건강 감시에 대한 성과 평가와 관련된다. 예를 들어 유해 물질에 대한 노출 또는 위험요인으로부터 안전거리 계산을 측정하기 위해 교정되었거나 검증된 장비의 사용이 포함된다.

분석은 관계, 경향(patterns) 및 추세를 밝히기 위해 데이터를 조사하는 프로세스이다. 분석은 다른 유사 조직의 정보를 포함하고 통계 작업을 활용하여 데이터에서 결론을 이끌어내는 것을 의미할 수 있다. 이 프로세스는 대개 측정 활동과 가장 관련이 있다.

성과 평가는 안전보건경영시스템의 설정한 목표를 달성하기 위한 주제의 적절성, 충족성 및 효과성을 결정하기 위해 수행되는 활동이다.

9.1.2 준수 평가

법적 요구사항 및 기타 요구사항을 준수 평가하기 위해 필요한 프로세스를 수립, 실행, 유지할 것을 요구하고 있다.

조직은 법적 요구사항 및 기타 요구사항의 준수를 평가하기 위한 프로세스를 수립, 실행 및 유지하여야 한다(6.1.3 참조). 조직은 다음 사항을 실행하여야 한다.

a) 준수 평가에 대한 빈도(frequency)와 방법 결정
b) 준수 평가를 하고 필요한 경우 조치를 취함(10.2 참조)
c) 법적 요구사항 및 기타 요구사항의 준수 상태에 대한 지식과 이해 유지
d) 준수 평가 결과에 대한 문서화된 정보 보유

[목적]

결정된 법적 요구사항 및 기타 요구사항의 준수 상황을 평가하는 프로세스를 구축하여 평가를 실시하고 필요한 조치를 취하는 것이 목적이다.

[실무 가이드]

본문은 법규준수(컴플라이언스)에 관련하여 법적 리스크를 파악하는 중요한 사항이며 근로자가 법규 준수 관리시스템에 따라 법규 및 기타 요구사항을 지키고 있는지를 평가하는 프로세스를 구축 운용해야 한다. 이에 따라 준수사항을 평가하고 위반 시 적절한 시정조치를 취하여 안전보건관련법규에 대한 준수상황의 유효성을 확인하는 것이다.

1. 준수 평가 프로세스 구축하기

조직은 4.2(근로자 및 이해관계자 니즈와 기대 이해) 및 6.1.3에서 결정된 법적 요구사항 및 기타 요구사항에 대한 준수 의무 사항을 충족하고 있는지 준수 상황을 평가하는 프로세스를 수립 및 실행, 유지해야 한다. 이 프로세스는 준수 평가 대상 파악, 평가 빈도 및 평가 방법, 평가 계

획 및 준비, 평가 실시 및 결과 등이 포함되어야 한다.

1) 평가 대상 파악 및 선정

준수 평가는 조직에 적용되는 안전보건관계법령 및 기타 요구사항에 관련되어 신고, 보고, 측정, 게시 등 다양한 것이 있다. 그리고 사업장의 설비, 시설, 물질 및 작업 방법 등에 대해 각종 안전 보건 준수 사항의 준수 상태를 확인해야 할 평가 요소를 철저히 파악해야 한다.

2) 준수 평가 빈도 및 방법 결정

평가 빈도 및 방법은 조직 규모, 형태, 복잡성과 ISO 45001 부속서 A 9.1.2 내용 및 안전 및 보건 확보 의무에 대한 준수 중요성을 고려하여 조직이 정기적 및 상시적인 시기를 정하고, 준수 상태를 확인하는 방법 등의 평가 방법에 따라 실시하는 것이다.

3) 평가 계획 및 준비

평가 책임 부서는 다음의 사항을 계획하고 준비한다.

(a) 평가 일자 및 평가자 등 평가팀 선정
(b) 최신 법적 요구사항 및 기타 요구사항
(c) 법규 준수 평가표 등 평가 체크리스트 준비

4) 준수 평가 실시

평가자는 평가 계획에 따라 안전보건법령 등을 지키고 있는지를 확인하고, 준수 상태 결과를 기록해야 하며, 미준수 사항은 재발 방지를 위해 그 내역을 기록한다.

5) 미준수 법규 사항 재발 방지

준수 평가 결과 미준수 사항은 10.2에 따라 부적합에 대해 시정조치하여 재발을 방지하고, 조치 결과의 효과성을 확인해야 한다. 또한 법규가 준수되지 않는 경우 관리자가 일방적 조치 결정은 취하지 않고 5.4 d항의 4) 근로자와의 협의 및 참여가 필요하다.

2. 준수 상태에 대한 지식 및 이해 유지하기

준수 평가를 수행하는 자는 필요한 역량(7.2)을 획득하고 유지할 것을 요구하고 있다. 조직은 적절한 준수 평가를 수행하기 위해 법령의 지식과 이해 등 역량을 가지고 있는 인원이 준수 평가하고 항상 역량을 유지하게 해야 한다.

3. 문서화된 정보 보유하기

준수 평가의 기록은 준수 및 미준수로 평가한 증거를 명확하게 기술하여 준수 평가의 결과에 대한 문서화된 정보를 보유하는 것이다.

> 부속서 A.9.1.2 준수 평가하기
>
> 준수 평가의 빈도와 시기는 요구사항의 중요성, 운용 조건의 변화, 법적 요구사항 및 기타 요구사항의 변경 및 조직의 과거 성과에 따라 달라질 수 있다. 조직은 지식과 준수 상태에 대한 이해를 유지하기 위해 다양한 방법을 사용할 수 있다.

9.2 내부 심사

내부 심사의 목적 및 계획된 주기와 심사 프로그램의 계획, 실시 및 유지에 대한 사항을 규정할 것을 요구하고 있다.

9.2.1 일반 사항

내부 심사의 목적을 명확하게 하고 계획된 주기를 정하여 내부 심사를 수행할 것을 요구하고 있다.

> 조직은 안전보건경영시스템이 다음의 사항에 대한 정보를 제공하기 위해 계획된 주기로 내부 심사를 수행해야 한다.
>
> a) 다음의 사항에 대한 적합성의 여부
> (a) 안전 보건 방침 및 안전 보건 목표를 포함한 안전보건경영시스템에 대한 조직 자체 요구사항
> (b) 이 표준의 요구사항
> b) 효과적으로 실행되고 유지되는지의 여부

[목적]

ISO 45001 표준 요구사항 및 조직 자체의 안전보건경영시스템이 적합하고 경영시스템이 효과적으로 실행 및 유지되고 있는 것을 확인하기 위해 정기적으로 심사를 수행하는 것이 목적이다.

[실무 가이드]

내부 심사는 안전보건경영시스템의 적합성과 효과성을 확인하는 체계적이고 독립적인 심사 활동

으로 매우 중요한 요구사항이다. 내부 심사의 수행 목적을 명확히 하여 정기적으로 시스템의 적합성 심사와 효과성 심사를 수행함으로써 내부 심사 목적을 달성하고 안전 보건의 지속적 성과개선을 이루어야 한다.

1. 내부 심사란

내부 심사는 안전보건경영시스템이 적절하게 구축되어 최적의 상태를 유지하고 있는지 확인하기 위한 체계적이고 독립적인 활동이다.

2. 내부 심사 목적

안전보건경영시스템이 다음의 사항을 충족하고 있는지에 대해 적합성과 효과성의 여부를 확인하는 것이다

1) a)는 적합성 심사로 조직의 안전보건경영시스템이 ISO 45001 요구사항과 조직 자체가 규정한 요구사항에 적합하는 것이고 그것에 근거하여 운용되고 있는가?
2) b)는 효과성 심사로 안전보건경영시스템이 계획대로 효과적으로 실행 · 유지되어 의도한 결과의 효과가 나타나고 있으며 조직의 안전 보건의 수준이 향상되고 있는가?

즉 위의 사항은 심사 대상으로서 조직이 규정한 안전보건경영시스템이 효과적으로 실시되고 유지되어 안전 보건 성과의 지속적 개선, 법적 및 기타 요구사항의 준수, 안전 보건 목표 달성을 실현할 수 있는 시스템으로 되어 있는지를 심사한다.

3. 내부 심사 주기

내부 심사 주기는 표준 요구사항에서 계획된 주기 안에서 내부 심사를 실시하는 것으로 규정되어 있기 때문에 조직 자체에서 그 필요한 주기를 정하여 실시할 필요가 있다. 정기적으로 연 1회 이상 실시하는 것이 바람직하다.

9.2.2 내부 심사 프로그램

조직은 내부 심사 프로그램을 문서화하여 실행할 것을 요구하고 있다.

조직은 다음 사항을 실행하여야 한다.

a) 주기, 방법, 책임, 요구사항의 기획 및 보고를 포함하는 심사 프로그램의 계획, 수립, 실행 및 유지, 그리고 심사 프로그램에는 관련 프로세스의 중요성, 조직에 영향을 미치는 변경 그리고 이전 심사 결과를 고려

b) 심사 기준 및 개별 심사의 적용 범위에 대한 규정

c) 심사 프로세스의 객관성 및 공평성을 보장하기 위한 심사원의 선정 및 심사 수행

d) 심사 결과가 관련 경영자에게 보고됨을 보장하고 관련 심사 결과가 근로자 및 근로자 대표(있는 경우), 그리고 기타 이해관계자에게 보고됨을 보장

e) 부적합 사항을 다루고 안전 보건 성과를 지속적으로 개선하는 조치를 취함(10절 참조)

f) 심사 프로그램의 실행 및 심사 결과의 증거로 문서화된 정보의 보유

• 비고 : 심사 및 심사원의 역량에 관한 더 많은 정보는 KSQ ISO 19011 참조

[목적]

조직의 경영시스템이 ISO 45001 표준의 적합성 및 계획대로 유효하게 실시 및 유지되고 있는 지를 확인하기 위해 내부 심사 프로그램을 계획 및 실시, 유지하는 것이 목적이다.

[실무 가이드]

내부 심사는 실시하는 절차와 방법 등에 대해 내부 심사 프로그램을 수립하고 실효성 있는 내부 심사가 실시되어야 한다.

1. 내부 심사 프로그램

심사 프로그램은 ISO 19011에 의하면 특정의 목적을 위해 정해진 기간 안에서 실행하도록 계획된 일련의 심사로, '심사 계획, 준비, 실행하기 위해 필요한 활동의 모든 것을 포함한 것이다.'라고 정의한다. 즉 심사 프로그램은 심사 전반에 대하여 규정한 소위 내부 심사 규정 또는 내부 심사 실시 요령 등을 의미한다.

심사 프로그램은 ISO 45001이 요구하는 문서의 대상에 포함되어 있지 않다. 하지만 ISO 45001 '용어 정의' 3.32(심사)에 의하면, 심사는 심사 기준에 충족되는 정도를 결정하기 위해 심사 증거를 수집하고, 이를 객관적으로 평가하기 위한 체계적이고, 독립적이며, 문서화된 프로세스라고 규정하고 있어서 문서화하는 것이 필요하다. 따라서 내부 심사 프로그램은 본문 (a)~(f)를 포함한 다음의 사항을 규정하여 문서화하고 실시하는 것이 필요하다.

1) 심사 실시체제(심사 주관 부서 및 심사팀의 역할, 책임, 심사원 역할 등)

2) 심사 주기는 연 1회 이상 및 실시 시기 결정

3) 내부 심사 계획(연간 계획, 심사 실시 계획 등)은 심사 대상이 되는 프로세스의 중요성과 이전 심사 결과를 근거하여 수립 및 심사 일정 설정

4) 심사 수행 방법(체크시트 준비, 문서류, 기록이나 현장 확인 등)

5) 각 심사에 대한 심사 기준 및 심사 범위(장소, 심사 대상 부문, 프로세스, 활동)

6) 심사원 역량, 심사원 선정 등 객관성과 공평성

7) 내부 심사 결과 보고(경영자, 피심사 부문, 근로자 대표 및 이해관계자)

8) 심사 판정 기준(적합, 부적합 및 개선 권고 등)

9) 부적합 처리와 시정조치 및 유효성 확인

10) 심사 기록의 관리

2. 내부 심사 프로그램의 주요 내용

본문 내부 심사 프로그램 (a)~(f) 내용 중 주요 내용을 설명하면 다음과 같다.

(a) 심사 계획은 정기적으로 어느 부문을 심사할 것인가를 정하는 것이다. 심사 계획에는 다음의 사항을 반영해야 한다.
- 프로세스의 중요성 : 리스크가 높은 활동, 신설비 도입 활동 등
- 전회 심사의 심사 결과 : 전회 심사에서 부적합한 부서 및 충분히 확인되지 않았던 부서

(b) 심사 기준은 ISO 45001 표준 요구사항이나 관련 법령 요구사항, 조직 자체 안전보건경영시스템 절차 등이다. 심사 범위는 심사를 실시하는 대상 사업장, 심사 대상 부문 및 프로세스가 된다.

(c) 심사원의 역량으로서 고려해야 할 것은 ISO 45001 표준 요구사항의 이해, 심사 절차, 심사 기법, 안전 보건의 지식 및 기능, 업무 경험, 심사원 훈련, 개인적 특질 등이 있다.

(d) 심사 결과는 경영자에게 보고하고, 근로자가 존재하는 경우 근로자 대표 및 이해관계자에게 보고되어야 한다.

(e) 내부 심사에서 개선해야 할 부적합 사항은 10.2의 요구사항에 따라 시정조치하고, 안전보건경영시스템의 적절성, 충족성, 효과성을 지속적으로 개선해야 한다.

(f) 내부 심사 프로그램의 실시 및 심사 결과의 실증 증거로서 문서화된 정보의 요구사항에 따라 심사 결과의 기록을 보유하고 또한 경향을 포함한 내부 심사 결과에 대한 정보는 경영 검토의 입력 정보가 된다.

부속서 A.9.2 내부 심사

심사 프로그램의 정도는 안전보건경영시스템의 복잡성과 성숙도에 근거해야 한다. 조직은 심사원의 역할에 있어 내부 심사원을 정상적으로 부여된 임무로부터 분리하는 프로세스를 만들어 내부 심사의 객관성과 공정성을 확립하거나 심사에 외부 인원을 활용할 수 있다.

9.3 경영 검토

최고경영자 자신이 직접 참여하여 조직의 안전보건경영시스템의 지속적인 적절성, 충족성, 효과성을 검토할 것을 요구하고 있다.

최고경영자는 안전보건경영시스템의 지속적인 적절성, 충족성 및 효과성을 보장하기 위하여 계획된 주기로 조직의 안전보건경영시스템을 검토하여야 한다. 그리고 경영 검토는 다음 사항을 고려하여야 한다.

    a) 이전 경영 검토에 따른 조치의 상태
    b) 다음 사항을 포함한 안전보건경영시스템과 관련된 외부 및 내부 이슈의 변경
       1) 이해관계자의 니즈와 기대
       2) 법적 요구사항 및 기타 요구사항
       3) 조직의 리스크와 기회
    c) 안전 보건 방침과 안전 보건 목표의 달성 정도
    d) 다음 사항의 경향을 포함한 안전 보건 성과에 대한 정보
       1) 사건, 부적합, 시정조치 및 지속적 개선
       2) 모니터링 및 측정 결과
       3) 법적 요구사항 및 기타 요구사항에 대한 준수 평가 결과
       4) 심사 결과
       5) 근로자의 협의 및 참여
       6) 리스크와 기회
    e) 효과적인 안전보건경영시스템의 유지를 위한 자원의 충족성
    f) 이해관계자와 관련된 의사소통
    g) 지속적 개선을 위한 기회

경영 검토 아웃풋은 다음 사항과 관련된 결정 사항을 포함하여야 한다.
    – 안전보건경영시스템의 의도된 결과 달성에 대한 지속적인 적절성, 충족성 및 효과성
    – 지속적 개선 기회
    – 안전보건경영시스템의 변경에 대한 필요성
    – 필요한 자원
    – 필요한 경우 조치
    – 안전보건경영시스템과 기타 비즈니스 프로세스와의 통합을 개선하는 기회
    – 조직의 전략적 방향에 대한 영향(implication)

최고경영자는 경영 검토와 관련된 아웃풋을 근로자 및 근로자 대표(있는 경우)와 의사소통하여야 한다 (7.4 참조).

조직은 경영 검토 결과의 증거로 문서화된 정보를 보유하여야 한다.

[목적]

안전보건경영시스템이 적절성, 충족성, 효과성이 있다는 것을 확실하게 보장하기 위해 최고경영자가 참여하여 경영 검토를 실행하는 것이 목적이다.

[실무 가이드]

최고경영자 자신이 안전보건경영시스템의 적절성, 충족성 및 효과성을 확인하는 것으로 최고경영자에게 요구되는 중요한 역할이고 책무이다. 이를 통하여 규정된 경영 검토 항목은 검토시기, 방법 등을 정하여 실시한 결과에 대한 개선사항을 도출하고 조치해야 한다.

1. 경영 검토란

경영 검토란, 최고경영자에 의해 조직의 안전보건경영시스템이 적절성, 충족성, 효과성을 보장하기 위한 체계적인 개선 조치 활동이다. 즉 최고경영자가 경영 검토의 입력 정보에 의거하여 조직의 안전보건경영시스템이 현재 상태가 양호한지, 어디에 문제가 있고 그 문제는 어떻게 해결해야 되는지를 판단하기 위한 활동으로, 계획된 주기에 의해 실시해야 한다. 따라서 검토해야 할 포인트는 적절성, 충족성, 효과성의 세 가지 착안점이다. ISO 45001 표준의 부속서 9.3에 따르면 적절성, 충족성, 효과성은 다음과 같다.

1) 적절성 : 안전보건경영시스템이 조직, 조직 운용, 조직의 문화 및 비즈니스 시스템과 어떻게 부합되는지를 나타낸다.
2) 충족성 : 안전보건경영시스템이 적절하게 실행되고 있는지를 나타낸다.
3) 효과성 : 안전보건경영시스템이 의도한 결과를 달성하고 있는지를 나타낸다.

2. 경영 검토의 목적

경영 검토는 매우 중요한 경영자의 역할로, 5.1(리더십과 의지 표명)과 관련되어 실증의 일환이다. 즉 안전보건경영시스템의 성과를 전략적으로 평가하여 적절성, 충족성, 효과성의 개선사항을 제안하는 것이다. 특히 안전보건경영시스템의 운용, 유지 및 지속적 개선에 직접 참여하여 의도한 결과를 확실하게 달성시키는 데 목적이 있다.

최고경영자는 안전 및 보건 확보 의무를 중대재해법에 의해 실질적인 책임을 져야 하므로 경영 검토를 실제적으로 수행하여 리스크 요인을 도출하고, 개선이 필요한 사항은 반드시 조치해야 한다. 특히 중대재해법 제4조(사업주와 경영책임자 등의 안전 및 보건 확보 의무) 및 제5조(도급, 용역, 위탁 등 관계에서의 안전 및 보건 확보 의무)의 의무 사항에 대한 검토를 강화하는 것이 중요하다.

3. 경영 검토 주기 및 방법

경영 검토는 언제, 어떻게 다룰 것인가에 대한 실시 방법은 계획된 주기로 검토할 것을 요구하고 있다. 한편 ISO 45001 부속서 A.9.3에서 검토 항목(9.3 a)~g))은 모두 다룰 필요가 없고, 다루는 주기와 방법은 조직이 결정하면 된다고 언급하고 있다. 따라서 전체 검토 항목을 동시에 다루거나 검토 항목별로 다루고, 해당 주기와 방법은 조직이 결정하여 규정에 정하면 된다. 다만 최초 인증 심사는 전부 한꺼번에 다루는 것이 바람직하다.

경영 검토의 주기 및 방법은 일반적으로 적어도 연1회 이상 주기를 정하여 회의체 등을 이용하여 내부 심사를 실시한 후 회의 및 보고 형태로 실행하면 된다. 그리고 회의체는 경영회의, 간부회의, 산업안전보건위원회 등을 통해 다루는 것이 바람직하다.

4. 입력 사항

경영 검토 입력은 본문 a)~g)의 다음 사항을 고려한다.

a) 이전 경영 검토에 따른 조치의 상태
b) 다음의 사항을 포함한 안전보건경영시스템과 관련된 외부 이슈와 내부 이슈의 변경
   • 이해관계자의 니즈와 기대
   • 법적 요구사항 및 기타 요구사항
   • 조직의 리스크와 기회
c) 안전 보건 방침과 안전 보건 목표의 달성 정도
d) 다음 사항의 경향을 포함한 안전 보건 성과에 대한 정보
   • 사건, 부적합, 시정조치 및 지속적인 개선
   • 모니터링 및 측정 결과
   • 법적 요구사항 및 기타 요구사항의 준수 평가 결과
   • 심사 결과
   • 근로자의 협의 및 참여
   • 조직의 리스크와 기회
e) 효과적인 안전보건경영시스템을 유지하기 위한 자원의 충족성
f) 이해관계자와 관련된 의사소통
g) 지속적 개선을 위한 기회

5. 경영 검토 아웃풋(출력)

출력은 경영자에게 요구되는 중요한 역할이다. 입력 사항을 검토하고 안전 보건 목표를 명확히 하여 안전보건경영시스템의 의도한 결과를 달성할 수 없는 경우에는 효과성이 결여된 상태로 판단하여 출력 사항으로 다음의 사항에 대해 필요한 조치를 결정하여 실행해야 한다.

1) 안전보건경영시스템의 지속적인 적절성, 충족성, 효과성에 대한 평가

2) 지속적인 개선의 기회로서 단기 및 중장기 관점에서 조치해야 할 사항

3) 매뉴얼, 규정 및 절차서, 지침서 변경의 필요성에 대한 평가

4) 기타 비즈니스 프로세스와 통합체제를 개선할 기회로서 안전보건경영시스템이 비즈니스 프로세스와 통합화할 수 있는지에 대한 필요성 평가

5) 필요한 자원의 인적 및 물적 자원의 필요성 평가

6) 목표 미달 시 등 필요한 조치

7) 조직의 전략적 방향에 대한 영향으로서 조직의 사업 전략에 관계하는 이슈가 있으면 그것에 대한 명확한 의사 결정

6. 출력의 의사소통

최고경영자는 안전보건경영시스템의 적절성, 충족성, 효과성을 검토한 결과를 근로자 및 이해관계자에게 전달하여 의사소통하고, 산업안전보건위원회의 심의 사항에 포함하는 방법도 검토할 필요가 있다.

7. 경영 검토의 문서화 정보

경영 검토 결과의 입력 사항, 출력 사항 및 전달 사항 등의 문서화 정보는 경영 검토 결과의 증거로 보유해야 한다.

부속서 A.9.3 경영 검토

경영 검토와 관련하여 사용된 용어는 다음과 같이 이해하여야 할 것이다.

 a) '적절성'은 안전보건경영시스템이 조직, 조직 운용, 조직의 문화 및 비즈니스 시스템과 어떻게 부합하는지를 나타낸다.
 b) '충족성'은 안전보건경영시스템이 적절하게 실행되고 있는지를 나타낸다.
 c) '효과성'은 안전보건경영시스템이 의도한 결과를 달성하고 있는지를 나타낸다.

9.3 a)에서 g)까지 나열된 경영 검토 주제는 한꺼번에 모두를 다룰 필요는 없다. 조직은 경영 검토 주제를 언제, 어떻게 다룰 것인지를 결정해야 한다.

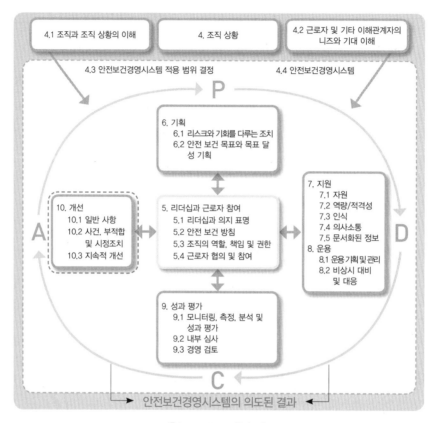

【ISO 45001 개념도】

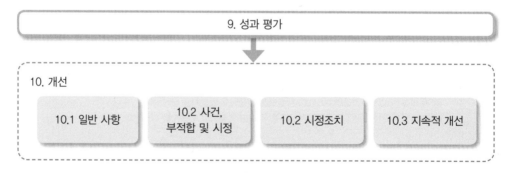

【개선 전체 흐름도】

개선은 PDCA의 'A(조치)'에 해당한다. 이번에는 조직이 PDCA에 따라 개선의 기회를 결정하고, 안전보건경영시스템의 의도한 결과를 달성하기 위해 필요한 시정조치 및 지속적 개선을 추진할 것을 규정하고 있다. 그리고 안전보건경영시스템에서 부적합이나 사건의 보고, 조사 및 조치를 포함한 사건, 부적합 및 시정조치 프로세스를 수립하고, 부적합이나 사건의 시정조치 및 지속적 개선을 요구하고 있다. '9절 성과 평가'에서 도출된 개선 기회는 개선 및 지속적 개선에 연결하는 중요한 사항으로, 개선은 다음과 같이 세 가지 내용으로 구성되어 있다.

10.1 일반 사항
10.2 사건, 부적합 및 시정조치
10.3 지속적 개선

10.1 일반 사항

조직은 개선의 기회를 결정하고 안전보건경영시스템의 의도한 결과를 달성하기 위해 필요한 조치를 실행할 것을 요구한다.

> 조직은 개선의 기회(9절 참조)를 정하고 조직의 안전보건경영시스템의 의도한 결과를 달성하기 위해 필요한 조치를 실행해야 한다.

[목적]
안전보건경영시스템의 의도한 결과를 달성하기 위해 개선의 기회를 결정하고 개선하는 것이 목적이다.

[실무 가이드]
9절(성과 평가)에서 얻어진 성과 결과는 안전 보건 성과에 영향을 미치는 사항에 대해 의도한 결과를 달성하기 위해 필요에 따라 시정조치 및 개선조치 한다.

1. 조직은 안전보건경영시스템의 의도한 결과를 달성하기 위하여 모니터링, 측정, 분석 및 성과 평가(9.1), 준수 평가(9.1.2), 내부 심사(9.2), 경영 검토(9.3)의 결과에 대해 개선의 기회를 파악하여 개선의 대상을 선정하고 필요에 따라 적절하게 시정조치 및 개선을 추진해야 한다. 본문 개선 기회(9절)로서 인용되는 요구사항은 [표 2-21]과 같다.

[표 2-21] 개선에 관련된 요구사항

구분	요구사항
9.1.1	안전 보건 성과를 평가하고 안전보건경영시스템의 효과성을 판정하는 것을 요구하고 있다.
9.2.2 (e))	부적합 사항을 다루고 안전 보건 성과를 지속적으로 개선하는 조치를 취한다.
9.3 (g))	경영 검토는 지속적 개선의 기회이다.

2. 개선은 성과를 향상하기 위한 활동이다. 예를 들면 시정조치, 지속적 개선, 현상 타파의 변혁, 혁신 또는 조직 개편이 포함된다. 지속적 개선은 성과를 향상시키기 위하여 반복적인 활동 (3.37)으로 정의되고, 성과는 측정 가능한 결과이다(3.27).

부속서 A.10.1 일반 사항

조직은 개선을 위한 조치를 취할 때 안전 보건 성과 분석 및 평가, 준수 평가, 내부 심사 및 경영 검토 를 결과를 고려해야 할 것이다. 개선 예에는 시정조치, 지속적 개선, 획기적인 변화, 혁신 및 재조직화가 포함된다.

10.2 사건, 부적합 및 시정조치

조직은 사건 및 부적합을 결정하여 관리하기 위한 프로세스를 수립, 실행, 유지하는 것을 요구하고 있다.

조직은 사건 및 부적합을 정하고 관리하기 위해 보고, 조사 및 조치 실행을 포함하는 프로세스를 수립, 실행 및 유지하여야 한다. 사건 또는 부적합이 발생할 때 조직은 다음 사항을 실행하여야 한다.

a) 사건 또는 부적합에 대해 시의적절하게 대응하고 적용 가능한 경우
  1) 사건 또는 부적합을 관리하고 시정하기 위한 조치를 취함
  2) 결과를 다룸
b) 사건 또는 부적합이 재발하거나 다른 곳에서 발생하지 않도록 사건 또는 부적합의 근본 원인을 제거하기 위한 시정조치의 필요성을 근로자의 참여(5.4 참조) 및 기타 관련 이해관계자의 참여로 다음 사항을 평가한다.
  1) 사건 조사 또는 부적합 검토
  2) 사건 또는 부적합 원인의 결정
  3) 유사한 사건이 발생했는지, 부적합이 존재하는지 또는 잠재적으로 발생할 수 있는지의 여부 결정
c) 안전 보건 리스크 및 기타 리스크에 대한 기존 평가 사항의 적절한 검토(6.1 참조)
d) 관리 단계(8.1.2 참조) 및 변경 관리(8.1.3 참조)에 따라 시정조치를 포함해서 필요한 모든 조치의 결정 및 실행

---

e) 새로운 또는 변경된 위험요인과 관련된 안전 보건 리스크를 조치하기 전에 평가

f) 시정조치를 포함한 모든 조치의 효과성 검토

g) 필요한 경우 안전보건경영시스템의 변경 실행

시정조치는 발생한 사건 또는 부적합의 영향이나 잠재적 영향에 적절하여야 한다.

조직은 다음 사항의 증거로 문서화된 정보를 보유하여야 한다.

– 사건 또는 부적합의 성질 및 취해진 모든 후속 조치

– 효과성을 포함하여 모든 조치와 시정조치의 결과

조직은 이 문서화된 정보를 관련된 근로자, 근로자 대표(있는 경우) 및 기타 관련 이해관계자와 의사소통하여야 한다.

• 비고 : 과도한 지연 없이 사건을 보고하고 조사하면 위험요인이 제거될 수 있고 연관된 안전 보건 리스크가 가능한 한 빨리 최소화될 수 있다.

[목적]

사건이나 부적합을 결정하여 관리하기 위한 프로세스를 구축 및 운용하여 사건이나 부적합이 발생하는 경우 근본 원인을 발굴하고, 해당 원인을 제거하여 재발하지 않게 하는 것이 목적이다.

[실무 가이드]

조직에서 발생하는 중대재해 등 산업재해, 기관, 단체의 개선, 시정 요구사항과 조직 요구사항의 불충족으로 발생한 부적합 등에 대한 시정, 재발 방지 대책에 대한 사정 조치를 철저히 이행하기 위한 프로세스 구축 방법과 그 이행에 대하여 설명한다.

1. 사건 및 부적합의 이해

1) 사건 : '용어와 정의'(3.35)에 따르면 상해 및 건강상 장해(3.18)를 초래하거나, 초래할 수 있는 작업으로부터 일어나는, 또는 작업 중에 발생한 것이다. 즉 상해 및 장해가 발생한 것과 상해 및 장해의 가능성이 있는 것이다. 아차사고를 포함하므로 조직의 중대한 아차사고를 정하여 시정조치하면 된다.

2) 부적합 : 부적합은 '용어와 정의'(3.34)에 따르며 요구사항의 불충족을 의미한다. ISO 45001 요구사항, 조직이 규정한 안전 보건경영시스템 요구사항, 법적 요구사항 및 기타 요구사항에 대한 불충족과 작업 절차를 준수하지 않는 경우 등을 말한다.

2. 시정조치 대상

1) 중대재해 및 산업재해

2) 법적 요구사항 및 기타 요구사항의 이탈

3) 행정 및 단체기관에서의 개선 및 시정 요구사항

4) ISO 45001 표준 요구사항의 충족하지 않은 사항

5) 조직이 규정한 안전보건경영시스템을 만족하지 못하는 사항

6) 안전 보건 목표 등 성과를 달성하지 못한 사항

7) 근로자의 불만 등 조직이 필요한 사항

8) 작업 절차가 지켜지지 않은 사항

3. 프로세스 구축 운용하기

조직은 사고(보고, 조사 및 조치 포함) 및 부적합을 결정하고 관리하기 위한 프로세스를 수립 및 실행, 유지해야 한다. 이 프로세스는 사건, 부적합의 시정조치에 대해 사건 조사 및 시정조치 프로세스와 부적합 처리 프로세스로 각각 수립하거나 단일 프로세스로 결합될 수 있다. 이것을 별도의 프로세스로 나누면 다음과 같다.

1) 사건 조사 및 시정조치 프로세스

이 프로세스는 많은 조직에서 사건 조사 및 처리 규정이나 재해 및 사고 처리 지침 등 다양한 형태로 재해 발생 방지를 위한 기준이 규정되어 있다. 본문 요구사항 10.2 a)~g)에 대해 정리하면 다음과 같다.

(1) 사건 발생 신고 및 긴급 처리(10.2 a))

사고가 발생할 경우 피해자 구출 및 병원 후송 등 응급조치, 관리자 통보 및 행정기관 통보, 작업 정지 및 2차 확산 방지, 현장 보존 등 적시에 긴급 조치한다. 중대재해가 발생했을 경우에는 지체 없이 고용노동부 등 관련행정기관에 즉시 통보한다.

(2) 사건 근본 원인 조사(10.2 b))

재해의 발생 프로세스 및 사실을 조사하고, 근로자의 의견을 청취하며, 현재의 안전 보건 조치사항의 적절성, 충족성, 효과성을 검토한다.

(a) 사건이 발생한 상황은 6하원칙에 의거하여 보고한다.

(b) 관련 부서는 어떤 작업에서 불안전 행동이나 상태는 없는지 등에 대해 사고가 발생한 원인을 조사하여 근본 원인을 명확히 파악한다.

(c) 원인 조사는 직접 원인과 그 배경인 근본 원인을 파악 및 조사한다.

(d) 원인 조사 시 과거에 동일하거나 유사한 사건을 포함하여 잠재적으로 발생할 수 있는지를 조사한다

(e) 원인 분석 기법은 5WHY 분석, 4M 분석 등 효과적인 방법을 채택하면 된다.

(f) 중대재해인 경우 산업안전보건법 제54조(중대재해 발생 시 사업주 조치) 및 제56조(중대재해의 원인 조사 등)에 따라 처리한다.

(3) 기존 안전 보건 리스크 및 기타 리스크 평가(10.2 c))

적절한 경우 안전 보건 리스크 및 기타 리스크의 기존 평가를 검토하고, 리스크가 과소평가되는 경우 안전 보건 리스크 감소 대책이 적절하지 않을 가능성이 있다.

(4) 재발 방지 대책(10.2 d), e))

재발 방지 대책은 관리 단계의 우선순위(8.1.2) 및 변경 관리에 따라 시정조치를 포함한 필요한 대책을 결정하여 실행한다. 그리고 대책 실행 전에 신규 또는 변경된 유해, 위험요인에 관련된 새로운 안전 보건 리스크가 발생하는지 안전 보건 리스크 평가를 실행한다. 기존의 리스크보다 크다고 판단되면 해당 대책을 실시하지 않고 다른 대책 및 방법을 검토한다.

(5) 효과성 검토(10.2 f))

대책 실행 후 안전 보건 리스크를 재평가하고 시정조치를 포함한 모든 조치의 효과성을 검토하여 실행된 시정조치가 근본 원인을 적절하게 제거, 관리하고 있는가에 대해 문서 및 기록과 현장 상황 확인, 근로자의 의견 청취 등으로 확인하고 중요도를 고려하여 안전 순회 점검 등을 통하여 중장기적으로 확인할 필요가 있다.

(6) 사후 관리(10.2 g))

1) 적절한 경우 리스크 평가 기준 수정 등 안전보건경영시스템을 변경한다.

2) 사고의 근본 원인 및 재발 방지 대책에 대해 관계자에게 의사소통한다.

2) 부적합의 시정조치 프로세스

부적합을 규명하고 관리하기 위해 시정조치 프로세스를 수립 및 실행, 유지하고 시정과 부적합의 재발 방지를 보장하기 위한 시정조치와 관련된 요구사항을 규정해야 한다.

(1) 시정 : 발견된 부적합 사항을 제거하기 위한 응급적인 조치로서 해당 현상의 문제만 대처하여 원래의 상태로 되돌리는 것이다.

(2) 시정조치 : 부적합의 근본 원인을 제거하고 재발 방지를 위한 조치로서 부적합의 근본 원인을 파악하여 제거해서 재발을 방지하기 위한 활동을 의미한다.

본문 요구사항 10.2 a)~g)에 대해 정리하면 다음과 같다.

(a) 부적합의 시정(10.2 a))

부적합에 시의적절하게 대응하여 현상을 제거하기 위한 응급조치를 취하고, 문제가 확대되지 않도록 임시조치를 강구하는 것이다.

(b) 부적합 원인 조사(10.2 b))

부적합 원인을 조사하여 다음의 사항을 통해 근본 원인을 추구하고 파악한다.

가) 부적합의 내용, 부적합 크기 및 범위 등 부적합을 검토한다.

나) 부적합의 근본 원인 분석은 5WHY 기법 및 4M 분석을 활용하여 논리적 사고 및 사실에 근거한 과학적 접근을 한다.

다) 유사한 부적합의 존재 여부 또는 잠재적으로 발생할 가능성이 있는지의 여부를 조사한다.

(c) 기존 리스크 평가의 검토(10.2 c))

적절한 경우 안전 보건 리스크 및 기타 리스크에 해당되는 부적합이 발생했을 때 기존 리스크 평가를 검토한다.

(d), (e) 재발 방지 대책(10.2 d), e))

재발 방지 대책은 근본 원인을 제거하는 시정조치를 포함해서 필요한 모든 조치를 결정하여 실행하고, 시정조치가 변경 관리(8.1.3)에 해당하는 경우 필요한 조치를 취한다.

(e) 시정조치 효과성 검토(10.2 f))

재발 대책 실행 후 시정조치를 포함한 모든 조치의 효과를 검토하여 실행된 시정조치가 근본 원인을 적절하게 관리하고 있는가를 문서화 정보 및 현장 확인할 필요가 있다.

(f) 변경 관리(10.2 g))

필요한 경우 시정조치가 안전보건경영시스템을 변경하는 경우도 있다. 절차서 및 지침서 등 변경이나 추가가 필요할 때 해당 안전보건경영시스템의 문서를 변경한다.

4. 문서화된 정보 보유하기

조직은 사건 또는 부적합의 성격 및 취해진 후속 조치와 조치의 효과성을 포함한 모든 대책 및 시정조치 결과를 문서화된 정보로 보유해야 한다. 이러한 정보는 관련된 근로자나 근로자의 대표 및 이해관계자와 의사소통해야 한다.

사건 조사 및 부적합 검토를 위해 별도의 프로세스가 존재해도 되고 조직의 요구사항에 따라서 단일 프로세스로 결합해도 된다. 사건, 부적합 및 시정조치의 예로 다음 사항이 포함될 수 있지만, 이에 국한되지는 않는다.

a) 사건 : 부상을 수반하거나 수반하지 않는 같은 수준의 추락, 부러진 다리, 석면폐증, 청력 상실, 안전 보건 리스크를 초래할 수 있는 건물 또는 차량 피해
b) 부적합 : 보호 장비가 적절하게 기능하지 않음, 법적 요구사항 및 기타 요구사항 충족 실패, 또는 지시한 절차를 따르지 않음
c) 시정조치(위험 감소 대책의 우선순위는 8.1.2)
  • 위험요인 제거, 불안전한 재료를 안전한 것으로 대체, 장치 또는 도구의 설계 또는 수정, 절차 개발, 영향을 받는 근로자의 역량 개선, 사용 빈도 변경 또는 개인보호구를 사용한다.
  • 근본 원인 분석은 무엇이 일어났고, 어떻게, 그리고 왜 일어났는지를 물어서 그것이 반복해서 발생하는 것을 위해 무엇을 할 수 있는지에 대해 조언하기 위해 사건 또는 부적합과 관련된 가능한 모든 요인을 탐색하는 관행을 나타낸다.
  • 사건 또는 부적합의 근본 원인을 결정할 때 조직은 분석하는 사건 또는 부적합의 본질에 적절한 방법을 사용하여야 할 것이다. 근본 원인 분석의 초점은 예방이다.

이 분석으로 의사소통, 역량, 피로, 장치 또는 절차와 관련된 요인을 포함하여 다양한 시스템 실패를 확인할 수 있다. 시정조치의 효과성 검토(10.2 f))는 실행된 시정조치가 근본 원인을 적절하게 통제하는 정도를 나타낸다.

관련 법령

중대재해법 제4조(사업주와 경영책임자 등의 안전 및 보건 확보 의무)
사업주 또는 경영책임자 등은 사업주나 법인 또는 기관이 실질적으로 지배 및 운영 관리하는 사업 또는 사업장에서 종사자의 안전 보건상 유해 또는 위험을 방지하기 위해 그 사업 또는 사업장의 특성 및 규모 등을 고려하여 다음 각 호에 따른 조치를 취해야 한다.

• 재해 발생 시 재발 방지 대책의 수립 및 그 이행에 대한 조치
• 중앙행정기관, 지방자치단체가 관계 법령에 따라 개선, 시정 등을 명한 사항의 이행에 대한 조치

10.3 지속적 개선

안전보건경영시스템의 적절성, 충족성, 유효성을 지속적으로 개선할 것을 요구하고 있다.

조직은 다음 사항에 따라 안전보건경영시스템의 적절성, 충족성 및 효과성을 지속적으로 개선하여야 한다.

a) 안전 보건 성과 향상
b) 안전보건경영시스템을 지원하는 문화 촉진
c) 안전보건경영시스템의 지속적 개선을 위한 조치의 실행에 근로자 참여 촉진
d) 지속적 개선의 관련 결과를 근로자 및 근로자 대표(있는 경우)와 의사소통
e) 지속적 개선의 증거로 문서화된 정보를 유지 및 보유

[목적]

안전보건경영시스템의 적절성, 충족성, 효과성을 지속적으로 개선하여 안전 보건을 확보할 수 있도록 활동을 유지하는 것이 목적이다.

[실무 가이드]

조직은 안전 보건 성과를 향상하기 위해 프로세스, 시스템에 관한 사항 등에 대해 지속적 개선을 통하여 산업재해 방지 및 법규 준수 향상 등 시스템의 적절성, 충족성 및 효과성을 개선해야 한다.

1. 지속적 개선이란

개선에는 시정, 시정조치, 지속적 개선, 현상을 타파하는 변혁, 혁신 등이 포함된다. 지속적 개선은 '용어의 정의'(3.27)에 의하면 성과를 향상시키기 위해 반복하는 활동이라고 정의되어 있다. 즉 안전 보건 성과를 개선하기 위한 반복하는 활동이다. 지속적 개선의 대상은 프로세스, 절차, 서비스 등 안전보건경영시스템에 대한 모든 사항이 해당된다. ISO 45001 부속서 A.10.3에는 지속적 개선 과제의 예가 제시되어 있다. 이 과제의 내용은 경영자, 관리자 및 현장 근로자 등 모든 계층이 개선에 참여하여 전개할 필요가 있다.

성과 평가, 내부 심사 및 경영 검토의 좋은 사례를 다른 부서나 다른 공장에 수평 전개하는 것도 지속적인 개선책이다. 이것을 조합하여 안전 보건 성과를 더욱 향상시켜서 중대재해를 포함한 산업재해 방지와 안전하고 건강한 작업장을 구축하는 것이다. 더욱이 '비고 1'에는 안전 보건 성과 향상을 위해 안전보건경영시스템의 활용과 관련이 있다고 정의되어 있으므로 안전보건경영시스템을 이용해야 한다.

2. 안전보건경영시스템의 적절성, 충족성, 효과성이란

안전보건경영시스템의 적절성, 충족성, 효과성을 지속적으로 개선할 것을 요구하고 있다. 여기서 적절성은 목적에 적합한가, 충족성은 적절하게 실행되는가, 효과성은 안전보건경영시스템의 구축 및 운용 결과가 기대한 결과를 달성되는가를 의미한다. 이들은 목표의 달성 정도, 내부 심사 경영 검토 등으로부터 파악할 수 있다.

3. 지속적 개선의 추진 방법

안전보건경영시스템이 어떻게 지속적으로 개선할 것인가, 안전 보건 성과 향상, 안전 문화의 증진, 근로자의 참여 등을 통해 무엇을 개선 과제 및 목표로 할 것인가에 대한 지속적 개선 계획을 수립하여 최고경영자와 의사소통하는 것이 필요하다.

4. 지속적 개선 관련 요구사항

지속적 개선을 지원 및 촉진하는 관련 요구사항은 다음과 같다.

1) 6.1(리스크와 기회를 다루는 조치)
2) 6.2(안전 보건 목표와 목표 달성 기획)
3) 9.1(모니터링, 측정, 분석 및 성과 평가)
4) 9.2(내부 심사)
5) 9.3(경영 검토)

5. 본문 b) 안전보건경영시스템을 지원하는 문화촉진이란

안전 문화는 안전을 유지하여 가기 위한 풍토 기반이며 이는 최고경영자의 리더십과 의지 표명이 없으면 조성할 수 없다. 그리고 안전 문화를 촉진함으로써 안전보건경영시스템이 지속적으로 개선되는 것이다. 이러한 안전 문화를 구축하려면 본문 c), d) 항목의 근로자 참여가 절대적으로 필요하다.

6. 근로자의 참여 및 의사소통

본문 c) 및 d)는 지속적 개선을 추진하는 데 있어서 지속적인 개선 대책 및 실시에 근로자가 실질적으로 참여할 수 있는 여건을 조성하여 촉진한다. 그리고 개선 결과는 의사소통 프로세스에 따라 근로자에게 전달하고 공유하여야 한다.

7. 문서화된 정보 유지 및 보유

지속적인 개선 절차와 지속적인 개선 계획 및 결과에 대한 증거로서 문서화된 정보를 유지 및 보유한다.

부속서 A.10.3 지속적 개선

지속적 개선 주제의 예시는 다음 사항을 포함하지만 이에 국한되지 않는다.

a) 신기술
b) 조직 내부 및 외부 모두에 관한 우수 사례
c) 이해관계자의 제안 및 권고
d) 안전 보건과 관련된 이슈에 대한 새로운 지식과 이해
e) 새로운 재료 또는 개선된 재료
f) 근로자 능력 또는 역량 변화
g) 더 적은 자원으로 개선된 성과 달성(즉 단순화, 능률화 등)

제3장
ISO 45001
도입 및 구축의
기반 관리

개요 0.3 성공 요인에는, 안전보건경영시스템의 성공은 조직의 모든 계층 및 기능에서 리더십, 의지 표명 및 참여에 달려있다고 기술되어 있다. 부속서 A.5.1에도 안전보건경영시스템이 성공하려면 최고경영자가 인식, 책임성, 적극적인 지원 및 피드백과 리더십 및 의지 표명은 불가결하고 최고경영자는 개인적으로 관여하거나 지시하는 특정 책임을 기술하고 있다. 사업주 및 경영책임자 등이 안전 및 보건 확보 의무를 규정한 중대재해법과 산업안전보건법의 사업주 의무를 비교하면 [표 3-1]과 같다.

[표 3-1] 사업주의법 조항

중대재해법	산업안전보건법
제4조(사업주와 경영책임자 등의 안전 및 보건 확보 의무) ① 사업주 또는 경영책임자 등은 사업이나 법인 또는 기관이 실질적으로 지배 및 운영 관리하는 사업 또는 사업장에서 종사자의 안전 보건상 유해 또는 위험을 방지하기 위해 그 사업 또는 사업장의 특성 및 규모 등을 고려하여 다음 각 호에 따른 조치를 취해야 한다. 1. 재해 예방에 필요한 인력 및 예산 등 안전 보건 관리체제 조치 2. 재해 발생 시 재발 방지 대책의 수립 및 그 이행에 대한 조치 3. 중앙행정기관, 지방자치단체가 관계 법령에 따라 개선, 시정 등을 명한 사항의 이행에 대한 조치 4. 안전보건관계법령에 따른 의무 이행에 필요한 관리상의 조치	제5조(사업주 등의 의무) ① 사업주(제77조에 따른 특수 형태 근로 종사자로부터 노무를 제공받는 자와 제78조에 따른 물건의 수거, 배달 등을 중개하는 자를 포함한다. 이하 이 조 및 제6조에서 같다.)는 다음 각 호의 사항을 이행해서 근로자(제77조에 따른 특수 형태 근로 종사자와 제78조에 따른 물건의 수거, 배달 등을 하는 사람을 포함한다. 이하 이 조 및 제6조에서 같다.)의 안전 및 건강을 유지 및 증진시키고 국가의 산업재해 예방 정책을 따라야 한다. 1. 이 법과 이 법에 따른 명령으로 정하는 산업재해 예방을 위한 기준 2. 근로자의 신체적 피로와 정신적 스트레스 등을 줄일 수 있는 쾌적한 작업 환경의 조성 및 근로 조건 개선 3. 해당 사업장의 안전 및 보건에 대한 정보를 근로자에게 제공

최고경영자는 안전 보건 경영철학을 바탕으로 스스로가 근로자의 작업에 관계되는 사망이나 부상 및 질병을 방지해야 한다. 그리고 안전하고 건강한 작업장을 제공하기 위한 책임과 의무를 가지고 안전보건경영시스템을 도입할 것을 천명해야 한다. 또한 근로자에게 전달하여 협의하고 각종 의사 결정에 참가하는 분위기를 조성하여 전원 참여시키는 것이 무엇보다도 중요하다. 아울러 계약자와 조직의 이해관계자에게 전달하여 협력을 요청하는 것도 필요하다.

최고경영자는 안전 보건 방침을 공표하고 안전 보건 목표 및 계획을 수립, 이행, 성과 평가, 개선하는 안전보건경영시스템을 사업과 일체화할 수 있도록 통합된 안전 보건 관리체제를 구축하여 그 이행에 대한 확고한 결의와 깊은 관심을 가지는 자세가 요구된다. 아울러 안전 보건 활동을 실질적이고 체계적으로 전담할 조직체제를 구성하면서 예산과 인력 등 필요한 자원도 확보하여 전폭적인 운영 지원을 아끼지 말아야 한다. 최고경영자의 책임 및 권한에 관련된 ISO 45001 관련 요구사항은 다음과 같다.

5.1 리더십과 의지 표명
5.2 안전 보건 방침
5.3 조직의 역할, 책임 및 권한
9.3 경영 검토

ISO 45001의 5절 5.1(리더십과 의지 표명)에서 최고경영자에 대한 요구사항 책무 8개 항목과 보장해야 할 5개 항목을 이해하고 실천하는 것만이 안전보건경영시스템의 성공의 열쇠이다. 이러한 13항목을 구체적으로 만족하기 위해 경영자가 리더십을 발휘하여 다음과 같은 역할을 실천하는 것이 중요하다.

1) 최고경영자가 안전 보건을 최우선 핵심 가치로 인식한 후 안전 보건에 대해서 모든 책임을 가지고 실천하는 결의를 표명해야 한다. 그리고 스스로 현장의 실태를 수시로 파악하고 관리해야 한다.
2) 중대재해법, 산업안전보건법, 안전보건관계법령 등 법규준수관리시스템을 구축하고 법규 이행에 필요한 관리상의 조치를 취한다.
3) 안전 보건 방침을 표명하고 안전 보건 방침과 목표는 조직의 전략적 방향성과 괴리가 없어야 한다. 또한 안전 보건 방침을 실현하기 위한 구체적인 안전 보건 목표를 수립해야 한다.
4) 안전 보건 운용에 대한 조직의 역할과 책임 권한을 명확하게 하여 확실하게 실천할 수 있도록 조직체제를 정비하고 이에 대한 의무체계를 명확하게 한다.
5) ISO 45001 요구사항은 비즈니스 프로세스와 통합하여 일상 업무와 안전보건경영시스템의 운용을 일체화한다.
6) 안전보건경영시스템의 구축 및 이행에 필요한 조직, 인력 배치 및 물적 자원(기계 및 시설) 확보에 대한 예산을 편성하고 관리하여야 한다.
7) ISO 45001의 적합성, 안전 보건 중요성에 대해서 회의, 사내보, 인터넷 등 모든 매체를 통해 전달해야 한다.
8) 사업장의 안전 보건 조치사항의 개선 사항은 적극적으로 조치하고 지속적 개선을 추진한다.
9) 지속적인 개선의 추진을 전개하기 위해서 경영 검토를 확실하게 실시하여 필요한 경영 자원을 투자한다.

10) 안전보건경영시스템의 효과성을 스스로 이해하고 해당 효과가 발휘할 수 있도록 관리자를 후원하고, 근로자를 지도 및 지원한다.

11) 산업재해를 방지하여 안전하고 건강한 작업장이 당연하게 구축될 수 있도록 조직 풍토를 조성하고, 더 나아가 안전과 건강을 확보하는 안전 문화를 확립한다.

12) 근로자를 비롯한 관련자가 산업재해, 질병으로 이어지는 우려가 있는 사건, 유해·위험요인에 대하여 보고하는 경우 보고자에 대해서 불이익을 주어서는 안 된다.

13) 산업안전보건위원회 및 안전회의 등에 근로자가 자유롭게 참여하도록 장려하고 심의할 수 있게 배려하여 현장 의견을 안전보건경영시스템에 반영한다.

14) 재해 발생 시 응급 조치하고 추가 피해 방지, 재발 방지 대책 및 발생 보고에 대한 응급 구호 체계를 구축 및 관리한다.

15) 재해 예방의 기술적 조치 및 능력을 확보하고 그 이행 상황을 점검 및 확인한다.

16) 중대산업재해 등 급박한 위험의 경우 작업중지 등 대응 절차를 확립하고 정기적인 훈련 및 연습을 한다.

2 안전보건경영시스템 도입 및 추진

1. 도입 방법

안전보건경영시스템의 도입은 사업장에서의 리스크 최소화 및 감소를 도모하여 안전 보건상의 유해·위험을 방지하고, 지속 가능한 성장을 위한 안전하고 건강한 일터를 구축하여 근로자의 중대재해, 부상 및 건강상 장해를 사전에 예방하는 것이다. 안전보건경영시스템을 구축한 후 더 나아가 인증을 취득하여 실질적이고 효과적으로 운용하는 것이 중요하다. 그리고 안전 보건 수준을 개선시켜서 안전 문화를 구축하여 산업재해 발생의 확률이 현저히 저하되는 특징을 가지고 있다는 점을 올바르게 이해해야 한다. 이때 단기적인 관점이 아니라 중장기적인 관점에서 도입 및 운용할 필요가 있다.

이 경우 중대재해법 및 안전보건관계법령 등 법규 준수와 리스크 기반 사고를 바탕으로 리스크 감소의 자율적 안전보건경영시스템을 구축해야 한다. 이를 위해 법적 요구사항 및 기타 요구사항의 법규 준수에 대해서는 각 사업장의 상황 및 특성에 입각하여 실행이 가능한 것부터 시작하여 순차적으로 안전 보건 수준을 향상시켜 나가는 접근 방법이 현실적이라고 할 수 있다.

우선 안전 보건 업무의 경영진 선임, 추진 조직 및 각 조직의 역할과 책임 및 권한 등 조직체제와 의무를 명확하게 해야 한다. 그리고 기업 안전보건경영시스템의 추진체제의 확립과 동시에 스태프를 중심으로 초기에 현상 파악을 위한 조사를 실시한다.

도입 초기에는 안전보건관계법령, 사내 표준 등 문서화된 정보의 확보 현황 및 적용되는 안전보건관계법령의 이해 등 적용 여부를 파악해야 한다. 그리고 적용하려는 안전보건경영시스템 표준에서 정하고 있는 ISO4500 요구사항과의 일치성에 대한 조사를 실시한다. 그 동안 사업장에서 운영해 온 종래의 안전 보건 관리 활동 중에서 ISO4500의 요소가 이미 존재하고 있는 것을 이해한 후 안전보건경영시스템을 도입하려면 무엇이 부족하고 무엇을 해결할 것인지를 검토한다. 그 다음에는 최고경영자 및 경영진부터 관리자, 감독자, 근로자 및 이해관계자에게 중대재해법 및 안전보건관계법령의 중요성, 안전 보건의 의식 전환, ISO 45001 표준 이해에 대한 교육 등을 우선적으로 실시해야 한다.

ISO 45001의 골격은 안전 보건 방침, 안전 보건 목표 및 계획 수립, 운용, 성과 평가, 내부 심사, 경영 검토 및 개선이다. 안전보건경영시스템은 ISO 45001 골격을 기반으로 이를 관리하기 위한 제도와 방식을 정하여 PDCA 관리 사이클을 돌리면서 안전 보건상의 리스크를 지속적으로 개선해야 한다.

안전보건경영시스템의 도입과 운용은 지금까지의 사업장의 실태를 무시하고 도입하는 것은 수많은 문제를 초래할 수 있다. 예를 들어 안전보건경영시스템의 내용이 복잡해질 뿐만 아니라 시스템에 혼란이 발생할 수 있으므로 조직의 규모와 특정, 실태에 적합하게 도입하는 것이 매우 중요하다. 더불어 안전보건경영시스템은 안전 보건 관리 활동의 적합성, 충족성, 지속성, 효과성을 확실하게 하기 위해 안전보건경영시스템에 관련된 사내 표준(규정 · 절차서 및 지침서 등)을 제정 및 보완하는 문서화 체제를 확립해야 한다. 그 다음에는 안전보건경영시스템 도입에서 먼저 조직의 현상을 파악한 후 무엇을 어디까지 구현할 것인가에 대해 사전에 결정하는 것이 중요하다. 그러므로 안전보건경영시스템의 도입 단계에서 다음의 사항을 검토하는 것이 바람직하다.

1) 경영시스템의 적용 범위 결정하기

조직은 외부와 내부의 이슈, 근로자 및 기타 이해관계자의 니즈와 기대, 계획되거나 수행한 업무 및 작업 활동을 기초하여 조직의 안전보건경영시스템 적용 범위 결정을 고려한다. 그리고 조직이 통제하거나 조직의 영향 하에 있는 활동, 제품, 서비스에 대하여 물리적 경계(본사, 공장, 지점 등), 업무적 경계(설계 개발, 제조 및 서비스 등) 및 조직적 경계(조직 모든 부문)의 적용 가능성을 판단하여 결정한다.

건설 현장의 경우 임시 사업장의 위치에 관계없이 임시 사업장을 통제하는 조직의 안전보건경영시스템에 포함되어야 한다. 따라서 외부 이슈와 내부 이슈, 근로자 및 기타 이해관계자의 니즈와 기대 등을 반영하여 안전보건경영시스템의 적용 범위가 되는 전사, 사업장, 부문 및 활동을 결정한다. 대상이 되는 조직 안에 적용 제외의 대상 범위가 있는 경우 조직도에 명기한다.

2) 안전 보건 조직체제 파악하기

안전 보건에 관련된 조직 및 직무 상의 요구 조건을 포함한 현재의 조직체제 및 업무분장 상의 책임과 의무에 대하여 파악한다.

3) 법규 위반 여부 조사하기

안전 보건 관련 법적 요구사항 및 기타 요구사항 등 적용 법규 조사, 조직에 적용되는 안전 보건에 관련된 중대재해법 및 안전 보건 관련 법령, 기타 요구사항을 파악하여 주요 안전 보건 관련 법령, 안전관리규정 등을 위반하고 있는지를 초기에 조사해야 한다. 아울러 관계 법령 등에 대해 법규 준수의 위반 여부를 파악한다.

4) 현행 안전보건경영시스템에 관련된 문서화된 정보 파악하기

조직이 현행 운용하고 있는 안전보건경영시스템에 관련된 문서 및 기록에 대해 현행 안전 보건에 관련된 안전 보건 관련 규정, 절차서 및 지침류와 관행, 각종 안전 보건 자료 및 각종 기록류를 파악한다.

5) 이전 발생 산업재해 조사하기

조직이 이전에 발생한 사건 및 비상 상황 등 산업재해 사항을 조사하여 산업재해 사고의 유형과 발생 내용 및 원인을 분석하고 피드백 내용이 제대로 효과적인지를 파악한다.

6) 조직이 당면한 안전 보건 리스크 파악

조직이 현재 안전 보건 활동의 시스템 운용에 따라 조직이 안고 있는 외부 및 내부 이슈와 현장의 당면한 안전 보건 관련의 주요 이슈를 파악한다.

2. 안전보건경영시스템 도입 · 구축 및 운용상 고려 사항

1) 구축 시 고려 사항

안전보건경영시스템을 구축할 때는 다음의 사항을 고려해야 한다.

(1) 최고경영자의 안전 보건 경영에 대한 절대적인 의지와 실천이 기본이다.
(2) 사업주 또는 경영책임자 등이 안전 및 보건 확보 의무 사항을 실천한다.
(3) 사업주 및 경영책임자 등이 조직, 인력, 예산 등의 경영 자원에 대한 지원 기반이 필수 요소이다.
(4) 회사 경영의 실질적이고 체계적인 안전 보건 관리체제의 구축과 이행이 의무이다.
(5) 중대재해법 및 안전보건관계법령의 중요성에 대한 인식 제고가 필요하다.
(6) 안전 보건 전략 및 방침 설정과 중장기 및 단기 안전 보건 계획을 수립한다.
(7) 안전 보건 경영의 조직체제 확립과 안전 보건 업무의 역할과 의무를 분장한다.
(8) 전체 근로자의 법령 준수의 의무화와 준법 마인드의 고취가 요구된다.
(9) 전체 근로자의 안전 의식 고취와 전환 등 안전 보건 문화의 풍토 조성이 요구된다.
(10) 안전 보건 관련 조직은 전담 부서의 조직화와 안전 보건 전문가를 확보해야 한다.
(11) 관리자 및 근로자의 ISO 45001 요구사항의 이해를 위한 교육이 선행되어야 한다.

(12) 전체 조직원의 자율적인 참여 의식과 전사적인 분위기를 조성한다.

(13) 근로자의 협의 및 참여에 대한 다양한 방법을 개발하여 적극적인 관심을 갖게 한다.

(14) 조직에 적용되는 중대재해법 및 안전보건관계법령의 이해와 적용 부문의 의무를 명확히 한다.

2) 운용상 문제점

[표 3-2] 안전보건경영시스템 운용상 문제점

구분	내용
조직	• 안전 및 보건 확보를 위한 조직체제 및 전담 추진 인력이 없거나 부족하다. • 조직체제 상 안전 보건 직무의 책임과 권한 사항이 명확하지 않다. • 경영층의 안전보건경영시스템에 대한 관심과 지원이 부족하다.
의식	• 안전 보건의 개선 의식이 낮고 안전 보건 활동은 이벤트화되고 있다. • 근로자 및 현장 감독자 등 조직 구성원의 참여 의식이 미흡하다. • 안전 의식 부족 및 안전불감증으로 재해의 유해 · 위험요인이 노출된다.
법규 준수	• 각종 법적 점검, 작업 계획, 작업 책임자 등의 법적 요구사항이 있지만, 효과적으로 실시되고 있지 않다. • 작업 안전수칙과 작업 절차의 미준수 및 작업 부주의와 개인 보호구 미착용이 자주 발생한다. • 현장에 적용되는 법규의 이해가 부족하다.
시스템 및 문서화	• 작업 절차서가 작성되어 있지만, 실제 작업과 괴리가 있고 안전 절차가 명확하게 식별되지 않고 있다. • 형식적인 문서화 구축과 전반적인 일상의 기록이 미흡하다. • 안전보건경영시스템이 수립되어 있지 않거나 최적화가 미비하여 시스템이 올바르게 이행되지 않는다. • 도급 및 용역 등 외주화 작업의 안전 보건 관리체제가 미흡하다.
리스크 평가	• 위험성 평가는 현장을 중시한 평가가 미흡하여 활용하는 것이 낮고 위험성 평가 기록만 있으면 된다고 생각한다. • 위험성 평가를 실시했어도 파악되지 않은 유해 · 위험요인에서 재해가 발생한다.
기술 및 개선	• 설비 특성별 사고 유형 조사와 재발 대책이 미흡하고 동종 업종 유사 · 동종 사고 사례 분석 및 활용이 미흡하다. • 실질적인 교육이 부족하고 전문 지식과 기술 및 개인 대응 역량이 부족하다. • 업종 및 설비별 특성을 고려한 설비 및 공정 개선이 미흡하다. • 작업자는 운전 및 다루는 설비의 작동 원리에 대한 이해가 부족하다.

3. 전사적 안전 보건 조직체제 구축하기

최고경영자는 안전보건경영시스템을 지속적이고 효과적으로 운용하려면 안전보건경영시스템에 관련된 추진체제와 중대재해법 및 산업안전보건법령에 대해 의무화되어 있는 안전 보건 조직체제를 정비하여 전사적인 안전 보건 조직체제를 구축해야 한다. 그리고 해당 역할과 책임 권한을 규정하여 의무체계를 명확히 하는 것이 절대적으로 필요하다.

사업장에서는 먼저 중대재해법 및 산업안전보건법령에 규정하고 있는 안전 보건체제를 이해하고, 필요한 안전 보건 관계자를 적절하게 배치하는 것이 필요하다. 그리고 조직체제가 확립되면 시스템 주관 부서는 전사적 안전 보건 계획 및 운용과 인증 취득에 대한 계획을 수립해야 한다

1) 조직의 역할 및 책임, 의무

ISO 45001 조항 5.3(조직의 역할, 책임 및 권한)에서 안전보건경영시스템에 해당 역할 및 책임과 권한을 강조하고 있다. 최고경영자가 조직에서의 책임과 권한을 어떻게 정하고 배분하는가에 따라 안전보건경영시스템의 성공적인 수립·실행·유지에 크게 좌우된다. 따라서 안전보건경영시스템을 포함한 전반적인 대한 안전 보건 업무를 담당할 경영진을 선임하여 의무와 권한을 부여하고, 안전 보건 업무의 주관 부서의 조직화와 전담 요원을 확보하는 것이 매우 중요하다. 또한 조직의 부문 및 단위 조직별 업무분장과 의무 사항을 명확하게 하여 이에 대한 충분한 책임 및 의무, 역량을 확보해야 한다. 아울러 관련 관계자의 책임을 명확하게 규정하고 안전보건경영시스템의 효과적인 실행과 성과를 책임져야 한다.

전반적인 안전보건경영시스템을 지원하는 차원에서 전 계층의 근로자가 그들에게 주어진 역할과 책임 범위를 규정하고 문서화하여 안전 보건의 책임과 안전 보건 성과를 주기적으로 검토하는 것이 바람직하다. 안전보건경영시스템에 관련된 역할 및 의무를 책임지는 조직 부문이나 전담 담당자는 다음과 같이 예상되며, 이들의 의무·책임과 권한을 정비하여 명확하게 해야 한다.

(1) 중대재해법에 의한 사업주 또는 경영책임자 등
(2) 안전보건경영시스템의 추진에 따른 시스템 주관 부서 및 전담 인원
(3) 조직 부문별 및 조직별 시스템 관리자
(4) 산업안전보건법에 관련된 법적인 직무를 가진 조직 및 인원(안전 보건 관리 책임자, 안전관리자, 보건관리자, 산업안전보건위원회 등)
(5) 안전보건경영시스템의 내부 심사 책임자나 심사원
(6) 산업안전보건법령, 규제 요구사항의 관리 부문과 준수 평가자
(7) 리스크 관리의 주관 부서나 리스크 평가에 관련된 요원
(8) 기타 역량 요건의 관리나 교육 훈련에 대한 담당 부문

2) 안전보건경영시스템의 추진 조직체제

최고경영자는 안전보건경영시스템의 수립, 추진, 유지, 성과 보고를 담당할 안전보건시스템의

추진 조직을 정해야 한다. 그리고 안전보건경영시스템의 구축과 실행을 총괄할 시스템 관리 책임자를 지정하는 한편, 도입 초기에는 각 부문의 업무에 정통한 직원으로 태스크포스(TF) 조직을 구성하고 효율적으로 운용하는 것이 조기 구축하는 데 매우 효과적이다. 특히 안전 보건 관리 책임자 등은 ISO 45001 조항 5.3(조직의 역할, 책임 및 권한)에 명시된 다음의 책임 및 권한을 부여하는 것이 중요하다.

(1) 안전보건경영시스템이 이 표준의 요구사항의 적합함을 보장한다.
(2) 안전보건경영시스템의 성과를 최고경영자에게 보고한다.

추진 조직의 역할과 의무, 책임 및 권한에 대한 업무는 [표 3-3]과 같다.

[표 3-3] 추진 조직의 역할과 책임 및 권한

구분	기능 및 역할
시스템 주관 부서	• 현행 안전보건체계 검토 및 안전보건경영시스템 도입 준비 • 안전보건경영시스템의 리스크와 기회의 대응 계획 수립 및 실시 • 위험성 평가 및 위험성 감소 대책의 운용 • 안전 보건 목표 및 안전 보건 계획의 수립 · 운용 • 문서화 작업의 주관 및 문서화 정보의 관리 • 안전 보건 성과 측정과 분석 및 정기적 보고 • 안전 보건 교육 계획 수립 및 유지 관리 • 내부 심사 계획의 수립 · 운용 • 경영 검토의 자료 정리 및 보고 • 안전보건경영시스템의 시정조치 및 지속적 개선 • 인증 계획 수립 및 일정 관리
TF팀 구성	• 해당 조직의 프로세스 수립 및 구축 지원 • 해당 조직의 관련 문서화 정보 작업 지원 • 주관 부서와 부서 간의 의사소통 • 안전보건경영시스템 업무의 적합성 검증 및 조정
각 부서	• 프로세스 수립과 문서화 작업 및 절차에 따른 업무 수행 • 해당 부서의 유해 및 위험 파악과 위험성 평가 • 위험성 감소 대책 수립 및 실행
산업안전보건위원회	안전보건경영시스템 도입 운용의 중요 사항 심의 의결

3) 안전보건시스템 운용 부서의 권한 부여

최고경영자는 안전보건부서에 안전 보건 직무에 대한 해당 역할과 권한을 부여한다. 이 경우 해당 권한을 행사하는 데 적합한 안전 보건 스태프가 배치되는 조직도 있지만, 반대로 안전보건부서에 거의 권한이 부여되지 않고 산업재해 처리 등의 사무 업무만 담당하는 조직도 있다. 과거에 큰 산업재해가 발생한 조직 및 유해 · 위험한 작업을 실행하는 업종의 안전보건부서는 조직에서 높은 위상과 권한이 부여되어 있는 경우가 많다. 그러나 과거에 큰 산업재해가 발생하지 않았어도 안전보건부서의 권한 강화와 안전 보건 스태프의 전문성 강화는 반드시 필요하다. 그리고 최고경영자는 보다 안전하고, 보다 건강하며, 쾌적한 사업장의 조성을 위해 필요한 예산 확보와 인력 배치에 책임감과 의지를 갖고 적극 지원해야 한다.

4) 안전보건관련법령에 의한 안전 보건 관리체제

조직의 안전 보건 관리체제는 조직의 규모 및 업종에 따라 약간 다르지만, 산업안전보건법 제2장 제1절 안전 보건 관리체제에 규정된 이사회 보고 및 승인(제14조), 안전 보건 책임자(제15조), 관리감독자(제16조), 안전관리자(제17조), 보건관리자(제18조), 안전 보건 관리 담당자(제19조), 산업 보건의(제22조), 안전 보건 총괄 책임자(제62조) 등의 선임과 제2절에 산업안전보건위원회 설치(제24조), 그리고 제2절 안전보건관리규정에 안전보건관리규정 작성(제2장 제25조)에 필요한 조직 인원을 명시하여 운용하도록 의무가 부과되어 있다. 따라서 사업주는 기업 경영에서 안전 보건 관리는 법적으로 필수 요소이므로 안전보건법상 안전 보건 관리체제를 구축하고 운용할 의무가 있다.

구체적으로 말해서 사업주는 안전 보건 관리체제를 구축하여 더욱 효과적으로 운용될 수 있도록 여건을 조성할 의무가 있다. 결국 사업주에게는 법령에 규정되어 있는 구체적인 안전 조치 및 보건 조치를 취해야 할 법적 의무 외에도 개별 사업장의 실정과 특성에 적합한 자율적 안전 보건 활동을 할 의무가 부과된 것이다.

중대재해법 및 산업안전보건법령에 규정된 안전 보건 관리체제는 사업주 및 경영책임자 등에게 안전 보건 관리체제를 실질적으로 구축 및 이행할 의무가 있음을 규정한 것이라고 보아야 한다. 따라서 사업주는 안전 보건 관계자를 단순히 선임 및 지정하는 것만이 산업안전보건법상의 의무라고 생각해서는 안 된다. 그리고 이들이 해당 업무를 충실히 실천할 수 있도록 환경 여건을 조성하고 지도 및 관리하는 일도 중대재해법 및 산업안전보건법에서 사업주에게 요구하는 의무임을 명확하게 인식해야 한다.

5) 관련 부서의 역할

사업장의 안전 보건 활동은 생산 부서나 작업 현장의 근로자만 관련을 갖는 것은 아니다. 설계·자재·관리·공무 부서를 비롯하여 지원 부서를 포함한 모든 부서가 스스로의 안전과 보건에 관심을 갖는 한편, 각각의 임무를 통해 사업장의 근로자들의 안전 및 보건 확보를 위해 어떤 역할과 의무를 해야 하는지를 충분히 고려해야 한다. 예를 들면 설계 담당자도 해당 설계 프로세스를 통해 제조물을 제조하는 근로자의 안전 보건, 사용자의 안전 보건을 충분히 감안하여 자신의 설계 활동 중에서 근로자와 사용자의 안전과 보건 확보를 위해 무엇을 고려할 것인지를 판단하고 실천해야 한다.

4. 안전보건경영시스템 설계 및 구축

1) 조직에 적합한 안전보건경영시스템 설계하기

ISO 45001은 PDCA 사이클을 돌려서 지속적으로 개선하고, 의도한 결과를 달성하기 위한 안전보건경영시스템의 구축과 이행에 대해서 요구하고 있다. 경영시스템 구축의 상세화나 이행의 정도에 대해서는 언급하지 않으며, 조직은 4.4에서 필요한 프로세스 및 그들의 상호작용을 포함한 안전보건경영시스템 구축을 요구하고 있다. 구축의 상세화와 이행의 정도를 어디까지 실시할 것인지 검토할 때 외부 이슈 및 내부 이슈, 근로자 및 기타 이해관계자의 니즈와 기대 등을 근거로 하는 것 외에 조직의 안전보건경영시스템을 활용하는 목적이나 조직의 규모, 업종에 따라 안전 보건 리스크의 정도, 지금까지의 안전 보건 운용 실태 등을 입각하여 안전보건경영시스템을 설계하고 더불어 비즈니스 프로세스와 통합하는 것이 바람직하다.

2) 비즈니스 프로세스와 통합된 안전보건경영시스템 구축하기

ISO 45001 표준은 개요 0.3 성공 요인의 하나로 안전보건경영시스템이 조직의 비즈니스 프로세스와 통합을 제시하고 있다. 안전보건경영시스템은 필요한 프로세스 및 해당 프로세스의 상호작용을 포함한 프로세스를 구축할 때 조직의 비즈니스 프로세스와의 통합할 것을 요구하고 있다.

조직은 목적을 달성하기 위해 경영 관리 프로세스, 영업 관리 프로세스, 제조 관리 프로세스, 구매 관리 프로세스 등의 여러 가지 프로세스의 운용을 통해 일상 업무를 수행하고 있는데, 이러한 조직의 업무를 '비즈니스(사업) 프로세스'라고 한다. 프로세스 대상은 4.4(안전보건경영시스템)에서 제시한 열네 가지 항목으로, 프로세스를 구축하고 상황에 따라 필요한 프로세스는 조직이 결정하여 수립하면 된다.

ISO 45001은 비즈니스 프로세스와의 통합을 요구하고 있는데, 이러한 요구사항은 [표 3-4]를 참고한다. 그리고 ISO 45001 부속서 A.4.4에 의하면 다양한 비즈니스 프로세스(예 설계 및 개발, 조달, 인적 자원, 영업 및 마케팅 등)에 안전보건경영시스템 요구사항의 통합을 요구하고 있다.

[표 3-4] ISO 45001 비즈니스 프로세스의 통합에 언급된 대상

대상 구분	요구사항
5.1	안전보건경영시스템 요구사항이 조직의 비즈니스 프로세스와 통합됨을 보장
6.1.4	조치를 안전보건경영시스템 프로세스 또는 기타 비즈니스 프로세스에 통합하고 실행
6.2.2	안전 보건 목표 달성을 위한 조치를 조직의 비즈니스 프로세스에 어떻게 통합시킬 것인가?
9.3	안전보건경영시스템과 다른 비즈니스 프로세스와의 통합을 개선하는 기회

ISO 45001 요구사항에 충족시키기 위해 기존의 업무와는 별도로 새로운 활동을 추가하여 수행하면 이중체제가 되어 안전보건경영시스템 운용의 형식화가 된다. 그러므로 ISO 45001 요구사항은 일상 업무의 어느 부문에서 실행할 것인지를 명확하게 하여 추가하고 실행하면 된다. 예를 들면 8.1(운용 기획 및 관리)에는 6.1.4에서 결정된 조치 기획을 실행하기 위해 필요한 프로세스를 계획, 실행, 관리해야 한다. 여기서 필요한 프로세스는 6.1에서 결정한 리스크와 기회의 조치하기 위한 활동을 의미한다.

이 프로세스의 통합 의도는 비즈니스 프로세스에 추가하여 일체화하고 일상적으로 운용하도록 하는 것이다. 또한 ISO 45001 표준에서 규정한 요구사항(프로세스 및 문서)은 비즈니스 프로세스와 통합을 고려하면서 비즈니스 프로세스의 관련 조직을 적절한 시점에 참여시켜서 매뉴얼·규정류(절차서) 및 지침서 등 작성을 추진하는 것이 바람직하다.

ISO 9001 및 ISO 14001 등의 다른 경영시스템 표준 간의 일치성을 확보하여 조직의 업무 활동에 실행할 수 있도록 하는 것은 매우 중요하다. 이것은 경영시스템이 동일하거나 유사한 시스템 요소 간의 상충과 충돌을 방지하여 조직의 낭비를 줄이게 한다. 이렇게 경영 및 업무의 효율성을 제고함으로써 조직의 역량을 최대한 발휘할 수 있도록 경영시스템의 통합을 적극적으로 추진해야 한다.

3) 비즈니스 프로세스의 통합 방법

ISO 45001 요구사항 중 비즈니스 프로세스에 통합하는 방법은 다음 단계로 실시한다.

(1) 스텝 1 : 최고경영자는 통합 경영시스템의 구축 방향을 설정한다

경영시스템에 안전보건경영시스템을 왜 통합해야 하는지, 목적이 무엇인가에 대해 명확하게 해야 한다. 안전 보건에 대한 것이 있으면 경영시스템 및 ISO 다른 경영시스템의 각각의 목적의 일치성을 비교적 수월하게 도모할 수 있다. 반면 경영시스템에 안전 보건에 대한 것이 전혀 없으면 ISO 45001 목적을 경영시스템의 목적에 추가하면 된다.

ISO 45001 경영시스템 구성 요소인 안전 보건 방침, 안전 보건 목표, 안전 보건 조직 구조, 안전 보건 역할 및 책임, 안전 보건 계획 및 운용 등과 경영시스템의 경영 방침, 사업 및

경영 목표, 조직 구조, 조직 업무의 역할 및 책임, 경영 계획 및 운용 등과의 일치성을 확보하여 두 종류의 시스템 구성 요소를 하나로 통합하는 것이 바람직하다. 그리고 조직의 특수성을 고려하여 구성 요소별로 각각 수립할 수 있다.

(2) 스텝 2 : 적용 가능성을 이해한다

'적용 가능성'이란, ISO 45001 4.3에 '조직은 안전보건경영시스템의 적용 범위를 결정하기 위해 그 한계와 적용 가능성을 결정해야 한다.'고 정의하고 있다. 적용 가능성은 표준 요구사항의 조직 효율성 및 영향, 효과성 등을 고려하여 조직의 특정 프로세스와 특정 부문, 특정 시스템의 구성 요소를 응용 및 활용하는지를 분석하는 것이다

표준 요구사항은 다양한 상황에서 해석이 가능하므로 적용 가능성은 조직의 실태에 맞추어 표준 요구사항을 적용하는 안전보건경영시스템을 효과성 있게 활용해야 한다. ISO 45001 요구사항 중 경영시스템의 구성 요소의 어느 부문과 연결하는지를 명확하게 판단하는 것이 중요하다.

(3) 스텝 3 : 안전보건경영시스템의 구성 요소와 경영시스템과의 관계를 명확히 한다

(a) 경영시스템의 시스템 구성 요소는 '주요 분야' 및 '지원 분야', '경영 분야'와 같이 3개로 구분할 수 있다.

(b) 안전보건경영시스템의 구성 요소(4절~10절)를 경영시스템의 시스템 구성 요소인 '주요 분야' 및 '지원 분야', '경영 분야'와 같이 3개로 명확하게 구분하여 분야별 목록표를 작성한다.

(c) 경영시스템의 시스템 구성 요소인 주요 분야, 지원 분야 및 경영 분야는 분야별로 프로세스를 명확하게 한다.

(4) 스텝 4 : 조직의 업무 프로세스 및 업무분장에 ISO 45001 요구사항을 연결 및 분장한다

(a) 조직의 단위 부서 및 프로세스에 대한 업무분장 규정에 분장된 분장 업무를 식별 및 검토하여 확립한다.

(b) 조직의 단위 부서 및 프로세스의 업무분장에 안전 보건에 대한 업무를 식별 및 검토한다.

(c) 업무 프로세스 활동의 분장 업무에 ISO 45001 요구사항의 업무 내용을 보완 및 추가 작성한다.

(5) 스텝 5 : 프로세스 및 절차에 안전 보건에 관련 ISO 45001 요구사항을 반영한다

(a) 조직의 기존 프로세스 및 문서에 안전 보건에 관계되는 문서가 어떠한 것이 있는지 조

사하여 일람표를 작성한다.

(b) 기존 문서와 ISO 45001 요구사항의 일치성을 검토한다.

(c) 안전 보건에 관계되는 문서에 ISO 45001 요구사항과 연계하여 규정할 활용 사항을 추가 및 수정하거나 신규로 작성한다.

5. 안전 보건 교육과 근로자 역량 향상

1) 근로자 안전 보건 교육

안전 보건 교육은 모든 근로자에게 안전의 중요성을 인식시켜서 필요한 지식이나 기능을 부여하고, 직장에서의 안전 규율을 확립하기 위해 실시하는 각종 교육과 훈련을 말한다.

산업안전보건법 제29조(근로자에 대한 안전 보건 교육) 및 제31조(건설업 기초 안전 보건 교육)에 근로자의 정기적인 안전 보건 교육, 채용 및 작업 변경할 때 교육과 건설 일용근로자의 기초 안전 교육을 실시하도록 하고 있다. 이에 사업주는 제29조 및 제31조에 규정된 안전 보건 교육을 실시해야 한다. 특히 중대재해법이 공포됨에 따라 법규 준수의 중요성이 요구되므로 작업장의 유해·위험에 대한 관련 법령 인식에 관련된 교육을 중점적으로 실시하여 강조해야 한다. 이러한 안전 보건 교육은 작업자 및 관리자 모두에게 근무 환경과 작업의 효율성을 높이는 기본 전제 조건이며, 위험성 평가를 작업자 스스로 할 수 있는 교육의 기회를 제공한다. 한편 위험성 평가를 기반으로 하는 안전성이 확보된 작업 프로세스는 효율적인 작업에 기초적일 뿐만 아니라 사업장의 재해 예방 및 자율적 안전 관리 정착에 기여한다.

안전 보건 교육은 법정 교육, 직업 생애 교육(입사 및 승진 시), 안전 보건 관리 전반의 교육, 실무 능력 향상 교육, 안전보건경영시스템 교육, 위험성 평가 교육, 건강 교육 등 교육 훈련체계를 확립하여 교육 훈련 교육 계획을 작성한다. 그리고 사업장에서 문제가 발생한 경우의 교육, 새로운 안전 보건 대책이 실시된 경우의 교육, 산업재해 발생 후의 재발 방지 교육 등에 대해서도 신속하게 계획을 수립하여 실시하도록 한다.

안전 보건 교육 계획은 산업안전보건위원회의 심의 및 의결을 거쳐 수립하고, 교육 목표를 달성하기 위해 효과적인 교육 방법을 선택하도록 한다. 안전 보건 교육은 안전 보건에 대한 지식을 단순히 부여하는 것으로, 충분한 것은 아니고 '안전 작업으로의 행동 전환'이 있어야 비로소 효과적이다.

안전 보건 교육 훈련을 조직적이고 계획적으로 수행하려면 안전 보건 교육 훈련의 조직체제와 교육 훈련체계를 확립 및 정비하여 교육 담당 지정, 교육 과정 개발, 교육 장소 등 교육 훈련 인프라를 구축하고, 교육 예산을 확보하여 실질적이고 효과적으로 실시하는 것이 매우 중요하다.

아차사고 사례와 산업재해 사례 등의 생생한 교재 및 시청각 교재 등을 개발하고, 풍부한 지식 및 경험, 열의 있는 강사의 확보가 필요하다. 또한 사외 연수에도 적극적으로 참가하고, 타사를 방문하여 사례 수집 및 정보 교환을 하는 것도 도움이 된다. 한편 안전 보건 교육을 종료할 때 수강자의 이해도 등을 확인하고 수강자의 의견 및 요청을 듣는 등 해당 효과를 평가하여 다음의 안전 보건 교육의 운용에 반영한다.

2) 안전보건법에 관련된 안전 보건 교육

산업안전보건관계법령에 의한 사업장 안전 보건 법정 교육의 교육 과정, 교육 대상 및 교육 시간([표 3-5])와 교육 과정별 교육 내용 [표 3-6]은 다음과 같다.

[표 3-5] 안전 보건 교육 과정 및 교육 대상

교육 과정	교육 대상		교육 시간
정기 교육	사무직 종사 근로자		매분기 3시간 이상
	사무직 종사 근로자 외의 근로자	판매 업무에 직접 종사하는 근로자	매분기 3시간 이상
		판매 업무에 직접 종사하는 근로자 외의 근로자	매분기 6시간 이상
	관리감독자의 지위에 있는 사람		연간 16시간 이상
채용시 교육	일용근로자		1시간 이상
	일용근로자를 제외한 근로자		8시간 이상
작업 내용 변경 시 교육	일용근로자		1시간 이상
	일용근로자를 제외한 근로자		2시간 이상
특별 교육	별표 5 : 제1호 라목 각 호(제40호는 제외)의 어느 하나에 해당하는 작업에 종사하는 일용근로자		2시간 이상
	별표 5 : 제1호 라목 제40호의 타워크레인 신호 작업에 종사하는 일용근로자		8시간 이상
	별표 5 제1호 라목 각 호의 어느 하나에 해당하는 작업에 종사하는 일용근로자를 제외한 근로자		• 16시간 이상(최초 작업에 종사하기 전 4시간 이상 실시하고 12시간은 3개월 이내에서 분할하여 실시 가능) • 단기간 작업 또는 간헐적 작업인 경우에는 2시간 이상
건설업 기초 안전 보건 교육	건설 일용근로자		4시간

• 비고
1. 상시 근로자 50인 미만의 도매업과 숙박 및 음식점업은 위 표의 가목부터 라목까지의 규정에도 불구하고 해당 교육 과정별 교육 시간의 2분의 1 이상을 실시해야 한다.

2. 근로자(관리감독자의 지위에 있는 사람은 제외)가 '화학물질관리법 시행 규칙', 제37조제4항에 따른 유해화학 물질 안전 교육을 받은 경우에는 그 시간만큼 가목에 따른 해당 분기의 정기 교육을 받은 것으로 본다.
3. 방사선작업종사가자 '원자력안전법 시행령' 제148조제1항에 따라 방사선 작업 종사자 정기 교육을 받은 때는 해당 시간만큼 가목에 따른 해당 분기의 정기 교육을 받은 것으로 본다.
4. 방사선 업무에 관계되는 작업에 종사하는 근로자가 '원자력 안전법 시행령' 제148조제1항에 따라 방사선 작업 종사자 신규 교육 중 직장 교육을 받은 때는 그 시간만큼 라목 중 별표 5 제1호 라목 33에 따른 해당 근로자에 대한 특별 교육을 받은 것으로 본다.

[표 3-6] 안전 보건 교육 과정별 교육 내용

교육명	대상	교육 내용	교육 시간
근로자 정기 교육	전 근로자	• 산업 안전 및 사고 예방에 대한 사항 • 산업 보건 및 직업병 예방에 대한 사항 • 건강 증진 및 질병 예방에 대한 사항 • 유해 · 위험 작업 환경 관리에 대한 사항 • '산업안전보건법' 및 일반 관리에 대한 사항 • 직무 스트레스 예방 및 관리에 대한 사항 • 산업재해보상보험제도에 대한 사항 • ISO 45001 경영시스템 표준에 대한 사항 • 위험성 평가 결과, 개선 내용 및 잔여 위험요인과 그 대책	[표 3-5] 참조
채용 시 교육 및 작업 내용 변경 시 교육	신규 채용자 및 작업 내용 변경자	• 기계 · 기구의 위험성과 작업의 순서 및 동선에 대한 사항 • 작업 개시 전 점검에 대한 사항 • 정리정돈 및 청소에 대한 사항 • 사고 발생 시 긴급 조치에 대한 사항 • 산업 안전 보건 자료에 대한 사항 • 물질 안전 보건 자료에 대한 사항 • 직무 스트레스 예방 및 관리에 대한사항 • '산업안전보건법' 및 일반 관리에 대한 사항 • ISO 45001에 대한 사항	
관리감독자 교육	관리감독자의 지위에 있는 자	• 작업 공정의 유해 · 위험과 재해 예방 대책에 대한 사항 • 표준 안전 작업 방법 및 지도 요령에 대한 사항 • 관리감독자의 역할과 임무에 대한 사항 • 산업 보건 및 직업병 예방에 대한 사항 • 유해 · 위험 작업 환경 관리에 대한 사항 • '산업안전보건법' 및 일반 관리에 대한 사항 • 직무 스트레스 예방 및 관리에 대한 사항 • 산업재해보상보험제도에 대한 사항	
특별 교육	유해 또는 위험한 작업장의 근로자	산업안전보건법 시행 규칙(별표 5)을 참조하여 제시된 특별 교육 대상 작업(40개)에 해당 되는 근로자의 교육 내용	
물질 안전 보건 자료 교육	유해 물질을 취급하는 해당 근로자	• 대상 화학 물질의 명칭 • 물리적 위험성 및 건강 유해성 • 취급상의 주의사항 • 적절한 보호구 • 응급조치 요령 및 사고 시 대처 방법 • 물질 안전 보건 자료 경고 표지 이해 방법	

3) 안전보건경영시스템 교육

안전보건경영시스템의 도입이 선언되면 다음 순서는 관리자, 추진 스태프 및 전 조직원에 대한 ISO 45001 표준의 도입 교육을 실시한다. 교육의 실시에서 명확하게 해야 할 포인트는 계층별 교육 대상, 교육 내용 및 방법, 교육의 실시자이다.

교육의 대상은 안전보건경영시스템의 적용 범위 안에 있는 관리자, 운용 스태프와 추진 요원 및 현장 근로자이다. 특히 안전 보건 성과에 영향을 미치는 업무나 안전 보건 관련 법규 등의 준수에 관계되는 업무를 수행하는 인원과 해당되는 경우에는 그들의 역할을 담당하는 계약자의 외부 요원이 대상이 된다. 교육 주관 부서는 다음과 같은 교육 내용 등에 대해 ISO 45001 표준 교육 계획을 수립하여 실시한다.

- 안전보건경영시스템의 목적 및 개요
- 안전 보건 방침과 안전 보건 목표 및 안전 보건 계획
- 안전 보건의 중요성 인식 전환
- ISO 45001 표준 요구사항
- 안전 보건 관계 법규 준수
- 비상사태의 대비 및 대응 방법
- 업무 프로세스 및 절차
- 위험성 평가 방법
- 작업 절차의 위험성 평가 결과
- 내부 심사 심사원 교육
- 도급 시 도급 업체의 안전 및 보건 조치

교육의 방법은 집합 교육이나 각 부문에서 수행되는 규정 및 절차서 등의 OJT(On the Job Traning) 교육 등이다. 여기에서는 교육을 받는 근로자는 각자의 역할이나 책임 범위, 수행 목적과 절차 및 방법 등을 정확하게 이해할 수 있도록 하는 것이 중요하다. ISO 운용 조직의 담당자는 외부 교육을 이수하여 ISO 45001 요구사항에 대한 이해와 추진 방법에 대한 역량을 강화하고, 추진 TFT 요원은 ISO 45001 요구사항에 대한 실무 교육을 받아 ISO 요구사항을 이해하는 것이 매우 중요하다.

4) ISO 45001 관련 필요 역량 향상 교육

ISO 45001 프로세스 운용상 필요한 역량은 [표 3-7]과 같이 해당 대상자는 외부 전문 교육 기관의 교육에 참여하여 전문적인 지식과 스킬을 습득한 후 필요 시 관련자에게 사내 교육 및 전파 교육을 실시하는 것이 바람직하다.

프로세스	대상	프로세스 활동	역량
위험요인 파악(6.1.2.1) 및 안전 보건 리스크 평가(6.1.2.2)	리스크 평가 요원	리스크 평가 실시	리스크 평가에 대한 지식 · 스킬
위험요인 제거 및 안전 보건 리스크 감소(8.1.2)		유해 · 위험요인 제거 및 리스크 감소	유해 · 위험요인 제거 스킬
법적 요구사항 및 기타 요구사항 결정(6.1.3)	법규 관리자	법적 요구사항 및 기타 요구사항의 결정	산업안전보건법 등 법규에 관련된 지식
준수 평가(9.1.3)	법규 준수 평가자	준수 평가 활동	안전 보건 관계 법규의 지식 이해 및 실제 적용
사건, 부적합 및 시정조치(10.2)	재해 처리 담당자	재해 원인 조사	분석 기법의 지식
변경 관리(8.1.3)	해당 담당자(설비설계자, 공무 담당 및 생산 담당자 등)	신규 설비 도입, 작업 절차 변경 등	설비 안전 및 안전 작업에 대한 지식
비상시 대비 및 대응(8.2)	비상사태 담당자	비상사태 파악 및 대응 계획 수립	비상사태 대응 스킬
내부 심사(9.2)	내부 심사원	내부 심사 수행	내부 심사 지식과 스킬

• 역량 향상을 위한 역량 관리 PDCA는 [그림 3-1]과 같다.

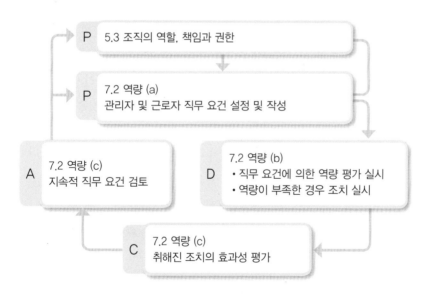

P 5.3 조직의 역할, 책임과 권한

P 7.2 역량 (a)
관리자 및 근로자 직무 요건 설정 및 작성

A 7.2 역량 (c)
지속적 직무 요건 검토

D 7.2 역량 (b)
• 직무 요건에 의한 역량 평가 실시
• 역량이 부족한 경우 조치 실시

C 7.2 역량 (c)
취해진 조치의 효과성 평가

[그림 3-1] 역량 관리 PDCA

5) 근로자 인식 향상 교육 실시

근로자는 유해 · 위험요인 및 위험성이 가장 많이 노출되어 있어서 자신 스스로와 동료를 보호하기 위해 작업 절차와 법규를 준수하고, 조직의 자율적인 안전 보건 활동에 적극적으로 참여해야 한다. 따라서 이러한 목적 달성을 위한 인식 향상 교육 훈련은 단지 규정의 내용을 설명할 뿐만 아니라 조직의 안전보건경영시스템의 목적 및 안전 보건에 대한 시정조치의 중요성, 법규의 중요성 등 7.3(인식)에서 인식 대상인 다음의 사항에 대해 근로자 인식 향상 교육 프로그램을 개발 및 실시하여 안전이 최우선으로 실천하고 행동하는 인식을 갖도록 해야 한다.

(1) 안전 보건 방침과 안전 보건 목표
(2) 안전 보건 성과를 포함하여 안전보건경영시스템의 효과성 기여
(3) 안전보건경영시스템 요구사항에 부합되지 않을 경우 그 영향 및 잠재적 중대성
(4) 근로자 자신이 준수해야 할 법적 요구사항 및 기타 요구사항
(5) 근로자가 활용하는 작업 절차 및 안전 요소 이해
(6) 근로자와 관련 있는 사건 및 조사 결과와 재발 방지 대책
(7) 근로자가 관련 있는 유해·위험요인, 안전 보건 리스크 평가 및 리스크 감소 대책
(8) 근로자 자신의 생명이나 건강 등 중대한 위험의 급박한 작업 상황 대응 능력
(9) 기타 근로자가 필요한 안전 보건 사항

아무리 훌륭한 안전보건경영시스템을 구축해도 실행하는 근로자의 인식이 바뀌지 않으면 아무 소용이 없다. 조직의 근로자나 이해관계자에게 중요성과 필요성 인식을 가지게 하는 것이 효과적인 안전보건경영시스템 운용의 핵심적인 활동인 것이다. 안전보건경영시스템을 어떠한 방식으로 개선하고 안전 보건 성과를 향상시키는 것이 핵심이다는 것을 인식시키는 것이 중요하다.

제4장
ISO 45001
구축 실무

도입 선언 및 방침 공표

　　최고경영자는 안전보건경영시스템 도입을 공식적으로 채택한 것을 근로자 및 이해관계자에게 공표함으로써 사업주의 의지를 천명하고 안전 보건 방침을 설정한다. 안전 보건 방침은 최고경영자가 조직의 안전보건경영시스템에 대한 이념, 기본적인 방향이나 원칙을 대내외적으로 표명하는 중요한 문서이므로 조직의 목적과 ISO 45001의 요구사항을 충족할 수 있는 방침을 수립해야 한다. 따라서 조직의 특성을 고려하여 중대재해 등 산업재해의 예방, 위험성의 감소, 근로자의 건강 유지 및 증진을 위한 방향 등의 기본적인 사항을 명시하여 조직의 전략적 방향성을 명확하게 정한 내용으로 공표해야 한다. 아울러 안전 보건 방침이 단지 구호로 기술되어서는 안 되고 조직이 의도한 결과에 근거하여 안전 보건의 추진에 대한 목적 등을 명확하게 정할 필요가 있다.

방침에는 작업에 관련된 사망이나 부상 및 질병을 방지하기 위해 안전하고 건강한 작업 환경을 제공하는 의지를 포함하여 조직의 사업 목적, 규모 및 상황이나 안전 보건 리스크 및 안전 보건 기회의 고유 성질에 적절하고 법적 요구사항 및 기타 요구사항을 충족시킨다는 의지, 위험요인 제거와 안전 보건 리스크 감소하는 의지, 안전보건경영시스템의 지속적 개선의 의지, 근로자와 근로자 대표의 인식 및 참여의 의지를 포함한 내용이 명시되어야 한다. 이 경우 사업장의 규모, 사업 형태, 기업 조직 문화, 지금까지의 안전 보건 활동의 성과, 안전 보건 수준, 안전 보건 계획의 추진 상황, 산업재해의 발생 상황 등의 실태를 기반으로 하여 근로자 전원의 이해와 공감을 얻을 필요가 있다. 또한 안전 보건 목표를 설정하기 위한 틀을 제공하여 조직의 안전 보건 목표와 세부 목표를 쉽게 설정할 수 있도록 방향과 근거를 마련하는 것이다.

최고경영자가 조직의 안전 보건 수준 향상에 대한 목표를 설정하고, 근로자의 안전과 건강의 확보가 무엇보다 중요하다는 것을 스스로 인식 및 결심해야 하며, 일상 업무 중에서 그것을 발언 및 행동 등으로 표현하는 것이 중요하다. 이를 통해 각 직제의 책임자는 안전 보건 활동을 실질적으로 이행할 마음이 생기고, 모든 근로자 및 관계자 등이 이런 마음이 되어 함께 행동하게 된다.

ISO 45001에서 안전 보건 방침에는 다음의 사항에 대한 의지를 포함하는 것을 요구한다.

(1) 업무/작업 관련 상해 및 건강상 장해 예방을 위해 안전하고 건강한 근로조건을 제공한다.
(2) 법적 요구사항 및 기타 요구사항을 충족한다.

(3) 유해 · 위험요인을 제거하고 안전 보건 리스크를 감소한다.

(4) 안전보건경영시스템을 지속적으로 개선한다.

(5) 근로자 및 근로자 대표(있는 경우)와 협의 및 참여한다.

(6) 안전 보건 목표의 설정을 위한 틀을 제공한다.

또한 방침의 구축 단계는 다음과 같다.

- 스텝 1 : 안전 보건 방침을 작성한다.
- 스텝 2 : 안전 보건 방침을 검토 및 결정한다.
- 스텝 3 : 안전 보건 방침을 근로자 및 이해관계자에게 전달한다.
- 스텝 4 : 안전 보건 방침의 인지 및 주지 상태를 확인한다.

이와 같이 설정된 안전 보건 방침은 최고경영자의 안전 보건에 대한 기본적인 표명이므로 모든 근로자로부터 그 방침의 문서뿐만 아니라 최고경영자의 생각에 대해 이해와 공감을 얻어야 한다. 이를 위해서는 리플릿 작성, 휴대용 카드 작성, 홍보지 게재, 사업장 게시, 기업 내 LAN 등을 활용한다.

안전 보건 방침은 관리감독자로부터 현장 근로자뿐만 아니라 관계 수급인, 계약사 등 외부 이해관계자를 포함해서 전원에게 주지시킨다. 또한 안전 보건 방침은 제정할 때 기업의 안전 문화, 안전 보건 활동의 실태 등을 반영하여 작성해야 한다. 따라서 그 후에 최고경영자의 교체, 중대재해의 발생, 관계 법령의 개정, 안전 보건 활동 평가 결과, 경영시스템 심사 결과 등 안전 보건 활동에 대해 변화가 있는 경우에는 시의적절하게 새로운 방침을 제시한다.

조직의 안전 보건 방침의 설정에서 복수의 사업장을 가진 조직 전체가 안전보건경영시스템의 적용 범위로 되어 있는 경우는 최고경영자가 수립한 안전 보건 방침이 전사적 방침이 된다. 다만 동일 기업에서도 사업장의 안전 보건 이슈나 중점 실시 사항이 다른 경우에는 각 사업장이나 기업의 사업 책임자가 현장의 실태에 근거하여 최고경영자의 방침에 따라 안전 보건 방침을 스스로 제시하는 것이 바람직하다. 또한 안전보건경영시스템의 적용 범위가 사업장 단위인 경우는 사업 책임자가 안전 보건 방침을 표명한다. 안전 보건 방침의 예를 제시하면 [표 4-1]을 참조하여 수립한다.

[표 4-1] 안전 보건 방침(예시)

안전 보건 방침

당사는 모든 근로자의 안전과 건강의 확보를 최우선 가치로 인식하고 산업재해를 예방하기 위해 다음과 같은 활동을 추진해 나간다.

1. 사업장의 근로자 및 이해관계자는 안전보건관계법령 및 안전 보건 관련 규정을 철저히 준수한다.

2. 사업장은 안전하고 건강한 근로 조건과 쾌적한 작업 환경을 개선한다.

3. 전 근로자는 유해 물질 및 위험 물질의 제거와 안전 보건 리스크 감소에 항상 주력한다.

4. 안전보건경영시스템의 구축과 지속적인 개선으로 안전 보건 수준 향상을 도모한다.

5. 근로자의 협의와 참여를 존중하고 근로자와 협력을 강화한다.

년 월 일
○○ 주식회사
대표이사 ○○○

안전 보건 리스크 및
기회의 조치 기획

1. 리스크 및 기회의 조치 기획 프로세스

리스크 및 기회의 조치 기획 프로세스는 [그림 4-1]과 같이 다음의 단계에 따라 전개한다.

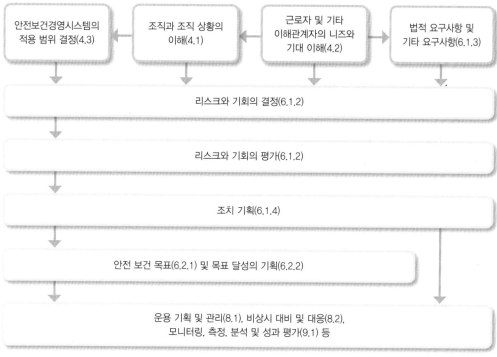

[그림 4-1] 리스크 및 기회의 조치 기획 프로세스

2. 외부 이슈 및 내부 이슈 결정하기

조직의 상황은 4.1에서 해설한 내용을 참조하여 조직의 목적과 의도한 결과의 달성에 관련되어
조직의 능력에 영향을 주는 외부 이슈와 내부 이슈를 결정한다. 따라서 조직의 목적과 조직이 설
정 및 의도한 결과에 대한 조직의 안전 보건 활동 수행에 영향을 미치는 외부와 내부의 경영적
이슈를 결정할 필요가 있다.

조직의 외부란, 조직 범위가 전사이면 사외가 되고 적용 범위가 사업장이면 본사도 외부가 된다.

외부 이슈와 내부 이슈는 부속서 A.4.1에 제시되고 있지만, 조직마다 이슈가 다양하다. [표 4-2]는 이것에 대한 예시이다.

[표 4-2] 외부 이슈 및 내부 이슈(예시)

외부 이슈	내부 이슈
• ISO 45001 안전보건경영시스템의 관심이 증대된다. • 중대재해법 제정 및 안전보건법령이 강화되고 있다. • 젊은층의 채용이 어렵다. • 유해화학 물질에 대한 규제가 강화되고 있다. • 대기업과의 거래가 확대되고 있다. • 외부로부터 설비 개선을 지원받는다.	• 공장 설비가 노후화된다. • 근로자가 고령화되고 기능 계승이 안 된다. • 법규 준수의 의식이 낮다. • 전문 인력(화학 물질 관리, 설비 안전)이 부족하다. • 안전 보건 의식이 낮다. • 비정규직 근로자가 증가한다.

조직의 내부 요인인 강점 및 약점과 외부 요인인 기회 및 위협을 고려한 기법으로서 SWOT 분석([표 4-3])을 이용하여 외부 이슈와 내부 이슈를 결정할 수 있다.

SWOT 분석이란, 사업 전략을 수립하거나 기업 경영 중 중요한 이슈를 분석할 필요가 있을 때 사용되는 도구이다. SWOT라는 의미 그대로 조직 내부 · 외부적으로 발생하는 강점(Strength) 및 단점(Weakness)과 기회(Opportunity), 위협(Threat)을 종합적으로 고려하여 예상치 못했던 리스크를 도출한 후 해당 문제점을 개선 · 대응하는 목적으로 사용된다. 내부 환경 분석은 조직이 보유하고 있는 경쟁력을 의미하는 강점과 약점이다. 그리고 외부 환경 분석은 조직의 경영 환경 및 문화, 정책 등 전반적인 외부 요인 중에서 기회 요인과 위협 요인을 파악하는 것이다. 즉 기업의 내부 환경을 분석해 강점과 약점을 도출하고, 외부 환경을 분석해 기회와 위협을 찾아낸 후 이것을 바탕으로 강점은 살리고, 약점은 보완하며, 기회는 활용하고, 위협은 억제하는 전략을 수립하는 것을 의미한다.

[표 4-3] SWOT 분석 구성하기

구분	긍정적인 요소	부정적인 요소
내부 환경	강점(S)	약점(w)
외부 환경	기회(O)	위협(T)

SWOT 분석은 분석 결과를 가지고 외부 이슈와 내부 이슈를 파악하고 대처 방안의 전략을 도출한다. 즉 강점을 가지고 기회를 살피는 전략(SO), 강점을 가지고 위협을 회피하거나 최소화하는 전략(ST), 약점을 보완하여 기회를 살리는 전략(WO), 약점을 보완하면서 동시에 위협을 회피하거나 최소화하는 전략(WT)을 세워야 하며, 동시에 리스크를 줄이고 장점을 극대화하여 안전 보건 성과를 달성하기 위해 적용되어야 한다. 따라서 조직 외부 이슈와 내부 이슈를 어떻게 결정하고 대응할 것인가는 다음의 6단계 프로세스로 진행하는 것이 바람직하다.

(1) 조직의 목표 및 안전보건경영시스템의 기대한 결과를 확인한다.

(2) 외부 환경(산업 환경, 거시 환경 등)을 분석한다.

(3) 내부 환경 및 내부 역량을 분석한다.

(4) SWOT 분석을 한다.

(5) 외부 이슈와 내부 이슈를 도출 및 검토한다.

(6) 조직 상황의 전략적 외부 이슈 및 내부 이슈를 결정한다.

이와 같이 조직의 내부 환경과 외부 환경을 빠짐없이 분석 및 정리하여 이슈를 결정한다. 이때 강점은 최대화하고, 약점은 보완하며, 기회는 포착하고, 위협 요인에 대처하는 조치 방안을 마련하는 데 유용할 것이다. 이러한 조치 방안은 6.1.4(조치 기획)에 연결되어 효과적인 조치 기획이 수립될 것이다.

3. 근로자 및 기타 이해관계자의 니즈와 기대 관리하기

이해관계자란, ISO 45001 용어와 정의에서 '의사 결정 또는 활동에 영향을 줄 수 있거나, 영향을 받을 수 있거나, 또는 그들 자신이 영향을 받는다는 인식을 할 수 있는 사람 또는 조직이다.'라고 정의하고 있다. 즉 결정한 사항이나 실시하는 활동에 영향을 줄 수 있는 사람이나 조직, 결정한 사항이나 실시하는 활동에 영향을 받을 수 있는 사람이나 조직, 결정한 사항 이나 실시하는 활동에 영향을 받는다는 인식을 할 수 있는 사람이나 조직을 의미한다. 또한 이해관계자는 긍정적인 이해관계자뿐만 아니라 부정적인 이해관계자도 포함된다.

1) 근로자 및 기타 이해관계자의 범위

2절 4.2(근로자 및 기타 이해관계자의 니즈와 기대 이해)에서 해설한 내용을 참조하여 안전보건경영시스템에 관계하는 기타 이해관계자는 [그림 4-2]와 같이 많은 이해관계자가 존재한다. 하지만 대상 범위를 어디까지 할 것인가는 업종 및 업태에 따라 다르기 때문에 결국 조직이 결정하는 것이다.

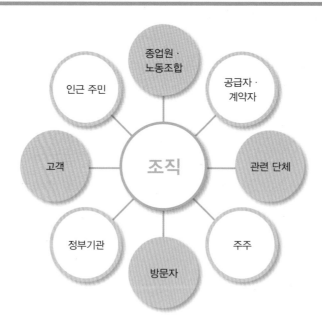

[그림 4-2] 안전보건경영시스템의 기타 이해관계자 범위(예시)

2) 근로자 및 이해관계자의 니즈와 기대 이해하기

조직의 안전보건경영시스템에 영향을 주고 또는 영향을 줄 수 있는 근로자 및 이해관계자의 대상 범위가 명확하게 결정된 후 이해관계자의 니즈와 기대 수준을 조사하여 파악 및 결정한다. 또한 결정된 니즈와 기대 중에서 조직이 준수해야 하는 법적 요구사항 및 기타 요구사항 등 법적 의무 사항을 결정하는 것이다. ISO 45001에서 이해관계자와 해당하는 이해관계자로부터 요구사항을 명확하게 해야 하고 다음의 사항을 이해해야 한다.

(1) 부상이나 질병을 방지하고 안전하고 건강한 작업장을 제공하는 것에 영향이 있는 사람이나 조직은 누구 또는 어디인가?

(2) 부상이나 질병을 방지하고 안전하고 건강한 작업장을 제공하는 것에 관련되어 이해관계자로부터 어떠한 요구가 있는가?

결국 누구를 인식하고 그 인식하는 상대로부터 어떠한 요구가 있는지를 명확하게 하는 것이다. 요구사항이란, 안전 보건에 대하여 조직이 해야 할 것, 조직이 대응해야 할 것, 근로자 및 이해관계자는 조직에 무엇을 요구하는가 등 요구사항을 명확하게 결정하는 것이다

이해관계자의 요구사항은 잠재적 요구사항을 포함하여 고객 요구, 법적 요구 등 여러 가지 종류가 있다. 특히 안전보건경영시스템에서 가장 주요한 이해관계자인 근로자가 안전보건경영시스템의 상황을 어떻게 인식하고 있는가, 고객으로부터 안전 보건에 대한 요구가 있는가, 노동조합의 안전 보건 현안이 무엇인가, 행정기관의 지도나 권고사항은 없는가 등에 대해 파악할 필요가 있다. 근로자 및 이해관계자의 니즈와 기대 이해에 대한 예시는 다음과 같다.

- 안전 보건 관련 법령 및 지침 준수
- 고객 등 안전 보건 관리체제 구축 요구
- 노동조합 등 안전 보건 활동 강화
- 유해화학 물질 관리에 따른 안전 대책 강화
- 야간작업 시 비상사태 대응 능력

다음은 4.2(근로자 및 기타 이해관계자의 니즈와 기대 이해)의 해설 내용을 고려하여 간략하게 구축 단계를 설명하면 다음과 같다.

- 제1단계 : 안전보건경영시스템에 관련하는 근로자 및 기타 이해관계자를 파악 및 결정한다. 조직의 안전보건경영시스템에 영향을 주는 근로자 및 기타 이해관계자를 결정한다.
- 제2단계 : 근로자 및 기타 이해관계자의 니즈와 기대를 결정한다. 근로자 및 노동조합의 니즈와 기대는 산업안전보건위원회 등 회의체에서 의견을 청취하는 것 외에 설문조사, 개별 면담 등을 활용할 수 있다.
- 제3단계 : 법령 등 요구사항을 결정한다. 제2단계에서 결정된 니즈와 기대 중에서 안전보건경영시스템에서 준수해야 할 법적 및 기타 요구사항을 결정한다.

4. 리스크 및 기회 결정하기

안전보건경영시스템에 대한 기타 리스크 및 기회의 결정은 조직의 상황과 근로자 및 기타 이해관계자의 니즈와 기대 등을 고려하여 가능한 범위의 정보로 가능한 시나리오나 가져올 영향을 예상하고, 바람직하지 못한 영향이 발생하기 전에 대응 조치를 취하여 사전적 예방을 하는 것이다.

여기서 기타 리스크란, 안전보건경영시스템의 수립 및 실행, 유지에 대한 리스크로서 의도한 결과의 달성을 저해하는 요인으로 안전보건경영시스템 운용 등에 영향을 미치는 리스크를 나타낸다. 예를 들면 안전 보건 예산 삭감, 안전 보건 스태프 인원 감축, 안전 보건 의식 부족 등이 있다. 그리고 기타 기회란, 안전 보건의 수준을 향상시키기 위한 각종 활동으로 안전보건경영시스템의 운용 등 개선되는 기회를 의미한다. 예를 들면 안전 의식 개선, 위험 예지 훈련 도입, 건강검진, 리스크 감소 대책, 안전보건경영시스템 우수사례 채택, 작업 환경 측정, 근로자의 협의 및 참가 프로세스 개선 등이 해당된다.

5. 리스크 및 기회 평가하기

안전보건경영시스템에 대한 기타 리스크 및 기회를 결정한 후 평가할 경우 평가의 기본 순서는 다음과 같다

  1) 리스크 및 기회 평가 기준 설정
  2) 리스크 및 기회 평가 실시
  3) 리스크 및 기회 평가 결과 우선순위 결정

위에서 조직이 6.1.2.2 및 6.1.2.3에서 평가한 리스크 및 기회 중에서 조직의 현상에 근거하여 다루어야 할 필요가 있는 리스크 및 기회에 대한 우선순위를 결정하는 것이다.

리스크 및 기회의 평가 요소는 조직 상황 등을 고려하여 현재화 가능성 및 중대성을 평가한다. 그리고 곱셈식 및 덧셈식 등의 방식으로 [표 4-4]에서 우선순위를 산출하여 결정하면 된다. 또한 가능성과 중대성에 대한 리스크 평가 기준은 [표 4-4]와 같다.

[표 4-4] 리스크 평가 기준(예시)

구분	내용	점수	평가 수준
가능성	발생 가능성이 높다.	3	높음
	발생 가능성이 보통이다.	2	보통
	발생 가능성이 적다.	1	낮음

구분	내용	점수	평가 수준
중대성	안전보건경영시스템 또는 안전 보건상 영향도가 크다.	3	높음
	안전보건경영시스템 또는 안전 보건상 영향도가 보통이다.	2	보통
	안전보건경영시스템 또는 안전 보건상 영향도가 작다.	1	낮음

6. 리스크 및 기회의 조치 기획

조치 기획은 조직 상황의 이해와 근로자 및 이해관계자의 니즈와 기대 등에서 도출된 외부 이슈와 내부 이슈, 니즈와 기대 및 법적 요구사항 등에 대해 리스크 및 기회 평가하여 결정된 리스크와 기회는 조치사항과 전개 방법을 수립하는 것이다.

리스크 및 기회 평가 후 조치 기획은 리스크 및 기회 조치 기획 양식을 참조하여 조치사항 및 전개 방법 등 조치 기획을 수립하고 우선순위에 따라 조치하는 것이 바람직하다([양식 1]). 이러한 조치 기획은 기술적·재무상·운용상·사업상의 요구사항을 고려하여 다음과 같은 목표 반영, 운용 기획 및 관리 등 안전보건경영시스템 요소에 전개한 후 안전보건경영시스템의 프로세스 및 비즈니스 프로세스에 따라 실행하고 그 조치의 효과성을 평가한다

1) 안전 보건 목표(6.2.1) 및 안전 보건 목표 달성 기획(6.2.2)
2) 운용 기획 및 관리(8.1)의 일반 사항(8.1.1)
3) 운용 기획 및 관리(8.1)의 위험요인 제거 및 안전 보건 리스크 감소(8.1.2)
4) 비상시 대비 및 대응(8.2)
5) 역량/적격성(7.2), 인식(7.3), 의사소통(7.4)
6) 모니터링, 측정, 분석 및 성과 평가(9.1)

위의 조치 기획은 궁극적으로 조직의 상황과 근로자 및 기타 이해관계자의 니즈와 기대 이해, 안전보건경영시스템의 적용 범위 결정 등의 정보가 입력되고, 리스크 및 기회 평가와 조치의 프로세스를 통해 달성한 출력은 다음과 같은 [그림 4-3] 출력의 성과를 이루는 것이 목표이다.

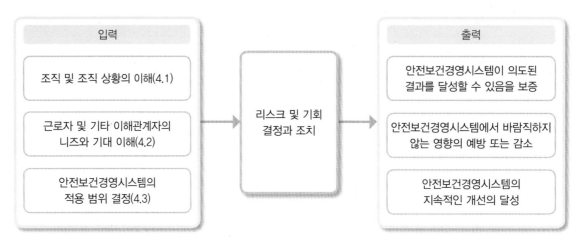

[그림 4-3] 리스크 및 기회의 조치 기획과 목표

[양식 1] 리스크 및 기회 조치 기획

구분	이슈 및 니즈·기대	리스크 및 기회	리스크 및 기회의 종류	리스크 평가		우선 순위	조치 사항	전개 방법
				가능성	중대성			

※ 리스크 및 기회의 종류
  (1) 안전보건경영시스템의 기타 리스크
  (2) 안전보건경영시스템의 기타 기회
  (3) 안전 보건 리스크
  (4) 안전 보건 기회

3 법규준수(컴플라이언스) 관리시스템 구축하기

1. 법적 요구사항 및 기타 요구사항

법적 요구사항이란, 조직의 근로자 및 기타 이해관계자의 요구사항 중에서 적용되는 준수해야 할 안전 보건에 관련된 것이다. 즉 국제·국가·지역·지방의 기관 등의 정부 기관이 제정하고, 법적 효력을 가진 요구사항 및 허가 사항을 말한다. 아울러 중대재해법 및 안전보건관계법령을 중심으로 각종 법령 및 규제(6.1.3 [표 2-13])를 의미한다.

기타 요구사항이란, 조직의 주변 여건이나 요구에 따라 조직의 활동, 제품 및 서비스의 안전 보건 측면에 적용해야 할 요구사항을 말한다. 이것은 법령에 해당되지 않지만, 안전 보건 활동을 수행할 때 강제적 또는 자율적으로 준수해야 할 내용이다. 법규 준수(컴플라이언스)의 관리 대상으로 법적 요구사항 및 기타 요구사항 등을 규정하고 6.1.3(법적 요구사항 및 기타 요구사항) 및 부속서 A.6.1.3을 참조하면 된다([표 4-5]).

[표 4-5] 법적 요구사항 및 기타 요구사항

구분	법규 및 기타 요구사항의 종류
법적 요구사항	• 법령을 포함한 법률(국내, 지역 및 국제) • 명령 및 지침 • 법적 허가 기준, 인허가 면허 • 조약, 협약, 의정서 • 단체 협약 • 법원 또는 행정재판소 판결
기타 요구사항	• 조직의 요구사항 • 계약 조건 및 고용 계약 • 공단의 합의사항 • 이해관계자의 합의 • 보건 당국 합의 • 비규제 표준, 합의 표준 및 가이드라인 • 자발적 원칙, 기술 규격, 선언서 • 조직 또는 모기업의 공약

2. 산업안전보건법령의 체제

산업안전보건법령은 1개의 법률과 1개의 시행령 및 3개의 시행 규칙으로 이루어져 있다. 그리고 하위 규정으로서 60여 개의 고시, 17개의 예규, 3개의 훈령 및 각종 기술상의 지침 및 작업 환경 표준 등이 있다. 산업 안전 보건 기준은 핵심적인 규칙으로 총 672개의 조문을 이용해서 각 작업별로 사업주가 지켜야 할 안전 조치 및 보건 조치를 매우 상세하게 규정하고 있다([표 4-6]). 그리고 산업 안전 보건에 관련된 법령은 본문 6.1.3에 예시된 사항을 참조하면 된다.

[표 4-6] 산업안전관련법령

법령		내용
중대재해 처벌에 대한 법률		사업장의 안전 및 보건 확보를 위반하여 중대재해가 발생한 사업주 또는 경영자 등을 형사처벌하도록 규정한 것
산업안전보건법		산업재해 예방을 위한 제도와 사업주와 근로자 및 정보의 의무 등을 정한 것
산업안전보건법 시행령		법에서 위임된 사항과 그 시행에 필요한 사항에 대해 규정한 것
산업안전보건법 시행규칙	산업 안전 보건 기준에 대한 규칙	사업주, 근로자 등이 지켜야 할 안전과 보건 조치에 대한 기준에 대해 규정한 것
	유해 · 위험 작업의 취업 제한에 대한 규칙	유해 또는 위험한 작업에 필요한 자격, 면허, 경험에 대한 사항을 규정한 것
고시		각종 인증 및 검사 등에 필요한 일반적이고 객관적인 사항을 정한 수치적 · 표준적 기준인 것
예규		산업 안전 보건 업무에 필요한 행정 절차적 사항과 관련되어 정부, 실시기관, 의무 대상 간의 관계를 규정한 것
훈령		고용노동부장관이 지방관서의 장에게 업무 수행을 위한 훈시 및 지시 등을 시달하기 위한 것

3. 법규준수관리시스템 구축하기

적용되는 법적 요구사항 및 기타 요구사항을 준수하는 법규 준수는 안전보건경영시스템의 핵심 내용이다. 이 내용은 최고경영자의 방침에 표명되고 안전 및 보건 확보 의무를 준수하기 위한 조직체제와 예방 및 통제하는 법규준수관리시스템을 구축 및 실현하여 법규 준수를 확보하는 것이 중요한 요소이다.

중대재해법 제4조(사업주와 경영책임자 등의 안전 및 보건 확보 의무) 및 제5조(도급, 용역, 위탁 등 관계에서의 안전 및 보건 확보 의무)는 사업주 또는 경영책임자 등의 의무로서 규정하여 위반 시 처벌을 강화했다. 법규 준수 프로세스에서 법적 요구사항 및 기타 요구사항의 결정, 이행, 준수 평가 및 개선 조치의 관리 사이클은 [그림 4-4]와 같다.

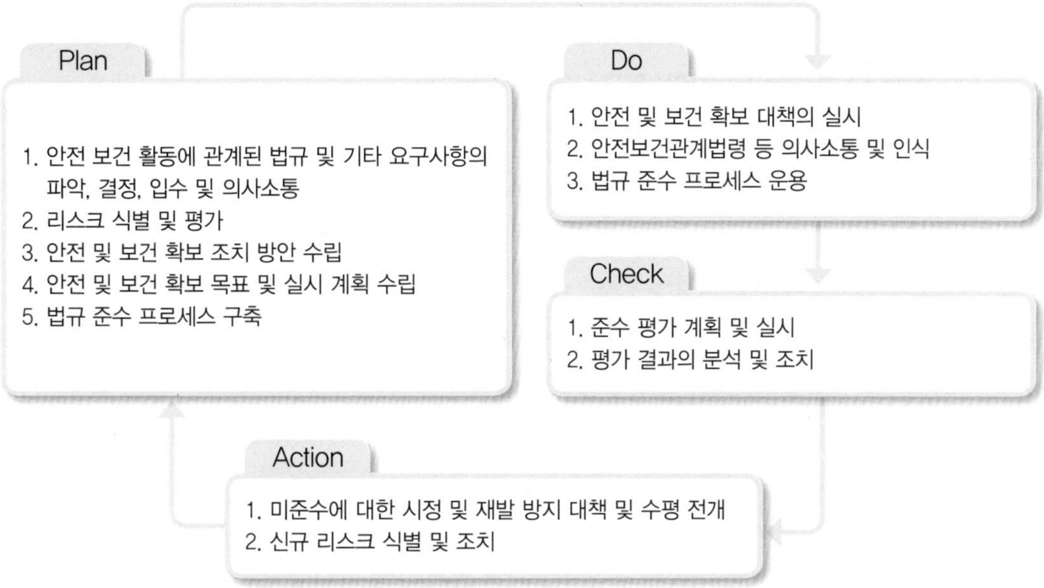

```
Plan
1. 안전 보건 활동에 관계된 법규 및 기타 요구사항의
   파악, 결정, 입수 및 의사소통
2. 리스크 식별 및 평가
3. 안전 및 보건 확보 조치 방안 수립
4. 안전 및 보건 확보 목표 및 실시 계획 수립
5. 법규 준수 프로세스 구축

Do
1. 안전 및 보건 확보 대책의 실시
2. 안전보건관계법령 등 의사소통 및 인식
3. 법규 준수 프로세스 운용

Check
1. 준수 평가 계획 및 실시
2. 평가 결과의 분석 및 조치

Action
1. 미준수에 대한 시정 및 재발 방지 대책 및 수평 전개
2. 신규 리스크 식별 및 조치
```

[그림 4-4] 법적 요구사항 및 기타 요구사항의 법규준수관리시스템

조직에서 적용해야 할 법적 및 기타 요구사항의 법규 준수 프로세스는 PDCA 관리 사이클에 따라 시스템을 수립할 경우 다음의 사항에 대한 프로세스를 수립 및 실행, 유지해야 한다. 그리고 이것을 이행하기 위한 자원을 제공해야 한다.

(1) 법적 요구사항 및 기타 요구사항을 파악, 등록 및 유지 관리를 위한 책임 사항

(2) 유해 위험요인 도출과 리스크 식별 및 평가

(3) 조직에 적용되는 관련 법적 요구사항 및 기타 요구사항의 결정, 수집 및 등록

(4) 법적 요구사항 및 기타 요구사항의 적용 대상 및 범위

(5) 등록된 법규의 내용 및 적용에 대한 조직원 의사소통

(6) 안전 및 보건 확보 조치 기획 및 목표 설정과 추진 계획 수립

(7) 법규 및 기타 요구사항의 준수 계획 및 운용

(8) 법적 요구사항 및 기타 요구사항의 이행의 모니터링 및 준수 평가

(9) 법적 요구사항 및 기타 요구사항의 변경 내용에 대한 관리

(10) 법적 요구사항 및 기타 요구사항 위반 시 재발 방지를 위한 시정조치

(11) 문서화된 정보의 유지 및 보유

[계획 단계]
1) 법적 요구사항 및 기타 요구사항 파악하기

조직이 준수해야 할 법적 요구사항 및 기타 요구사항을 모두 도출하여 분류하는 것이 기본이고 법규 준수의 출발점이다. 조직은 리스크 평가 등을 통해 안전 및 보건 확보에 필요한 모든 법적 요구사항 및 기타 요구사항을 조사하고 적용되는 법령 및 기타 요구사항을 파악한다.

조직이 적용해야 할 법령의 범위는 모든 법령의 내용을 파악하기가 쉽지 않다. 더욱이 안전 보건에 관련되는 법령이 안전보건법령뿐만 아니라 유해 물질, 가스, 건설 분야, 소방 등 다른 분야의 법령도 많다. 또한 국내 법규뿐만 아니라 조직의 사업 영역과 연계되는 외국의 안전보건 법령도 결정한다. 법령 이외의 기타 요구사항은 [표 4-5]를 참조하여 파악 및 결정한다.

적용 법령 정보는 개정 및 폐지 등을 정기적으로 모니터링하여 항상 최신판을 유지해야 한다. 그리고 신규 기계 및 설비의 도입이나 신규 화학 물질 도입에 따라 법령을 검토하고 규제 사항이 있는 경우 법적 요구사항을 준수한다. 법령에서 규제되고 있지 않을 경우 부상이나 건강상 장해가 발생할 가능성이 있는 대상 및 범위에 대해 자율적 준수 방안이 필요하다. 특히 신규 화학 물질을 도입할 경우 관련법 규제가 없으면 MSDS 등의 정보에 근거하여 사업주는 안전 보건 기준을 정해 자율적 준수를 위한 대책을 수립 및 실시해야 한다.

2) 법령 등록하기

조직에서 적용해야 할 법령이 결정되면 파악된 정보를 입수하고 법규관리대장에 등록한다. 그리고 조직에서 적용해야 할 법규는 각 부서가 효율적으로 활용할 수 있도록 내용만 요약하여 정리한 법규등록부 등을 작성한다. 법규등록부는 작성 목적에 맞도록 형식과 내용을 조직이 정하여 작성해야 한다. 법규등록부를 효과적으로 관리 및 활용하려면 법령의 종류 및 분야별로 요약 정리하는 것이 바람직하다. 경우에 따라서는 부서별로 구분하여 관리하는 것이 효율적일 때도 있다.

3) 리스크 식별 및 평가하기

리스크 식별 및 평가는 산업안전보건관련법령에 근거하여 법령 분야별 안전 및 보건 조치사항 등에 대해 법령의 준수 여부 및 리스크 수준을 평가, 결정하여 주요 리스크를 도출하고 안전 보건 업무 및 공정 작업에 대한 리스크 관리체계를 정립하는 것이 필요하다.

안전보건법 관련의 적용 법령은 해당 법 조문이나 기타 요구사항을 확인 및 결정한다. 다음 조직에 어떻게 적용할 것인가를 검토하여 명확하게 한다. 즉 어느 부문에서 식별하거나, 어느 부서의 시설 및 설비, 기계, 물질 등의 법령을 명확히 적용해야 한다.

4) 안전 및 보건 확보 조치 기획 수립하기

리스크 식별 및 평가한 결과, 주요 리스크에 대해 개선 방안을 도출하여 대응 부서 및 대응 방법 등 안전 및 보건 확보 조치 방안을 마련하는 것이 필요하다. 확보 조치 방안으로 리스크 조치의 구체적 내용을 살펴보면 법령에 규정 있는 사항은 가장 먼저 반드시 실시하여 확보해야 한다. 그리고 공정 작업의 리스크는 ISO 45001 8.1.2(위험요인 제거 및 안전 보건 리스크의 감소)의 관리 단계(제거, 대체, 기술적 대책, 행정적 대책, 개인 보호구 착용)의 우선순위에 따라 확보 방안을 검토한다.

5) 안전 및 보건 확보 목표 및 실시 계획

안전 및 보건 확보 목표는 조직 전체, 사업장 및 부문별, 부서별로 안전 및 보건 확보 추진 방안의 목표 및 구체적 실시 계획을 수립하여 계획적·단계별로 실시하고, 목표의 달성 상황을 주기적으로 평가해야 한다. 그리고 안전 보건 목표는 그 달성의 정도를 객관적으로 평가하는 것이 바람직하다.

6) 법규 준수 프로세스 구축하기

법규 준수 이행을 위한 법규 준수 프로세스를 확립하여 안전 보건 관련 업무와 안전 및 보건 조치에 필요한 매뉴얼, 안전보건관리규정, 관련 절차서 및 지침서, 체크리스트 등 안전 보건에 관련된 운용 절차, 지침 등 문서를 기업 상황에 맞게 수립하여 운용해야 한다. 안전 및 보건 확보에 대해 명확하게 문서화되어 있지 않으면 중대재해 및 산업재해에 큰 영향을 미치는 절차를 반드시 문서화해야 한다. 특히 중대재해에 영향을 미치는 유해·위험 기계 및 기구·설비, 유해·위험 물질, 작업 방법, 작업 환경, 위험 장소 등에 대해 안전 보건 관련 절차 및 기준을 수립하여 이행해야 한다. 또한 규정, 절차 및 지침 등은 작업 특성의 적합성, 법령과의 일치, 규정 간의 일관성 등을 검토하여 업무 및 작업 관련 기준 및 방법을 정비하는 것이 바람직하다.

[실시 단계]
1) 안전 및 보건 확보 대책 실시하기

안전 및 보건 확보 계획의 실시 사항은 추진 일정에 따라 안전 보건 업무 리스크 및 공정 작업의 리스크 요인에 대한 대책을 실시한다. 그리고 실시 상황의 정도를 모니터링하여 필요한 조치를 취하고 조치 결과는 효과성을 확인하여 적절한 피드백을 취한다.

2) 안전보건관계법령 등 의사소통 및 근로자 인식하기

주관 부서는 적용되는 조직 부문에 무엇을 어떤 방법으로 의사소통할 것인지를 결정하는 것이 중요하다. 전자매체 및 게시판을 통해 적용 법령을 전달하고, 법령 및 기타 요구사항의 상세한 내용은 해당 관련자에게 실질적인 교육 실시 및 숙지 상태의 평가 등을 실시하는 법령인식 향상 프로그램을 수립하여 인식 향상 프로세스에 따라 근로자가 완전하게 이해 및 숙지, 실천하도록 한다([그림 4-5]).

[그림 4-5] 법령 인식 향상 프로세스

위의 프로그램을 통해 산업안전보건법령 등의 각 조문 내용은 이전에 많은 근로자가 피해를 입은 사례를 바탕으로 동종 재해를 방지하기 위해 규정된 안전 및 보건 기준으로 조문의 배경에 담겨있는 재해 내용, 재해 원인 등에 대하여 근로자에게 가능한 한 상세하게 설명해야 한다. 그리고 사업장에서 동일·동종재해가 재발하지 않도록 공감대 형성이 필요하다. 특히 최근에는 이해하기 어렵다는 법령에 대해서도 삽화를 이용하여 알기 쉽게 설명하고 있는 사업장도 많아지고 있다. 이러한 기업의 노력은 관리자와 감독자뿐만 아니라 작업자가 법령에 대해 이해하고 준수를 제고하는 데 큰 도움이 될 것이다.

3) 법규 준수 프로세스 운용하기

법규 준수 프로세스에 따라 법령 등 법규 준수 계획을 수립하여 법령 등을 준수할 수 있도록 안전 보건 원칙과 절차를 지키어 자율적 준수 관리를 이행하도록 해야 한다. 그리고 법규 준수 방법은 먼저 법령 사항을 리스트하고, 이것을 가능한 절차 및 작업 표준에 반영시킨 후 법규 준수 프로세스에 따라 준수한다.

작업자는 위험성 평가에 참여하고 작업자가 작업에 대한 유해·위험요인을 충분히 인지한 후 작업 전후 등 작업 상 준수해야 할 규정한 안전 보건 기준을 엄격하게 준수하여 안전 보건 의무를 확보해야 한다. 사업장에서 이행한 안전 보건 활동 내역은 법규준수관리시스템을 통해 경영책임자에게 정기적으로 보고하는 것이 좋다.

[평가 단계]
1) 법규 준수 평가 준비하기

(1) 준수 평가 프로세스

조직은 적용해야 할 법적 요구사항 및 기타 요구사항 등 법규 준수 여부를 평가하기 위한 프로세스를 수립해야 한다. 그리고 이행 과정의 상시적인 평가와 정기적 평가로 구분하고 준수 평가 프로세스에는 다음의 사항이 포함되어야 한다.

가) 법적 요구사항 및 기타 요구사항 준수 평가 책임 사항

나) 평가 시기 및 방법

다) 평가 대상의 법적 및 기타 요구사항 파악

라) 법적 요구사항 및 기타 요구사항 평가 항목 설정

마) 준수 평가 계획과 평가 수행 및 기록, 유지

바) 평가 결과의 보고 분석 및 평가

사) 평가 결과에 따른 후속 조치 절차

(2) 평가 시기 및 방법

평가 시기 및 방법은 조직의 규모와 형태, 복잡성을 고려하여 주기를 정한다. 그리고 평가 방법은 적용 법령에 대한 실시 방법, 실시 시기, 평가자 및 평가 기록 등을 관리한다.

가) 정기 평가

정기적인 평가는 년 2회 이상 계획하고 다음의 사항을 준비해야 한다.

- 평가 일자 결정 및 평가자, 평가팀의 선정
- 최신 적용 법령 및 기타 요구사항의 입수
- 법규 준수 체크리스트 등의 평가 문서 작성
- 각 부서에 준수 평가 일자 및 준비 사항 전달

나) 상시적 및 비정기 평가

상시적 및 비정기 평가는 다음의 사항의 경우에 계획 및 준비한다.

- 현장 순회 점검 및 불시 점검 실시 등 적절하게 모니터링해야 하는 경우
- 법적 요구사항 및 기타 요구사항에 대해 위반 사항이 발생할 경우
- 법적 요구사항 및 기타 요구사항의 변경으로 위반 사항의 발생 우려가 있는 경우

2) 준수 평가실시 및 분석하기

평가자는 평가 계획을 수립하고 그 계획에 따라 법규등록부에 등록된 내용 중에서 발췌한 후 별도의 법규 준수 체크리스트를 이용하여 유효한 준수 평가를 실시한다. 그리고 필요시 관련 근로자와 인터뷰를 실시할 수 있고, 평가 결과를 기록해야 하며, 경영자에게 준수 평가 결과를 보고해야 한다.

준수 평가의 경우 누가 준수 평가를 하는지가 중요하다. 대부분 조직에서는 자체적으로 안전 부서에서 준수 평가하고 있는데, 이때 반드시 법규의 지식과 이해의 역량을 확보하여 적격성이 부여된 인원으로 실시해야 한다. 필요하다면 사외전문가에 의뢰하여 준수 평가를 위탁하는 것도 바람직하다. 준수 평가 결과 법규 준수에 관련된 정성적 및 정량적 분석과 객관적 평가를 실시하여 준수 목표 및 프로세스 문제점을 발굴하여 개선 조치하는 시스템을 실시하는 것이 바람직하다.

[개선 단계]
1) 재발 방지 대책(미준수 시 조치 등) 마련하기

평가자는 준수 평가에서 미준수 사항이 발견된 경우 미준수 발생 사항은 재발 방지를 위한 프로세스를 구축 및 실시, 유지해야 한다. 구축된 재발 방지 프로세스에 따라 미준수 사항(위반 사항) 리스크는 응급조치의 시정과 시정조치를 실시하여 재발을 방지하도록 하고, 조치 결과는 효과성을 확인하며, 기록은 보유해야 한다. 아울러 안전 보건의 법규 위반에 대해 경각심을 가지도록 준수 결과에 대한 데이터를 정리 및 평가하여 직무 평가 등에 반영하는 것도 검토해야 한다.

2) 법령 개정 대응하기

법령을 개정할 때 대응할 절차를 수립해야 한다. 안전보건법령을 중심으로 관련 법령이나 규제·지역 조례 등이 개정되었는지 정기적으로 확인하고, 법령이 개정되었을 경우 법령 등록부 등을 개정하여 개정 부분에 해당되는 관련 문서나 작업 절차서를 개정해야 한다.

3) 신규 리스크 식별 및 조치하기

개선책 이행 과정에서 발생한 리스크는 리스크 평가를 실시하여 신규 리스크에 대한 대응 대책을 마련하여 조치한다.

4) 정기적 안전 및 보건 확보 조치 결과 보고하기

법규준수관리시스템을 통해 안전 보건 활동 내역을 경영책임자 등에게 보고해야 한다. 즉 모든 항목에서 미흡한 부분의 개선 조치가 완료되었고, 필요한 안전 보건 조치가 이행되었다는 사실을 정기적으로 보고하는 등 법규 준수 보고 체계를 확립해야 할 것이다.

안전 보건 목표 및 안전 보건 계획 수립

1. 안전 보건 방침과 목표

안전 보건 방침은 방향성을 나타낸 것이며, 안전 보건 목표는 방침 달성도를 평가하는 하나의 지표로서 안전 보건 방침과 일치하는 목표를 설정해야 한다. 따라서 안전 보건 목표를 달성한다는 것은 최고경영자가 설정한 방침에 표명된 안전보건경영시스템의 목적이나 목표에 적절하게 도달하고 있다는 의미이다. 최고경영자의 안전 보건 방침, 목표 및 계획의 흐름은 [그림 4-6]과 같다.

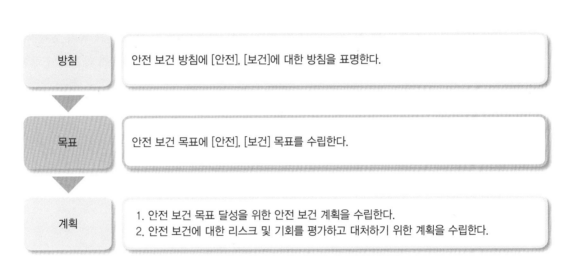

| 방침 | 안전 보건 방침에 [안전], [보건]에 대한 방침을 표명한다. |

| 목표 | 안전 보건 목표에 [안전], [보건] 목표를 수립한다. |

| 계획 | 1. 안전 보건 목표 달성을 위한 안전 보건 계획을 수립한다.
2. 안전 보건에 대한 리스크 및 기회를 평가하고 대처하기 위한 계획을 수립한다. |

[그림 4-6] 안전 보건 방침과 안전 보건 목표 전개

안전 보건 목표는 안전 보건 방침에 따라 위험성 평가 실시 결과, 과거의 안전 보건 목표의 달성 상황, 안전 보건 수준, 산업재해 발생 현황 등의 실태를 바탕으로 간결하고 알기 쉽게 실현 가능한 구체적인 목표를 설정하는 것이 바람직하다. 그리고 안전 보건 목표는 기업 전체의 목표에 따라 조직 전체, 사업장 및 부문별, 부서별로 설정해야 한다.

안전 보건 목표는 연도별로 작성하되, 중장기 목표도 함께 설정하는 것이 바람직하다. 두 가지 안전 보건 목표 모두 해당 기간 중에 지향해야 할 안전 보건 수준을 설정하여 주기적으로 평가해야 한다. 그리고 안전 보건 목표의 달성 여부를 평가하는 성과 지표를 설정하여 달성의 정도를 객관적으로 평가할 수 있는 것은 가능한 한 목표 수치로 설정한다.

도급인의 구내에 하청업체가 있는 경우에는 도급인과 보조를 맞춰 안전 보건 활동을 추진하는 것이 중요하다. 따라서 도급인의 직접적인 지도, 사업장 내 협의체 등을 통해 각 하청업체의 실태를 배려하면서도 도급인의 안전 보건 목표에 일치하는 안전 보건 목표를 설정하도록 지도한다.

2. 안전 보건 목표 이해하기

안전 보건의 목표는 안전 보건 방침과 부합된 목표가 수립되어 효과적으로 달성하기 위해 근로자 전원에게 주지시키고, 이해시키며, 공감되도록 하는 것이다. 이를 위해 안전 보건 목표에 관련된 정보를 사업장에 게시하는 한편, 현장 근로자부터 현장 감독자뿐만 아니라 관계 수급인, 계약자 등 외부의 이해관계자까지 관계자 전원에게 이해시킨다. 또한 안전 보건 목표는 수립 당시의 안전 보건 활동 등의 상황을 반영하여 수립되어 있는 것이므로, 산업재해의 발생, 관계 법령의 개정, 안전 보건 활동의 평가, 내부 심사 및 경영 검토 결과 등 안전 보건 성과 등의 상황에 변화가 있는 경우에는 산업안전보건위원회 및 협의회 심의 등 일정한 절차를 거쳐 목표를 수정한다.

3. SMART한 안전 보건 목표 설정하기

안전 보건 목표를 설정할 때 [표 4-7]의 SMART 원칙을 고려하는 것이 바람직하다.

[표 4-7] SMART 원칙

구분	내용
Specific(구체성)	목표나 목표 달성을 위한 계획이 구체적인가?
Measurable(측정 가능성)	목표는 달성 여부가 측정/판정 가능한가?
Achievable(달성 가능성)	목표는 실천적으로 달성 가능한가?
Realistic(실현 가능성)	목표가 현실에 맞는가?
Time Bounded(시간 제한성)	목표는 기한 내 달성 가능한가?

4. 안전 보건 목표의 PDCA

안전 보건 목표의 수립, 전개 및 조치의 PDCA는 [표 4-8]과 같다.

[표 4-8] 목표 관리 PDCA

단계	구분	실시 사항
P	6.2	안전 보건 목표 설정과 안전 보건 계획을 수립한다.
	6.1.4	안전 보건 리스크 및 기회, 준수해야 할 안전보건법규 등 다루어야 할 필요성이 있는 리스크 및 기회의 조치 기획은 목표의 대상이 된다.
D	8.1	안전 보건 목표 및 달성을 위한 안전 보건 계획을 실행한다.
C	9.1	안전 보건 목표 달성 상황의 평가와 목표 달성의 활동 결과와 성과를 평가한다.
A	10.2	안전 보건 목표 및 계획 미달 시 원인 분석 및 재발 방지를 실시한다.

5. 안전 보건 목표 수립하기

최고경영자의 안전 보건 방침은 목표 설정을 위한 틀을 제공하므로 방침과 일치하는 목표를 설정한다. 따라서 최고경영자가 표명한 안전 보건 방침에 따라 조직이 기대한 결과를 달성하기 위해 안전 보건 목표 및 세부 목표를 수립해야 한다.

목표는 ISO 45001 부속서 A.6.2.1에서 전략적 목표, 전술적 목표 또는 운영적 목표를 설정할 것을 권장하고 있다. 안전 보건 목표는 안전 보건 방침을 달성하려는 안전 보건 성과의 총체적인 목적이며, 세부 목표는 조직이 달성하려는 측정할 수 있는 성과 요구사항, 즉 성과 목표를 말한다.

안전보건경영시스템을 계획적으로 실천하려면 구체적인 운용 목표를 설정하는 것도 필요하다. 안전 보건 방침과 일관성 있는 안전 보건 목표 설정 대상은 조직의 리스크 평가 및 감소 조치, 일상적인 안전 보건 활동, 안전 보건 교육, 건강 증진 활동, 무재해 운동 활동 등 여러 가지 활동에 대한 목표를 설정한다.

안전보건경영시스템의 효과적인 운용을 위해 실현 가능한 수준의 적절한 목표가 설정되어야 하며, 슬로건 등 현실성이 없는 목표를 설정하지 않도록 하는 것이 중요하다. 이를 위해 조직의 니즈나 현상의 안전 보건 수준을 명확하게 파악하고, 그들은 정량적으로 평가할 수 있도록 가능한 정량적인 목표를 개발하는 것이 필요하다. 안전 보건 목표 및 세부 목표의 수립은 안전 보건 방침과 부합되도록 조직의 규모 및 특성을 고려하여 전사, 부문별 및 사업장, 부서별로 실시한다. 그리고 목표는 [그림 4-7]의 안전 보건 목표 입력 정보를 반영하여 설정하는 것이 바람직하다.

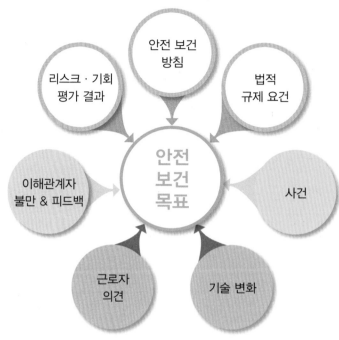

[그림 4-7] 안전 보건 목표의 입력 정보

6. 안전 보건 성과 지표 관리하기

성과 지표란, 목표의 달성 여부를 측정하는 척도로서 성과를 평가하기 위한 기준을 금액, 시간, 빈도 등을 이용하여 객관적으로 측정할 수 있는 값으로 전환한 주요 지표를 말한다. 조직은 목표 및 세부 목표를 수립할 경우 사전적·사후적 및 정량적으로 측정 가능한 안전 보건 성과 지표를 설정한다. 그리고 이러한 성과 지표는 지속적인 개선을 모니터링하기 위한 중요한 도구로서 평가 지표와 수치 목표를 명확하게 하면 객관적이고 정량적인 검증을 통해 안전 보건 활동을 객관적인 기준으로 평가 및 개선할 수 있게 한다. 또한 성과 지표는 안전 보건 방침과 일관성을 가져야 하며, 실용적이고 효과적이면서 기술적으로 실행 가능해야 한다. 이러한 성과 지표는 과거의 데이터 및 동종 업계의 산업재해 정보 등을 반영하여 도전적이고 적정한 수준의 목표를 성과 지표별로 설정한다. 성과 지표를 설정할 때의 체크 포인트는 [표 4-9]와 같다.

항목	체크 포인트
기존 성과 지표 검토	• 조직에서 현재 측정 및 관리되고 있는 성과 지표는 무엇인가? • 성과 지표 생성의 책임자는 있는가? • 성과 지표는 지속적으로 관리되고 있는가? • 성과 지표의 정의는 무엇인가? • 데이터는 어디에서 생성되는가? • 어떻게 측정되어 되는가? • 정기적인 성과 평가 및 보고 체계는 있는가? • 데이터는 주기적으로 갱신되는가?
성과 지표 정보/활용	• 동종 업종의 성과 지표(KPI)에는 무엇이 있는가? • 선진 기업들은 어떤 성과 지표를 활용하는가? • 타 산업에 속한 기업들의 성과 지표는 우리가 어떻게 활용할 수 있는가?

조직이 안전보건경영시스템의 성과를 반영하여 안전 보건 목표의 달성 실적을 계량적으로 평가하는 데 활용하는 척도로 다음과 같은 [표 4-10]의 안전 보건 성과 지표를 활용할 수 있다.

[표 4-10] 안전 보건 성과 지표(예시)

구분	성과 지표	정의	산출식
안전 부문	안전 사고 건수(건)	안전 사고 발생 총 건수	Σ사고 건수
	공상처리 건수(건)	공상처리 발생 건수	Σ공상처리 건수
	안전 법규 위반 건수	안전 법규 위반 건수	Σ법규 위반 건수
	재해율(%)	상시 근로자 중 재해자 발생자 비율	(재해자 수/상시 근로자 수)×100
	사망 만인율	연간 상시 근로자 1만 명당 발생하는 사망재해자 수의 비율	(사고 사망자 수/상시 근로자 수)×10,000
	강도율	근로 시간 1,000시간당 재해로 인한 근로 손실일 수	(총손실일 수/연 근로 시간)×1,000
	도수율	연간 근로 시간 합계 100만 시간당 재해 발생 건수	(재해건수/연 근로 시간)×100만
	연천인율	근로자 1,000명당 1년간 재해자 수	(연간 재해자 수/연평균 근로자 수)×1,000
	중대재해 건수(건)	중대재해 건수	Σ중대사고 건수
	자율 안전 관리 활동 종합 평점(점)	자율 안전 관리 활동에 대한 항목별 평가	Σ항목별 평가 점수
	잠재 재해 발굴 건수(건)	위험이 잠재되어 있는 요소를 발굴하여 사전 제거하는 활동	Σ발굴 건수
	안전 교육 시간(시간)	안전 관련 1인당 교육 시간	Σ교육 시간/교육 대상자 수

구분	성과 지표	정의	산출식
안전부문	안전경고장 발행 건수(건)	안전에 위배되는 행동과 작업에 대한 조치	Σ발행 건수
	무재해 달성일(일)	안전 사고 없는 생산 작업일의 누적치	Σ무재해일
	위험성 평가 위험도 개선율	위험성 평가 위험도 개선 전후의 위험 개선 비율	(개선 후 위험도/개선 전 위험도)×100
	근로 손실일(일)	안전 사고로 인한 휴업 손실일 수	Σ근로 손실일
	산재 손실 금액(원)	산업재해로 인한 직·간접 손실 비용	Σ직·간접 손실 비용
	무재해 달성률(%)	무재해 목표 달성도	무재해 실적일/무재해 달성 목표일
	재해 휴업률(%)	재해 발생으로 인한 휴업 비율	(재해로 인한 휴업일 수/노동 연 시간 수)×100
보건부문	작업 환경 측정 유해 인자 노출건	유해화학 물질의 농도, 소음, 분진 등 유해 인자의 법정 노출 기준 초과 건수	대상 유해 인자의 법정 노출 기준 초과 건수
	신규 화학 물질 검증률	신규 물질의 도입 시 검증 비율	검증 실시 건/도입 총 건수
	직업병 유소견자 발생 비율	근로자 직업병 유소견자 발생 건수	유소견자 수/근로자 수
	화학 물질 관리 교육 달성률	화학 물질 교육 회수 달성률	실시 회수/연초 계획 회수

7. 목표 달성의 안전 보건 계획 수립하기

안전 보건 계획은 계획된 안전 보건 목표 및 세부 목표를 달성하기 위해 필요한 실행 단계, 일정, 자원 및 책임을 정한 계획으로, 다음의 프로세스에 따라 수립한다.

- 계층별·기능별 목표 달성의 조직 책임자 선정
- 목표 설정 및 달성 개선 방안의 검토와 우선순위 결정
- 개선 방안에 대한 단계별 달성 목표 및 일정 수립
- 달성 목표의 정량화 및 달성 기한
- 필요 자원 및 투자 비용·예상 효과 검토
- 모니터링, 측정 주기, 분석 및 평가 방법
- 안전 보건 계획의 검토, 조정 및 승인
- 실적 및 기록 관리 명시

목표 달성의 안전 보건 계획은 다음 [그림 4-8]의 실시 사항을 포함하여 수립한다.

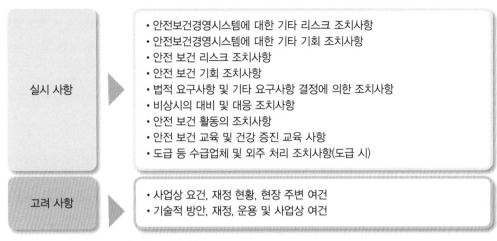

| 실시 사항 | ▶ | • 안전보건경영시스템에 대한 기타 리스크 조치사항
• 안전보건경영시스템에 대한 기타 기회 조치사항
• 안전 보건 리스크 조치사항
• 안전 보건 기회 조치사항
• 법적 요구사항 및 기타 요구사항 결정에 의한 조치사항
• 비상시의 대비 및 대응 조치사항
• 안전 보건 활동의 조치사항
• 안전 보건 교육 및 건강 증진 교육 사항
• 도급 등 수급업체 및 외주 처리 조치사항(도급 시) |
| 고려 사항 | ▶ | • 사업상 요건, 재정 현황, 현장 주변 여건
• 기술적 방안, 재정, 운용 및 사업상 여건 |

[그림 4-8] 목표 및 안전 보건 계획의 실시 사항(예시)

또한 안전 보건 계획에는 다음의 사항이 포함되거나 고려되어야 한다.

- 실시 사항의 일정 단계별 목표 수준
- 문제 해결 수단 및 우선순위
- 설비 및 투자 비용 등 자원 배정
- 목표 달성의 단계별 일정 계획의 설정
- 실행을 위한 단계별 책임 부서 및 책임자 선정
- 실행 결과에 대한 평가 주기 및 방법

8. 산업안전보건법에 의한 안전 보건 계획 수립하기

1) 산업안전보건법 제14조에 의해 대표이사는 매년 안전 보건 계획([그림 4-9])을 다음과 같은 내용에 대해 수립하여 이사회에 보고 및 승인받아야 한다.

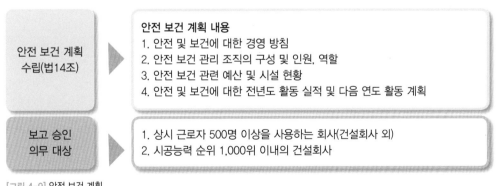

| 안전 보건 계획
수립(법14조) | ▶ | **안전 보건 계획 내용**
1. 안전 및 보건에 대한 경영 방침
2. 안전 보건 관리 조직의 구성 및 인원, 역할
3. 안전 보건 관련 예산 및 시설 현황
4. 안전 및 보건에 대한 전년도 활동 실적 및 다음 연도 활동 계획 |
| 보고 승인
의무 대상 | ▶ | 1. 상시 근로자 500명 이상을 사용하는 회사(건설회사 외)
2. 시공능력 순위 1,000위 이내의 건설회사 |

[그림 4-9] 안전 보건 계획

2) 안전 보건 관리 책임자는 산업안전보건법 제15조 1(안전 보건 관리 책임자)에 의거하여 사업
장의 산업재해 예방 계획의 수립에 대한 사항을 규정되어 있어 이에 대한 안전 보건 계획
을 수립해야 한다.

9. 안전 보건 목표 및 계획의 비즈니스 프로세스 통합화하기

조직은 사업 목표, QMS(품질경영시스템)의 품질 목표 및 EMS(환경경영시스템)의 환경 목표를 포
함하여 여러 가지 목표관리제도를 운용하고 있다. 안전 보건 목표 및 안전 보건 계획은 단독으로
수립하거나 다른 목표관리제도와 통합하는 것도 바람직하다.

5 위험성 평가 실시하기

1. 목적

유해 · 위험요인을 미리 찾아내어 사전에 그것이 어느 정도로 유해 및 위험한지를 추정하고, 추정한 위험성의 크기에 따라 유해 · 위험 제거 및 위험성 감소 대책을 수립하는 것으로, 부상 및 질병의 사고를 미연에 방지하는 것이 목적이다.

2. 위험성 평가란

위험성 평가와 관련된 용어의 정의는 [표 4-11]과 같다.

[표 4-11] 위험성 평가 용어의 정의

용어명	구분	용어 설명
위험성(risk)	산업안전보건법	유해 · 위험요인이 부상 및 질병으로 이어질 수 있는 가능성(빈도)과 중대성(강도)을 조합한 것을 말한다.
위험성 평가 (risk assessment)	산업안전보건법	유해 · 위험요인을 파악하고 해당 유해 · 위험요인에 의한 부상 또는 질병의 발생 가능성(빈도)과 중대성(강도)을 추정 및 결정하고, 감소 대책을 수립하여 실행하는 일련의 과정을 말한다.
안전 보건 리스크	ISO 45001	업무/작업과 관련하여 위험한 사건 또는 노출에 의한 발생 가능성과 사건 또는 노출에 의해 야기될 수 있는 상해 및 건강상 장해(3.18), 심각성의 조합(용어의 정의 : 3.21)
유해 · 위험요인(hazard)	산업안전보건법	유해 · 위험을 일으킬 잠재적 가능성이 있는 것의 고유한 특징이나 속성을 말한다.
	ISO 45001	상해 및 건강상 장해(3.18)를 가져올 잠재적인 요인을 말한다(용어의 정의 : 3.19)

3. ISO 45001 표준 관련 사항

위험성 평가는 ISO 45001 표준 6.1의 6.1.2 및 8절의 8.1.2에 해당되고, 본문 해설 내용을 참조하여 안전 보건 리스크 평가에 의해 안전보건경영시스템에서의 관리 대상인 유해 · 위험요인 및 안전 보건 리스크를 파악하여 관리 방법을 규명하는 것이다. 안전 보건 리스크 평가와 관련되어 ISO 45001 요구사항의 PDCA 관리 사이클은 [표 4-12]와 같다.

[표 4-12] 위험성 평가 PDCA

단계	구분	실시 사항
P	6.1.1(일반 사항)	리스크 및 기회에 대한 문서화된 정보 유지
	6.1.2.1 (위험요인 파악)	• 위험요인을 계획적·선제적으로 파악하기 위한 프로세스 수립 실행 및 유지 • 조직의 사업활동에서 위험요인 파악
	6.1.2.2 (리스크 평가와 기회 평가)	기존의 안전 조치 관리 대책의 효과성을 고려하여 파악된 위험요인에서 발생한 안전 보건 리스크 평가
	6.1.4 (조치의 기획)	리스크 및 기회를 다룸(a) 1))
	6.2 (목표와 목표 달성 기획)	안전 보건 목표 및 안전 보건 계획 반영
D	8.1.2(위험요인 제거 및 리스크 감소)	관리 단계의 우선순위에 따라 위험요인 제거 및 리스크 감소의 개선 대책 실시 및 유지
C	9.1(모니터링, 측정, 분석, 평가)	• 파악된 위험요인 및 리스크에 대한 조직의 활동 및 운용 • 운용 및 관리 단계의 효과성 파악
	9.3(경영 검토)	(b) 조직의 리스크 및 기회를 고려하여 검토한다.
A	10.3(지속적인 개선)	• 안전 보건 성과 향상 　- 평가 결과에 따른 추가 개선 조치 　- 잔류 위험성에 대한 추가 대책 조치

4. 법령상 위험성 평가

사업장의 안전 및 보건 조치 의무가 있는 사업주가 자발적으로 유해·위험요인을 반복적으로 파악 및 평가, 개선해가는 노사 협력적인 위험 관리 활동체제이다. 위험성 평가 및 분석을 통해서 유해·위험요인을 제거하거나 최소화하는 안전 보건 관리 방식으로, 관련 법령은 다음과 같다.

　1) 산업안전보건법 제5조(사업주 동의 의무)
　2) 산업안전보건법 제36조(위험성 평가의 실시)
　3) 산업안전보건법 시행 규칙 제37조(위험성 평가 실시 내용 및 결과의 기록 및 보존)
　4) 사업장 위험성 평가에 대한 지침(고용노동부고시 제2020-53호, 2020.1.14)

5. 위험성 평가 실시체제 및 역할

1) 사업주의 역할

사업주는 다음과 같은 방법으로 책임성 있게 위험성 평가를 실시해야 한다.

(1) 안전 보건 관리 책임자 등 해당 사업장에서 사업의 실시를 총괄 관리하는 사람에게 위험성 평가를 맡긴다.

(2) 사업장의 안전관리자, 보건관리자 등에게 위험성 평가의 실시를 관리하게 한다.

(3) 사업장의 작업 내용 등을 상세하게 파악하고 있는 관리감독자에게 유해·위험요인의 파악, 위험성의 추정, 결정, 위험성 감소 대책을 수립 및 실행하도록 한다.

(4) 유해·위험요인을 파악하거나 감소 대책을 수립하는 경우 특별한 사정이 없는 한 해당 작업에 종사하고 있는 근로자를 참여하게 한다.

(5) 기계 및 기구, 설비 등과 관련된 위험성 평가는 해당 기계 및 기구, 설비 등에 전문 지식을 갖춘 사람을 참여시킨다.

(6) 안전 보건관리자의 선임 의무가 없는 경우에는 제2호에 따른 업무를 수행할 사람을 지정하는 등 그 밖에 위험성 평가를 위한 체제를 구축한다.

2) 관리감독자의 역할

(1) 사업주의 위험성 평가에 대한 의향을 근로자에게 올바르게 전달하는 것

(2) 위험성 평가를 실시하기 위한 인원을 배치하는 것

(3) 관계자에 대한 교육 및 훈련을 하는 것

(4) 위험성 평가의 유해·위험요인의 파악 및 그 결과에 따른 개선 조치를 시행하는 것

3) 근로자의 역할

사업주는 위험성 평가를 실시할 때 다음 각 호의 어느 하나에 해당하는 경우 법 제36조제2항에 따라 해당 작업에 종사하는 근로자를 참여시켜야 한다.

(1) 관리감독자가 해당 작업의 유해·위험요인을 파악하는 경우

(2) 사업주가 위험성 감소 대책을 수립하는 경우

(3) 위험성 평가 결과 위험성 감소 대책 이행 여부를 확인하는 경우

6. 위험성 평가 실시 시기

위험성 평가는 '최초 평가', '정기 평가' 및 '수시 평가'로 구분하여 실시한다.

1) 최초 평가

최초 평가는 사업장에 위험성 평가를 도입하여 처음 실시하는 평가로, 전체 작업 대상으로 공정 및 활동과 모든 유해·위험요인을 대상으로 한다. 그리고 정상 작업뿐만 아니라 비정상 작업(계획적 비정상 작업, 예측 가능한 긴급 작업)도 고려하여 실시한다.

2) 정기 평가

정기 평가는 최초 평가 후 매년 정기적으로 실시한다. 평가 범위 및 방법은 최초 평가와 같지만, 다음의 사항을 고려하여 평가를 실시한다.

(1) 기계·기구·설비 등의 기간 경과에 의한 성능 저하(열화, 나사 풀림 등)
(2) 근로자의 교체 등에 수반하는 안전 보건과 관련되는 지식 또는 경험의 변화(경력이 많은 근로자가 퇴사하고 신규 근로자 입사)
(3) 안전 보건과 관련되는 새로운 지식의 습득
(4) 현재 수립되어 있는 위험성 감소 대책의 유효성 등

3) 수시 평가

다음의 경우와 같이 실시할 사유가 발생할 때 주기와 시기에 상관없이 실시한다. 다음의 어느하나에 해당하는 계획이 있으면 해당 계획을 대상으로 계획의 실행을 착수하기 전에 실시한다. 계획의 실행이 완료된 후에는 해당 작업을 대상으로 작업을 개시하기 전에 실시한다.

(1) 사업장 건설물의 설치 및 이전, 변경 전 또는 해체 전
(2) 기계 및 기구, 설비, 원재료 등의 신규 도입 또는 변경 전
(3) 건설물, 기계 및기구, 설비 등의 정비 또는 보수
(4) 작업 방법 또는 작업 절차의 신규 도입 또는 변경 전
(5) 중대재해 사고 또는 산업재해 발생
(6) 방침 및 관련 법규의 변경
(7) 그 밖에 사업주가 필요하다고 판단한 경우

7. 위험성 평가 프로세스

조직의 사업 활동에서 유해·위험요인 파악과 도출된 유해 위험요인에 대한 발생 가능성 및 심각성 영향을 평가하는 위험성 평가 프로세스는 다음의 절차에 따라 수행한다([그림 4-10]).

1) 제1단계 : 평가 대상 선정 및 사전 준비하기

    평가 대상을 선정하고 위험성 평가 지침 준비 및 평가에 필요한 안전 보건 정보를 사전 조사한다.

2) 제2단계 : 유해·위험요인 파악하기

    작업장에 존재하는 유해·위험요인 도출과 재해에 이르는 프로세스를 파악한다.

3) 제3단계 : 위험성 추정하기

    유해·위험요인별 위험성의 크기를 추정한다.

4) 제4단계 : 위험성 결정하기

    위험성 추정 결과 위험성을 허용할 수 있는지의 여부를 결정한다.

5) 제5단계 : 위험성 감소 대책 수립 및 실시하기

    허용할 수 없는 위험성은 우선순위에 따라 위험성 제거 및 감소 대책을 수립, 실시한다.

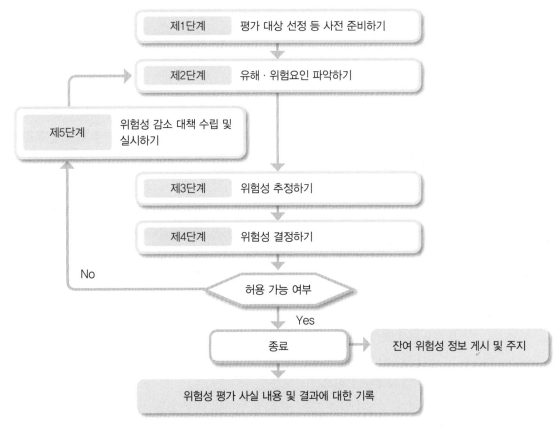

[그림 4-10] 위험성 평가 프로세스

1) 제1단계 : 평가 대상 선정 등 사전 준비하기

(1) 연간 위험성 평가하기

가) 위험성 평가를 실시하는 사업장의 연간 위험성 평가 계획을 수립한다.

나) 연간계획서는 당해 연도의 위험성 평가를 개시하기 전에 작성되어야 하며, 같은 계획서에는 다음의 사항을 포함시킨다.

- 위험성 평가 실시의 목적
- 위험성 평가의 실시 방법
- 위험성 평가 실시 책임자와 실시 담당자의 역할
- 위험성 평가 실시 시기
- 위험성 평가 실시의 주지 방법
- 위험성 평가 실시상의 유의 사항

(2) 위험성 평가 수시 계획 수립하기

가) 연도 중에 기계 및 설비의 도입, 설치, 작업 방법의 변경 등 새로운 유해·위험요인이 발생할 것으로 예상되는 경우에는 이를 포함하여 연간계획서를 작성해야 한다.

나) 상기 사항이 연간계획서에 반영되지 못한 경우에는 해당 사유가 있는 시기에 미반영 부분에 대한 수시 계획서를 작성한다.

(3) 위험성 평가 교육 실시 및 근로자 참여하기

사업장이 위험성 평가를 도입하여 실시하는 경우 위험성 평가 관계자에게 외부 교육기관의 필요한 교육을 수강하게 하거나, 사업장 전 근로자에게 위험성 평가의 중요성, 실시 방법 등을 교육시키는 것이 필요하다. 사업주는 사업장 위험성 평가에 대한 지침 제6조(근로자 참여)에 따라 위험성 평가를 실시할 때 다음 각 호의 어느 하나에 해당하는 경우 법 제36조제2항에 따라 해당 작업에 종사하는 근로자를 참여시켜야 한다.

가) 관리감독자가 해당 작업의 유해·위험요인을 파악하는 경우

나) 사업주가 위험성 감소 대책을 수립하는 경우

다) 위험성 평가 결과 위험성 감소 대책의 이행 여부를 확인하는 경우

(4) 평가 대상 작업 및 업무 선정하기

가) 위험성 평가는 조직 안의 모든 공정 및 업무에 대한 활동, 제품 및 서비스를 대상으로

근로자의 작업에 관계되는 유해 · 위험요인에 의한 부상 또는 질병의 발생이 합리적으로 예견 가능한 것은 모두 위험성 평가 대상으로 한다.

나) 위험성 평가 대상에는 모든 근로자(계약자, 방문객 포함)에게 안전 보건상 영향을 주는 다음의 사항을 포함한다.

- 조직 내부 또는 외부에서 작업장에 제공되는 위험 기계 · 기구 등 산업기계
- 작업장에 보유 또는 취급하는 모든 유해 물질
- 일상적인 정상 작업 및 비일상적인 작업(수리 또는 정비 등)
- 발생할 수 있는 비상사태의 긴급 조치 작업
- 작업장에 출입하는 모든 사람
- 체육 활동 등 각종 행사 참여자

다) 과거에 산업재해 · 사고가 발생한 작업, 조작이 복잡한 설비 기계 작업 등은 우선 선정한다.

라) 동일한 작업(동일한 작업 설비 사용 또는 작업 수행 방법 등)이 같다고 객관적으로 인정되는 작업인 경우에는 묶어서 평가할 수 있다.

마) 평가 대상의 작업은 단위 공정별 및 세부 공정별로 분류하여 평가한다.

(5) 안전 보건 정보 사전 조사

가) 위험성의 크기가 큰 것부터 우선적으로 개선하려면 유해 · 위험요인의 파악 단계에서 유해 · 위험요인이 누락되지 않도록 한다. 이렇게 하려면 유해 · 위험요인에 대한 안전 보건 정보를 가급적 많이 수집하고, 유해 · 위험요인을 특정하기 위한 정보의 형태로 정리해 두는 것이 중요하다.

나) 유해 · 위험요인에 대한 정보를 입수할 때는 법령, 지침, 관련 업계 및 사내 표준 등 각종 기준의 정보를 파악하는 동시에 재해 통계, 안전 보건 관리 기록 등의 정보를 토대로 사업장의 유해 · 위험요인에 대한 정보도 파악해야 한다.

다) 유해 · 위험요인을 파악하기 전에 사업장의 기본적인 안전 보건 정보는 다음을 참조하여 작성한다.

- 작업 표준, 작업 절차 등에 대한 정보
- 화학 물질 MSDS 정보, 유해화학 물질의 취급량, 취급 시간
- 기계, 기구, 설비 등의 시방서 및 공정 흐름과 작업 주변의 환경에 대한 정보
- 동일한 장소에서 작업의 일부 또는 전부를 도급을 주어 행하는 경우 혼재 작업의 위험성 및 작업 상황 등에 대한 정보
- 과거의 재해 사례, 아차사고 사례, 재해 통계 등에 대한 정보

- 작업 환경 측정 결과, 근로자 건강진단 결과에 대한 정보
- 근로자 구성 및 경력 특성(여성 근로자, 1년 미만 미숙련자, 고령 근로자, 비정규직 근로자, 외국인 근로자, 장애근로자)
- 근로자의 고용 형태와 작업 형태 및 교대 작업 유무
- 운반 수단(기계, 인력) · 안전 작업 허가가 필요한 작업 유무
- 중량물 인력 취급 시 단위 중량 및 취급 형태(들기, 밀기, 끌기)
- 작업에 대한 특별 안전 교육 필요 유무
- 이전에 실시한 위험성 평가 자료
- 그 밖에 위험성 평가에 참고가 되는 자료 등

라) 평가 담당자는 관리감독자 및 해당 공정의 근로자와 함께 사업장 순회 점검 및 현장 청취를 통해 사전에 조사한 안전 보건 정보를 기반으로 안전 보건 체크리스트를 활용하여 유해 · 위험요인을 파악한다.

2) 제2단계 : 유해 · 위험요인(hazard) 파악하기

유해 · 위험 파악은 해당 사업장에 잠재하고 있는 모든 유해 위험요인을 목록화하는 단계로서 위험성 평가에서 가장 중요한 단계 중의 하나이다.

(1) 유해 · 위험요인의 파악 방법

조직은 유해 · 위험요인을 파악할 때 업종, 규모, 특성 등을 고려하여 사업장에서 규정한 위험성 평가 절차 및 방법에 따라 유해 위험요인을 분류한다. 그리고 사전 조사한 정보와 유해 · 위험요인 조사표 등 체크리스트를 활용하여 순회 점검 및 현장 청취 등을 실시한 후 공정 작업별 유해 위험 개소의 불안전한 행동 및 불안전한 상태와 예상 재해 형태 등을 파악한다.

일반적으로 요인 유형의 종류(기계적 요인, 전기적 요인, 물리적 요인, 화학적 요인, 생물학적 요인, 인간공학적 요인, 작업 환경 요인 등)로 분류하는 것이 바람직하고, 채택한 위험성 평가 기법에 따라 유해 · 위험요인을 분류하여 파악한다. 따라서 유해 · 위험요인의 파악하는 절차에 고려해야 할 사항은 다음과 같다.

가) 무엇이 어떤 원인으로 유해 위험이 발생되는가? (작업 환경, 설비나 재료, 작업 방법 및 작업량, 작업 실수, 기타 원인)

나) 어떠한 상황에서 유해 · 위험요인이 발생되는가? (정상적인 작업, 비정상적 작업)

다) 재해 발생 결과는 어떤가? (재해 형태)

라) 누가 그 영향을 받는가? (직원, 계약자, 방문자, 기타 사업장 주변의 인원이나 조직이 직접 관리하고 있지 않는 인원)

마) 현재의 상태는 어떠한가? (현재 안전 조치)

(2) 유해·위험요인 도출 시 표준 요구사항

유해·위험요인은 6.1.2.1에서 언급한 바와 같이 다음과 같은 요인을 고려하여 파악할 것을 요구하고 있다.

가) 작업 구성 방법, 사회적 요소(작업량, 작업 시간, 희생 강요, 괴롭힘 및 따돌림 포함), 리더십 및 조직의 문화

나) 다음으로부터 발생하는 유해·위험요인을 포함하여 일상적 및 비일상적 활동 및 상황
- 기반 구조, 장비, 재료, 물질 및 작업장의 물리적 조건
- 제품 및 서비스의 설계, 연구 및 개발, 시험, 생산, 조립, 건설, 서비스 제공, 유지 보수 및 폐기
- 인적 요소
- 작업 수행 방법

다) 비상 상태를 포함하여 조직의 내부 및 외부와 관련하여 과거의 사건 및 그것들의 원인

라) 잠재적인 비상 상황

마) 다음 사항의 포함을 고려한 인원
- 근로자, 계약자, 방문자 및 기타 인원을 포함한 작업장 및 그들의 활동에 접근할 수 있는 인원
- 조직의 활동으로 영향을 받는 작업장 주변 인원
- 조직이 직접 관리하지 않는 장소에 있는 근로자

바) 다음 사항을 고려한 기타 이슈
- 관련 작업자의 니즈와 능력에 대한 그들의 적응을 포함하여 작업 구역, 프로세스, 설치, 기계/장비, 운용 절차 및 작업 구성의 설계
- 조직의 관리하에 있는 작업 관련 활동으로 인해 작업장 인근에서 발생하는 상황
- 조직에 의해 관리되지 않고 작업장 인근에서 발생하는 상황으로 작업장에 있는 사람 상해 및 건강상 장해를 일으킬 수 있는 상황

사) 조직, 운용, 프로세스, 활동 및 안전보건경영시스템의 실제 또는 제안된 변경

아) 유해·위험요인에 대한 지식 및 정보의 변화

3) 제3단계 : 위험성 추정하기

(1) 위험성 추정이란

위험성(risk)은 유해·위험요인에 의해 발생할 우려가 있는 부상 또는 질병의 발생 가능성과 중대성의 조합이라고 정의하고 있다. 위험성 추정이란, 위험성 평가 대상인 유해·위험요인별로 재해(부상 및 질병)로 이어질 수 있는 가능성(빈도)과 중대성(강도)의 크기를 추정하여 위험성의 수준을 객관적으로 추정하는 것을 말한다. 따라서 위험성 추정은 유해·위험요인이 파악되면 다음은 위험성의 크기를 명확하게 산출하기 위해 위험성 추정을 실시한다. 즉 위험성 추정은 재해가 얼마나 자주 발생할 것인지와 발생하였을 때 어느 정도 재해 영향이 있는지를 예측하고 조합한 후 평가 기준에 의거하여 부상 또는 질병으로 이어질 수 있는 발생 가능성, 중대성 및 그 조합의 위험성 크기를 평가하는 것이다.

(2) 위험성 추정의 평가 기준

위험성 추정 방법 1

가) 발생 가능성 추정

부상과 질병의 발생 가능성(빈도)은 [표 4-13]과 같이 위험성 크기를 추정하며 사업장의 특성에 따라 단계(3~5단계)를 정할 수 있다. 부상 또는 질병의 발생 가능성은 유해·위험요인에 대한 노출 빈도나 시간, 유해·위험한 시간 발생 확률, 회피 가능성 등을 고려하여 추정하는 것으로, 다음과 같이 이해하면 된다.

[표 4-13] 발생 가능성 추정(예시)

구분	가능성		내용
최상	매우 높음	5	• 피해가 발생할 가능성이 매우 높다. • 1일 1회 정도 발생할 것으로 예상되는 경우 • 해당 안전 조치가 되어 있지 않고, 표시·표지가 있어도 관리되지 않는 경우가 많으며, 안전수칙 및 작업 표준 등도 없다.
상	높음	4	• 피해가 발생할 가능성이 높다. • 1개월 1회 정도 발생할 것으로 예상되는 경우 • 방호가드 및 방호덮개, 기타 안전 장치가 없거나, 있더라도 상당히 관리되지 않는 경우가 있고, 비상 정지 장치, 표시·표지는 설치되어 있으며, 안전수칙 및 작업 표준 등은 있지만 준수하기 어렵고 많이 주의해야 한다.
중	보통	3	• 부주의하면 피해가 발생할 가능성이 있다. • 1년 1회 정도 발생할 것으로 예상되는 경우 • 방호가드나 방호덮개 또는 안전 장치 등은 설치되어 있지만, 가드가 낮거나 간격이 벌어져 있는 등 관리되지 않고, 위험 영역 접근 및 위험원과의 접촉이 있을 수 있다. • 안전수칙 및 작업 표준 등은 있지만 일부 준수하기 어렵다.

구분	가능성		내용
하	낮음	2	• 피해가 발생할 가능성이 낮다. • 3년 1회 정도 발생할 것으로 예상되는 경우 • 방호가드나 방호덮개 등으로 보호되어 있고, 안전 장치가 설치되어 있으며, 위험 영역에의 출입이 곤란한 상태이다. • 안전수칙 및 작업 표준(서) 등이 정비되어 있고 준수하기 쉽지만, 피해 가능성이 남아 있다.
최하	매우 낮음	1	• 피해가 발생할 가능성이 없다. • 10년 1회 정도 발생할 것으로 예상되는 경우이다. • 전반적으로 안전 조치가 잘 되어 있다.

나) 중대성 추정

부상 또는 질병의 중대성(강도)에 대해서는 기본적으로 휴업일 수 등을 기준으로 사용한다. 그리고 중대성의 크기의 예로서 사망이나 신체의 일부에 부상이 수반되는 것, 또는 휴업일 수가 몇 개월 이상인지 등이 고려되고 영향 범위로 발생하면 많은 사람에게 영향을 주는지 등을 고려한다. 예시는 [표 4-14]와 같다.

[표 4-14] 중대성 추정(예시)

구분	중대성		내용
최대	치명적	4	사망재해나 신체의 일부에 영구 손상을 수반하는 것
대	중대	3	휴업재해(1개월 이상인 재해), 한 번에 다수의 피해자를 수반하는 것
중	중등 정도	2	휴업재해(1개월 미만인 재해), 한 번에 복수의 피해자를 수반하는 것
소	경미	1	휴업을 수반하지 않은 재해이거나 치료가 필요 없는 정도인 것

다) 위험성 추정 산출 방식

위험성 요소인 발생 가능성과 중대성을 정량화하고, 해당 조합인 위험성의 수준을 추정하는 방법은 다음과 같다. 사업장의 특성에 따라 선택하여 가능성과 중대성 수준의 단계를 조정하면 된다.

[표 4-15] 위험성 추정(예시)

구분	내용
곱셈식	위험성의 크기는 가능성(빈도)과 중대성(강도)을 곱하는 방법
행렬식	위험성은 행렬을 이용하여 가능성과 중대성을 조합한 방법
덧셈식	위험성의 크기는 가능성(빈도)과 중대성(강도)을 더하는 방법
그 밖의 방법	분기법 등의 사업의 특성에 적합한 방법

[곱셈식에 의한 방법]

위험성 크기는 가능성(빈도)과 중대성(강도)의 곱셈을 이용하여 수치를 산출하고 수치 결과에 따라 위험성 등급을 구분한다([표 4-16]).

[표 4-16] 위험성 추정 곱셈법(예시)

가능성(빈도) \ 중대성(강도)	소(1)	중(2)	대(3)	최대(4)
최하(1)	매우 낮음(1)	매우 낮음(2)	낮음(3)	낮음(4)
하(2)	매우 낮음(2)	낮음(4)	보통(6)	높음(8)
중(3)	낮음(3)	보통(6)	높음(9)	높음(12)
상(4)	낮음(4)	높음(8)	높음(12)	매우 높음(16)
최상(5)	낮음(5)	높음(10)	매우 높음(15)	매우 높음(20)

위험성 추정 방법 2

위험성 크기는 발생 가능성 및 중대성에 현재의 안전 조치 효과성을 고려하여 다음과 같이 위험성 크기([표 4-17])를 산출한다.

위험성 크기 : (발생 가능성 + 중대성) × (현재 안전 보건 조치 수준)

[표 4-17] 중대성 평가기준(예시)

수준	점수	정의
높음	3	• 사망 사고나 신체 일부에 영구적 장해를 입는 것, 또한 휴업재해가 1개월 이상인 것 • 재해가 발생할 때 많은 사람에게 영향을 미치는 사고 및 질병
중간	2	• 휴업재해가 1개월 미만인 것 • 재해가 발생하여도 일부 사람만 영향을 미치는 사고 및 질병
낮음	1	• 휴업재해가 없거나 찰과상 정도인 것 • 재해가 발생하여도 단 한사람만 영향을 미치는 사고 및 질병

[표 4-18] 발생 가능성 평가기준(예시)

수준	점수	정의
높음	3	• 과거에 회사에서 발생한 사례가 있는 사고 및 질병 • 해당 업무 및 작업의 실시 빈도가 높고, 발생 가능성이 높은 사고 및 질병
중간	2	• 과거에 회사에서 발생한 사례가 없지만 다른 사업장에서 빈번하게 발생하는 사고 및 질병 • 해당 업무 및 작업의 실시 빈도가 어느 정도 높고, 발생 가능성이 있는 사고 및 질병
낮음	1	• 과거에 회사에서 발생한 사례가 없고, 또한 다른 사업장에서 거의 발생하지 않는 사고 및 질병 • 해당 업무 및 작업의 실시 빈도가 낮고, 발생 가능성이 낮은 사고 및 질병

[표 4-19] 현재 안전 보건 조치 수준 평가기준(예시)

수준	점수	정의
높음	3	리스크를 제거 및 감소하기 위한 안전 보건 대책이 전혀 수립되어 있지 않음
중간	2	리스크를 제거 및 감소하기 위한 안전 보건 대책이 수립되어 있지만, 문서화되어 있지 않거나 또는 현재의 안전 보건 대책에 개선 여지가 있음
낮음	1	리스크를 제거 및 감소하기 위한 기술적 및 경제적 최적의 안전 보건 대책이 수립되어 문서화되어 있음. 또는 문서화되어 있지 않지만, 그 대책이 조직의 안전 보건 문화로서 정착하고 있음

4) 제4단계 : 위험성 결정하기

(1) 위험성 결정이란

위험성 결정은 위험성 추정에서 수행된 유해 위험별 위험성의 크기에 따라 허용 가능한 위험인지, 허용할 수 없는 위험인지의 여부를 판단하는 단계이다. 여기서는 위험성 결정을 통해 위험성 수준을 파악하고, 위험성 수준의 관리 기준에 따라 적절한 대응 조치를 취해야한다. 특히 허용할 수 없는 위험성은 안전하지 않은 수준이기 때문에 위험성 감소 대책이 필요하다. 위험성 수준은 정해진 법적 기준이나 안전보건경영시스템의 기준이 없다. 다만이 단계에서는 위험 수준의 간격과 개선 대책을 결정할 때 허용 범위의 위험과 허용 불가의 위험의 기준은 명확해야 한다는 것에 유의해야 한다.

위험성 결정은 사업장의 특성에 따라 업계의 기준 등을 고려하여 자체적으로 판단하여 기준을 정한다. 이 기준은 위험성 결정을 하기 전에 설정해 두어야 하고 위험성 평가 제1단계인 사전 준비 단계에서 설정하는 것을 권장한다.

(2) 위험성 수준 결정하기

위험성 수준은 수준별 등급 구분(4~6단계), 허용 가능 여부, 관리 기준, 대응 대책 등에 대해 사업장에서 결정하면 된다. 위험성 수준은 발생 가능성과 중대성의 크기에 대해 곱셈과 덧셈 등의 조합으로 산출한다. 위험성 수준의 기준은 [표 4-20]의 예시와 같다.

[표 4-20] 위험성 결정 기준표(예시)

위험성 수준			허용 가능 여부	관리 기준	대응 조치
16~20	매우 높음	허용 불가 위험	허용 불가능	즉시 작업 중지(작업을 지속하려면 즉시 개선을 실행해야 하는 위험)	즉시 개선
14~15	높음	중대한 위험		긴급 임시 대책을 세운 후 작업을 실시하되 계획된 정비 기간에 안전 대책을 수립해야 하는 위험	신속한 개선
9~12	약간 높음	상당한 위험		안전 보건 대책을 수립하여 계획된 정비 기간에 개선해야 하는 위험	가급적 빠른 개선
7~8	보통	경미한 위험		위험 표시 부착 및 작업 절차서 표시 등을 통한 관리적 대책이 필요한 위험	계획적 개선
4~6	낮음	미미한 위험	허용 가능	근로자에게 유해·위험성 정보 및 주기적인 안전 보건 교육의 제공이 필요한 위험	관리적 대책
1~3	매우 낮음	무시할 수 있는 위험		추가적인 안전 대책이 필요 없어 무시할 수 있는 수준의 위험	현재 안전 대책 유지

5) 제5단계 : 위험성 감소 대책 수립 및 실시하기

(1) 위험성 감소 대책 프로세스

위험성 결정이 종료되면 유해 위험요인 제거 및 리스크 감소는 위험성 감소 대책 프로세스에 따라 수행된다([그림 4-11]). 이 경우 ISO 45001 요구사항 8.1.2(위험요인 제거 및 안전 보건 리스크의 감소)에 규정된 관리 단계의 우선순위에 따라 구체적인 관리 대책이 수립 및 실행된다.

위험성 감소 대책은 합리적으로 실천 가능한 범위에서 가능한 한 낮은 수준까지 감소하는 것이다. 이것은 부속서 A.8.1.1에서 ALARP(As Low As Reasonably Practicable)의 원칙을 언급하고 있다. 또한 아무리 위험 감소 대책을 수립해도 허용할 수 없는 위험도가 낮아지지 않은 위험요인은 근원적으로 위험을 제거할 수 있는 새로운 공정 및 기계를 도입하거나 안전한 물질로 대체 사용하는 대책을 검토해야 한다. 감소 대책은 현재의 안전 조치를 고려하여 기술력 및 경제성 등 타당성을 검토한 구체적인 개선 방법과 일정 및 담당자를 수립하고 대책 후 위험성 수준을 정한다.

[그림 4-11] 위험성 감소 대책 프로세스

(2) 위험성 감소 대책 수립 시 고려 사항

가) 위험성 감소 대책은 다음의 사항에 대해 타당성을 검토하는 것이 필요하다.

- 기술적 난이도는 얼마나 되는가?
- 실행 우선순위에 적절한가?
- ALARP를 고려하는가?
- 새로운 위험이 발생하는가?
- 감소 대책 실행 후 허가 가능한 위험성 범위 안에 있는가?

나) 개선 대책은 현재의 안전 조치를 고려하여 구체적인 개선 방법을 수립하고, 수립 시 개선 후 예상 리스크를 계산하여 개선 대책 실행 후 해당 결과를 확인한다.

다) 위험성의 크기가 높은 것부터 위험성 감소 조치의 대상으로 하여 위험성 감소를 위한 우선순위를 결정하는 방법은 사전 준비 단계에서 미리 설정해 둔다.

라) 안전 보건상 중대한 문제가 있는 수용할 수 없는 위험에 대해서 위험성 감소 조치를 즉시 실시해야 한다.

마) 위험성 감소 조치의 구체적 내용은 법령에 규정된 사항이 있는 경우에는 그것을 반드시 실시해야 한다.

(3) 위험성 감소 대책 추진하기

가) ISO 45001 8.1.2에 의한 위험성 감소 대책

위험성 평가가 종료되면 위험성 감소 대책은 표준 요구사항 8.1.2(위험요인 제거 및 안전 보건 리스크의 감소)에 규정된 [그림 4-12]와 같이 관리 단계의 체계적인 접근 방법에 따라 우선순위를 정하여 유해·위험요인의 제거 또는 리스크 감소를 위한 개선 대책을 수립 및 실시하면 된다.

다음 그림에서 관리 단계의 구체적인 위험성 감소 실현 방법은 부속서 A.8.1.2 사례를 근거하여 우선순위 검토 및 조치하면 된다. 따라서 먼저 유해 위험요인을 제거할 수 있는지를 검토한 후 제거할 수 없다면 위험성이 적은 것으로 대체를 검토한다. 이러한 대체도 어려우면 기술 적 관리를 검토하고, 기술적 검토도 어려우면 행정적 관리를 한다. 마지막으로 행정적 대책으로 방지할 수 없는 리스크는 개인 보호구를 검토한다.

위험성 감소 대책의 실현 방법은 우선순위에 있어 설계 및 계획 단계에서 안전 보건을 확보하는 근원적 대책(제거 및 대체)이 가장 중요하다. 그리고 개인 보호구의 사용으로 안전 보건을 확보하는 것은 마지막으로 최후의 실현 방법이다.

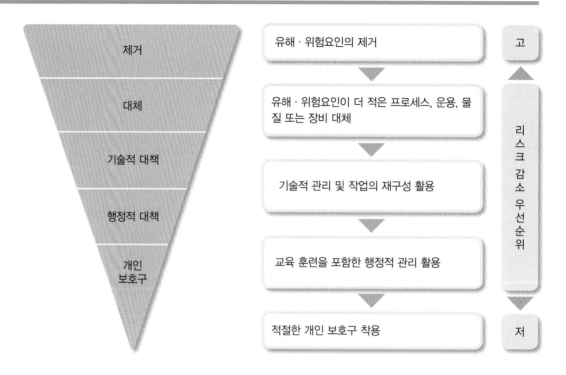

[그림 4-12] 관리 단계

나) 일반적인 위험성 감소 대책 수립의 우선순위

위험성 감소 조치는 법령에 규정된 사항이 있는 경우에는 이것을 반드시 실시해야 한다. 그리고 위험성 조치 내용은 위험성 감소 대책 우선순위에 따라 검토하여 실시하는 것이 중요하다([그림 4-13]).

위험성 감소 조치의 구체적 내용은 법령에 규정된 실시 사항이 있는 경우 이것을 반드시 먼저 실시해야 한다. 그 다음으로는 ㉮ 본질적(근원적) 대책(조치), ㉯ 공학적 대책(조치), ㉰ 관리적 대책(조치), ㉱ 개인 보호구 사용의 순서로 검토하여 이행해야 한다. 여기서 ㉮ 감소 조치의 유효성이 가장 높고, ㉱는 그 반대로서 최후 수단이다. 이 경우 ㉱의 조치로 ㉮~㉰의 조치를 대체해서는 안 된다.

| 스텝 1 | 법령에 의한 대응 | 해당되는 경우 법령에 규정된 대책 사항을 반드시 실시 | 고 |

| 스텝 2 | 본질적(근원적) 대책 | 위험한 작업의 폐지·변경·유해성 또는 물리적 위험성이 보다 낮은 재료의 대체, 설계나 계획 단계에서 위험성을 제거 또는 저감하는 조치 | |

| 스텝 3 | 공학적 대책 | 인터록, 안전 장치, 가드, 국소 배기 장치 등 | 감소 대책 수립의 우선순위 |

| 스텝 4 | 관리적 대책 | 매뉴얼 정비, 출입 금지, 노출 관리, 교육 훈련 | |

| 스텝 5 | 개인 보호구의 사용 | 스텝 2~스텝 4의 조치를 취해도 제거 및 감소할 수 없었던 위험성에 대해서만 실시 | 저 |

[그림 4-13] 위험성 감소 대책 우선순위

(4) 위험성 감소 대책 사례

위에서 소개한 가)와 나)의 위험성 감소 조치사항을 고려하여 안전 부문 및 보건 부문의 위험성 감소 대책의 사례는 [표 4-21]과 같다.

[표 4-21] 위험성 감소 대책 사례

안전 부문의 위험성 제거 및 감소 대책	보건 부문의 위험성 제거 및 감소 대책
1) 안전 장치의 설치 또는 개량 2) 물리적 위험성이 적은 물질 대체 3) 기계·설비의 안전화 4) 위험 작업의 자동화, 인력 감소 또는 산업용 로봇의 도입 5) 위험한 장소 폐지, 변경 기계·설비의 레이아웃(배치) 변경 6) 작업 방법, 작업 절차의 정비, 개선 7) 안전 보호구의 올바른 선정 및 착용	1) 유해 위험 물질의 사용 금지 또는 유해, 위험이 적은 물질 대체 2) 유해 물질 발산의 밀폐화 3) 자동화, 원격 조작 또는 노출 시간의 단축 4) 국소 배기 장치, 전체 환기 장치 등 억제 장치의 설치 5) 작업 방법, 작업 절차의 개선 6) 위생 보호구의 올바른 선정 및 착용

(5) 위험성 감소 대책 수립 및 실시하기

위험성 감소 대책은 위의 위험성 감소 대책 방안에 따라 위험성 감소 계획을 수립한다([양식 3]). 위험성 감소 대책의 내용이 수립되면 구체적인 개선 계획이 언제까지 개선될 것인지 개선 조치사항이 확실하게 수행되어야 한다.

리스크를 확실하게 감소시키려면 리스크 개선 대책으로 관리적 대책만 대응하고 있는 사업장도 있지만, 리스크가 높은 작업은 본질적 대책이나 공학적 대책으로 리스크를 감소시키는 것이 바람직하다. 또한 관리적 대책만으로 근로자에게 협력을 구하기 어렵게 되고 리스크 평가 자체가 형식화할 가능성이 있다.

(6) 위험성 감소 대책 실시 후 조치하기

가) 위험성 감소 조치를 실시한 후에는 당해 조치가 타당한 것인지, 위험성이 적절하게 감소된 수준으로 되었는지의 여부에 대해 다시 위험성을 추정한다. 그리고 해당 작업 또는 공정의 위험성이 허용 가능 위험성 기준 범위 안에 있는지 유효성을 확인한다.

나) 위험성 기준 범위를 초과한 경우 허용 가능 위험성 수준이 될 때까지 추가 감소 대책을 수립 및 실시한다. 또한 조치 후에도 잔류 위험성에 대해 추가적인 조치가 있으면 추가하여 실시한다.

다) 유해·위험요인을 제거하거나 적절한 격리의 원칙을 채용해서 재해의 발생 가능성이 충분히 낮아졌다고 판단되면 위험성 크기가 낮은 등급이 될 것이다. 반면 유해·위험요인이 충분히 제거되지 않을 경우에는 위험성을 추정하여 결정한 후 다시 위험성 감소 대책을 수립하고 실행해야 한다.

라) 이 경우 본질(근원)적 또는 공학적인 방법으로 아무리 해도 위험성이 해결되지 않는 경우에는 관리적 대책(경고 표시 등 잔류 위험성 대책)으로 대응한다. 그리고 새로운 유해·위험요인이 발생되는 경우에는 재차 위험성 평가를 실시해야 한다.

마) 중대재해 또는 중대한 건강상 장해 발생이 우려되는 위험성으로 감소 대책의 실행에 시간이 필요한 경우 즉시 잠정적인 조치를 강구한다.

(7) 잔류 위험성 관리하기

가) 감소 대책 수립 실행 후에는 남아 있는 유해 위험요인 및 잔류 위험성에 대해 교육 및 게시 등의 대응 방법을 근로자에게 알려야 한다.

나) 위험성 관리대장 등에 위험성 크기 식별 및 제거, 저감되지 않은 위험성 내용 및 주지 상황, 주지 방법 등을 관리대장 등에 기록하여 주기적으로 확인해야 한다.

(8) 위험성 평가 결과 보고하기

가) 위험성 평가 결과 및 개선 대책은 경영자에게 보고하고, 산업안전보건위원회 및 안전보건회의 심의 등을 통해 노사가 공유하고 공동으로 개선 대책을 실천한다.

나) 사업주는 다음과 같은 실시 내용 및 결과 기록을 3년 이상 보유한다.

- 위험성 평가를 위해 사전 조사한 안전 보건 정보
- 평가 대상 공정의 명칭 또는 구체적인 작업 내용
- 유해 · 위험요인의 파악
- 위험성 추정 및 결정의 내용
- 위험성 감소 대책 및 실행
- 위험성 감소 대책의 실행 계획 및 일정 등
- 그 밖에 사업장에서 필요하다고 정한 사항

다) 사업장에서 위험성 평가를 수행한 기록은 그 자체로 유용한 도구이고 다음 평가에 유용하게 쓰이는 자료이므로 기록을 유지한다.

라) 위험성 평가의 결과는 유해 · 위험요인을 목록화하고, 유해 · 위험요인에 대하여 어떤 식으로 위험성을 추정 및 결정하며, 어떠한 위험성 감소 대책을 실시했는지를 문서화하여 남겨둔다.

마) 근로자 안전 보건 교육 자료와 사업장의 안전 노하우(know-how)로 활용하거나 새로운 기계 · 설비 등의 도입 시 참고하는 등 안전 기술의 축적에 기여할 수 있다. 이것은 사고의 원인 규명에도 도움이 된다.

바) 기록은 위험성 평가에 사용된 기법(tool)과 모든 부분이 평가되었는지를 알려주기 위한 자료로 활용된다.

사) 기록에 포함될 사항은 평가 대상 작업, 파악된 유해 · 위험요인, 추정된 위험성, 실시한 감소 대책의 내용 등이다.

(9) 위험성 평가 실시 내용 및 결과에 대해 기록하기

조직은 위험성 평가를 실시한 경우에는 다음의 기록물을 3년 이상 보유해야 한다.

가) 위험성 평가를 위해 사전 조사한 안전 보건 정보
나) 평가 대상 공정의 명칭 또는 구체적인 작업 내용
다) 유해 · 위험요인의 파악 및 위험성 추정 및 결정
라) 위험성 감소 대책의 실행 계획 및 일정 등
마) 그 밖에 사업장에서 필요하다고 정한 사항

(10) 위험성 평가 효과

가) 중대재해 및 산업재해의 과학적 · 체계적 재해 예방 대책 도모
나) 근로자 참여로 위험성에 대한 안전 보건 인식 공유와 위험성의 감수성 제고

다) 사업장에 잠재적 유해 · 위험요인 발굴과 위험성 감소의 단계적 · 합리적 조치

라) 위험성 감소 조치로 재해에 따른 손실 비용 감소 및 안전 보건 수준 향상

8. ALARP의 원칙

안전을 이해할 때 위험성 관리의 근본적인 원칙 중 하나인 ALARP가 중요하다. ALARP 원칙이란, 'As Low As Reasonably Practicable'의 약자로, 위험성을 '합리적으로 실행 가능한 최저의 수준(정도)까지 낮춘다.'는 의미이다. 즉 법령을 준수한다는 것을 대전제로 하고 어디까지 위험성을 허용하는지를 판단하는 것이 필요하다.

[그림 4-14]를 참조하여 ALARP의 원칙을 살펴보면 위로 갈수록 위험성이 커진다. 아래 B선 이하는 '널리 수용 가능한 위험성'의 안전 영역을, 위의 A선 이상은 '수용 또는 허용 불가능한 위험성(unacceptable risk)'의 위험 영역을 각각 나타낸다. 이러한 수용 또는 허용 불가능한 위험성 영역은 특별한 경우를 제외하고는 위험성이 정당화되지 않는 영역이다. 이 AB 사이가 '허용 가능한 위험성'의 불안 영역인데, 일반적으로 'ALARP 영역'이라고도 부른다.

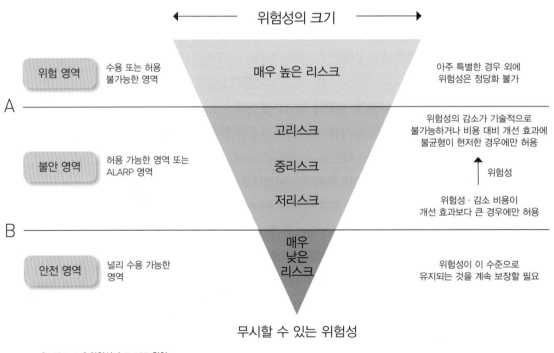

[그림 4-14] 위험성과 ALARP 원칙

ALARP 영역에서는 합리적으로 실행 가능한 위험성을 낮추는 조치를 취해야 한다. 즉 ALARP 영역에서 수용 또는 허용 불가능한 영역의 근처에 머무는 것이 허용되는 것은, 위험성의 감소가 불가능하거나 위험성 감소 비용이 개선 효과에 비해 매우 심하게 불균형 상태인 경우뿐이다. 그리고 널리 수용 가능한 영역의 바로 위에서 ALARP 영역에 머무르는 것이 허용되는 것은, 원래 널리 수용 가능한 위험성까지 낮추어야 한다. 하지만 위험성 감소 비용이 얻어지는 개선 효과에 비례하지 않는 경우뿐이다. 예를 들어 ALARP 영역에서는 비용 편익 분석에 의해 합리적으로 실행 가능한 수준까지 위험성을 감소시킬 필요가 있다.

위험성 감소 조치가 실시되기 전에는 수용 또는 허용 불가능 영역에 있던 위험성 수준(크기)이 일정한 감소 조치를 실시한 후에는 허용 가능한 영역(ALARP 영역) 이하로 들어올 수 있게 된다. 따라서 산업 안전을 포함하여 여러 분야의 안전에서 무엇을 가지고 허용 가능한 위험성으로 할 것인지, 어느 정도로 위험성을 떨어뜨려야 할 것인지의 지침으로서 ALARP의 원칙은 많이 참고될 것이다.

[양식 2] 위험성 평가서

부서명		위험성 평가서					평가자			
							평가일자			
평가 대상 공 정 명							평균위험성		현재	개선 후

작업명	유해 위험요인 파악				법적 근거	현재 안전 보건 조치	현재 위험성			관리 계획		개선 후 위험성		
	분류	원인	유해 위험 요인	재해 형태			가능성	중대성	위험성	코드 번호	개선 방안	가능성	중대성	위험성

[양식 3] 위험성 감소 계획서

공정명		위험성 감소 계획서			실행부서	작성	검토	승인
작성일시								

작업명	코드 번호	재해 형태	개선 대책(구체적 내용)	일정	개선 결과			비고
					조치 결과	실시자	확인 일자	

6 위험성 평가 기법

1. 개요

위험성 평가 기법은 간단한 것부터 대량의 문서를 다루는 복잡한 정량 분석에 이르기까지 다양한 방법이 있다. 위험성 평가 방법은 크게 나누어 어떠한 유해·위험요인이 존재하는지를 도출하고 이에 대한 예방 대책을 수립하는 '정성적 평가'가 있다. 그리고 이러한 유해·위험 요소별 사고로 발생될 확률과 그 사고의 피해 크기를 위험도 수치로 계산하고 예방 대책 수립을 분석·평가하는 '정량적 평가'로 분류할 수 있다.

정량적 평가는 객관적이고 정량화된 결과를 도출할 수 있지만, 시간 및 경비의 과다 소요, 전문가의 도움이나 통계 데이터의 확보 및 신뢰성에 문제가 있다. 반면 정성적 평가는 위험의 성격이나 종류를 확인하기 위한 평가 방식으로, 비교적 쉽고 빠르게 결과를 도출할 수 있다.

또한 비전문가도 약간의 교육을 받으면 접근이 쉽고 시간과 경비를 절약할 수 있다는 장점이 있다. 반면 평가자의 기술 수준과 지식 및 경험의 정도에 따라 주관적인 평가로 치우치기 쉬운 단점이 있다.

위험성 평가에는 많은 시간과 인력이 소요되므로 조직의 업종 및 규모에 맞는 비용 등 효과적인 방법을 선택하여 사용하면 된다. 특히 위험성 평가 기법은 제품, 설비, 공정 등의 복잡성 때문에 적당한 사용 기법이 채택된다.

예를 들면 화학 물질의 장기간 노출에 대한 리스크에 대해서는 특정 화학 물질의 성질을 반드시 파악해야 한다. 또한 유해·위험요인의 파악 및 리스크를 평가할 때 역량과 행동 등을 고려해야 한다. 특히 근로자의 행동은 다음의 사항을 상호작용한다는 것에 유의하는 것이 좋다.

- 작업 내용의 성질(작업장 레이아웃, 작업 부하, 신체 노동, 중량물 취급, 작업 패턴)
- 작업장 근무 환경(온도, 조명, 소음, 공기청정도 등)
- 심리적 능력(인지력, 주의력, 스트레스 등)
- 생리적 능력(사람의 체력적 특징, 생활 습관병 등)

2. 위험성 평가 기법의 종류

사업장에 존재하는 위험을 정성적 또는 정량적으로 위험성 등을 평가하는 방법을 '정성적 평가'와 '정량적 평가'로 나누어서 분류하면 다음과 같다. 각 위험성 평가 기법은 기법의 개요, 특징 및 주요 수행 절차 등의 중점적인 내용을 소개한다.

[표 4-22] 정성적 평가와 정량적 평가의 기법 종류

정성적 평가	정량적 평가
• 4M 리스크 평가 • 화학 물질의 위험성 평가(CHARM) • 위험과 운전 분석(HAZOP) • 작업 안전 분석(JSA) • 체크리스트(check list) 평가 • 사고 예상 질문(What-If) 방법	• 결함수 분석(FTA; Fault Tree Analysis) • 사건수 분석(EYA; Event Tree Analysis) • 원인 및 결과 분석(CCA; Cause · Consequence Analysis)

3. 4M 리스크 평가하기

1) 4M의 개요

4M 리스크 평가 기법은 2008년에 안전보건공단의 기술지침(KOSHA GUIDE)으로 제정되었다. 이 기법의 제정 목적은 산업안전보건법 제42조(유해 위험 방지 계획서의 작성 및 제출 등)와 동법 시행령 제4조(산업 안전 및 보건 경영체제 확립 지원) 규정에 따라 사업장의 유해 · 위험요인을 효과적으로 찾아내기 위함이다.

4M 리스크 평가 기법은 공정에 잠재된 유해 · 위험요인을 Man(인적), Machine(기계적), Media(물질적 · 환경적), Management(관리적) 등 네 가지 분야로 리스크를 파악하여 위험 제거 대책을 제시하는 방법이다. 이 기법은 안전하고 쾌적한 작업장인지의 여부를 확인하거나 생산 활동 및 지원 활동 과정에 내재된 산업재해의 유해 · 위험요인을 파악하고 해당 요인을 제거 또는 감소시키는 업무에 활용할 수 있다. 또한 4M 리스크 평가 기법은 4M 항목별로 유해 · 위험요인을 도출하기 쉽고, 리스크에 대한 개선 대책을 수립하는 데도 용이하다는 장점이 있다.

2) 4M 실시 방법

4M 리스크 평가는 평가 대상 공정의 선정, 유해 · 위험요인의 도출, 위험성 추정 및 리스크 결정, 리스크에 대한 관리 계획의 수립 등의 절차 및 방법으로 진행된다. 리스크 평가의 수행은 리스크 평가팀을 구성하고 팀장이 중심이 되어 구성원이 브레인스토밍을 통해 4M의 항목별 유해 · 위험요인을 도출하도록 유도한다. 그리고 도출된 유해 · 위험요인에 대한 발생 빈도

(발생 가능성) 및 피해 강도(중대성)를 결정하여 리스크를 계산한다. 유해 · 위험요인에 대한 리스크가 허용 가능한 위험인지, 허용할 수 없는 위험인지의 여부를 판단한 후 허용할 수 없는 유해 · 위험요인의 경우 실행 가능하고 합리적인 대책인지를 검토하여 리스크 관리 계획을 수립해야 한다. 그리고 리스크 관리 계획을 실행한 후 유해 · 위험요인에 대한 리스크는 가능한 한 허용할 수 있는 범위 안에 있어야 한다.

3) 리스크 평가 시 단계별 수행 방법

• 제1단계 : 평가 대상 공정(작업) 선정하기

(1) 평가 대상 공정별로 분류한다.

(2) 분류된 공정이 1개 이상의 단위 작업으로 구성되고, 단위 작업이 세부 단위 작업으로 구분될 경우 단위 작업을 하나의 평가 대상으로 정한다.

(3) 작업 공정 흐름도에 따라 평가 대상 공정이 결정되면 사업장의 안전 보건상 위험 정보([양식 4])를 작성하여 평가 대상 및 범위를 확정한다.

　　가) 제조 공정(작업)별로 작성

　　나) 원료(재료), 생산품, 근로자 수 파악 기재

　　다) 제조 공정을 세부 작업 순서대로 기재

　　라) 운반 기계, 전동 구동 기계 등 공정 내 모든 기계 · 기구 파악 기재

　　마) 유해화학 물질은 주원료뿐만 아니라 첨가제 등 공정에서 소량 사용하는 물질도 파악 기재

　　바) 그 밖의 안전 보건상 정보에는 과거의 발생 재해(공상 포함), 아차사고 및 근로자(장애자, 여성, 고령자, 외국인, 비정규직, 미숙련자 등) 특성 파악

(4) 리스크 평가 대상 공정에 대한 안전 보건상의 위험 정보 사전 파악

　　가) 과거 3년간 사고 현황(아차사고 사례 포함)

　　나) 교대 작업 유무

　　다) 근로자의 고용 형태 및 작업 경력

　　라) 근로자 특성(장애자, 고령자, 외국인, 비정규직, 미숙련자 등)

　　마) 작업에 대한 특별 안전 교육 필요 유무

　　바) 안전작업허가증 필요 작업 유무

　　사) 작업할 기계 · 설비

　　아) 사용하는 전기공구류

　　자) 취급 물질에 대한 취급량, 취급 시간, 무게 및 운반 높이

　　차) 운반 수단(운반 차량, 인력)

　　카) 사용 유틸리티(전기, 압축 공기 및 물)

타) 사용 화학 물질의 물질 안전 보건 자료(MSDS) 확인

파) 근로자의 노출 물질(분진, 가스, 증기)

하) 작업 환경 측정 결과(최근 2년간)

• 제2단계 : 유해 · 위험 도출하고 유해 · 위험요인별 피해 대상과 재해 형태 파악하기

(1) 위험요인 대상

가) 사용 기계 및 기구에 대한 유해 · 위험원의 확인

나) 사용 물질에 대한 유해 · 위험원 확인

다) 예상되는 잘못 사용 및 고장

라) 노출 등 작업 환경

마) 작업 중 예상되는 근로자의 불안전한 행동

바) 무리한 동작을 유발하는 불안정한 공정

사) 작업 간 물류 이동(운반)의 위험원 확인

아) 보수 및 수리 등 비일상적 작업에 대한 위험원 확인

(2) 유해 · 위험요인 도출 방법

유해 · 위험은 'Machine(기계적)', 'Media(물질 · 환경적)', 'Man(인적)', 'Management(관리적)' 등 4항목으로 구분하여 평가한다([표 4-23]).

가) '기계적' 항목은 모든 생산 설비의 불안전 상태를 유발시키는 설계 · 제작 · 안전 장치 등을 포함한 기계 자체 및 기계 주변의 위험을 평가한다.

나) '물질 · 환경적' 항목은 소음, 분진, 유해 물질 등 작업 환경을 평가한다.

다) '인적' 항목은 작업자의 불안전 행동을 유발시키는 인적 위험을 평가한다.

라) '관리적' 항목은 안전 의식 해이로 사고를 유발시키는 관리적인 사항을 평가한다.

[표 4-23] 4M 항목별 유해 · 위험요인(예시)

항목	평가 구분	유해 · 위험요인
Machine (기계적)	모든 생산 설비의 불안전 상태를 유발시키는 물적 위험 평가	• 방호 장치의 불량 • 기계 · 설비 설계상의 결함 • 비상시 또는 비일상적 작업 시 안전 연동 장치 및 경고 장치의 결함 • 사용 유틸리티(전기, 압축 공기 등)의 결함 • 설비를 이용한 운반 수단의 결함 등
Media (물질 · 환경적)	소음 · 분진 · 유해 물질 등 작업 환경 평가	• 작업 공간(작업장 상태 및 구조)의 불량 • 가스, 증기, 분진, 흄, 미스트 발생 • 산소 결핍, 병원체, 방사선, 유해광선, 고온, 저온, 초음파, 소음, 진동, 이상 기압 등 • 취급 화학 물질에 대한 중독 등

항목	평가 구분	유해 · 위험요인
Man (인적)	작업자의 불안전한 행동을 유발시키는 인적 위험 평가	• 근로자 특성(장애자, 여성, 고령자, 외국인, 비정규직, 미숙련자 등)에 의한 불안전 행동 • 작업에 대한 안전 보건 정보의 부적절 • 작업 자세, 작업 동작의 결함 • 작업 방법의 부적절 등 • 사람 오류(human error) • 개인 보호구 미착용
Management (관리적)	사고를 유발시키는 관리적인 결함 사항 평가	• 관리 조직의 결함 • 규정, 매뉴얼의 미작성 • 안전 관리 계획의 미흡 • 교육 · 훈련의 부족 • 부하에 대한 감독 · 지도의 결여 • 안전수칙 및 각종 표지판 미게시 • 건강검진 및 사후 관리 미흡 • 고혈압 예방 등 건강 관리 프로그램 미운영

(3) 피해 대상 파악하기

유해 · 위험요인별 영향을 받을 수 있는 피해 대상자를 파악하되, 다음의 산재 취약 대상자는 반드시 파악하여 기록한다.

가) 신규 채용자, 작업 전환자 및 연소자

나) 장애인 및 임산부

다) 이주노동자

라) 작업장에 비일상적으로 출입하는 자(비정규직, 계약업체 종사자, 방문객, 청소원 등)

(4) 재해 형태 파악하기

유해 · 위험요인별로 발생할 수 있는 재해 형태를 파악한다.

(5) 4M 리스크 평가표 작성([양식 5])

가) 평가 대상 공정명 및 공정의 구체적인 작업 내용을 기재한다.

나) 위험요인을 4M으로 구분하여 도출한다.

다) 평가 대상 작업 발생 주기 및 작업 시간

라) 유해 · 위험요인, 피해 대상, 재해 형태

마) 기존 리스크 관리 활동

바) 추가 리스크 관리 계획

사) 현재 리스크, 리스크 관리 후 리스크 기재

• 제3단계 : 리스크 계산하기(추정)

(1) 제2단계에서 파악된 대상 공정 및 작업의 유해 · 위험요인에 대하여 이미 파악된 기존의 리스크 관리 활동을 고려하여 해당 유해 · 위험요인이 사고로 발전할 수 있는 발생 빈도

(발생 가능성)와 발생 시 피해 강도(피해 심각성)를 단계별 위험 수준으로 결정한다.

(2) 각 유해·위험요인에 대한 리스크는 발생 빈도와 피해 강도의 곱으로 계산하여 리스크 수준(크기)을 결정한다.

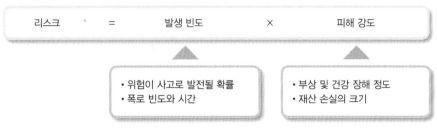

[그림 4-15] 리스크 계산 방법

(3) 리스크 계산에 필요한 발생 빈도의 수준은 5단계로, 피해 강도의 수준은 4단계로 정할 수 있다. 다만 사업장의 특성에 따라 빈도 및 강도 수준의 단계를 조정할 수 있다.

　가) 발생 빈도(예시)는 [표 4-24]와 같다. 과거의 재해 또는 아차사고 등 발생 내용과 향후 예상되는 위험의 빈도를 고려하여 결정한다.

[표 4-24] 발생 빈도(발생 가능성)

단계	빈도 수준	내용
5	빈번함	3년간 중대재해가 1건 이상 발생했거나, 3년간 재해 3건 이상 발생 또는 아차사고 8건 이상 발생
4	높음	3년간 재해 2건 발생 또는 아차사고 7건 발생
3	있음	3년간 재해 1건 발생 또는 아차사고 5~6건 발생
2	낮음	연간 아차사고 3~4건 발생
1	거의 없음	연간 아차사고 1~2건 발생

　나) 피해 강도(예시)는 [표 4-25]와 같다. 과거의 재해 발생과 예상되는 위험의 강도를 고려하여 결정한다.

[표 4-25] 피해 강도(피해 심각성)

단계	강도 수준	재해로 인한 손실일 수	소음 (dB(A))	화학 물질에 의한 건강 장해 정도
4	매우 심각	손실일 수 310일 이상	90 이상	천식, 암, 유전자 손상
3	심각	손실일 수 100~309일	85~89	피부감작, 화학적 질식 작용, 생식 독성
2	보통	손실일 수 99일 이하	80~84	단일 노출로 비가역적 건강 영향, 강한 부식성, 단일 노출로 강한 자극 증상(가역적)
1	영향 없음	손실일 수 없음	80 미만	피부, 눈의 경미한 점막 자극

※ 재해 발생건당 평균 손실일 수가 310일이므로 310일 이상을 노동력 상실 등 치명적인 재해로 간주하여 위험 강도 '4'로 설정한다.

다) 현재 리스크 계산 방법

　　가) 유해 · 위험요인에 대한 위험도는 빈도의 수준과 강도의 수준을 조합하여 위험성 크기(수준)로 결정해서 계산한다.

　　나) 최종적인 리스크 결정 시 기존 리스크 관리 활동을 고려하여 빈도와 강도의 수준을 정한다.

라) 리스크 결정(빈도×강도, 예시)은 [표 4-26]과 같다.

[표 4-26] 리스크 결정(예시)

빈도 \ 강도	단계 \ 단계	영향 없음 1	보통 2	심각 3	매우 심각 4
거의 없음	1	1	2	3	4
낮음	2	2	4	6	8
있음	3	3	6	9	12
높음	4	4	8	12	16
빈번함	5	5	10	15	20

• 제4단계 : 리스크 평가(결정)하기

(1) 리스크 평가는 제3단계에서 실행한 유해 · 위험요인별 리스크 계산값(크기)에 따라 허용할 수 있는 범위의 위험인지, 허용할 수 없는 위험인지를 판단한다.

(2) 이 판단을 위해 평가된 리스크 계산값에 따라 리스크 수준에 따른 관리 기준을 정하되, 사업장 특성에 따라 관리 기준을 다르게 지정할 수 있다.

(3) 리스크 평가(예시)는 [표 4-27]과 같다.

[표 4-27] 리스크 평가(예시)

리스크 수준		관리 기준	비고
1~3	무시할 수 있는 위험	현재의 안전 대책 유지	위험 작업 수용(현재의 상태로 계속 작업 가능)
4~6	미미한 위험	안전 정보 및 주기적 표준 작업 안전 교육의 제공이 필요한 위험	
8	경미한 위험	위험의 표지 부착, 작업 절차서 표기 등 관리적 대책이 필요한 위험	
9~12	상당한 위험	계획된 정비 · 보수 기간에 안전 대책을 세워야 하는 위험	조건부 위험 작업 허용(계속 작업하되, 위험 감소 활동을 실시해야 함)
15	중대한 위험	긴급 임시 안전 대책을 세운 후 작업하되 계획된 정비 · 보수 기간에 안전 대책을 세워야 하는 위험	
16~20	매우 중대한 위험	계속 작업하려면 즉시 개선해야 하는 위험	위험 작업 즉시 개선(즉시 작업을 개선해야 함)

(4) 유해 · 위험요인에 대한 발생 빈도 피해 강도의 수준을 조합한 리스크 수준을 유해 · 위험 요인별로 위험성 평가표에 기입한다.

• 제5단계 : 추가 리스크 관리 계획 수립하기

(1) 추가 리스크 관리 계획서를 작성한다([양식 6]).

　　가) 유해 · 위험요인별 리스크 관리 대책

　　나) 리스크 관리 계획 실시 일정

　　다) 실행 여부에 대한 확인

(2) 리스크가 허용할 수 없는 위험인 경우 추가 리스크 관리 계획을 수립한다.

(3) 유해 · 위험요인별 추가 리스크 관리 계획은 기존 리스크 관리 활동을 고려하여 수립하되, 다음의 원칙을 순차적으로 검토하여 적절한 조치를 결정한다.

　　가) 위험을 완전히 제거할 수 있는지 검토한다.

　　나) 위험을 대체할 수 있는지 검토한다.

　　다) 위험을 방호하거나 격리시킬 수 있는지 검토한다.

　　라) 유해 · 위험요인에 적합한 보호구를 지급하고 착용하도록 한다.

(4) 유해 · 위험요인별로 추가 리스크 관리 계획을 시행할 경우 위험 수준이 어느 정도 감소하는지 개선 후 리스크 계산을 3단계의 순서에 따라 실시한다.

※ 추가 리스크 관리 계획 실행 후 리스크는 허용 가능한 범위 안에 있는 위험 수준이 되어야 한다.

• 제6단계 : 추가 리스크 관리 계획의 시행 및 사후 관리하기

(1) 추가 리스크 관리 계획의 시행은 다음과 같은 원칙을 적용한다.

　　가) 추가 리스크 관리 계획서의 개선 일정은 리스크 수준, 정비 일정 및 소요 경비를 파악하여 사업장에서 자율적으로 시행한다.

　　나) 개선 대책은 '합리적이고 실행 가능한 한 리스크를 낮게(ALARP; As Low As Reasonably Practicable)'하도록 계획을 수립해야 한다.

(2) 이행 결과 확인 및 사후 관리 시 다음과 같은 사항을 수행한다.

　　가) 리스크 관리 계획 내용의 개선 여부 확인

　　나) 리스크 관리 계획 후 잔여 유해 · 위험요인에 대한 정보 등을 게시하고 안전 보건 교육 실시

　　다) 미개선 사항 등 실행 과정에서 발생된 문제점, 애로 사항 등에 대한 추가 컨설팅 실시

　　라) 리스크 평가 기법 교육

　　마) 리스크 평가를 기반으로 한 안전 보건 교육 실시

안전 보건상 위험 정보

부서(팀), 공정명			생산품	
원재료			근로자 수	명

공정(작업) 순서	기계 · 기구 및 설비		유해화학 물질			기타 안전 보건상 정보
	기계 · 기구 및 설비명	수량	화학 물질명	취급량/일	취급 시간	
						• 3년간 재해 발생 사례 • 아차사고 사례 • 근로자 구성 및 경력 특성

근로자 구성 및 경력 특성 체크박스:

여성 근로자 ☐	1년 미만 미숙련자 ☐
고령 근로자 ☐	비정규직 근로자 ☐
외국인 근로자 ☐	장애 근로자 ☐

• 교대 작업 유무(유 ☐, 무 ☐) : 2교대
• 운반 수단(기계 ☐, 인력 ☐) : 지게차, 이동대차
• 안전 작업허가증 필요 작업 유무(유 ☐, 무 ☐)
• 중량물 인력 취급 시 단위 중량(12kg) 및 취급 형태 (들기 ☐, 밀기 ☐, 끌기 ☐)
• 작업 환경 측정 유무(측정 ☐, 미측정 ☐, 해당무 ☐) : n—Hexma
  측정치 : 4ppm(노출 기준 : 50ppm)
• 작업에 대한 특별 안전 교육 필요 유무(유 ☐

리스크 평가표(4M—Risk Assessment)

평가 대상 공정		작업 발생 주기						작업 시간(1회)	평가일시 · 평가자		평균 리스크	
부서(팀)명	공정명	일	주	월	분기	반기	년		평가일시	평가자	현재	리스크 관리 후

작업 내용	평가 구분 (4M)	유해 · 위험 요인	피해 대상	재해 대상	기존 리스크 관리 활동	현재 리스크			추가 리스크 관리 계획	리스크 관리 후 리스크		
						빈도	강도	리스크		빈도	강도	리스크

부서(팀)		추가 리스크 관리 계획서		실행 부서	담당	팀장	공장장
공정명							
작성일시				확인 부서	담당		팀장

평가 대상 작업	리스크 관리 계획	리스크 관리 계획 실행			확인 일자	비고
		일정	담당	조치 결과		

4. 화학 물질의 위험성 평가(CHARM)

1) CHARM의 개요

화학 물질 위험성 평가 기법인 CHARM은 'Chemical Hazard Risk Management'의 약자이다. 이것은 산업안전보건공단에서 선진 외국에서 개발된 정성적 위험성 평가 기법을 참조하여 산업안전보건법상 물질안전보건자료(MSDS)제도 및 작업환경측정제도를 활용한 화학물질 위험성 평가 기법CHARM)에 대한 매뉴얼을 2012년에 개발 및 운용하고 있다.

영국보건안전청(HSE)에서는 1974년 화학 물질의 유해성과 노출 실태 자료를 바탕으로 정성적 위험성 평가 기법을 개발하여 온라인으로 제공하고 있다. 사업장에서 자체적으로 작업 환경의 위험 수준을 진단하고 작업 환경을 개선하는 데 도움이 될 수 있도록 구성된 시스템이다. 이 기법은 기존 화학 물질별 유해성 정보와 사업장이 보유한 작업 환경 측정값을 갖고 손쉽게 위험성을 평가할 수 있다는 특징이 있다. 사업장이 보유한 화학 물질별 노출 수준과 유해성 정보를 프로그램에 입력하면 위험성 수준을 '경미한 위험', '상당한 위험', '중대한 위험', '허용 불가 위험' 등 4단계로 제시하고 이에 따른 관리 기준을 제시한다. 이 기법은 사업장이 원재료, 가스, 증기, 분진 등에 의한 유해 · 위험요인을 찾아내고, 그 결과에 따라 근로자의 건강 장해를 방지하기 위해 필요한 조치를 하려는 경우에 적용한다.

2) CHARM 관련 용어 정의

(1) 위험성 : 근로자가 화학 물질에 노출됨으로써 건강 장해가 발생할 가능성(노출 수준)과 건강에 영향을 주는 정도(유해성)의 조합

(2) 노출 수준 : 화학 물질이 근로자에게 노출되는 정도(빈도)
작업 환경 측정 결과, 하루 취급량, 비산성·휘발성 등의 정보 활용

(3) 유해성 : 인체에 영향을 미치는 화학 물질의 고유한 성질(강도)
노출 기준(TLV), 위험 문구, 유해·위험 문구 등의 정보 활동

(4) 위험 문구(R-phrase) : 유럽연합(EU)의 CLP 규정에 따라 화학 물질 고유의 유해성을 나타내는 문구

(5) 유해·위험 문구(H-code) : GHS(Globally Harmonized System of classification and labelling of Chemicals) 기준의 유해성·위험성 분류 및 구분에 따라 정해진 문구로서 적절한 유해 정도를 포함하여 화학 물질의 고유한 유해성을 나타내는 문구

3) CHARM의 수행 방법

화학 물질 위험성 평가는 안전보건공단이 개발한 온라인 기반의 '위험성평가지원시스템(KRAS)'에서 별도로 마련한 '화학 물질 위험성 평가 프로그램'을 사용하면 편리하다. 다음의 각 단계로 기술된 절차의 준비가 끝나면 '위험성평가지원시스템(KRAS)'을 이용하기 위한 절차를 밟아본 프로그램을 이용하면 된다.

(1) 제1단계 : 사전 준비하기

위험성을 평가하기 위한 부서 또는 공정(작업)을 구분하고, 평가 대상을 선정하며, MSDS와 작업 환경 측정 결과표 및 특수 건강진단 결과표 등의 자료를 수집하는 단계이다.

가) 위험성 평가 대상 사업장의 부서 또는 공정(작업) 단위는 화학 물질의 위험성을 충분히 나타낼 수 있는 단위로 구분한다.

나) 화학 물질을 취급하는 모든 공정을 위험성 평가 대상으로 선정하는 것을 원칙으로 한다.

① 위험성 평가 단위 구분하기
- 위험성 평가를 쉽게 실시할 수 있게 평가 단위를 구분한다.
- 위험성 평가의 기본적인 구분은 재조 공정도와 작업 표준서를 참고로 하여 작업 부서별로 나눈다.
- 작업 환경 측정을 실시한 경우에는 측정 결과표의 측정 단위를 확인하여 '부서 또는 공정' 또는 '단위 작업 장소'로 구분할 수 있다.

② 위험성 평가 대상 선정하기

위험성 평가 단위에 대해 따로 정해진 방법이 없으므로 유해 요인(화학 물질)이 누락되지 않도록 하고, 현실적으로 위험성 평가를 수행하기 쉬운 평가 단위를 사업장별로 선정한다.

다) 기타 자료 준비하기

사업장에서 취급하는 화학 물질의 물질 안전 보건 자료(MSDS), 작업 환경 측정 및 특수 건강진단 결과표 등 위험성 평가에 필요한 각종 자료를 수집한다.

(2) 제2단계 : 유해 · 위험요인 파악하기

사전에 확보된 물질 안전 보건 자료(MSDS) 등을 이용하여 위험성 평가 대상으로 선정된 단위 공정별로 유해 · 위험요인(화학 물질)의 종류, 취급량, 물질의 특성 등을 파악하는 단계이다.

가) 단위 공정별 화학 물질 취급 현황 파악하기

① 화학 물질에 대한 원 · 부자재의 입 · 출고 현황 등을 확인하고, 평가 대상 단위 공정별로 사용하고 있는 화학 물질을 목록화한다.

② 화학 물질 목록은 사용 부서 또는 공정명, 화학 물질명, 제조/사용 여부, 사용 용도, 월 취급량, 유소견자 발생 여부 및 물질 안전 보건 자료(MSDS) 보유 현황 등의 내용을 포함한다.

③ 작업 환경 측정 결과표도 참조하여 작성한다.

나) 불확실 유해 인자

화학 물질에 대한 물질 안전 보건 자료(MSDS), 측정 결과표 등이 확보되지 않아 유해성 정보를 알 수 없는 불확실한 유해 인자는 해당 정보가 확보될 때까지 가급적 사용을 금지하거나 동일 사용 목적에 맞는 저독성 물질로 대체하는 것이 바람직하다.

다) 대상 화학 물질의 작업 환경 측정 결과 및 물질 특성 등 파악하기

화학 물질의 MSDS 등을 확인하여 사업장에서 사용하는 화학 물질의 노출 기준, 물질 특성 및 유해성 · 위험성 정보 등을 파악한다([그림 4-16]).

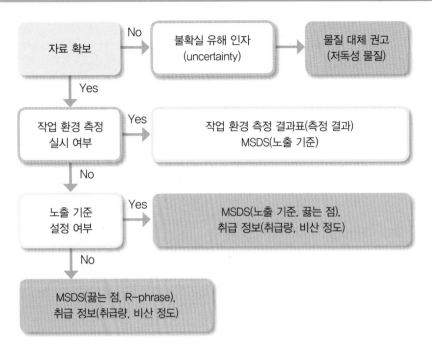

[그림 4-16] 유해 · 위험요인 파악도

라) MSDS에서 유해성 · 위험성 및 물질의 특성 정보

    ① 노출 기준 정보 : MSDS의 노출 방지 및 개인 보호구 확인

    ② 물질의 특성 정보 : MSDS의 물리화학적 특성 확인

    ③ 고시에 따른 CMR 정보 : GHS MSDS의 독성에 대한 정보 확인

    ④ 위험 문구(R-phrase) 정보 : MSDS의 법적 규제 현황 확인

    ⑤ 유해 · 위험 문구(H-code) 및 GHS 분류 정보 : GHS MSDS의 유해성 · 위험성 확인

(3) 제3단계 : 위험성 추정하기

작업 환경 측정 결과나 노출 기준 등을 이용하여 노출 수준과 유해성의 등급을 결정하고, 결정된 노출 수준과 유해성을 조합하여 위험성을 추정하는 단계이다([그림 4-17]). 위험성 추정은 노출 기준(빈도)과 유해성(강도)의 등급을 곱하여 계산한다.

위험성 추정은 해당 화학 물질에 대한 작업 환경 측정 결과나 노출 기준 등에 따라 다음 세 가지 방법 중 하나를 적용해서 계산한다.

위험성(risk)	=	노출 수준(probability)	×	유해성(severity)
① 측정 결과가 있는 경우(노출 기준 설정 물질)		작업 환경 측정 결과 (1~4등급)	×	노출 기준 (1~4등급)
② 측정 결과가 없는 경우(노출 기준 설정 물질)		하루 취급량과 비산성/휘발성의 조합(1~4등급)	×	노출 기준 (1~4등급)
③ 측정 결과가 없는 경우(노출 기준 미설정 물질)		하루 취급량과 비상성/휘발성의 조합(1~4등급)	×	MSDS의 위험 문구나 유해·위험 문구(1~4등급)

◆ 직업병 유소견자(D_1)가 발생한 경우에는 노출 수준을 4등급으로, 화학 물질이 CMR 물질(1A, 1B, 2)인 경우에는 유해성을 4등급으로 우선 적용한다.
• CMR의 해당 여부는 고용노동부고시 제2012-31호(2012. 3. 26.)의 분류만 적용된다.

[그림 4-17] 위험성 추정하기

가) 위험성을 계산하는 방법

위험성 계산은 노출 수준(빈도)과 유해성(강도)의 등급을 곱하여 산출한다.

[표 4-28] 위험성 계산 방법

노출 수준 (빈도) \ 유해성 (강도)		피부나 눈 자극	한 번 노출 시 위험	심한 자극 및 부식	한 번 노출에 매우 큰 독성
		1	2	3	4
낮음	1	1	2	3	4
있음	2	2	4	6	8
높음	3	3	6	9	12
매우 높음	4	4	8	12	16

※ 노출 수준 및 유해성 등급은 아래의 '나) 노출 수준 등급 결정 방법'과 '다) 유해성 등급 결정 방법'을 통해 각각 결정한다.

나) 화학 물질의 노출 수준(probability, 빈도) 등급을 결정하는 방법

노출 수준 등급은 다음과 같이 세 가지 방법으로 결정되고, '방법 1', '방법 2', '방법 3'의 우선순위로 적용한다.

[표 4-29] 노출 수준 등급

구분	방법 1	방법 2	방법 3
평가 기준	직업병 유소견자	작업 환경 측정 결과	취급량 및 비산성/휘발성
평가 방법	직업병 유소견자가 발생한 경우 노출 수준 = 4등급	(측정 결과/노출 기준) × 100 값으로 4단계 분류	취급량과 비산성/휘발성을 조합하여 4단계로 분류

방법 1 직업병 유소견자 발생 여부 확인하기

• 특수 건강진단 결과표를 확인하여 직업병 유소견자(D_1)의 발생 여부를 파악한다.

  ◎ 직업병 유소견자(D_1) 발생 : 노출 수준 = 4등급

• 직업병 유소견자 발생이 없는 경우 '방법 2' 또는 '방법 3'을 적용한다.

방법 2 직업 환경 측정 결과 확인하기

• 화학 물질별 측정 결과를 활용하여 노출 수준 등급을 분류한다.

[표 4-30] 작업 환경 측정 결과의 화학 물질 노출 수준

구분	가능성	내용(예시)
최상	4	화학 물질, 분진 등 노출 기준 100% 초과
상	3	화학 물질, 분진 등 노출 수준이 50% 초과~100% 이하
중	2	화학 물질, 분진 등 노출 수준이 10% 초과~50% 이하
하	1	화학 물질, 분진 등 노출 수준이 10% 이하

※ 여기에서 노출 수준(%) = $\dfrac{\text{작업 환경 측정 결과}}{\text{노출 기준(TWA)}} \times 100$

※ 직업별 유소견자가 발생한 경우에는 작업 환경 측정 결과에 관계없이 '노출 수준 = 4'

방법 3 취급량 및 비산성/휘발성 확인하기

• 화학 물질의 취급량과 비산성/휘발성을 조합하여 노출 수준 등급을 분류한다.

  ◎ 하루 취급량 : 하루 동안 취급하는 화학 물질 양의 단위에 따라 분류한다.

[표 4-31] 화학 물질의 하루 취급량 분류 기준(예시)

등급	1(저)	2(중)	3(고)
하루 취급량	g, mℓ 단위	kg, ℓ 단위	ton, m³ 단위

  ◎ 비산성 : 화학 물질의 발생 형태가 분진, 흄인 경우 다음과 같이 비산성을 분류한다.

[표 4-32] 비산성 분류 기준(예시)

등급	등급 특성(비산 정도)
1(저)	부스러지지 않는 고체로, 취급 중에 거의 먼지가 보이지 않는 경우

등급	등급 특성(비산 정도)
2(중)	결정형 입상으로, 취급 시 먼지가 보이나 쉽게 가라앉는 경우
3(고)	미세하고 가벼운 분말로, 취급 시 먼지 구름이 형성되는 경우

◎ 휘발성 : 화학 물질의 발생 형태가 가스, 증기, 미스트 등인 경우 다음과 같이 휘발성으로 분류한다.

[표 4-33] 휘발성 분류 등급

등급		1(저)	2(중)	3(고)
끓는 점 (℃)	사용 온도가 상온(20℃)인 경우	150℃ 초과	50℃~150℃	50℃ 미만
	사용 온도(X)가 상온 이외의 온도인 경우	$(5X + 50)$℃ 초과	$(2X + 10)$℃ ~ $(5X + 50)$℃	$(2X + 10)$℃ 미만

다) 유해성(severity, 강도) 등급을 결정하는 방법

유해성 등급은 다음과 같이 네 가지 방법으로 결정된다. 여기서 '방법 1', '방법 2', '방법 3', '방법 4'의 우선순위로 적용한다.

[표 4-34] 유해성 분류 기준

구분	방법 1	방법 2	방법 3	방법 4
평가 기준	CMR(1A, 1B, 2) 물질	노출 기준	위험 문구 (R phrase)	유해·위험 문구(H code)
평가 방법	CMR(1A, 1B,2) 물질인 경우 유해성 = 4등급	노출 기준값에 따라 4 단계 분류	위험 문구에 따라 4단계 분류	유해·위험 문구에 따라 4단계 분류

방법 1 CMR 물질(1A, 1B, 2) 해당 여부 확인하기

• 고용노동부고시 제2012-31호(2012. 3. 26.)[별표 1]에서 제공되는 발암성, 생식세포 변이원성 및 생식독성(CMR) 정보의 해당 여부 확인하기

  ◎ CMR 물질(1A, 1B, 2)에 해당 : 유해성 = 4등급

  ※ 고용노동부고시 이외의 GHS 기준에 따른 CMR 물질(GHS MSDS 참조)은 '방법 2', '방법 3', '방법 4'에 따라 유해성 등급을 우선 적용한다.

• CMR 물질에 해당하지 않는 경우 '방법 2'~'방법 4'를 적용한다.

방법 2 노출 기준 확인하기

• 해당 화학 물질의 발생 형태(분진 또는 증기)에 따라 노출 기준을 적용하여 다음과 같이 유해성 등급을 분류한다.

[표 4-35] 화학 물질의 유해성(예시)

등급	내용	노출 기준	
		발생 형태 : 분진(mg/㎥)	발생 형태 : 증기(ppm)
4	한 번 노출에 매우 큰 독성	0.01 이하	0.5 이하
3	심한 자극 및 부식	0.01 초과~0.1 이하	0.5 초과~5 이하
2	한 번 노출 시 위험	0.1 초과~1 이하	5 초과~50 이하
1	피부나 눈 자극	1 초과~10 이하	50 초과~500 이하

※ 노출 기준(TWA)은 고용노동부고시 제2012-31호(2012.3.26.)를 참조한다.

- 단시간 노출 기준(STEL) 또는 최고 노출 기준(C)만 규정되어 있는 화학 물질이나 노출 기준이 10mg/㎥(분진) 또는 500ppm(증기)을 초과하는 경우에는 '방법 3' 또는 '방법 4'를 적용한다.

(4) 제4단계 : 위험성 결정하기

위험성 추정 결과에 따라 허용할 수 있는 위험인지, 허용할 수 없는 위험인지를 판단하는 단계이다. 화학 물질 위험성 결정은 유해·위험요인의 발생 가능성과 중대성을 평가하여 4단계의 '낮음(1~2)', '보통(3~4)', '높음(5~11)', '매우 높음(12~16)'으로 구분하고 다음과 같이 한다([표 4-36]).

가) 혼합 물질을 구성하고 있는 단일 물질이나 혼합 물질에서 노출되는 유해 인자에 대한 위험성 계산 결과, 가장 높은 값을 혼합 물질의 위험성으로 결정한다.

나) 위험성 결정은 사업장의 특성에 따라 기준을 다르게 할 수 있다.

[표 4-36] 화학 물질의 위험성 결정(예시)

위험성의 크기		허용 가능 여부	개선 방법
12~16	매우 높음	허용 불가능	즉시 개선
5~11	높음		가능한 한 빨리 개선
3~4	보통	허용 가능, 불가능 혼재	연간 계획에 따라 개선
1~2	낮음	허용 가능	필요에 따라 개선

(5) 제5단계 : 위험성 감소 대책 수립 및 실시하기

위험성을 결정한 후 개선 조치가 필요한 위험성이 있는 경우 감소 대책을 수립하고, 우선 순위를 정하여 실행하는 관리 단계이다([그림 4-18]).

가) 작업 환경 개선 대책 우선순위

화학 물질 제거 → 화학 물질 대체 → 공정 변경(습식) → 격리(차단, 밀폐) → 환기 장치 → 설치 또는 개선 → 보호구 착용 등 관리적 개선

작업 환경 개선 단계	위험성(risk)	=	노출 수준(probability)	×	유해성(severity)
화학 물질 제거	0	=	0	×	−
화학 물질 대체	↓	=	−	×	↓
공정 변경(습식)	↓↓	=	↓↓	×	−
격리(차단, 밀폐)	↓↓	=	↓↓	×	−
환기 개선	↓	=	↓	×	−

[그림 4-18] 작업 환경 개선의 위험성 저감 효과

나) 위험성 감소 대책(작업 환경 개선 대책) 수립 및 실시 고려 사항

① 법령, 고시 등에서 규정하는 내용을 반영하여 수립한다.

② 감소 대책 수립 및 실시 후 위험성은 '경미한 위험' 수준 이내이어야 한다.

③ 위험성 감소 대책 수립·실시 후에도 위험성이 상위 수준에 해당되는 경우 낮은 수준의 위험성이 될 때까지 추가 감소 대책 수립 및 실시한다.

다) 위험성 수준별 관리 기준에 따라 개선 조치 실시하기

① 위험성 수준은 '경미한 위험', '상당한 위험', '중대한 위험', '허용 불가 위험' 등의 4단계로 제시한다([표 4-37]).

[표 4-37] 위험성 수준별 관리 기준(예시)

위험성 추정 결과		관리 기준	비고
위험성	위험성 수준		
12~16	허용 불가 위험	즉시 종합적인 작업 환경 관리 수준 평가 실시(전문가 상담)	즉시 작업 개선, 개선이 불가능한 경우 작업 중지 또는 보건 프로그램 시행

위험성 추정 결과		관리 기준	비고
위험성	위험성 수준		
5~11	중대한 위험	현재 조치되어 있는 작업 환경 개선 내용이 적절한지 평가 실시	현재 위험하지 않으면 작업을 계속하되, 위험 감소 활동 실시
3~4	상당한 위험	현재 설치되어 있는 환기 장치의 효율성 검토 및 성능 개선 실시	
1~2	경미한 위험	근로자에게 유해성 정보 및 주기적인 안전 보건 교육 제공	현재의 상태로 계속 작업 가능

② 위험성 수준이 '상당한 위험', '중대한 위험', '허용 불가 위험'에 해당하는 경우 구체적인 작업 환경 개선 대책을 수립하여 실시한다.

③ 작업 환경 개선이 완료된 이후에는 위험성의 크기가 허용 가능한 위험성의 범위에 들어갈 수 있도록 조치한다.

5. 위험과 운전 분석 기법(HAZOP)

1) HAZOP의 개요

HAZOP는 'HAZard and OPerability'의 조합어로, 화학공장에서의 위험성(Hazard)과 운전성(Operability)을 정해진 규칙과 설계 도면을 바탕으로 체계적으로 분석 및 평가하는 것이다. 가이드워드(guide word)와 HAZOP Team의 브레인스토밍(Brainstorming)으로 공정에 존재하는 위험요인을 도출하고, 공정 흐름의 운전상의 문제점을 찾아내어 그 원인을 제거하는 방법이다. 사업장에서의 사고로 인한 경제적인 손실, 공정 안전 관리(PSM)의 질적 수준 향상, 안전, 보건, 환경, 품질 향상 및 정부의 법적 규제와 요구사항을 만족시키기 위해 수행한다.

HAZOP은 1963년 영국의 종합화학업체인 ICI(Imperial Chemical Industries)의 사내 표준이었다. 이 기법을 사용하면서 평가자들의 기술이나 경험에만 전적으로 의존하지 않고 보다 체계적이고 합리적인 평가 및 분석 방법을 이용해서 장점을 인정하면서 화학공장의 위험성 평가에 널리 이용하기 시작했다.

대상 공정에 관련된 여러 분야의 전문가들이 팀을 구성하여 공정에 관련된 자료를 토대로 정해진 Study 방법으로 공정이 원래 설계된 운전 목적으로부터 이탈(deviation)하는 원인과 결과를 찾아보면서 그로 인한 위험(HAZard)과 조업상에 야기되는 문제에 대한 가능성이 무엇인지를 조사하고 연구하는 것이다. HAZOP Study는 기존의 공정이나 신규로 설치되는 공정에서 발생할 수 있는 소프트웨어적이면서 하드웨어적인 위험요인을 확인하는 과학적 · 체계적인 기법이다.

2) 장점 및 단점

[표 4-38] HAZOP의 장·단점

장점	단점
① Hazard와 Operability의 두 관점을 동시에 고려한다. ② 평가 대상 및 위험 요소의 가능한 모든 위험성을 규명할 수 있다. ③ 위험도를 우선순위로 결정해서 긴급 개선에 따른 위험성을 규명하고 후속 조치한다. ④ 생산성 향상에 기여한다.	① 각 분야 전문가들과 HAZOP 경험이 있는 팀리더 및 서기가 필요하다. ② 다른 위험성 평가 기법보다 많은 인원과 시간이 필요하다. ③ 도면과 현장이 일치하지 않으면 검토의 오류가 발생한다.

3) HAZOP의 분석 수행 시점

(1) 신규 시스템의 경우에는 시스템 설계 단계의 초반에 HAZOP을 분석하는 것이 바람직하다. 하지만 HAZOP을 분석하려면 완성된 설계가 필요하므로 상세 설계가 완성된 시점에서 최종 점검할 때 분석하는 경우가 많다.

(2) 기 가동 시스템에서 잠재적 위험요인이나 운전상 문제점을 제거한 후 시스템의 안전성 확보를 위해 수행하는 경우도 있다.

4) 위험과 운전 분석 방법의 주요 사항

(1) HAZOP Study는 공정에 존재하는 위험 요소들과 비록 위험하지 않아도 공정의 효율성을 떨어뜨릴 수 있는 운전상의 문제점을 찾아내는 것이다.

(2) 설계 의도에서 벗어나는 일탈 현상을 찾아낸 후 공정의 위험 요소와 운전상의 문제점을 알아내기 위해 여러 분야에서 경험이 많은 사람들로 팀을 이루어서 Brainstorming을 벌인다.

(3) 숙련된 팀 리더가 '가이드워드(guide word)'라고 부르는 일정한 단어를 사용해서 팀이 체계적으로 공정을 분석하도록 한다.

5) 가이드워드의 종류 및 정의(연속 공정)

[표 4-39] 가이드워드의 정의와 적용 예시

가이드워드	정의	적용 예시(이탈)(변수 : 유량)
NO(없음)	변수(parameter)의 양이 없는 상태	검토 구간에서 유량이 없거나 흐르지 않는 상태
More(증가)	변수가 양적으로 증가되는 상태	검토 구간에서 유량이 설계 의도보다 많이 흐르는 상태
Less(감소)	변수가 양적으로 감소되는 상태	증가의 반대
Reverse(반대)	설계 의도와 반대	약류, 검토 구간에서 정반대 방향으로 흐르는 상태
As well as(부가)	설계 의도 외에 다른 변수가 부가되는 상태	오염 등과 같이 설계 의도 외에 부가로 이루어지는 상태

가이드워드	정의	적용 예시(이탈)(변수 : 유량)
Parts of(부분)	설계 의도대로 완전히 이루어지지 않은 상태	조성 비율이 잘못된 것과 같이 설계 의도대로 되지 않는 상태
Other than(기타)	설계 의도대로 되지 않거나 운전 유지되지 않은 상태	원료 공급 잘못, 밸브 설치 잘못 등

6) 위험의 유형

위험은 화재(fire), 폭발 및 폭연(explosion & deflagration), 독성 물질 누출(toxic release), 부식(corrosion), 방사능(radiation), 소음 및 진동(noise & vibration), 감전(electrocution), 질식(asphyxia, 기계적 고장, 생산물의 불량, 환경 영향(오염)) 등이 해당된다.

7) HAZOP의 수행 절차

(1) 제1단계 : 분석 대상 Study Node(검토 구간) 선정하기

HAZOP Study 팀은 사업장 여건에 맞게 구성하여 팀 구성원의 임무를 정한다. 검토 구간은 위험성 평가를 하려는 설비 구간으로, 어떤 프로세스의 주요 변화가 발생하여 Hazard 와 운영상의 문제점이 발생할 가능성이 있는 프로세스의 한 부분을 말한다. 검토 구간의 선정 원칙은 다음과 같다.

- 설계 의도에 의한 공정 변수(압력, 온도, 유량 등)가 존재하는 위치
- 일반적으로 배관, 용기(밸브 등과 같은 부속 설비는 설비에 포함)
- 팀의 숙련도에 따라 검토 구간 그룹화 및 분할
- 설계 의도가 변경된 경우는 새로운 검토 구간으로 분할
- 한 도면에서 다른 도면으로 연결 시 동일 검토 구간으로 간주 등

(2) 제2단계 : 공정 파라미터(공정 변수) 설정하기

위험요인을 가진 시스템 구성 요소의 물리적 특성(온도, 압력 등)

(3) 제3단계 : 가이드워드 적용하기

가) 가이드워드(guide word)는 HAZOP study팀 멤버들이 프로세스 파라미터의 가능한 이탈(deviation)을 생각해 내는 데 도움이 되는 단어/문구이다.

나) 가이드워드의 역할은 일련의 표준 질문을 프로세스 파라미터(공정 변수)에 반복적으로 적용하여 정상 조건으로부터 벗어나는 공정 이탈을 체계적이고 일관성 있게 도출시키는 것이다.

(4) 제4단계 : 의도한 정상 설계에서 벗어나는 이탈 식별하기

가) 가이드워드를 선정된 프로세스 파라미터에 적용하여 발생 가능한 이탈을 찾는다. 공정 이탈은 공정 변수와 가이드워드의 조합으로 전개된다.

> 공정 변수(parameter)+가이드워드(guide word) → 이탈(deviation)

나) 가이드워드와 프로세스 파라미터를 조합하는 매트릭스를 활용한다.

다) 모든 가이드워드+파라미터 조합이 의미 있는 것은 아니므로 매트릭스의 빈 칸이 존재한다(분석이 필요 없는 경우).

(5) 제5단계 : 이탈을 초래하는 원인 파악하기

가) 이탈이 발생하는 원인(cause)을 찾는다.

특정 이탈을 초래하는 원인이 한 가지 이상일 수도 있다.

나) 발생 가능성이 지나치게 낮은 원인은 분석 팀의 판단에 따라 리스트에서 제외될 수도 있다.

다) 원인의 유형

• 사람 오류(human error) : 오퍼레이터, 설계가, 제조자, 기타 관련 작업자의 행위 때문에 심각한 결과를 초래하는 위험이 발생한다.

• 장비 오류(equipment failure) : 기계적, 구조적, 운용상의 결함 때문에 위험이 발생한다.

• 외부 요인(external events): 외부 요인이 노드 운용에 영향을 주어 위험을 발생시킨다 (예 정전, 수도 공급 중단, 날씨, 지진, 유관 노드의 장애 등).

(6) 제6단계 : 이탈로 인한 결과 파악하기

가) 이탈 발생에 따른 결과(피해, 문제점)를 파악한다.

즉 해당 변이가 시설 셧다운이나 제품 품질 저하 같은 공정 유해 · 위험요인과 운용 문제(operability problems)를 야기하는지 분석한다.

나) 이탈의 영향은 안전성(safety), 환경(environmental), 경제성(economic) 측면에서 따져볼 수 있다.

(7) 제7단계 : HAZOP 검토 결과 분석표 작성하기

HAZOP 검토 결과를 수행할 때 이탈, 잠재 위험요인과 결과에 대해 HAZOP 검토 결과 분석표를 체계적으로 정리한다. HAZOP 검토 결과 분석표를 체계적으로 정리해야 사후조치에 대한 점검에도 유용하게 이용할 수 있다. 'HAZOP 검토 결과 분석표'의 대표적인 예시([양식 7])는 다음과 같으며 사업장의 특성에 따라 조금씩 바꾸어 사용할 수 있다.

[양식 7] HAZOP 검토 결과 분석표

HAZOP 검토 결과 분석표(예)

공정								
도면					검토일			
구간					PAGE			
이탈 번호	이탈 (Deviation)	원인 (Cause)	결과 (Consequence)	현재 안전 조치 (Safe guards)	위험 등급 (Risk)	개선 번호	개선 권고사항 (Recommendation)	

8) HAZOP의 기대 효과

(1) 설계 단계부터 안전한 사업장 구축 및 위험이나 개선 사항 발견 시 비용 절감

(2) 설계 시 재질, Interlock System 및 계기 등의 적절성 검토

(3) 새로운 공정에 대한 안전과 운전 방법에 대한 체계적 관리

(4) 기존 공장의 운전 문제점과 비효율적인 운전 방법 개선 및 품질 향상

(5) 운전원의 공정에 대한 관심과 참여 동기 부여

(6) 법적 요구 조건 충족 및 선진국의 안전 제도 도입

6. 작업 안전 분석(JSA)

1) JSA의 개요

JSA는 특정한 작업의 주요 단계로 구분하여 각 단계별 유해·위험요인과 잠재적인 사고를 파악하여 유해·위험요인과 사고를 제거하고, 최소화 및 예방하기 위한 대책을 개발하기 위해 작업을 연구하는 기법이다. 작업 내용을 단계별로 분리하여 위험요인을 찾는 것이 핵심으로, 4M과 KRAS는 큰 차이가 없다.

작업 안전 분석(JSA)의 수행 시점은 주로 작업을 수행하기 전이나 사고 발생 시 원인을 파악할

때, 개선 대책의 적절성을 평가할 때, 그리고 공정 또는 작업 방법을 변경할 경우 등이다

작업 안전 분석(JSA)은 작업 대상물에 나타나거나 잠재되어 있는 모든 물리적·화학적 위험과 근로자의 불안전한 행동 요인을 발견하기 위한 작업 절차와 관련된 위험성 평가 및 분석 기법으로 작업 안전 분석의 결과를 도출할 때 활용된다. 그리고 확인된 위험에 대한 정보는 사고 원인의 제거와 안전 작업 방법을 구체화하고, 장비·기계·도구의 개선 또는 안전 교육에 필요한 안전 작업 절차를 수립하는 데 기초 자료가 된다. 일반적으로 유해·위험요인이 존재하거나 발생할 가능성이 있고, 유해·위험요인이 절차서 또는 작업 허가서에 충분히 반영되지 않을 때 활용된다.

작업 안전 분석(JSA) 기법은 표준 운전 절차(SOP; Standard Operating Procedure) 및 유사 또는 동일한 작업이 반복될 경우에 활용 효과가 높다. 또한 안전한 작업과 JSA 기법의 실행 효과를 높이려면 안전작업허가제도와의 연계가 필요하다. 고용노동부는 산업안전보건법의 공정 안전 보고서(PSM) 관련 고시를 2016년 8월 개정하면서 공정 안전 보고서를 작성할 때 기존의 위험성 분석 기법에 추가하여 작업 안전 분석(JSA)을 추가하도록 고시를 개정했다.

※ JSA 활용에 관한 법규는 산업안전보건법 제36조(위험성 평가 실시), 고시 제2020-55호(공정 안전 보고서의 제출·심사·확인 및 이행 상태 평가 등에 대한 규정)의 제27조(공정 위험성 평가서의 작성 등)에 따라 작업 안전 분석 기법(JSA) 등을 활용하여 위험성 평가 실시 규정을 별도로 마련해야 한다.

2) 특징

(1) 작업자, 작업, 작업 도구(장비) 및 작업 환경 사이의 관계에 집중할 수 있다.
(2) 작업을 어떻게 수행할 것인지에 대해 상호간의 의견 교환이 가능하다.
(3) 모든 사람들의 지식과 경험이 작업 절차서에 이어질 수 있도록 체계적인 방식을 제공한다.
(4) 어떤 종류의 작업에도 적용 가능하고 작업을 더욱 안전하게 하는 도구이다.
(5) 작업이나 업무에 대한 시스템적인 분석이 가능하다.
(6) 위험에 대해 스스로 제어하고 최소화하는 해결책을 제공한다.
(7) 근로자 스스로 작업 안전 분석에 참여하고 자율적인 이행에 도움을 준다.

3) 수행 절차

JSA의 수행 절차는 [그림 4-19]와 같다.

(1) JSA 실행 절차서 작성하기
(2) JSA 팀 구성하기

해당 작업과 관련된 팀장, 경험이 있는 작업자, 직접 수행할 작업자

※ JSA 실행 시 작업자 참여 중요성

    ① 작업자의 지식은 위험성을 찾는 데 매우 중요하다.

    ② 작업자를 참여시키면 작업에 대한 품질 분석을 보증하게 한다.

    ③ 작업자가 해결책을 찾는 데 참여하면 그들은 주인의식을 갖게 된다.

(3) JSA 실행 대상 작업 선정하기

일상적으로 수행하는 작업에 대해 부서별로 작업 종류를 등록한다.

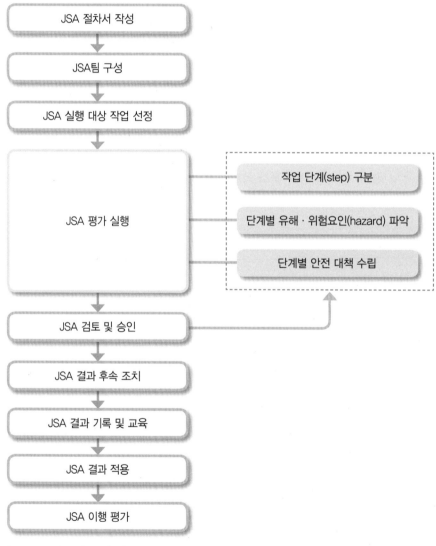

[그림 4-19] 작업 안전 분석(JSA)의 수행 절차

(4) JSA 평가 실행하기

평가 실행 단계는 작업 단계 구분, 유해 · 위험요인 파악 및 대책 수립이 포함된다.

가) 작업 단계 구분

① 작업 순서대로 단계를 구분한다.

② 너무 자세하게 단계를 구분하지 않는다.

③ 너무 포괄적 또는 결합적으로 단계를 구분하지 않는다.

나) 유해 · 위험요인 파악

① 유해 · 위험요인은 유해 · 위험요인 파악용 점검표를 사용하여 파악할 수 있다.

② 유해 · 위험요인을 상세하게 파악하려면 KOSHA Guide '중소 사업장의 리스크 평가 관련 유해 · 위험요인 분류를 위한 기술지침'에 표시된 '유해 · 위험요인별 분류 및 점검 · 확인 사항'에서 기계적 요인, 전기적 요인, 물질(화학 물질, 방사선) 요인, 생물학적 요인, 화재 및 폭발 위험요인, 고열 및 한랭 요인, 물리학적 작용에 의한 요인, 작업 환경 조건으로 인한 요인 등을 참조하여 파악할 수 있다.

③ 위험성 평가는 작업 안전 분석(JSA)에서는 대상 작업 자체가 유해 · 위험요인이 높은 작업을 대상으로 한다. 그리고 실제 작업을 수행하는 현장 작업자가 참여하여 세부적인 작업 단계별 유해 · 위험요인을 파악하고 대책을 수립하기 때문에 필요하지 않을 수 있다.

다) 단계별 안전 대책 수립

대책 수립 순서는 다음과 같다.

① 유해 · 위험요인의 제거

② 기술적(공학적) 대책

③ 관리적 대책(절차서, 지침서 작성 등)

④ 교육적 대책

(5) JSA 검토 및 승인하기

가) 관리감독자가 JSA팀에서 작성한 결과 검토

나) JSA를 실행한 운영부서장이 결과 승인

(6) JSA 결과 후속 조치

가) 실행 결과 제시된 대책이 작업 수행 전에 실행되었는지 확인

나) 대책 수행을 확인할 담당자 지정 필요

(7) JSA 결과 기록 및 교육

　가) 결과를 문서로 등록 및 관리

　나) 작업 수행 전에 해당 작업과 관련된 모든 작업자에게 JSA 결과 교육 실시

(8) JSA 결과 적용

　가) 관리감독자가 JSA 결과 숙지

　나) 작업 방법 및 내용 등이 변경되는 경우 다시 JSA 평가 실행

(9) JSA 이행 평가

　가) 운영 부서가 점검표를 활용하여 자체 평가

　나) 안전 부서가 점검표를 활용하여 정기 평가

7. 체크리스트 방법

1) 체크리스트 방법의 개요

　공정 및 설비의 오류, 결함 상태, 위험 상황 등을 목록화한 형태로 작성하여 경험적으로 비교해서 위험성을 파악하는 방법을 말한다.

2) 체크리스트 방법의 용도

　(1) 위험성을 평가하기 위해 유해성과 위험성을 식별하는 데 사용한다.

　(2) 제품이나 프로세스 또는 시스템의 라이프 사이클의 모든 단계에서 사용할 수 있다.

　(3) 다른 평가 방법의 일부로 사용할 수 있다.

　(4) 상상력이 풍부한 기법이 적용된 후 모든 사항이 포함되었는지 확인하기 위해 적용될 때 가장 유용하다.

3) 체크리스트의 수행 절차

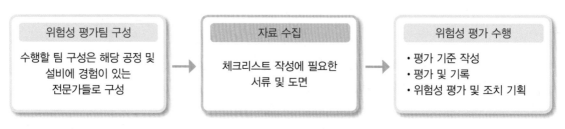

[그림 4-20] 체크리스트의 수행 절차

4) 위험성 평가 수행 방법

평가 기준 작성	체크리스트의 평가 및 기록	위험성 평가 결과 조치 기획 작성
• 공정 및 설비에 해당하는 위험성 평가 체크리스트 공정 및 설비 개요를 작성한다. • 위험성 평가 결과 기록지에 평가 기준을 작성한다. • 공정 흐름에 따라 검토 구간을 설정한다. • 검토 구간에 속한 장치 및 설비, 배관, 전기 설비 등에 대한 평가 기준을 작성한다. • 모든 화학 물질은 종류별로 각각 작성한다.	• 현재의 안전 조치를 모두 기입한다. • 현재의 안전 조치가 적정한지의 여부를 가능성과 중대성을 이용하여 판단한다. • 적정 또는 보완으로 분류한다.	• 위험성 및 개선 권고사항을 고려하여 조치 기획을 작성한다. • 조치 기획이 필요 없다고 결론을 내린 경우 '비고'에 사유를 기재한다. • 조치 기획은 우선순위, 책임 부서, 일정, 진행 결과 등을 기입한다. • 조치가 완료된 후에는 완료 확인란에 표시한다.

[그림 4-21] 위험성 평가 수행 방법

8. 사고 예상 질문(What-If) 방법

1) 사고 예상 질문의 개요

사고 예상 질문 분석은 나쁜 결과를 초래할 수 있는 사건을 세심하게 고려해 보는 것으로, 설계 단계, 건설 단계, 운전 단계, 공정의 수정 등에서 생길 수 있는 이탈 현상의 조사에 유용하다. 이 분석 기법은 화학과 석유화학 플랜트 유해성을 조사하기 위해 설계되었지만, 시스템, 플랜트 항목, 절차, 조직 등에 일반적으로 넓게 적용된다. 특히 변화의 결과와 그로 인해 변경되거나 생성된 위험을 조사하는 데 유용하게 사용된다.

2) 사고 예상 질문 방법의 특징

(1) 공정에 잠재하는 사고를 확인하고 위험과 결과, 그리고 위험을 줄이는 방법 등을 제시한다.

(2) 적용 시기

'What-If' 분석은 현재 지어지는 공장에 대해서 공정의 개발 단계나 초기 시운전할 때 적용한다. 가장 흔한 용도는 현재 공정에 변화를 주었을 때 영향을 알아보기 위해서 사용한다.

(3) 적용 방법

각 분야 전문가가 'What If'로 시작되는 질문을 사용하여 잠재 위험요인을 확인하고 대책을 도출한다.

3) 사고 예상 질문의 수행 절차

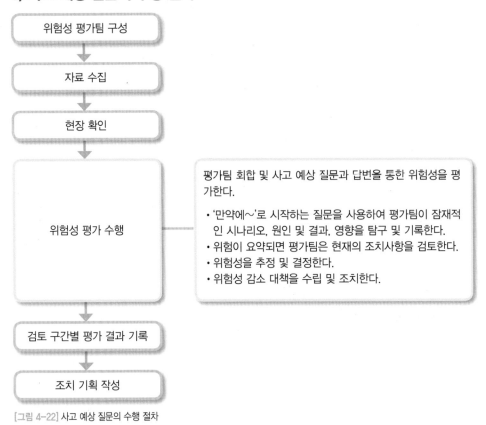

[그림 4-22] 사고 예상 질문의 수행 절차

도표 내용:
- 위험성 평가팀 구성
- 자료 수집
- 현장 확인
- 위험성 평가 수행
- 검토 구간별 평가 결과 기록
- 조치 기획 작성

평가팀 회합 및 사고 예상 질문과 답변을 통한 위험성을 평가한다.
- '만약에~'로 시작하는 질문을 사용하여 평가팀이 잠재적인 시나리오, 원인 및 결과, 영향을 탐구 및 기록한다.
- 위험이 요약되면 평가팀은 현재의 조치사항을 검토한다.
- 위험성을 추정 및 결정한다.
- 위험성 감소 대책을 수립 및 조치한다.

9. 고장 모드 및 위험성 분석(FMECA)

1) FMECA의 개요

고장 모드 및 위험성 분석(FMECA)은 고장 영향 분석(FMEA)에 위험성 분석(criticality analysis)과 대응 방안을 추가한 것이 고장 모드 및 위험성 분석이다. 그리고 위험성은 고장 발생 가능성과 고장의 결과(강도)에 따라 결정된다.

고장 영향 분석(FMEA)은 시스템이나 서브 시스템의 위험 분석을 실시하기 위해 일반적으로 사용되는 전형적인 정성적, 귀납적 분석 기법이다. 제품을 구성하는 부품들의 명칭을 나열하고 기능을 서술한 후 고장이 발생하는 원인과 고장 모드를 기입하고 마지막에 대책을 제시한다. 필요에 따라서 발생 확률(빈도), 고장의 영향 등을 추가한 위험성 분석을 추가하면 고장 모드 및 위험도 분석(FMECA)이 된다. 이것은 고장의 형태별 영향 분석에 따라 확인된 치명적 고장에 대하여 피해와 고장 발생률에 의해 위험성을 분석하고, 치명적인 고장을 사전에 예방한다. 그리고 고장을 피할 수 없는 경우에는 피해를 최소화하는 대책을 수립하는 방법이다.

2) FMECA의 수행 절차

FMECA의 수행 절차는 [그림 4-23]과 같다.

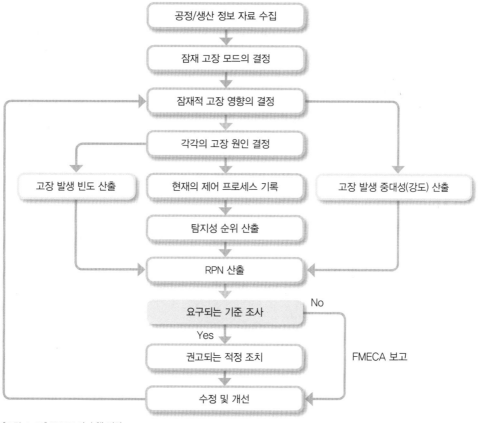

[그림 4-23] FMECA의 수행 절차

고장 모드 및 위험성 분석(FMECA)은 양식의 구성 항목 내용을 작성한다.

[양식 8] FMECA의 구성 항목

FMECA의 주요 구성 항목

1. 항목	2. 기능	3. 고장의 형태 및 원인	4. 고장 반응 시간	5. 작업 또는 운용 단계	6. 고장의 영향				7. 고장 발견 방식	8. 시정 활동	9. 위험성 분석	10. 소견
					서브 시스템	시스템	작업	인원				

10. FTA(결함수 분석)

1) FTA의 개요

FTA 기법이란, 1960년대 초 미국의 벨전화연구소에서 군용으로 개발된 분석 기법으로, 'Fault Tree Analysis'의 약자이다. 기계 장치가 규칙적으로 운전되고 있는 상태에서 고장이 발생할 확률이 어느 정도인지를 알아보는, 즉 운전 상태의 안전성을 수학적으로 해석하여 재해나 사고의 발생을 확률적·정성적, 그리고 정량적으로 평가하는 데 목적이 있다.

FTA(결함수 분석)는 시스템 고장 또는 사고를 발생시키는 사상과의 논리 관계를 논리 기호를 사용하여 나뭇가지 모양의 그림(결함수, Fault Tree)으로 만든다. 그리고 이것에 의거하여 시스템의 고장 확률을 구해서 고장이 발생할 수 있는 취약 부분을 찾아내어 시스템의 신뢰도를 개선하는 영역적·정성적·정량적 고장 해석 및 신뢰성 평가 방법이다.

2) FTA의 특징

FTA는 사고를 일으키는 장치의 이상이나 운전자 실수(human error)의 조합을 통해 사고의 발생 빈도를 알아낼 수 있다.

(1) 고장 시 발생하는 사고 위험 예측 방법이다.
(2) 새로운 시스템의 개발과 설계 및 생산 시 안전 관리 측면에서 적용되는 방법이다.
(3) 결함의 원인과 요인을 추적하지만 상이한 조직의 결함은 지적 발견할 수 없다.
(4) 조직의 기능 역할 중에서 중요도가 높은 구성적 요소의 결함으로 인해 발생하는 경로 요인 분석이다.

적용 시점은 설계 단계와 운전 단계에서 모두 가능하며 필요한 지식이나 지표로는 작업 공정을 완전히 이해할 수 있어야 한다. 그리고 FMEA를 수행해 보고 공장 설비의 고장 모드(failure mode)와 공정에 미치는 영향을 잘 알아야 한다.

3) FTA 분석 및 게이트 기호

[표 4-40] 결함수 분석 기법 용어 정의하기

번호	기호	명칭	기호 설명
1		결함사상	사고가 일어난 사상(사건)
2		기본사상	더 이상 전개가 되지 않는 기본적인 사상 또는 발생 확률이 단독으로 얻어지는 낮은 레벨의 기본적인 사상
3		통상사상(가형사상)	통상 발생이 예방되는 사상(예상되는 원인)
4		생략사상(최후사상)	정보 부족 또는 분석기술 불충분으로 더 이상 전개할 수 없는 사상(작업 진행에 따라 해석이 가능할 때는 다시 속행한다)
5		OR 게이트	한 개 이상의 입력사상이 발생하면 출력사상이 발생하는 논리 게이트
6		AND 게이트	입력사상이 전부 발생하는 경우에만 출력사상이 발생하는 논리 게이트
7		억제 게이트	AND 게이트의 특별한 경우로서 이 게이트의 출력사상은 한 개의 입력사상에 의해 발생하며, 입력사상이 출력사상을 생성하기 전에 특정 조건을 만족하여야 하는 논리 게이트

4) 결함수 분석 기법의 수행 절차

결함수 분석의 수행 절차는 다음과 같다.

(1) 제1단계 : 정성적 FT(결함나무) 작성하기

해석하려는 사고 사상을 결정하여 FT도를 작성하기까지의 단계

가) 해석하려는 사고인 목표 사상(top event)을 정한다.
나) 사고의 원인인 기본 사상과 영향을 조사한다.
다) FT도를 작성한다.

(2) 제2단계 : FT(결함나무) 정량화하기

FT도를 수식화하여 재해의 발생 확률을 계산하는 단계

가) 컷세트(cut set), 최소 컷세트(minimal cut set)를 구한다.

나) 작성한 FT도를 수식화하여 간소화한다(Boolean 대수 사용).

다) 기본 사상의 발생 확률을 이용하여 정상사상(재해)이 발생할 확률을 계산한다.

(3) 제3단계 : 안전성 검토하기

개선안의 선택을 위해 비용 · 공간 · 시간 등의 조건을 검토한다.

(4) 제4단계 : 개선안 수립하기

비용이나 기술 등의 조건을 고려하여 가장 적절한 재해 방지 대책을 세워 해당 효과를 FT로 확인한다.

11. ETA(사건수 분석)

1) ETA의 개요

ETA는 사고나 재해의 발단이 되는 사건이 시스템에 입력(input)된 이후 그 영향으로 계속해서 어떠한 부적합한 상태로 발전해가는지를 나뭇가지가 갈래를 쳐나가는 모양으로 분석해 나가는 귀납적이고 정량적인 분석 방법이다. 복잡한 시스템에서 대형사고가 발생할 우려가 있는 경우에는 FTA와 ETA를 함께 사용해서 분석하면 더욱 분명한 결과를 얻을 수 있다.

사건수(ET)는 주로 설계되는 시스템의 적합성을 판정하거나, 개선 방향이나 개선점을 도출하는 데 사용할 수 있다. 그리고 정량적인 값을 산출할 수 있을 때는 시스템 설계 및 개선할 경우 자원의 할당에 대한 정당성을 확인할 수 있다. 다만 사건에 영향을 미치는 인자들이 많아지면 사고 시나리오가 방대해져서 사고 시나리오를 모두 도출해도 이것을 모두 정량화하기는 어려울 뿐만 아니라 얻은 정보도 불분명해진다는 단점이 있다.

2) ET(Event Tree)의 특징

(1) 사고를 유발하는 초기 사건과 후속 사건의 순서를 논리적으로 알아낸다.

(2) 적용 시기는 설계 단계에서는 초기 사건으로부터 발생하는 가능한 사고를 평가하기 위해 적용된다. 그리고 운전 단계에서는 기존 안전 장치의 적절성을 평가하거나 장치 이상으로 발생할 수 있는 리스크를 조사하기 위해 사용할 수 있다.

(3) 사건수 분석에 필요한 자료와 지식은 초기 사건(사고의 원인)이 될 수 있는 장치 이상이나 시스템 이상에 대한 지식 및 경험과 초기 사건의 영향을 완화시킬 수 있는 안전 시스템의

기능이나 응급조치에 대한 지식이다.

3) ETA의 수행 절차

(1) 제1단계 : 발생 가능한 초기 사건 선정하기

가) 사건수 분석에 필요한 설비배치도, 운전절차서, 공정설명서, 안전 장치, 공정배관계장도, 작업자 실수 자료, 비상 계획 등의 자료를 준비한다.

나) 발생 가능한 시스템/공정의 고장 또는 오류 등에 대해 예측한다.

Ⓟ 독성 물질 누출, 용기의 파열, 내부 폭발, 공정 이상 발생

(2) 제2단계 : 초기 사건을 완화시킬 수 있는 안전 요소 확인하기

안전 요소의 형태는 다양하지만, 작동 결과가 성공 또는 실패의 형태로 나타난다.

Ⓟ 자동대응안전시스템, 경보 장치, 운전원의 대응, 완화 장치 등

(3) 제3단계 : 사건수(ET) 작성하기

초기 사건에 따른 첫 번째 안전 요소의 작동/대응 결과 평가 → 동일한 방법으로 두 번째 안전 요소 평가 → 최종 안전 요소를 평가하여 도표에 사건수 표시

(4) 제4단계 : 사고 결과 확인하기

가) 사건에 대한 대응 단계별 최종 결과(재해 결과)를 종류별로 분류한다.

나) 대응 단계별 성공/실패의 확률을 대입하여 결과에 대한 발생률을 예측한다.

다) 예측된 발생률이 수용 범위를 벗어날 경우 대응 단계별 수정, 보완 대책을 수립하거나 추가적인 대응책을 계획한다.

(5) 제5단계 : 사고 결과 상세 분석하기

사고 결과 상세 분석은 평가 항목, 수용 수준, 평가 결과, 개선 요소로 구성된다.

가) 평가 항목 : 안전-비정상 조업, 폭주 반응, 증기 운전 폭발 등 사고 형태나 회사의 안전 관리 목표

나) 수용 수준 : 회사에서 목표로 정한 위험 수준으로서의 발생 빈도나 확률

다) 평가 결과 : 평가 항목별로 사고 발생 빈도를 합한 값

라) 개선 요소 : 평가 항목별로 각 사고 형태의 발생에 해당하는 안전 요소

(6) 제6단계 : 결과 보고서 작성하기

이상, 누출 등 사건의 정성적 또는 정량적 결과를 문서화한다.

12. 원인 결과 분석 기법(CCA)

1) 원인 결과 분석 기법(CCA)의 개요

CCA(Cause Consequence Analysis)는 결함수 분석 기법(FTA 및 사건수 분석 기법(ETA))을 결합한 것으로, 잠재된 사고의 결과 및 근본적인 원인을 찾아내고, 사고 결과와 원인 사이의 상호관계를 예측하며, 리스크를 정량적으로 평가하는 리스크 평가 기법이다.

2) 원인 결과 분석 기법(CCA)의 수행 절차

(1) 제1단계 : 발생 가능한 사건 선정하기(평가할 사건의 선정)

FTA와 ETA의 분석 대상 선정법을 동일하게 사용할 수 있다.

🐾 배관에서의 독성 물질 누출, 용기 파열, 내부 폭발, 공정 이상 등

(2) 제2단계 : 안전 요소 확인하기

제1단계에서 선정된 초기 사건으로 인한 영향을 완화시킬 수 있는 모든 안전 요소를 확인한다.

🐾 초기 사건에 자동으로 대응하는 안전 시스템(조업정지시스템), 경보 장치, 운전원의 조치, 완화 장치(냉각시스템, 압력방출시스템, 세정시스템 등)

(3) 제3단계 : 사건수 구성하기

가) 제2단계에서 확인된 모든 안전 요소를 시간별 작동 및 조치 순서대로 성공과 실패로 구분하여 초기 사건에서 결과까지 사건 경로(사건수)로 구성한다.

나) 안전 요소의 성공과 실패에 따른 분기점은 [그림 A]의 기호로, 사고의 결과는 [그림 B]의 기호로 나타낸다.

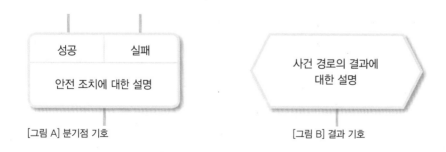

성공	실패
안전 조치에 대한 설명	

[그림 A] 분기점 기호

사건 경로의 결과에 대한 설명

[그림 B] 결과 기호

(4) 제4단계 : 초기 사건과 안전 요소 실패에 대한 결함수 구성하기

초기 사건과 제3단계의 안전 요소 실패에 대해 FTA 기법을 적용하여 기본 원인(기본 사상)에서 초기 사건까지의 사건 경로, 즉 결함수를 구성한다.

(5) 제5단계 : 각 사건 경로의 최소 컷세트(Cutset) 평가하기

가) 기본 원인에서 결과까지의 각 사건 경로에 대한 최소 컷세트는 FTA 기법의 최소 컷세트와 같은 방법으로 결정한다.

나) FTA 기법을 이용하여 사건 경로의 최소 컷세트를 결정할 수 있고 이것을 CCA에서 확인된 모든 사건 경로에 대해 반복한다.

(6) 제6단계 : 결과의 문서화 및 후속 조치하기

가) 결과의 문서화

CCA의 문서화에는 다음의 사항을 포함해야 한다.

① 분석한 시스템에 대한 설명

② 분석한 초기 사건을 포함한 문제 정의

③ 가정의 목록

④ 얻어진 원인 결과 선도

⑤ 사건 경로 최소 컷세트의 리스트

⑥ 사건 경로에 대한 설명

⑦ 사건 경로 최소 컷세트의 중요도에 대한 평가

나) 후속 조치

① 후속 조치의 우선순위

고장에 의한 인적·물적 손실이 중대한 것으로 판단되는 경우에는 반드시 개선 권고 사항에 대한 후속 조치를 취해야 한다.

② 감사(audit)

경영자는 공정 안전 관리 담당 부서가 평가 결과 보고서의 내용이 적절하게 추진되고 있는지를 감사해야 한다.

③ 관리 부서의 지정

후속 조치의 관리 부서는 회사의 특성에 따라 공무부, 기술부 등에서 각각 시행할 수 있도록 지정해야 한다. 그리고 시행 결과를 공정 안전 관리 담당 부서에 통보하여 후속 조치에 대한 적절한 사후 관리가 이루어져야 한다.

7 프로세스 관리

1. 프로세스란

프로세스를 이해하려면 프로세스의 개념을 명확하고 정확하게 이해해야 한다. ISO 45001에서 '프로세스'는 '용어와 정의'(3.25)에 의하면 입력을 사용하여 의도한 결과를 만들어내는 상호관련되거나 상호작용하는 활동의 집합으로 정의하고 있다([그림 4-24]). 즉 프로세스는 필요한 자원을 사용하여 프로세스에서 의도한 결과를 창출하는 일련의 활동이다.

이 프로세스의 정의에서 프로세스는 일련의 활동이라고 이해할 수 있지만, 조직의 활동과의 관계에서 파악해 보면 이해하기 쉽다. 프로세스는 고객으로부터 주문 및 시방 등을 입력하여 고객이 기대하는 제품과 서비스를 제공(출력물)하기 위해 필요하다.

[그림 4-24] 프로세스의 개념

대부분의 조직은 제품과 서비스를 제공하기 위해 주요 프로세스(영업, 설계, 조달, 제조, 서비스 제공, AS 등)가 있고, 이것을 지원하는 프로세스(총무, 인사, 경리) 등이 있다. 이와 같이 프로세스는 '주요 프로세스'와 '지원 프로세스', '경영 프로세스', 이렇게 세 분야의 프로세스로 나눌 수 있다.

1) 주요 분야 프로세스

주요 분야는 제품이나 서비스 등의 가치를 고객에게 제공하는 프로세스, 즉 시장 조사, 상품 기획, 설계, 주문, 생산 준비, 구매, 제조 및 서비스 제공, 보관·보존·물류, AS 등의 프로세스가 해당된다.

2) 지원 분야 프로세스

지원 분야는 조직의 인프라에 해당하는 업무를 수행한다. 조직에 따라 간접 부문이나 관리 부문으로 인사, 총무, 경리, 정보, 설비, 환경, 안전 보건, 품질 보증 등의 관리 부문의 프로세스가 해당된다.

3) 경영 분야 프로세스

경영 분야는 사업 비전 결정, 조직 구조 결정, 사업 계획, 경영 관리, 인재 개발 등의 경영 전략 등을 통제하는 프로세스이다.

프로세스 대상은 ISO 45001 4.1(조직과 조직 상황의 이해)에서 10.3(지속적 개선)까지 각 요구 사항이 있다. 이들 프로세스는 [그림 4-25]와 같이 서로 연관되어 있으므로 상호작용도 확실히 해야 한다.

[그림 4-25] 프로세스의 상호작용

2. 프로세스 분석하기

비즈니스 프로세스와 ISO 45001이 적절하게 통합된 프로세스를 기획하려면 해당 프로세스를 적절하게 분석해야 한다. 프로세스 분석은 어떤 업무를 규정하거나 개선하기 위해서 활용해도 된다([그림 4-26]). 이것은 프로세스의 유지 및 향상, 개선, 혁신에 연결할 목적으로 프로세스에서 특성과 요인의 관계를 해석하는 것이 목적이다.

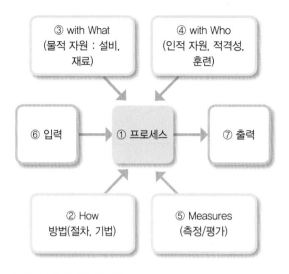

NO	세부 내용
①	프로세스명
②	절차, 방법 및 기술
③	자재, 설비, 시험 장비, 컴퓨터 시스템, 프로세스에 사용된 SW 등
④	요구되는 적격성, 기능, 교육·훈련 등 자원 요구사항
⑤	프로세스의 효과 측정/평가 지표
⑥	문서, 자재, 계획 등의 실제 입력물
⑦	제품, 문서 등의 실제 출력물과 효과성의 실제 측정과 연계되어야 한다.

[그림 4-26] 프로세스 분석하기

3. 프로세스의 수립 대상

ISO 45001 표준에서, 구체적으로 요구사항 4.4에서 프로세스를 언급하고 있다. 이 경우 절차는 없고 프로세스를 요구하고 있다.

[표 4-41] 4.4 안전보건경영시스템의 프로세스

구분	요구사항
4.4	조직은 이 표준의 요구사항에 따라 필요한 프로세스와 그 프로세스의 상호작용을 포함하는 안전보건경영시스템을 수립·실행·유지 및 지속적으로 개선하여야 한다.

ISO 45001 4.4에는 필요한 프로세스를 [표 4-42]와 같이 14개를 제시하고 있다. 이러한 프로세스는 조직이 결정하여 수립 및 실행, 유지해야 한다. 따라서 프로세스는 관리 대상을 명확히 하고, 관리 대상 중에서 문서화되어 있지 않으면 계획 및 운용, 관리에 영향을 주는 프로세스를 파악하고 문서화하는 것이 바람직하다.

프로세스는 절차를 포함하여 절차를 실행하는 역량을 가진 사람 및 절차를 실행할 수 있는 적절한 자재 및 설비 등이 포함된다. 안전보건경영시스템에서 의도한 결과를 달성하려면 절차뿐만 아니라 필요한 자재 및 정보, 추진 요원의 역량, 사용 설비 등 프로세스 전체를 관리하는 것이 중요하다.

[표 4-42] 요구사항별 프로세스

요구사항		프로세스
5.4	근로자 협의 및 참여	근로자 참여 및 협의 프로세스
6.1.2.1	위험요인 파악	위험요인 파악 프로세스
6.1.2.2	안전 보건 리스크 및 기타 리스크 평가	안전 보건 리스크 및 기타 리스크 평가 프로세스
6.1.2.3	안전 보건 기회 및 기타 기회 평가	안전 보건 기회 및 기타 기회 평가 평가 프로세스
6.1.3	법적 요구사항 및 기타 요구사항	법적 요구사항 및 기타 요구사항의 결정 프로세스
7.4.1	일반사항	내부 및 외부 의사소통 프로세스
8.1.1	운용 기획 및 관리	안전보건경영시스템의 요구사항을 충족하기 위한 프로세스 및 6절에서 정한 조치를 실행하기 위해 필요한 프로세스
8.1.2	위험요인 제거 및 안전 보건 리스크 감소	위험요인 제거 및 리스크 감소 프로세스
8.1.3	변경 관리	변경 관리 프로세스
8.1.4.1	조달	조달 프로세스
8.2	비상시 대비 및 대응	비상시 대비 및 대응 프로세스
9.1.1	모니터링, 측정, 분석 및 성과 평가	모니터링, 측정, 분석 및 성과 평가 프로세스
9.1.2	준수 평가	준수 평가 프로세스
10.2	사건, 부적합 및 시정조치	사건, 부적합 및 시정조치 프로세스

4. 프로세스 계획

조직은 프로세스 분석을 기초하여 목표로 한 프로세스의 특성을 달성할 수 있도록 프로세스를 계획하는 것이 바람직하다. 프로세스 계획의 기본은 프로세스의 활동마다 그대로 실시하면 기대하는 목표가 달성되고, 동시에 성과에 이어질 수 있도록 요소를 명확하게 하는 것이다.

프로세스의 계획에서는 프로세스의 성과를 달성하는 것이 중요하다. 프로세스가 성과 향상에 연결되려면 적절한 일상 관리가 필요하고, 프로세스의 목표에 달성하지 못한 경우에는 해당 프로세스가 계획대로 수행되지 않았는지, 또는 프로세스에 문제가 있는지 주기적인 모니터링이 필요하다. 프로세스 계획을 수립하는 데 다음과 같은 요소를 결정하여 프로세스를 작성한다.

(1) 프로세스 목적 · 목표(특성) (2) 주관 부서

(3) 프로세스 리스크 및 기회 (4) 프로세스 성과 지표

(5) INPUT(입력물) (6) OUTPUT(출력물)

(7) 프로세스의 필요한 자원 (8) 프로세스의 책임, 권한

(9) 프로세스의 판단 기준   (10) 프로세스 모니터링 및 측정

(11) 관련 표준류

5. 프로세스 작성하기

프로세스는 프로세스 계획의 활동 요소를 명확히 파악하고 다음의 사항을 고려하여 프로세스 플로차트 양식([양식 9])에 따라 작성한다.

(1) 프로세스의 단계별 활동

(2) 프로세스 단계별 입력 및 출력의 명확화

(3) 활동 내용의 명확화(활동 내용 요약)

(4) 자원, 모니터링 항목, 측정기준 명확화

(5) 책임 부서(주관 부서 또는 관련 부서)

(6) 활동별 절차 및 표준류 식별

[양식 9] 프로세스 플로차트(예시)

프로세스명			적용 범위					
목적/목표			리스크					
프로세스 책임자			성과 지표					
인적 자원			물적 자원					
입력	활동	주요 활동	출력	모니터링 · 측정	자원	책임 · 승인	문서 · 기록

6. 프로세스 관리하기

프로세스 관리는 목표의 성과를 창출하기 위한 프로세스를 명확히 하고 각 프로세스를 계획대로 실시한다. 그 다음에는 성과와 프로세스의 관계, 프로세스 간의 상호관계를 파악하고, 일련의 프로세스를 시스템적인 면에서 효과적으로 작동하도록 유지 및 향상, 개선하는 것이다. 프로세스의 기본적인 사고 방식은 각각의 프로세스에서 프로세스의 결과가 적절하다고 보장하는 것이다. 프로세스의 기본은 목표대로 결과가 달성될 수 있도록 PDCA 사이클을 전문화시키는 것이다.

8 안전보건경영시스템의 문서화

1. 안전보건경영시스템의 문서화란

문서화는 ISO 45001의 요구사항에 따라 적합하게 수립되어 효과적으로 운용되고 있다는 것을 실증하기 위한 것이다. 문서화하면 조직의 안전 보건 방침과 안전 보건 목표를 달성하기 위한 요구사항이 무엇인가를 이해할 수 있고, 조직원 및 이해관계자에게 필요한 조직의 안전 보건 정보를 제공할 수 있다. 안전보건경영시스템을 적절하게 운용하기 위해 문서화가 필요한 것은 다음 사항을 달성하기 위해서이다.

1) 조직 전체의 활동 내용을 표준화하여 실행해야 할 것을 확실하게 실행한다.
2) 조직의 인원이 변동되어도 그 내용을 계승하고 조직으로서 지속적인 안전보건경영시스템의 운용을 적용할 수 있게 한다.
3) 안전보건경영시스템의 운용 상황을 평가하고 개선을 적절하게 수행할 수 있도록 한다.

ISO 45001에서 요구되는 업무 표준화의 프로세스, 문서 및 기록은 [표 4-42]와 같다. 안전보건경영시스템에서 문서는 경영시스템이 적절하게 수립되어 있는 증거를 의미한다. 기록은 경영시스템의 활동의 증거를 의미하는 것으로, 경영시스템이 적절히 운용되고 있다는 것을 입증하는 것이다.

절차를 문서화하는 것은 업무의 흐름, 업무의 수행 방법, 판단 기준, 기록과 같은 정보 등을 파악하고 명문화하는 것이다. 따라서 문서화의 성공 포인트는 단지 형식적인 규정이나 절차서를 작성하는 것이 아니고 구체적으로 다음과 같은 것을 이해하고 실행하는 것이 중요하다.

1) 무엇을 해야 하는가?
2) 어떠한 방법으로 해야 하는가? (판단 기준 등)
3) 무엇을 해서는 안 되는가?

경영시스템의 표준에서 문서화의 범위와 정도에 대해서는 조직의 규모나 활동 형태, 프로세스의 복잡성과 상호작용 및 요원의 역량에 따라 조직의 특성에 맞는 범위와 정도를 정하여 문서화를 실현하면 된다. 여기에서 중요한 포인트는 대상이 되는 요원의 역량에 의해서도 문서화의 범위와 정도는 변한다는 것이다. 문서의 형식, 문서의 체계 및 양식 등은 ISO 45001에서 요구하고 있지 않지만, 문서화의 수단(서술식 및 플로차트 등)을 활용하여 조직에서 이용하기 쉬운 형식으로 실현하는 것이 바람직하다.

[표 4-43] ISO 45001의 프로세스 · 문서 및 기록

구분		프로세스	문서	기록
조직 상황	4.3		안전보건경영시스템의 적용 범위	
리더십과 근로자 참여	5.2		안전 보건 방침	
	5.3		안전보건경영시스템의 역할, 책임, 권한	
	5.4	근로자 협의 및 참여 프로세스		
기획	6.1.1		리스크 및 기회의 조치	
	6.1.2.1	위험요인 파악 프로세스	위험요인 파악 및 리스크와 기회의 평가	위험요인 파악 및 리스크와 기회 평가 기록
	6.1.2.2	안전 보건 리스크 및 기타 리스크 평가 프로세스	안전 보건 리스크 및 기타 리스크 평가 방법 및 기준	안전 보건 리스크 및 기타 리스크 평가 결과
	6.1.2.3	안전 보건 기회 및 기타 기회 평가 프로세스		
	6.1.3	법적 요구사항 및 기타 요구사항 프로세스	법적 요구사항 및 기타 요구사항의 문서	법적 요구사항 및 기타 요구사항의 기록
	6.2.2		안전 보건 목표와 달성 계획	안전 보건 목표와 달성 계획 실시 결과
지원	7.2			역량의 증거
	7.4.1	내부 및 외부 의사소통 프로세스		의사소통 기록
운용	8.1.1	안전보건경영시스템의 요구사항을 충족하기 위한 프로세스 및 6절에서 정한 조치를 실행하기 위해 필요한 프로세스	프로세스가 계획대로 수행됨을 확신하는 문서화된 정보 유지	프로세스가 계획대로 수행됨을 확신하는 문서화된 정보 기록
	8.1.2	위험요인의 제거 및 리스크 감소 프로세스		
	8.1.3	변경 관리 프로세스		
	8.1.4.1	조달 프로세스		
	8.2	비상시 대비 및 대응 프로세스	비상시 대비 및 대응 계획	비상시 대비 및 대응 실시 기록
성과 평가	9.1.1	모니터링, 측정, 분석 및 성과 평가 프로세스		모니터링 측정 분석 및 성과 평가의 결과 기록, 측정기기의 보수 교정 및 점검 기록
	9.1.2	법적 요구사항 및 기타 요구사항의 준수 평가 프로세스		준수 평가의 결과 기록
	9.2.2		내부 심사 프로그램의 문서화	내부 심사의 결과 기록
	9.3			경영 검토 결과의 기록
개선	10.2	사건, 부적합 및 시정조치 프로세스		사건 및 부적합의 시정조치와 효과성 평가 기록
	10.3		지속적 개선	지속적 개선의 결과 기록

2. 문서화 정보의 대상

안전보건경영시스템 문서화와 관련된 ISO 45001 표준에서 요구하는 사항은 다음의 본문 7.5.1항과 같다.

[표 4-44] 요구사항 7.5.1

구분	요구사항
7.5.1(일반 사항)	조직은 안전보건경영시스템에는 다음의 사항이 포함되어야 한다. (a) 이 표준에서 요구하는 문서화된 정보 (b) 안전보건경영시스템의 효과성을 위해 필요한 것으로, 결정한 문서화된 정보

본문 7.5 (a)가 표준에서 요구하는 문서화된 정보의 대상은 [표 4-45]와 같다.

[표 4-45] 문서화된 정보대상

	요구사항	문서
4.3	안전보건경영시스템 적용 범위 결정	안전보건경영시스템의 적용 범위
5.2	안전 보건 방침	안전 보건 방침
5.3	조직의 역할, 책임 및 권한	안전보건경영시스템의 역할, 책임, 권한
6.1.1	리스크 및 기회의 조치(일반 관리)	리스크 및 기회 조치
6.1.2.1	위험요인 파악 및 리스크와 기회의 평가	위험 파악 및 리스크 기회의 평가
6.1.2.2	안전보건경영시스템에 대한 안전 보건 리스크 및 기타 리스크 평가	안전 보건 리스크 및 기타 리스크 평가 방법 및 기준
6.1.3	법적 요구사항 및 기타 요구사항의 결정	법적 요구사항 및 기타 리스크 사항 문서
6.2.2	안전 보건 목표와 목표 달성 기획	안전 보건 목표와 목표 달성 계획
8.1.1	운용 기획 및 관리(일반 사항)	운용 기획 및 관리
8.2	비상시 대비 및 대응	비상시 대비 및 대응 계획
9.2	내부 심사	내부 심사 프로그램 문서화
10.3	지속적 개선	지속적 개선

3. 문서화된 정보체계

문서화된 정보는 본문 7.5에서 설명한 것처럼 문서와 기록으로 구별하지 않고 문서와 기록을 모두 의미한다. 그리고 OHSAS 18001에서 나왔던 '문서 및 기록' 대신 '문서화된 정보'라는 용어를 사용한다. 스마트폰 및 태블릿에 보유된 전자 정보와 같이 공식 문서 시스템에 보유되어 있지 않은, 처리된 정보의 증거가 이제 허용된다. 7.5에서 문서와 기록의 차이에 대해 설명한 것을 다시 정리하면 [표 4-46]과 같다.

[표 4-46] 문서와 기록의 차이

문서	기록
업무 활동의 순서, 방법, 절차 기준을 지시, 계획, 규정하고 있으므로 문서 내용이 개정 기능을 한다.	결과의 증거로 삼고 분석하기 위한 것으로, 개정되지 않는다.
매뉴얼, 규정 및 절차서, 지침서, 작업 지시서, 교육 계획, 양식 등	각종 안전 점검표, 교육 훈련일지, 비상사태 보고서, 재해 보고서, 협의회 회의록 등
• 작성, 검토, 승인권자의 승인이 있어야 한다. • 업무 장소에 배포한다. • 최신의 유효본 관리를 위해 개정 관리한다. • 문서 내용이 개정 가능하다.	• 식별 파악, 수집, 분류, 파일링, 색인, 보관, 폐기 등 • 보존 연한에 따라 보존 및 폐기하고 손상되지 않도록 관리한다. • 개정되지 않는다.

안전보건경영시스템에서 문서화된 정보의 종류 및 체계는 조직의 경영 활동, 구조 및 크기 등에 따라 다를 수밖에 없다. 하지만 일반적으로 생각할 수 있는 문서체계 및 문서체계별 내용은 일반적으로 [그림 4-27]과 같이 안전 보건 경영 매뉴얼이나 규정 또는 절차서, 지침서 등으로 구성한다.

[그림 4-27] 문서화된 정보의 구조

4. 문서의 종류

1) 안전보건경영 매뉴얼

최고경영자가 선언한 안전 보건 방침이 포함된 표준 요구사항에 따른 안전 보건 개요를 기술한 문서이다. 안전 보건 목표와 세부 목표의 수립을 위한 방향, 안전 보건 요구사항의 기술 및 문서화 방향의 제시와 안전 보건 절차를 기술한 것이다.

2) 안전 보건 관련 규정 및 절차서

안전 보건 경영 매뉴얼의 요구사항을 어떻게 달성할 것인가 하는 업무 절차를 상세하게 기술한 문서로, 부서 간의 업무 연계성을 포함하여 해당 안전 보건 업무를 누가, 언제, 어디서, 무엇을, 어떻게 수행할 것인가를 기술했다. 안전 보건의 문서(프로세스 및 절차 포함)가 기존의 품질 및 환경경영시스템과 같은, 다른 경영시스템의 문서와 유사 또는 동일할 경우 조직은 이들 관련 문서를 기존의 품질 및 환경경영시스템과 같은, 다른 경영시스템 문서와 통합시킬 수 있다.

3) 안전 보건 지침서

특정 업무를 어떻게 수행할 것인가에 대해 업무 수행하는 방법을 기술한 문서이다. 특정 업무를 수행하는 인원이 수행해야 할 내용을 명확히 이해하고 실행할 수 있도록 작성하는데, 일반적으로 단위 안전 보건 업무나 설비별로 작성된다. 안전 보건 지침서는 다음의 사항을 유의해서 작성하는 것이 바람직하다.

(1) 작성 내용은 사업장의 특성과 실정이 맞도록 한다.
(2) 규정된 기준은 관련 법령과 법적 기준 이상을 만족하도록 한다.
(3) 현지의 안전 보건 수준보다 높은 수준으로 실행 가능하도록 한다.
(4) 제정 및 개정 시 반드시 현장책임자 및 작업자의 의견을 반영한다.
(5) 다른 지침과 모순되고 상충된 내용이 없도록 한다.
(6) 관련 법령의 제정 및 개정에 따라 즉시 변경하도록 한다.

4) ISO 45001 표준 관련 문서의 종류

조직의 안전보건경영시스템이 요구하는 문서는 ISO 45001 7.5(문서화된 정보), 7.5.1 (a), (b)에 따라 ISO 45001 표준 중 작성 및 관리, 유지해야 할 문서를 규정 및 절차서와 지침서로 구분하여 열거하면 [표 4-47] 문서와 같다.

(1) ISO 45001 표준의 규정 및 절차서의 종류(예시)

[표 4-47] ISO 45001 관련 규정 및 절차서의 종류(예시)

구분	요구사항	문서명	비고
조직 상황	4.1(조직과 조직 상황의 이해)	이슈 관리	🗐
	4.2(근로자와 기타 이해관계자의 니즈와 기대 이해)	이해관계자 관리	🗐
리더십	5.2(안전 보건 방침)	안전 보건 방침	🗎
	5.3(조직의 역할, 책임 및 권한)	조직 및 업무분장	🗐
		산업안전보건위원회 등	🗎
	5.4(근로자 협의 및 참여)	근로자 협의 및 참여	🗎
기획	6.1(리스크와 기회를 다루는 조치)	안전 보건 리스크/기회 관리	🗐
		위험성 평가	🗎
		법규 관리	🗐
	6.2(안전 보건 목표와 목표 달성 기획)	안전 보건 목표 관리	🗐
지원	7.2(역량/적격성)	교육 훈련	🗐
	7.4(의사소통)	의사소통 관리	🗐
	7.5(문서화된 정보)	문서 관리	🗐
		기록 관리	🗐
운용	8.1(운용 기획 및 관리)	운용 관리	🗐
		변경 관리	🗐
		구매 업무	🗐
		협력 업체 지원	🗐
		각종 지침서	🗎
	8.2(비상시 대비 및 대응)	비상사태 대비 및 대응	🗐
성과 및 개선	9.1(모니터링, 측정, 분석 및 성과 평가)	모니터링 및 측정 관리	🗐
		법규 준수 관리	🗐
	9.2(내부 심사)	내부 심사	🗐
	9.3(경영 검토)	경영 검토	🗐
	10.2(사건, 부적합 및 시정조치)	재해/사고 처리	🗎
		부적합 관리	🗐
		시정조치 및 재발 방지	🗐
	10.3(지속적 개선)	지속적 개선	🗐

🗐 QMS 및 EMS와 통합 가능 문서   🗎 제정해야 할 신규 문서

(2) ISO 45001 표준의 지침서 종류

조직은 안전 보건 활동과 관련되어 안전 보건 측면에 영향을 미칠 수 있는 기계 · 기구, 물질, 작업 등의 위험과 원재료, 가스, 증기, 분진 등의 유해 요인에 대한 안전 보건 조치 기준을 작성할 필요가 있다. 이 경우 [표 4-48]의 예시를 활용할 수 있다.

[표 4-48] 지침서 목록(예시)

• 위험물 관리 지침서	• 안전시설 관리 지침서
• 도급 업체 관리 지침서	• 밀폐 공간 작업 안전 지침서
• 사건 사고 조사 지침서	• 근로자 건강 장해 관리 지침서
• 물질 안전 보건 자료 관리 지침서	• 위험 기계 기구 관리 지침서
• 안전 작업 허가 지침서	• 중량물 · 운반 기계 안전 지침서
• 전기안전 관리 지침서	• 지게차 안전 관리 지침서
• 작업장 안전 지침서	• 청력 보존 프로그램 관리 지침서
• 근골격계 질환 예방 관리 지침서	• 안전 보호구 관리 지침서
• 작업 환경 관리 지침서	• 화학 물질 관리 지침서
• 추락 방지 관리 지침서	• 국소 배기 장치 관리 지침서
• 소방 시설 관리 지침서	• 건강검진 관리 지침
• 방문자 관리 지침서	• 무재해 운동 추진 지침서

5. 기록 관리

1) 기록의 종류

기록에는 ISO 45001 문서화 정보 중 기록의 종류는 다음과 같으며([표 4-49]), 법적으로 보유해야 할 기록도 포함되며, 법정 보존 기록을 참조하여 목록화한다.

[표 4-49] ISO 45001 기록의 종류(예시)

구분	요구사항	기록명
조직 상황	4.1(조직과 조직 상황의 이해)	내부 및 외부 이슈 기록
	4.2(근로자와 이해관계자의 니즈와 기대 이해)	이해관계자의 요구사항 기록
리더십	5.3(조직의 역할, 책임 및 권한)	조직도 및 업무분장 자료
	5.4(근로자의 협의 및 참여)	• 안전보건위원회 회의록 • 안전보건회의 기록
기획	6.1(리스크와 기회를 다루는 조치)	• 리스크 및 기회 평가 • 리스크 및 기회 조치 기획 • 위험성 평가 관련 기록
	6.2(안전 보건 목표와 목표 달성)	• 사업 계획 또는 방침 계획 • 사업 실적 기록
	6.3(법적 요구사항 및 기타 요구사항)	• 법규 목록 자료 • 법규등록부

구분	요구사항	기록명
지원	7.2(역량/적격성)	• 교육 훈련 계획 • 교육 훈련 기록 • 적격성 평가 기록
	7.3(인식) 및 7.4(의사소통)	회의록, 인식 관련 자료
	7.5(문서화된 정보)	• 문서 관리 관련 기록 • 문서 기록 목록 기록
운용	8.1(운용 기획 및 관리)	• 안전 보건 점검 기록 • 위험성 감소 대책 기록 • 변경 검토 기록 • 작업 환경 측정 결과 • 계약자 평가 기록 • 건강진단 기록
	8.2(비상시 대비 및 대응)	• 비상사태 계획 • 비상사태 훈련 기록 • 비상사태 결과 보고
성과 및 개선	9.1(모니터링, 측정, 분석 및 성과 평가)	• 모니터링 및 측정 계획 • 법규 준수 평가 계획 • 법규 준수 평가 기록
	9.2(내부 심사)	• 내부 심사 계획 • 내부 심사 체크리스트 • 내부 심사 보고
	9.3(경영 검토)	• 경영 검토 계획 • 경영 검토 보고 기록
	10.2(사건, 부적합 및 시정조치)	• 사고 및 재해 보고 기록 • 부적합 보고 기록 • 시정조치 및 재발 방지 기록
	10.3(지속적 개선)	지속적 개선 기록

※ 양식은 가능한 통합하여 사용하는 것이 바람직하다.

2) 기록 관리 프로세스

기록은 안전보건경영시스템의 운용과 활동 결과의 증거를 의미하는 것으로, 경영시스템이 적절히 운용되고 있다는 것을 입증하는 문서화된 정보로서 보유해야 한다. 조직은 안전보건경영시스템과 관련된 각종 기록의 식별, 수집, 색인, 파일링, 유지, 검색, 보존 및 폐기에 대한 절차를 수립하고 문서화해야 한다. 또한 기록은 읽기 쉽고, 식별 및 추적이 가능하며, 기록목록표를 비치하고 보존 기간을 정하여 유지해야 한다. 아울러 기록이 열화, 손상 및 분실을 방지할 수 있도록 적절한 환경을 갖추고 유지 관리해야 한다.

산업안전보건법 제164조(서류의 보존)에 명시된 보존서류([표 2-17])는 7.5(문서화된 정보)로서 법령에 따라 작성하는 서류 중 보존 기간이 규정되어 보유해야 하는 기록이다. 재해가 발생했을 때 제시할 수 있는 안전 보건 의무와 안전 보건 조치에 대한 각종 기록 등 서류는 관리하는 것이 중요하다. 기록 대상에는 다음의 사항을 포함하여 목록화를 하고 보존 기간을 설정하여 유지해야 한다.

(1) 안전보건경영시스템의 계획과 관련된 결과물

위험성 평가 및 위험성 감소 대책, 법규 등록 목록, 안전 보건 목표, 안전 보건 계획 등

(2) 안전보건경영시스템의 지원과 관련된 결과물

조직도 및 업무분장표, 교육 훈련 결과, 자격 보유 목록, 의사소통 자료 등

(3) 안전보건경영시스템의 운용과 관련된 결과물

안전 보건에 관련 각종 점검표, 비상사태 결과, 작업 환경 측정 결과 등

(4) 안전보건경영시스템의 측정, 분석 및 평가와 관련된 결과물

성과 측정 및 모니터링 결과, 준수 평가 결과, 내부 심사 결과, 경영 검토 결과 등

(5) 안전보건경영시스템의 개선과 관련된 활동 결과물

사고 재해 보고 기록, 재발 방지 대책서, 부적합 보고 결과 등

6. 문서 관리 프로세스

안전보건경영시스템 문서의 작성, 검토 및 승인, 문서의 등록, 배포 및 개정을 효과적으로 관리하기 위한 프로세스는 [그림 4-28]과 같이 진행되고, 문서를 작성할 때 포함될 내용은 다음과 같다.

문서 작성 ▶ 문서 검토 및 승인 ▶ 문서 등록 ▶ 문서 배포 ▶ 문서 활용 ▶ 문서 변경 ▶ 문서 유지 및 보관

[그림 4-28] 문서 관리 프로세스

- 관리 대상 문서(외부 출처 문서 포함)의 파악 및 책임, 절차
- 문서 종류별 작성자, 검토자, 승인자의 책임 부서 결정
- 문서 작성 및 검토는 해당 부서별로 작성하고 문서의 수준에 따라 검토권자 결정

- 문서 승인은 최고경영자의 최종 승인이 원칙이고 조직 규모 및 문서의 수준에 따라 해당 경영층 승인
- 문서의 발행은 사용처에서 사용되도록 배포처를 정하여 배포
- 문서의 개정 절차 및 책임
- 안전 보건 관련 외부 출처 문서의 식별 및 배포 관리
- 문서에 포함된 양식의 관리 절차
- 문서의 관리 방법 및 식별 방법을 정하여 유효본 관리
- 전산 문서일 경우 전산 문서의 관리 절차

1) 문서 관리 책임과 권한

문서에 대한 제정 및 개정, 검토, 승인, 등록 및 배포에 대한 책임을 명확히 규정해야 한다. 문서를 전반적으로 관리하는 주관 부서와 작성 부서의 책임의 예는 다음과 같다.

(1) 문서 주관 부서(안전보건부서 또는 관리부서 · 품질 및 환경부서 등)
- 문서를 관리하기 위한 문서 관리 절차의 제정 및 개정 관리
- 제 · 개정 문서의 검토, 승인, 등록 배포 및 구문서의 회수 및 폐기 주관
- 제정 및 개정 발의된 문서와의 상충 여부 검토
- 문서의 보관 및 보관 장소 관리 등

(2) 문서 작성 부서
- 업무 수행 부서의 절차서 및 지침서의 제정, 검토 및 개정 주관
- 절차서 및 지침서 제정 및 개정에 대한 자료 조사
- 절차서 및 지침서의 제정 및 개정 작업
- 수행 부서에서 보관하고 있는 문서의 보관 및 유지 관리 등

2) 문서의 작성, 검토 및 승인

(1) 문서의 작성, 검토 및 승인 시 고려해야 할 사항은 다음과 같다.
- 문서의 종류별 작성 책임 부서의 결정
- 문서의 작성 양식을 결정하고 정해진 양식을 사용하여 작성
- 문서명, 문서 번호, 개정 번호, 개정 일자, 페이지 번호 부여 방법의 결정
- 문서에 사용하는 글자 크기 및 글꼴의 결정
- 문서의 항목 번호 및 세부 항목 번호의 부여 방법 결정
- 문서 종류별로 정해진 검토자 및 승인권자에 따라 검토 및 승인

(2) 문서 작성 시 다음의 사항을 고려하여 검토한다.

- 적용 범위, 목적, 용어 정의, 역할, 책임 및 권한이 명확한가?
- 업무 특성 및 작업 특성이 적절하게 반영되었는가?
- 절차서 및 지침서 간의 일치성이 확보되었는가?
- 절차서 및 지침서에 누락된 법령이 있는가?
- 법령과 대치되거나 유효하지 않는 절차가 있는가?
- 모호하고 애매한 표현이 있는가?

3) 문서의 개정

- 문서의 개정 사유(법령 제정, 변경 포함)가 발생했을 때 문서의 개정 사유는 명확히 하고 문서를 개정한다.
- 문서는 정기적으로 검토하고 개정된 문서는 정해진 검토 및 승인권자가 검토 및 승인한다.
- 문서의 개정 사유와 개정 내용은 해당 문서 등에 문서화하여 이력 관리한다.
- 개정 내용은 식별 방법 등을 사용하여 알기 쉽게 식별해야 한다.
- 개정된 문서의 등록 및 배포는 최초의 제정 문서와 동일하게 실시한다.

4) 문서의 등록 및 배포

- 문서의 승인이 완료되면 그 원본을 문서 주관 부서에 등록 의뢰한다.
- 주관 부서는 문서 관리 대장 등을 등록한다.
- 해당 문서의 내용과 관련된 업무를 수행하는 부서 및 장소에 배포한다.

5) 문서의 보관 및 폐기

- 문서 사용 부서는 최신본을 유지 관리한다.
- 무효화되거나 폐지된 문서는 오용 방지를 위해 회수하거나 폐기한다.
- 필요한 경우 보존용 또는 참고용 구분 문서의 식별을 표시한다.

7. 문서 개발 및 작업

1) GAP 분석하기

GAP 분석이란, 현행 업무 프로세스가 ISO 45001 요구사항에 적합한지 정합성의 여부를 확인하는 기법이다. 이 분석 방법은 ISO 45001 요구사항을 근거로 조직의 안전 보건 활동 상태를 비교 분석하는 것이다.

문서화의 대상이 선정되면 문서화 개발 및 작업 이전에 현재 수행하고 있는 프로세스 및 활동 방법이 ISO 45001 표준 요구사항에 적합하는지의 여부를 진단 및 비교 분석하고, 차이점을 파악한 후 필요한 프로세스와 문서화된 정보를 파악하는 것이다. 그리고 GAP 분석 접근법은 다음과 같이 실행해야 한다.

(1) 프로세스 실태 조사

안전보건경영시스템 표준의 각 요구사항이 현재 자사의 어느 업무 프로세스에 해당하는지를 기존 경영시스템의 문서화된 정보에 대해 GAP 체크리스트를 활용하여 조사한다([양식 10]). ISO 45001이 요구하는 프로세스 및 문서화된 정보와 현재 기업이 유지 실행하는 기존의 문서화된 정보의 운용 상태를 비교 검토하여 다음 사항의 범위를 확인한다.

가) 신규로 작성해야 할 프로세스 및 문서화된 정보
나) 추가 혹은 보완해야 하는 프로세스 및 문서화된 정보
다) 다른 경영시스템과 통합할 문서화된 정보

파악된 문서화 정보의 범위는 실제 운용 상태를 조사 실시하여 ISO 45001 요구사항이 누락 없이 구축될 수 있도록 현재 조직의 실행 정도를 확인하는 것이 필요하다. ISO 45001 프로세스 및 문서화된 정보는 안전 보건 관련 인증업체라면 안전 보건 관련 문서 및 기타 문서의 활용이 가능하다. 또한 ISO 9001이나 ISO 14001 등 다른 경영시스템을 취득한 기업이라면 이들 문서 중 활용 및 통합 가능한 것을 식별하여 문서화 작업의 효율을 높일 수 있다.

[양식 10] GAP 분석 체크리스트(예시)

ISO 45001 요구사항		현재 상황		GAP 분석 결과	책임 부서
조항	요구사항 요약	현행 프로세스/절차	문서명	신규, 통합, 추가 및 보완 사항	

(2) GAP 분석 결과 조치

GAP 분석은 ISO 45001 요구사항에 대하여 문서화, 이행 및 기록 여부 등을 분석한다. 이후 모든 차이점을 파악하여 신규 문서화, 추가 또는 보완 사항으로 정리하여 현재 부족한 부분은 무엇이고 이를 해결하기 위한 과제는 무엇인지 도출한 후 각 과제별로 구축 방안을 수립한다. GAP 분석 결과 차이점은 다음의 유형을 정리하고 구축하는 것이 필요하다.

가) 현재의 업무 절차 및 방법이 해당하는 ISO 45001 요구사항에 충족하면 변경 사항이 없을 것이다.

나) 현재의 업무 절차 및 방법이 해당하는 ISO 45001 요구사항이 없으면 신규로 작성할 프로세스와 문서화된 정보를 파악해야 한다.

다) 현재의 업무 절차 및 방법 등이 해당하는 ISO 45001 요구사항에 일치하고 있지만, 효과성 및 효율성을 고려하여 다음의 사항에 대해서 통합 및 보완한다.

- 절차가 문서화되어 있지 않아 절차의 문서화가 필요한 경우
- 절차는 실행한 후 기록을 하지 않아 기록의 작성 및 보유가 필요한 경우
- 현재의 업무 방법 절차에 이슈가 있어 기존 문서와 통합 또는 필요할 경우에 개선 보완

2) 문서 개발 프로세스

안전 보건의 문서 개발은 조직의 규모, 제품 및 안전 보건 운용 활동의 특성과 안전 보건 부하 및 복잡성에 따라 다르다. 그리고 일반적인 문서 개발 단계 및 단계별 내용은 [그림 4-29]와 같다.

추진 조직 구성

문서화 작업 계획 수립

ISO 45001 요구사항 이해

정보 · 자료 수집 및 검토

안전 보건 매뉴얼(통합 매뉴얼) 작성

안전 보건 절차서 및 통합 절차서 · 지침서 작성

안전보건경영시스템 실행, 검증 및 문제점 보완

[그림 4-29] 문서 개발 단계

(1) 추진 조직의 구성

가) 시스템 주관 부서

- ISO 45001 추진 주관과 진행 및 지원

- 문서의 검토, 등록 및 배포 관리

- 전산 문서화 작업 계획 수립 및 교육 실시

나) 추진 TF팀 구성

각 부문의 업무 활동에 정통한 인원으로 구성하여 다음 활동을 추진한다.

- 소속 부서 업무에 대한 문서화 작업 계획 수립

- 소속 부서 업무에 대한 문서 작성 및 초안 검토

- 부서별 책임 및 권한 확립과 안전보건경영시스템의 인터페이스 조정

다) 추진 회의체 구성(필요시)

- 최고경영자 · 경영층 참여 및 문제점 해결 지원

- 전사 문서화 작업 진도 점검

- 문서 검토 및 승인과 부서 간 인터페이스 검토

- 협의된 내용 이행 여부 확인

(2) 문서화 작업 계획 수립

GAP 분석한 자료를 근거하여 전사 문서화 작업 계획을 수립한다.

가) 문서화된 정보(문서 및 기록) 목록 작성하기

- 신규 작성 대상 문서

- 기존 문서 추가 및 보완 대상 문서

- 다른 경영시스템 문서와의 통합 대상 문서

- 신규, 보완해야 할 양식류

나) 문서화 작업 일정 계획 수립하기

- 단계별 추진 사항별 추진 일정

- 추진 조직 업무 분담

- 대상 문서별 담당자, 책임자 및 관련자 선정

(3) ISO 45001 요구사항 이해하기

- 실무 요원을 포함한 교육 대상자 선정 및 교육 실시

- 교육 내용은 안전 보건 개념, ISO 45001 요구사항, 안전보건법규, 시스템 구축 교육

(4) 정보 · 자료 수집 및 검토하기

- 국내외 안전보건법령, 안전 보건 관련 협약 기타 요구사항 등
- 위험성 평가 자료 검토
- 동종 업계의 안전 보건을 포함한 안전 보건 관련 자료 등
- 다른 회사의 추진 사례 등

(5) 안전 보건 매뉴얼(또는 통합 매뉴얼) 작성하기

- 표준 요구사항과 관련된 안전 보건 문서 수집 및 검토
- 표준 요구사항의 방향과 시스템 업무체계 수립
- 품질경영시스템과 같은 기존 매뉴얼과의 통합
- 안전 보건 매뉴얼 작성, 검토, 승인 및 배포

(6) 안전 보건 및 통합 절차서 · 지침서 작성하기

- 절차서 · 지침서의 종류 및 체계 결정
- 절차서 · 지침서의 형식 및 구성 내용 결정
- 비즈니스 프로세스 및 다른 시스템 문서와 통합 절차서
- 절차서 · 지침서 대상 및 내용 결정
- 절차서 · 지침서의 작성, 검토, 승인 및 배포

(7) 안전보건경영시스템 실행, 검증 및 문제점 보완하기

- 안전보건경영시스템의 실행 교육 실시(관리자, 실무자 및 현장 근로자 등)
- 안전보건경영시스템 실행 계획 수립 및 시스템 실행
- 안전보건경영시스템 점검, 문제점 파악 및 해결
- 안전보건경영시스템의 내부 심사 및 경영 검토 등을 통한 시스템 검증 및 보완

8. 안전 보건 매뉴얼 및 절차서 작성하기

1) 안전 보건 매뉴얼의 개요

ISO 45001 요구사항은 매뉴얼 작성을 요구하지 않지만, 조직의 안전 보건 방침을 명시하고 안전보건경영시스템의 전체적인 구조 및 요소를 기술한 문서이다. 따라서 기술적인 사항은 다루지 않는 안전 보건 매뉴얼을 다음과 같은 용도로 활용하고 안전보건경영시스템을 구축하여

인증기관으로부터 인증을 획득하려는 조직에서는 안전 보건 매뉴얼을 작성하는 것이 바람직하다.

- 조직의 안전 보건 방침 전달
- 안전보건경영시스템의 효과적 시행
- 안전 보건 경영 활동의 관리 수단 제공
- 안전보건경영시스템 인증 심사를 위한 기초 정보 제공
- 안전보건경영시스템 요구사항에 대한 교육 및 훈련
- 안전 보건 경영에 대한 고객 등 이해관계자 제시

(1) 안전 보건 매뉴얼 내용 구성 시 고려해야 할 사항

매뉴얼 내용 구성시 고려할 사항은 다음과 같다. 이 경우 문서의 분량 및 형식 등은 조직과 안전 보건 관련 운용 특성에 따라 달라진다.

- 안전 보건의 적용 범위
- 최고경영자가 선언한 안전 보건 방침
- 필요시 조직의 안전 보건 목표 및 세부 목표
- 안전 보건 업무에 대한 각 기능·부서의 역할, 책임 및 권한
- 조직 안의 전반적인 안전 보건 활동 또는 특정 부문의 활동
- 안전 보건 절차를 포함시키거나 절차 인용
- ISO 45001의 모든 요구사항 포함

(2) 안전 보건 매뉴얼 작성 방법 및 기본 구조

안전 보건 매뉴얼의 형식과 내용을 규정한 요구사항은 없고 조직에 따라 다양할 수 있다. 여기에서 언급한 매뉴얼의 형식과 내용 및 사례는 일반적인 것으로, 문서를 작성할 때 참고용으로 활용할 수 있다. 그리고 회사의 정해진 문서 작성 요구사항에 적합하도록 매뉴얼의 형식과 내용을 결정하여 작성해야 한다.

안전 보건 매뉴얼의 구조는 일반적으로 다음과 같이 (a)~(i)의 내용으로 구성된다. 이 구조는 조직에 규정하고 있는 문서 작성 요구사항이나 특정 고객 또는 이해관계자의 요구사항에 따라 다양할 수 있다.

(a) 매뉴얼 표지   (b) 목차

(c) 개정 이력   (d) 회사 소개

(e) 관련 절차서 목록   (f) 용어와 정의

(g) 적용 범위   (h) 안전 보건 방침

(i) 표준 요구사항별 시스템 기술

(3) 안전 보건 매뉴얼의 작성 과정

안전 보건 매뉴얼을 작성할 때는 현재 품질경영시스템 등 다른 경영시스템이 구축되어 있는 경우 매뉴얼을 작성하기 전에 안전 보건 매뉴얼을 단독 문서로 작성할 것인지, 아니면 기존의 경영시스템 매뉴얼과 통합하여 통합 경영 매뉴얼을 작성할 것인지를 먼저 결정해야 한다. 여기에서는 안전 보건 매뉴얼을 단독 문서로 작성하는 과정을 기술한다.

- 안전 보건에 포함되어야 할 조직, 제품 및 활동 등의 시스템 적용 범위를 결정한다.
- 조직별 안전 보건 및 안전 보건 관련 담당 업무를 결정한다.
- 현행 안전 보건 및 품질경영시스템 등 다른 경영시스템의 절차 및 프로세스 목록을 작성한다.
- 안전 보건 매뉴얼의 양식 및 형식을 결정한다.
- 안전 보건 매뉴얼과 관련된 기준 문서를 분류한다.
- 안전 보건 매뉴얼 초안을 작성한다.
- 매뉴얼 최종안을 검토, 보완 및 승인한다.

2) 안전 보건 절차서 · 지침서 작성하기

안전 보건 절차서 및 지침서도 작성 형식과 내용을 규정한 요구사항은 없고, 조직에 따라 다양할 수 있다. 여기에서 기술한 절차서 및 지침서의 작성 형식 및 내용과 사례는 일반적인 것으로, 문서를 작성할 때 참고용으로 활용한다. 그리고 조직의 정해진 문서 작성 방법에 적합하도록 문서의 형식과 내용을 결정하여 작성한다.

(1) 안전 보건 절차서의 구조

안전 보건 절차서의 구조는 조직에 규정하고 있는 문서 작성 방법이나 특정 고객 또는 이해관계자의 요구사항에 따라 다양할 수 있다. 그리고 안전 보건 지침서는 지침서의 종류와 특성에 따라 문서의 구조 및 내용이 다양하기 때문에 문서의 구조를 획일적으로 정할 수 없으므로 여기에서는 지침서의 구조 및 내용에 대한 기술은 생략한다. 안전 보건 절차서의

구조는 일반적으로 다음과 같이 (a)~(h)로 구성된다.

(a) 절차서 표지(순서, 개정 이력, 작성, 검토 · 승인 등)

(b) 목적 및 적용 범위

(c) 용어와 정의(필요시)

(d) 책임과 권한

(e) 프로세스 단계별 상세 절차

(f) 관련 양식 및 기록의 관리

(g) 관련 문서(절차서 · 지침서)

(h) 절차서에 사용할 양식류 첨부

(2) 절차서 · 지침서의 작성 과정

안전 보건 절차서 · 지침서를 작성할 때는 현재 품질 및 환경경영시스템 등의 다른 경영시스템이 구축되어 있으면 문서를 작성하기 전에 안전 보건 절차서 · 지침서를 GAP 분석에 따라 단독 문서 및 통합 문서로 작성할 것인지를 먼저 결정해야 한다. 안전 보건 절차서 · 지침서를 작성하는 방법은 다음과 같다.

- 기존의 다른 경영시스템과 안전보건경영시스템의 GAP 분석하기
- GAP 분석 결과에 따른 문서 종류 및 내용 결정하기
- 문서 개발 계획 수립하기(신규, 추가 및 보완 통합 문서 구분)
- 대상 절차서 · 지침서의 작성 부서 및 담당 결정하기
- 해당 절차서 · 지침서의 업무와 관련된 부서의 업무 내용 파악하기
- 신규 문서의 개발, 문서 통합, 문서 보완 및 추가 작업하기

(3) 절차서 작성 준비하기

표준의 요구사항을 충족하고 조직의 안전 보건 경영 활동에 적합한 절차서를 작성하려면 문서를 작성하기 전에 다음의 사항을 준비해야 한다.

- 프로세스 도표화하기
- 절차서 작성 부서, 작성자, 검토자 등 확정하기
- 절차서에 포함시킬 활동 범위 및 구체적인 업무 수행 내용 이해하기
- 절차서의 업무에 관련된 안전 보건 관련 법령 파악하기

• 업무 프로세스 단계별 책임과 연계성 파악 및 명확화하기

(4) 절차서 작성 및 개정 이력 작성하기

문서의 형식 및 내용은 조직의 문서 관리 절차서 등의 규정된 작성 방법에 따라 작성하고 절차서의 개정 이력을 작성한다.

(5) 업무 프로세스의 도표화하기

프로세스 단계별 다음의 사항을 명확히 파악하여 작성한다.

• 프로세스를 단계별로 세부 분류하기
• 명확하게 업무 활동 방법 명시하기(활동 내용 요약)
• 명확하게 프로세스 단계별 입력 및 출력 명시하기
• 명확하게 연계성(인터페이스) 식별 및 기술하기
• 명확하게 책임(주관 부서 또는 담당자) 명시하기
• 성과 측정 및 평가 지표 명시하기

3) 작업 절차서 관리하기

(1) 작업 절차서 정비하기

기업은 안전 보건을 확보하려면 조직 전체의 안전 보건 관리에 대한 안전 보건 관련 규정이나 작업 절차서 작성 지침을 안전하게 마련해야 한다. 이 경우 현장에서의 작업을 안전하고 정확하게 수행하기 위한 안전 작업 절차의 작성 요령을 포함해서 작성해야 하고, 인지해야 할 사항을 훈련하여 작업 프로세스의 안전 보건 활동을 더욱 강화해야 한다.

작업 절차서는 작업 현장에서의 절차와 작업별 안전포인트 및 유의 사항 등을 나타낸 것이다. 이것은 '작업 지침서'나 '작업 표준', '안전 작업 기준', '안전 작업 절차서', '안전 작업 매뉴얼' 등의 다양한 명칭으로 부르기도 한다. 내용은 안전하고 효율적으로 작업이 이루어질 수 있도록 작업 절차와 안전포인트가 정해져 있고, 내용은 기업이나 사업장마다 다양하다. 따라서 작업 절차서의 안전 보건 사항에 대한 다음의 사항을 중점적으로 관리해야 한다.

가) 작업 절차서 상의 안전 급소를 누락시키지 않을 것

작업 절차는 해당 작업자가 일련의 작업 프로세스를 올바르고 적정한 속도로 안전하게 이행하기 위해 작성하는 것이다. 따라서 대상이 되는 공정별 · 작업 단위별 단위 동작을 행할 때 불안전한 행동 및 불안전한 상태가 발생하지 않도록 각 작업 동작의 포인트와

이와 관련된 재해를 예방하기 위한 안전 급소를 반드시 기입하는 것이 중요하다.

나) 안전보건관계법령 등에 위반한 내용이 없을 것

작업 절차의 내용은 산업안전보건법령, 사내의 각종 규정 등을 위반하면 안 된다. 작성하는 경우에는 미리 법령 및 규정의 유무 및 해당 내용을 조사한다.

다) 공정 이상이 발생했을 때의 조치사항에 대해 정해야 할 것

작업 절차는 정상적으로 진행되는 순서로 작성되지만, 실제 현장 작업 절차와 방법의 과정에서 장해로 인한 이상이 발생하는 경우도 종종 있다. 이 경우 작업자가 이것을 복구하는 비정상 작업 과정에서 발생하는 재해도 많다. 특히 공정 이상이 발생했을 경우에는 작업자가 당황하여 조작을 잘못할 수 있으므로 과거 사례 및 경험을 바탕으로 예상되는 이상 조치 절차를 명확하게 명기하고 주지시켜야 한다.

(2) 비일상적 작업의 작업 절차서 작성하기

작업자가 같은 작업을 반복하고 있는 일상적 작업에서는 재해가 많이 발생하지 않는다. 하지만 이른바 비일상적 작업인 고장난 기계 · 설비의 수리, 복구 작업, 부품 교환 등의 유지 보수 작업에서는 재해 발생 가능성이 높다.

비일상적 작업의 경우 작업 내용도 작업 상황에 따라 대응하는 경우가 많아 시간적 여유가 없다. 따라서 작업 전에 충분한 검토가 없고, 작업 절차서도 작성되지 않은 상태에서 작업하다가 재해로 이어지는 경우가 빈번하다. 비일상적 작업인 고장 기계 및 설비의 수리 작업과 점검, 주유, 검사와 같은 작업에서 예측할 수 없는 유해 · 위험 작업이 초래되므로 사전에 작업 절차서 및 안전 조치사항을 작성하여 활용해야 한다.

(3) 작업 절차서와 위험성 평가하기

작업 절차서를 작성할 때 위험성 평가 결과를 어떠한 형태로든지 작업 절차서에 반영할 필요가 있다. 작업 절차서에 각 작업 단계별로 유해 · 위험요인 파악, 위험도 및 위험성 감소 대책의 위험성에 대한 정보를 작업의 안전 급소에 구체화해서 반영하여 작업 절차를 작성하면 효과적이다. 위험성 평가는 매년 1회 실시할 때마다 작업 절차서를 검토 반영하여 이를 통해 다음과 같은 안전 및 보건 확보와 효과를 기대할 수 있다.

가) 작업 절차 중 잠재하는 유해 · 위험요인 파악과 위험도가 높은 작업 내용의 중요도를 인식한다.

나) 위험성의 감소 대책에 대하여 위험요인 제거, 물질 또는 재료 대체, 공학적 조치, 관리적 조치, 개인 보호구 사용의 관리 단계를 검토하므로 적절하고 효율적인 안전 급소를

수립할 수 있게 된다.

다) 작업에 잠재하는 유해·위험요인과 이에 대한 감소 대책을 작업자에게 알기 쉽고 확실하게 전달할 수 있고, 작업 지시 및 지도할 수 있다.

라) 안전 급소는 그림, 사진 등을 이용하여 시각적으로 안전을 인지하도록 한다.

마) 과거 재해 사례 및 동종 업종 사례를 참조하여 작업 절차 안전 예방에 반영한다.

바) 작업 절차별로 관계 법령을 알 수 있도록 가능한 한 식별한다.

사) 작업 절차별 설비 및 기계의 이상 사태가 발생했을 때 대응 요령을 포함하여 작성한다.

(4) 작업 절차서 개정하기

사업장에서는 기술 속도의 변화, 제조 공정의 합리화 및 스마트화 등 사업장의 변화, 근로자의 고령화와 파견 작업자의 증가와 같은 작업 형태 등 작업 상황이 빠르게 변화하고 있다. 그래서 재료 변경, 기계·설비, 작업 방법 등이 변화될 때마다 해당 작업 절차서를 개정하는 것이 중요하다. 또한 위험성 재평가 실시 및 안전 작업 절차도 곧바로 수정되어야 한다.

작업 절차서는 다음과 같은 경우에도 주기적 및 비정기적으로 개정하고 위험성 평가를 재실시하여 유해·위험요인을 발굴하고 리스크를 관리해야 한다.

가) 주기적으로 작업 절차서의 적정성을 검토하는 경우

작업 절차서는 절차서 검토 계획을 수립하여 주기적으로(6개월, 1년) 모든 공정의 작업 절차서를 검토하여 일제히 확인 및 개정해야 한다. 이렇게 하여 무리하거나 낭비 및 불균형 등을 지양하여 작업의 합리화와 안전 급소의 적절성 및 준수 여부를 점검해서 실질적이고 살아있는 작업 프로세스를 만들어야 한다.

나) 작업 방법, 기계·설비, 원재료를 변경하는 경우

작업 방법, 기계·설비, 원재료를 변경할 때는 바로 작업 절차서를 개정해야 한다. 개정이 지체되면 안전 측면뿐만 아니라 품질 및 생산(비용 및 납기 등) 측면에서도 큰 영향을 미친다.

다) 아차사고 등 재해가 발생한 경우

아차사고 등의 재해가 발생한 경우에는 발생 원인을 분석하여 같은 재해가 재발하지 않도록 작업 절차서를 개정해야 한다. 특히 재해가 발생한 경우에는 당해 재해의 내용을 철저하게 분석하여 동종 재해를 포함하여 사업장 전체에 대해 작업 절차서를 검토하고 정비해야 한다.

라) 작업 절차서를 준수하지 않는 경우

작업자가 작업 절차서의 작업 프로세스를 반드시 지켜야 할 의무가 있지만, 작업 절차서가 지켜지지 않고 일부 작업에 대해 자기 방식으로 작업을 수행하는 경우도 발생한다. 작업 절차서는 무리나 비효율성을 제거하여 안전하고 효율적으로 작업을 진행하기 위한 순서와 급소를 제시한 문서이다. 만약 작업의 일부라도 지켜지지 않는 것을 방치해서는 안 된다. 현장 감독자는 작업 프로세스가 잘 이행되지 않는 이유를 조사하여 작업 절차가 철저하게 지켜지도록 해야 한다.

4) 산업안전보건법과 안전보건관리규정

(1) 법적 근거

산업안전보건법에서는 상시 근로자 100명 또는 300명 이상을 사용하는 사업장의 사업주는 안전보건관리규정을 작성하고(법 제25조), 사업주 및 근로자는 안전관리규정을 준수하여야 한다(법 제27조). 이 안전보건관리규정을 각 사업장에 게시하거나 갖추게 해서 근로자에게 알려야 한다(법 제34조)고 규정하고 있다. 산업안전보건법에 의해 안전보건관리규정을 취업 규칙과 별도로 마련하도록 되어 있는 사업장에서 안전보건관리규정은 취업 규칙의 부속 규정이라고 할 수 있다.

근로자기본법 제93조에서는 상시 10명 이상의 근로자를 사용하는 사용자가 '안전과 보건에 대한 사항'을 반드시 포함하여 취업 규칙을 작성하고 행정 관청(관할 지방고용노동관서)에 제출하도록 규정하고 있다. 다시 말해서 근로자의 '안전과 보건에 대한 사항'이 취업 규칙의 필수 기재 사항으로 되어 있다. 따라서 안전보건관리규정을 별도로 작성하도록 의무화되어 있지 않은 사업장에서도 안전 보건에 대한 사항을 어떤 형태로든지 취업 규칙에 포함하여 취업 규칙의 세칙(일부)으로 규정해야 한다. 이 경우 안전 보건에 대한 규정은 취업 규칙의 일부로서 근로자가 자유롭게 열람할 수 있는 장소에 항상 게시하거나 갖추게 하여 근로자에게 널리 알려야 한다(근로자기본법 제14조제1항).

(2) 안전보건관리규정의 작성

산업안전보건법(법 제25조)에서는 다음과 같은 내용을 안전보건관리규정에 포함시켜야 한다고 명시하고 있으며 안전보건관리규정을 작성 또는 변경할 때에는 산업안전보건위원회의 심의 · 의결을 거쳐야 한다. 다만 산업안전보건위원회가 설치되어 있지 아니한 사업장에 있어서는 근로자 대표의 동의를 얻어야 한다(법 제26조).

가) 안전 및 보건에 대한 관리 조직과 그 직무에 대한 사항
나) 안전 보건 교육에 대한 사항
다) 작업장 안전의 안전 및 보건 관리에 대한 사항

라) 사고 조사 및 대책 수립에 대한 사항

마) 그 밖에 안전 및 보건에 대한 사항

(3) 안전보건관리규정의 세부 내용

산업안전보건법 시행 규칙(제25조제2항 관련 별표 3)에서는 안전보건관리규정에 포함시켜야 할 세부적인 내용을 다음과 같이 규정하고 있다.

1. 총칙

    (가) 안전보건관리규정 작성의 목적 및 적용 범위에 대한 사항

    (나) 사업주 및 근로자의 재해 예방 책임 및 의무 등에 대한 사항

    (다) 하도급사업장에 대한 안전 보건 관리에 관한 사항

2. 안전 보건 관리 조직과 그 직무

    (가) 안전 보건 관리 조직의 구성 방법, 소속, 업무분장 등에 대한 사항

    (나) 안전 보건 관리 책임자(안전 보건 총괄 책임자), 안전관리자, 보건관리자, 관리·감독자의 직무 및 선임에 대한 사항

    (다) 산업안전보건위원회의 설치·운용에 대한 사항

    (라) 명예 산업 안전 감독관의 직무 및 활동에 대한 사항

    (마) 작업 지휘자 배치 등에 대한 사항

3. 안전 보건 교육

    (가) 근로자 및 관리·감독자의 안전 보건 교육에 대한 사항

    (나) 교육 계획의 수립 및 기록 등에 대한 사항

4. 작업장 안전 관리

    (가) 안전 보건 관리에 대한 계획의 수립 및 시행에 대한 사항

    (나) 기계·기구 및 설비의 방호조치에 대한 사항

    (다) 유해·위험 기계 등에 대한 자율 검사 프로그램에 의한 검사 또는 안전 검사에 대한 사항

    (라) 근로자의 안전수칙 준수에 대한 사항

    (마) 위험 물질의 보관 및 출입 제한에 대한 사항

    (바) 중대재해 및 중대산업 사고 발생, 급박한 산업재해 발생의 위험이 있는 경우 작업

중지에 대한 사항

(사) 안전표지 및 안전수칙의 종류, 게시에 대한 사항과 그 밖에 안전 관리에 대한 사항

5. 작업장 보건 관리

(가) 근로자 건강진단, 작업 환경 측정의 실시 및 조치 절차 등에 대한 사항

(나) 유해 물질의 취급에 대한 사항

(다) 보호구의 지급 등에 대한 사항

(라) 질병자의 근로 금지 및 취업 제한 등에 대한 사항

(마) 보건 표지 및 보건수칙의 종류, 게시에 대한 사항과 그 밖에 보건 관리에 대한 사항

6. 사고 조사 및 대책 수립

(가) 산업재해 및 중대산업 사고의 발생 시 처리 절차 및 긴급 조치에 대한 사항

(나) 산업재해 및 중대산업 사고의 발생 원인에 대한 조사 및 분석, 대책 수립에 대한 사항

(다) 산업재해 및 중대산업 사고 발생의 기록 및 관리 등에 대한 사항

7. 위험성 평가

(가) 위험성 평가의 실시 시기 및 방법, 절차에 대한 사항

(나) 위험성 감소 대책 수립 및 시행에 대한 사항

8. 부칙

(가) 무재해운동 참여, 안전 보건 관련 제안 및 포상 · 징계 등 산업재해 예방을 위해 필요하다고 판단하는 사항

(나) 안전 보건 관련 문서의 보전에 대한 사항

(다) 그 밖의 사항

9 사업장의 안전 보건 운용 관리

1. 안전보건경영시스템 운용 관리하기

안전보건경영시스템이 조직의 관리 부문을 포함한 현장의 모든 근로자에 이르기까지 이해되고 실질적으로 실행되어야 비로소 현장의 위험성이 감소하면서 해당 효과가 산업재해의 감소로 나타난다. 안전보건경영시스템을 적절하게 실시하려면 최고경영자가 안전보건경영시스템 추진의 중요성을 기회가 있을 때마다 명확하게 밝혀야 한다. 그리고 안전보건경영시스템의 전담 부서가 지정되어 안전보건경영시스템에 대해 전문 교육을 받은, 역량이 충분한 스태프가 배치되어 언제든지 소통이 가능하도록 해야 한다. 그리고 모든 근로자가 안전보건경영시스템의 유효성을 이해하고, 협력하며, 안전 보건 활동이 비즈니스 활동과 일체화되도록 해야 한다. 이를 위해서는 적절한 인력을 배치하고 필요한 예산에 대한 조치가 필요하다. 안전보건경영시스템을 실질적으로 운용하기 위한 주요 내용은 다음과 같다.

1) 실행 준비하기

조직의 시스템 담당 주관 부서는 ISO 45001 요구사항 및 조직 자체의 안전 보건에 대한 프로세스 구축과 문서화 작업 등 안전보건경영시스템이 구축되면 실행하기 위한 준비를 해야 한다. 안전보건경영시스템 실행을 위해 조직의 부문별 및 각 부서별 책임자(각 부서장)를 지정하고 전사적 실행 계획 및 실행 교육 계획을 수립해야 한다.

2) 조직체제별 역할 및 책임 권한 명확하게 설정하기

전체 조직원이 실행 단계에서 프로세스의 실행 내용을 이해하고, 해당 프로세스에 따라 업무를 수행할 수 있도록 자율적으로 관리체제를 확립하는 것이 중요하다. 이러한 체제를 형성하려면 우선 조직 부서별 비즈니스 프로세스에 안전 보건 업무를 연결하여 통합화된 프로세스 업무의 역할과 책임 권한을 명확하게 부여해야 한다.

3) 실행 교육 실시하기

조직은 문서화 작업이 완료되면 프로세스를 효과적으로 시행하기 위해 조직의 시스템 담당 주관 부서는 근로자를 포함하여 조직 안에서 업무를 수행하는 계약자 및 기타 도급 업체의 직원에 대해 안전보건경영시스템의 실행 전 및 실행 중에 실시해야 할 교육·훈련 계획을 수립해야 한다. 교육·훈련 내용은 부서별·대상 인원별로 다르지만, 일반적인 교육·훈련 내용은 다음과 같다.

- 안전 보건 방침, 목표와 세부 목표 및 추진 계획
- 업무 프로세스와 안전 보건 관련 절차
- 사업장의 안전 조치 및 보건 조치
- 유해 위험요인 도출 및 위험성 평가 내용
- 작업 절차서의 작업 안전 급소의 이해
- 조직이 적용해야 할 법령 및 기타 요구사항
- 조직의 잠재적인 사고 및 비상사태에 대한 대응 절차
- 안전 보건 인식 향상 교육
- 유해·위험시설의 안전수칙 사항 등

4) 실행 계획 수립하기

모든 근로자가 자신의 안전 보건 업무와 관련된 프로세스의 내용을 이해하고 계획된 일정에 따라 업무를 효과적으로 수행하려면 프로세스 및 절차의 수행해야 할 주요 업무 내용과 실행 일정을 정리한 실행 계획을 수립하여 조직원에게 제공해야 한다. 시스템 주관 부서가 실행 일정 계획을 수립할 때 다음의 사항을 고려해야 한다.

- 해당 프로세스의 업무 실행 유효성 확인하기
- 유해·위험요인 파악 및 위험성 감소 대책 실시하기
- 안전 보건 목표의 추진 계획 수행 및 모니터링하기
- 안전 보건 교육 계획 및 교육 일지 등 교육 자료 확보하기
- 프로세스의 운용에 대한 문제 도출 및 효과적인 개선 방안 마련하기
- 법규 준수 프로세스의 운용 및 일상적 모니터링하기
- 법규 준수 평가 계획 수립 및 평가 결과 조치하기
- 자율적 무재해 운동 계획 수립 및 추진, 운용하기
- 도급, 용역. 위탁 사업의 안전 보건 계획 수립 및 운용하기
- 내부 심사 실시 및 경영 검토 일정 마련하기
- 기타 필요한 사항

2. 산업안전보건위원회 등 회의체 운용하기

조직은 안전보건경영시스템을 운용하는 과정에서 근로자의 협의와 참여를 통해 의견을 모으고 협의 결정하는 장으로, 산업안전보건위원회, 안전보건협의회 등을 이용하여 안전 보건 업무를 효율적이고 효과적으로 운용할 필요가 있다.

산업안전보건위원회는 산업안전보건법 제24조에 따라 최고경영자가 안전 보건에 관계되는 중요한 의사 결정을 하는 경우에 노·사가 심의해 안전 보건 활동의 기본적인 방향으로 합의를 형성하는 장이고, 안전 보건 활동의 절차상의 정당성을 부여하는 역할도 하고 있다. 산업안전보건위원회는 최소 분기마다 개최하고, 위원장은 위원 중에서 호선한다. 기본적으로 근로자위원은 근로자 대표(근로자의 과반수로 조직된 노동조합이 있는 경우에는 그 노동조합의 대표자를 말하고, 근로자의 과반수로 조직된 노동조합이 없는 경우에는 근로자의 과반수를 대표하는 자)가 지명하는 자로 구성하고, 사용자 위원은 사용자 대표(해당 사업장의 최고 책임자)가 지명하는 자와 안전관리자, 보건관리자 등으로 구성한다.

산업안전보건위원회는 단체교섭의 장은 아니며, 근로자의 '안전'과 '건강'이라는 노·사의 이해 관계를 초월한 문제를 심의하는 장이라는 특징을 가지고 있다. 따라서 충분한 협의와 참여를 기본으로 하고 전원 일치로 방침을 정하는 것이 원칙이다.

산업안전보건위원회의 주요 심의·의결 사항으로는 산업재해 예방 계획의 수립에 대한 사항, 안전보건관리규정의 작성 및 변경에 대한 사항, 근로자 안전 보건 교육(실시 계획)에 대한 사항, 중대재해에 대한 사항, 신규로 도입하는 유해 위험 기계·설비의 안전 보건 조치에 대한 사항, 작업 환경 측정 등 작업 환경의 개선에 대한 사항, 근로자건강진단 등 건강 관리에 대한 사항, 산업재해 통계의 기록·유지에 대한 사항 등이 있다. 사업주와 근로자는 산업안전보건위원회의 심의·의결 또는 결정 사항을 성실하게 이행해야 한다. 그리고 산업안전보건위원회의 투명성을 확보하기 위해 회의 결과를 사내보에 게시하는 등 적절한 방법으로 근로자와 내부 소통해야 한다.

3. 물질 안전 보건 자료(MSDS)

1) MSDS의 개요

MSDS제도는 화학 물질을 취급하는 근로자에게 유해·위험성을 알려주어 근로자 스스로가 직업병 등으로부터 자신을 보호하고 불의의 화학 사고에 신속히 대응하도록 하기 위해 실시하는 제도이다. 이 제도는 1996년 7월 1일부터 시행되어 화학 물질을 제조, 수입, 사용, 운반, 저장하는 사업주는 MSDS를 작성 및 비치해야 한다. 그리고 화학 물질이 담겨있는 용기 또는 포장에 경고 표지를 부착하여 유해성을 알리고, 근로자에게 안전 보건 교육을 실시함으로써 화학 물질로부터 근로자의 안전과 건강을 보호해야 한다.

2) MSDS 법적 근거

물질 안전 보건 자료는 산업안전보건법 제114조(물질 안전 보건 자료의 게시 및 교육)에 의하면 다음과 같다.

(1) 물질 안전 보건 자료 대상 물질을 취급하려는 사업주는 제110조제1항 또는 제3항에 따라 제공받은 물질 안전 보건 자료를 고용노동부령으로 정하는 방법에 의해 물질 안전 보건 자료 대상 물질을 취급하는 작업장에 이것을 취급하는 근로자가 쉽게 볼 수 있는 장소에 게시하거나 갖추어 두어야 한다.

(2) 제1항에 따른 사업주는 물질 안전 보건 자료 대상 물질을 취급하는 작업 공정별로 고용노동부령으로 정하는 바에 따라 물질 안전 보건 자료 대상 물질의 관리 요령을 게시해야 한다.

(3) 제1항에 따른 사업주는 물질 안전 보건 자료 대상 물질을 취급하는 근로자의 안전 및 보건을 위해 고용노동부령으로 정하는 바에 따라 해당 근로자를 교육하는 등 적절한 조치를 취해야 한다.

(4) 물질 안전 보건 자료의 근로자 교육(산업안전보건법 시행규칙 제169조) 작업장에서 취급하는 물질 안전 보건 자료 대상 물질의 물질 안전 보건 자료에서 산업안전보건법 시행 규칙 [별표 5]의 안전 보건 교육 대상별 교육 내용 중 해당되는 내용을 근로자에게 교육해야 한다. 근로자에 대해서는 해당 교육 시간만큼 법 제29조(근로자에 대한 안전 보건 교육)에 따라 안전 보건 교육을 실시하는 것이다.

3) MSDS 게시 및 교육

사업장에서 사용하는 모든 대상 화학 물질은 물질 안전 보건 자료를 비치해야 한다. 여기서 물질 안전 보건 자료라면 물질의 제품 설명서라고 이해하면 된다. 물질 안에 무엇이 들어 있고, 인체에 어떤 영향을 끼치는지 근로자가 작업할 때 어떤 보호구를 착용해야 하는지에 대해 자세히 나와 있다. 따라서 사업장에서는 모든 물질에 대한 물질 안전 보건 자료가 비치되어야 한다.

물질 안전 보건 자료 비치 대상의 경우 산업안전보건법에 따른 물질에 대한 관리는 바로 MSDS부터 나온다. 따라서 모든 물질이 대상이 되면 이 자료에는 특별 안전 보건 교육뿐만 아니라 보호구 제공, 특수 건강진단, 특별 관리 물질에 대한 관리, 작업 환경 측정 등 전반적인 사항이 기재되어 있다. 고용노동부에서 감독이 왔을 경우에도 가장 먼저 확인하는 사항이 물질 안전 보건 자료이다. 적절하게 비치되어 있었는지를 확인하고 적절하게 비치되어 있으면 그 내용을 참고해서 적절한 조치가 이루어졌는지 확인한다.

물질 안전 보건 자료는 총 열여섯 가지 항목을 가지고 있다. 즉 물질의 공급 정보, 구성 성분, 물리, 화학적인 성질, 독성에 대한 사항이나 취급 시 주의사항 등에 대해 나타난다. 대상 물질을 취급하기 전에 모든 근로자는 물질 안전 보건 자료에 대한 교육을 이수해야 한다. 이때 법에서 정한 교육 시간이 별도로 정해져 있지는 않다. 왜냐하면 사업장에서 다량의 물질을 취급하는 경우 모든 물질에 대한 교육 시간은 주관적으로 측정되기 때문이다. 법에서 교육 시간이 정해져 있지 않아도 적절한 범위 안에서 실시해야 한다.

조직의 사업장에서 화학 물질을 취급할 경우에는 다음의 사항을 관리해야 한다.

(1) 안전 점검 확인하기

사업장에서 먼저 화학 물질 취급 전 다음 사항에 대해 안전 점검을 확인해야 한다.

가) 사업장에서 취급하고 있는 화학 물질의 목록 정리
나) 목록에 있는 화학 물질별 MSDS를 비치 혹은 게시
다) 목록에 있는 화학 물질별 용기 및 포장에 경고 표지 부착
라) 화학 물질을 취급하는 작업 공정별 관리 요령 게시
마) 화학 물질을 취급하는 근로자 대상 교육 실시

(2) MSDS의 게시 및 비치 방법

가) MSDS 대상 물질을 취급하는 작업 공정이 있는 장소
나) 작업장 근로자가 가장 보기 쉬운 장소
다) 근로자가 작업 중 쉽게 접근할 수 있는 장소에 설치된 전산 장비

(3) MSDS 대상 물질의 관리 요령 게시

가) 제품명
나) 건강 및 환경에 대한 유해성 · 물리적 위험성
다) 안전 및 보건상의 취급 주의사항
라) 적절한 보호구
마) 응급조치 요령 및 사고 시 대처 방법

4. 화재 위험 안전 조치하기

사업장에서 가연물이 있는 장소에서 용접·용단 등 화재 위험 작업 시 불티가 가연물로 번져 대형 화재 발생 위험이 높다. 용접·용단 작업 등 화재 위험 작업에서 발생하는 상당수의 화재 사고는 위험물 제거 미실시, 불꽃 비산 방지 조치 등 기본적 안전수칙 미준수 때문에 발생한다. 종전의 안전 규칙에서 규정하는 화재 예방 조치 대상 외의 장소에서 용접 등의 불티에 의해 가연성 물질이 착화하여 화재 발생의 위험이 상존한다. 이에 따라 화재 위험 작업 안전 조치 대상을 건물 및 설비의 외부까지 확대했다(안전보건규칙 제241조제1항 및 제2항, 2020.1.16. 개정). 화재 위험 작업 시 작업 시작 전의 안전 조치사항은 다음과 같다.

1) 사전점검

관리감독자는 '용접·용단 등 화재 위험 작업'을 할 때 작업 시작 전에 다음의 사항을 사전점검하고 안전 조치를 이행한 후 작업해야 한다(안전보건규칙 별표 3 제14의 2호).

가) 작업 준비 및 작업 절차 수립
나) 작업장 내 위험물의 사용·보관 현황 파악
다) 화기 작업에 따른 인근 가연성 물질에 대한 방호조치 및 소화기구 비치
라) 용접 불티 비산 방지 덮개, 용접 방화포 등의 불꽃 주의
마) 인화성 액체의 증기 및 인화성 가스가 남아 있지 않도록 환기 등의 조치
바) 작업 근로자에 대한 화재 예방 및 피난 교육 등 비상조치

2) 화재 위험 작업 확인제도

화재 위험 작업 시 사전에 안전 조치를 실시한 후 사업주가 이를 확인하고 작업 내용 및 안전 조치사항 등을 게시하여 작업해야 한다(안전보건규칙 제241조제3항). 그리고 사업주는 사전안전 조치를 확인하고 이에 대해 안전 조치가 이행되었음을 서면으로 확인 및 게시해야 한다(안전보건규칙 제241조제4항).

3) 가연성 물질 관리

유독가스가 발생하는 합성섬유 및 합성수지(스티로폼, 단열재 등) 등 가연성 물질을 작업 장소에서 분리하여 저장 및 보관하는 등 화재 위험 작업 시 가연성 물질을 작업에 필요한 양만 내부에 두고 그 외에는 별도의 장소에 보관 및 저장한다(안전보건규칙 제236조제2항 신설).

4) 화재 감시자 배치

화재 감시자의 지정 및 배치 대상은 사업장의 규모에 상관없이 가연물이 있는 용접ㆍ용단 작업에 한정하여 배치해야 한다(안전보건규칙 제241조의 2 개정).

5. 안전 보건 표지

산업안전보건법 제37조는 사업주에게 사업장에 있는 유해 또는 위험한 시설ㆍ장소 및 물질에 대한 경고, 비상시 조치의 지시ㆍ안내, 기타 안전 보건 의식의 고취를 위해 고용노동부령이 정하는 바에 따라 근로자가 쉽게 알아볼 수 있도록 안전 보건 표지([표 4-50])를 설치하거나 부착하도록 하고 있다. 외국인 근로자를 고용하는 경우 해당 외국인 근로자의 모국어로 된 안전 보건 표지와 작업 안전수칙을 부착해야 한다(시행 규칙 제38조~제40조).

[표 4-50] 안전 보건 표지

분류	종류	
금지 표지	1. 출입 금지 3. 차량 통행 금지 5. 탑승 금지 7. 화기 금지	2. 보행 금지 4. 사용 금지 6. 금연 8. 물체 이동 금지
경고 표지	1. 인화성 물질 경고 3. 폭발성 물질 경고 5. 부식성 물질 경고 7. 고압선 전기 경고 9. 낙하 물체 경고 11. 저온 경고 13. 레이저광선 경고 14. 발암성 물질, 변이원성 물질, 생식독성 물질, 전신독성 물질, 호흡기 과민성 물질 경고 15. 위험 장소 경고	2. 산화성 물질 경고 4. 급성 독성 물질 경고 6. 방사성 물질 경고 8. 매달린 물체 경고 10. 고온 경고 12. 몸 균형 상실 경고
지시 표지	1. 보안경 착용 3. 방진마스크 착용 5. 안전모 착용 7. 안전화 착용 9. 안전복 착용	2. 방독마스크 착용 4. 보안면 착용 6. 귀마개 착용 8. 안전장갑 착용
안내 표지	1. 녹십자 표지 3. 들것 5. 비상용기구 7. 좌측 비상구	2. 응급구호 표지 4. 세안 장치 6. 비상구 8. 우측 비상구
출입 금지 표지	1. 허가 대상 유해 물질 취급 3. 금지 유해 물질 취급	2. 석면 취급 및 해체와 제거

6. 사업장의 안전 보건 조치 관리하기

안전 보건 조치는 산업안전보건법에서 요구하는 가장 중요하고 핵심적인 사항이다. 법 제38조 (안전 조치) 및 제39조(보건 조치)는 위험으로 인한 산업재해와 건강 장해를 예방하기 위해 필요한 유해 위험요인과 건강 장해 요인을 규정하고 있다. 이러한 유해 · 위험요인 및 건강 장해에 대하여 사업주가 지켜야 할 안전 및 보건 조치로서 구체적인 안전 보건 기준인 '산업 안전 보건 기준에 대한 규칙'에서 조문 672개조를 제시하여 사업자가 이를 따르게 하고 있다.

사업장에서는 안전 보건 기준에서 정한 장치, 설비, 작업 등에 해당되는 경우 해당 산업 안전 보건 기준을 준수해야 한다. 또한 안전 보건 기준에서 명확히 규정되어 있지 않는 경우에도 정확하게 이해할 수 있으면 이에 대한 모든 조치를 이행해야 한다.

사업장에서 안전 보건 기준을 검토할 때 일부분만의 안전 보건 기준을 확보하고 있는 것을 전체적으로 안전 보건 기준을 준수하고 있다고 판단하기 쉽다. 이 경우 법규의 위반 여부에 대해 면밀한 검토가 필요하다. 따라서 이러한 안전 보건 기준은 다음의 원칙을 고려하여 운용하는 것이다.

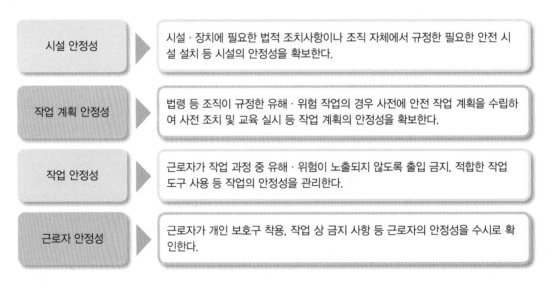

시설 안정성	시설 · 장치에 필요한 법적 조치사항이나 조직 자체에서 규정한 필요한 안전 시설 설치 등 시설의 안정성을 확보한다.
작업 계획 안정성	법령 등 조직이 규정한 유해 · 위험 작업의 경우 사전에 안전 작업 계획을 수립하여 사전 조치 및 교육 실시 등 작업 계획의 안정성을 확보한다.
작업 안정성	근로자가 작업 과정 중 유해 · 위험이 노출되지 않도록 출입 금지, 적합한 작업 도구 사용 등 작업의 안정성을 관리한다.
근로자 안정성	근로자가 개인 보호구 착용, 작업 상 금지 사항 등 근로자의 안정성을 수시로 확인한다.

[그림 4-30] 안전 보건 기준의 원칙

1) 안전 조치(제38조)

(1) 안전 조치

산업안전보건법 제38조(안전 조치)에 따라 위험요인에 대한 철저한 안전 조치를 취해야 한다.

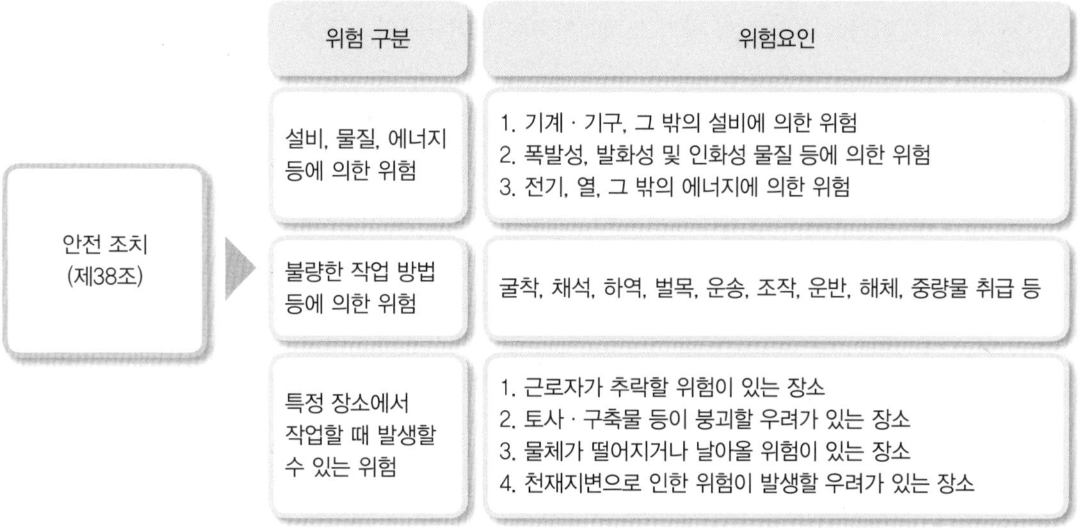

[그림 4-31] 산업안전보건법 제38조(안전 조치)

(2) 위험 예방 조치

(가) 설비, 물질, 에너지 등에 의한 위험의 예방 조치(법 제38조제1항)

사업주는 다음에 해당하는 위험으로 인한 산업재해를 예방하기 위해 필요한 조치를 취한다.

① 기계·기구 기타 설비에 의한 위험 예방 조치 기준([표 4-51])

[표 4-51] 기계·기구 기타 설비에 의한 위험 예방 조치 기준

구분	예방 조치 기준
안전보건규칙 제87조	기계의 원동기, 회전축, 기어, 풀리, 플라이휠, 벨트 및 체인 등 근로자에게 위험을 미칠 우려가 있는 부위에는 덮개, 울, 슬리브 및 건널 다리 등을 설치한다.
안전보건규칙 제92조	공장 기계, 수송 기계, 건설 기계 등의 정비, 청소, 급유, 검사, 수리, 교체 또는 조정 작업이나 그 밖에 이와 유사한 작업을 할 때 근로자가 위험해질 수 있으면 해당 기계의 운전을 정지한다.
안전보건규칙 제2편 제1장	위험 기계·기구 기타 설비를 사용하여 작업할 때는 작업하는 근로자의 신체 일부가 위험 한계 범위에 들어가지 않도록 해당 부위에 덮개를 설치하는 등 기타 설비에 의한 위험 예방 조치를 취해야 한다.

② 발화성, 폭발성 및 인화성 물질에 의한 위험의 예방 조치

산업안전보건법상 위험 물질의 종류는 안전보건규칙 제225조 및 '별표 1'에서 폭발성 물질, 발화성 물질, 산화성 물질, 인화성 물질, 가연성 가스, 부식성 물질, 독성 물질 등으로 구분하고 있다. 이러한 물질을 제조 또는 취급하는 때는 폭발 및 화재, 누출을 방지하기 위한 적절한 안전 조치를 취해서 위험한 행위를 못하도록 규정하고 있다.

③ 전기에 의한 위험 방지 조치

전기에 의한 위험 방지 조치에서 안전보건규칙의 조문은 [표 4-52]와 같다.

[표 4-52] 전기 위험 방지 조치

구분	예방 조치 기준
제301조	전기기계 · 기구 등의 충전부에 대한 방호조치
제302조	누전에 의한 감전을 방지하기 위한 전기기계 · 기구 등 접지
제303조	전기기계 · 기구를 적절하게 설치, 인증받은 제품 사용
제304조	대지 전압이 150V를 초과하는 이동형 또는 휴대형의 전기기계 · 기구에 누전 차단기를 접속하고, 전기기계 · 기구를 사용하기 전에 누전차단기의 작동 상태 점검 등
제305조	과전류 보호 장치 설치
제306조	절연내력 및 내열성을 갖춘 용접봉 홀더 사용
제308조	기계 · 설비 정지 시 비상 전력 공급
제309조	임시 사용 전등 등의 접촉 및 파손에 의한 위험 방지를 위한 보호망 부착
제310조	전기기계 · 기구 조작 시 적당한 조도 유지 등의 안전 조치
제230조	폭발 위험이 있는 장소의 설정 및 관리
제311조	가스 또는 분진 폭발 위험 장소에서는 증기 · 가스 또는 분진에 대하여 적합한 방폭 성능을 가진 방폭 구조 전기기계 · 기구를 선정 및 사용
제231조	인화성 액체 · 가연성 가스 등을 수시로 취급하는 장소에서는 환기가 불충분한 상태에서 전기기계 · 기구 작동 금지
제313~제315조	배선 등의 절연피복 습윤한 장소에서의 이동 전선 절연 조치, 통로 바닥에서 전선 또는 이동 전선 설치 및 사용 금지
제38조, 제307조, 제319조	정전 작업 요령 작성 및 교육, 감전전로 차단 등
제319조, 제321조~ 제323조	활선 작업 및 활선 근접 작업 시 근로자의 신체 접촉 방지 조치 · 절연 보호구 사용 등
제325조, 제326조	정전기로 인한 화재 · 폭발 방지를 위한 설비의 접지 · 도전성 재료의 사용 등 정전기 발생을 억제 또는 방지 조치 및 피뢰침 설치

(나) 불량한 작업 방법의 등에 기인하여 발생하는 위험(법 제38조제2항)

사업주는 굴착, 채석, 하역, 벌목, 운송, 조작, 운반, 해체, 중량물 취급, 그 밖의 작업을 할 때 불량한 작업 방법 등 때문에 발생하는 위험을 방지하기 위해 필요한 조치를 취해야 한다.

① 건설 현장 및 작업장 등에서의 붕괴 등 위험 예방 방지

② 기계 · 기구 기타 설비 등의 붕괴 또는 도괴 방지 조치

③ 회물 취급 시의 붕괴 등 위험 예방 조치

(다) 특정 장소에서 작업할 때 발생할 수 있는 위험(법 제38조제3항)

사업주는 근로자가 다음 각 호의 어느 하나에 해당되는 장소에서 작업할 때 발생할 수 있는 산업재해를 예방하기 위해 필요한 조치를 취한다.

① 작업 중 근로자가 추락할 위험이 있는 장소

② 토사물과 구축물 등이 붕괴할 우려가 있는 장소

③ 물체가 떨어지거나 날아올 위험이 있는 장소

④ 그 밖의 작업 시 천재지변으로 인한 위험이 발생할 우려가 있는 장소

(라) 건설 현장 및 작업장에서 작업수행 중 예방 조치사항은 다음과 같다.

① 건설 현장 등 작업장 등에서의 추락 방지 조치(안전보건규칙 제1편 제6장 제1절 추락에 의한 위험 방지)

② 작업장의 바닥, 도로 및 통로 등에서 낙하물 등에 의한 위험 예방 조치(안전보건규칙 제14조)

2) 안전 조치와 관련된 중요한 기준

사업장에 적용되는 '산업 안전 보건 기준에 대한 규칙' 중 안전 조치와 관련된 중요한 기준을 정리하면 다음과 같다.

[표 4–53] 사업장 안전 조치와 관련된 중요 기준

항목	조치사항
작업장의 안전 조치	• 작업장 바닥의 미끄럼 방지책 • 안전 통로 구분 및 설치 기준 • 정리정돈 • 안전 표시 • 계단 · 출입문 관리 기준 등이 수립되어 관리해야 한다. • 주기적으로 유지 · 보수 · 점검 등 적절하게 현장을 관리해야 한다.
중량물 · 운반 기계에 대한 안전 조치	• 인력 운반 · 동력 운반 등 운반 기계별 운반 기준을 정해서 이행해야 한다. • 기계차 등 차량계 하역 운반 기계 및 양중기 사용 작업 시 운행 경로와 작업 방법, 안전 조치 등이 제대로 유지 및 관리되어야 한다.
개인 보호구 지급 및 관리	• 적격한 보호구의 지급 기준이 설정되어 사용되고 예비품이 비치되어야 한다. • 보호구 착용률 관리 등 개인 보호구 관리에 대해 제도화되어야 한다.
위험 기계 · 기구에 대한 방호조치	• 위험 기계 · 기구 기타 설비의 기능과 특성을 고려하여 방호조치해야 한다. • 잠재 위험이 없도록 보수 및 점검 등을 실시하고 방호 장치의 고장을 분석한다.
폭발 · 화재 및 위험물 누출 예방 활동	• 폭발 · 화재 및 위험물 누출에 의한 위험 방지 조치가 이루어지고, 보수 점검 계획에 의거하여 주기적으로 점검하며, 비상시 대피 요령을 알고 있어야 한다. • 방폭 지역이 구분되고 방폭 전기 설비 및 정전기 관리를 위한 제진 설비를 확보해야 한다.
전기 재해 예방 활동	• 전기로 인한 위험 방지를 위해 전기기계기구 및 가설 전기 설비의 감전 예방을 위한 방호조치를 해야 한다. • 접지 및 절연 저항을 주기적으로 점검하면서 유지 · 보수하는 예방 활동을 시행해야 한다. • 전기 설비나 정전기로 인한 화재 폭발을 방지하기 위해 기준에 적합하도록 등급을 선정하여 관리해야 한다.
도급 업체 관리 (도급사업의 안전 보건 참조)	• 협력업체에 대하여 적절한 안전 보건 관리를 한다. • 중금속 취급 유해 작업, 제조 및 사용 허가 대상 물질 취급 작업 등을 도급 시 안전 보건 기준을 준수해야 한다.

안전보건규칙에서는 이전의 안전 기준과 보건 기준에서 종합적으로 적용되는 부분을 안전보건규칙 제1편(총칙)에 두었다. 여기에는 작업장(제2장), 통로(제3장), 보호구(제4장), 관리감독자의 직무 등(제5장), 추락 또는 붕괴 방지(제6장), 비계(제7장), 환기 장치(제8장), 휴게시설(제9장), 잔재물(제10장), [표 4-54]에 대한 기준이 있다. 작업장의 안전 기준은 [표 4-54]와 같다.

[표 4-54] 작업장의 안전 기준

구분	내용
안전보건규칙 제3조~제12조	전도의 방지, 작업장 청결, 분진 흩날림 방지, 바닥 세척, 오물 처리, 채광 및 조명, 조도, 작업 발판, 창문, 출입구 안전 기준
안전보건규칙 제13조~제20조	안전 난간, 낙하물 방지, 투하 설비, 위험물 보관, 비상구, 경보, 출입 금지 기준
안전보건규칙 제21조~제29조	통로의 조명, 구조, 가설 통로, 사다리식 통로, 갱내 통로, 계단 기준 등
안전보건규칙 제31조~제34조	보호구의 제한적 사용, 지급, 관리, 전용 보호구 규정
안전보건규칙 제35조~제41조	관리감독자 업무, 사용 제한, 악천 후 및 강풍, 사전 조사 및 작업계획서 작성, 작업 지휘자 지정, 신호, 운전 위치 이탈 금지

3) 방호조치를 취해야 할 유해하거나 위험한 기계

산업안전보건법 제80조(유해하거나 위험한 기계ㆍ기구에 대한 방호조치)에 다음 사항이 규정되어 있다.

가) 누구든지 동력으로 작동하는 기계ㆍ기구로서 대통령령으로 정하는 것은 고용노동부령으로 정하는 유해ㆍ위험 방지를 위한 방호조치를 하지 아니하고는 양도, 대여, 설치 또는 사용에 제공하거나 양도ㆍ대여의 목적으로 진열해서는 아니 된다.

[표 4-55] 방호조치를 취해야 할 유해하거나 위험한 기계ㆍ기구(대통령령으로 정하는 것)

1. 예초기 : 날 접촉 예방 장치 2. 원심기 : 회전체 접촉 예방 장치 3. 공기 압축기 : 압력 방출 장치 4. 금속 절단기 : 날 접촉 예방 장치 5. 지게차 : 헤드 가드, 백레스트(backrest), 전조등, 후미등, 안전벨트 6. 포장 기계(진공포장기, 랩핑기로 한정) : 구동부 방호 연동 장치

나) 누구든지 동력으로 작동하는 기계ㆍ기구로서 다음 각 호의 어느 하나에 해당하는 것은 고용노동부령으로 정하는 방호조치를 하지 아니하고는 양도, 대여, 설치 또는 사용에 제공하거나 양도 및 대여의 목적으로 진열해서는 아니 된다.

[표 4-56] 동력 자동 기계 · 기구 방호 장치(고용노동부령으로 정하는 방호조치)

동력 자동 기계 · 기구	방호 장치
작동 부분에 돌기 부분이 있는 것	작동 부분의 돌기 부분은 묻힘형으로 하거나 덮개를 부착할 것
동력 전달 부분 또는 속도 조절 부분이 있는 것	동력 전달 부분 및 속도 조절 부분에는 덮개를 부착하거나 방호망을 설치할 것
회전 기계에 물체 등이 말려들어갈 부분이 있는 것	회전 기계의 물림점(롤러 · 기어 등)에는 덮개 또는 울을 설치할 것

다) 사업주는 제1항 및 제2항에 따른 방호조치가 정상적인 기능을 발휘할 수 있도록 방호조치와 관련된 장치를 상시적으로 점검하고 정비해야 한다.

라) 사업주와 근로자는 제1항 및 제2항에 따른 방호조치를 해체하려는 경우 등 고용노동부령으로 정하는 경우에는 필요한 안전 조치 및 보건 조치를 취해야 한다.

[표 4-57] 사업주와 근로자의 방호조치 해체 시의 조치

사업주와 근로자의 방호조치 해체 시의 조치(고용노동부령으로 정하는 경우)
1. 방호조치를 해체하려는 경우 : 사업주의 허가를 받아 해체할 것 2. 방호조치를 해체한 후 그 사유가 소멸된 경우 : 지체 없이 원상으로 회복시킬 것 3. 방호조치의 기능이 상실된 것을 발견한 경우 : 지체 없이 사업주에게 신고할 것(사업주는 즉시 수리, 보수 및 작업 중지 등 적절한 조치 시행)

4) 특수 형태 근로 종사자에 대한 안전 조치 및 보건 조치 등(법 제77조)

특수 형태 근로 종사자의 안전 보건 조치(안전보건규칙 제672조)

[표 4-58] 특수 형태 근로 종사자의 안전 보건 조치

대상	안전 보건 조치(안전 보건 기준)
1. 보험 모집인(보험설계사, 우체국보험 모집을 전업으로 하는 사람)	휴게시설(제79조), 사무실 건강 장해 예방(제646조~제653조), 컴퓨터 단말기 보건 조치(제667조), 고객 폭언 등 대응 지침 제공 · 교육(법 제41조제1항)
2. 등록된 건설 기계를 직접 운전하는 사람	전도 방지(제3조), 작업장 청결(제4조), 분진 방지(제4조의 2), 오염된 바닥 세척(제5조), 작업장(제6조~제20조), 통로(제21조~제30조), 보호구(제22조~제34조), 관리감독자(제35조~제41조), 추락 방지(제42조~제53조), 비계 안전(제54조~제62조), 이동식 비계등(제67조~제71조), 기계 안전 일반 기준(제86조~제99조), 양중기 안전(제132조~제170조), 차량계 하역 운반 기계 안전(제171조~제190조), 컨베이너(제191조~제195조), 건설 기계 등 안전(제196조~제221조), 거푸집동바리(제328조~제337조), 굴착 작업(제338조~제379조), 철골 작업(제380조~제383조), 해체 작업(제384조), 화물 취급 작업 위험 방지(제385조~제393조), 벌목 작업(제405조~제406조), 궤도 작업(제407조~제413조), 터널 교량 작업 안전(제417조~제419조)
3. 학습지 교사	휴게시설(제79조), 사무실 건강 장해 예방(제646조~제653조), 컴퓨터 단말기 보건 조치(제667조), 고객 폭언 등 대응 지침 제공 · 교육(법41조제1항)
4. 골프경기를 보조하는 골프장 캐디	• 사전 조사 · 작업계획서(제38조), 휴게시설 등(제79조), 잔재물 처리(제79조의 2), 의자 비치(제80조), 수면 장소(제81조), 구급용구(제82조), 승차 위치 탑승 금지(제86조제7항), 운전 시 작전 조치(제89조), 차량계 하역 기계 전도 방지(제171조), 접촉 방지(제172조), 꽂음 접속기 전기 안전(제316조) • 미끄럼 방지 신발, 고객 폭언 등 대응 지침 제공 및 후속 조치

대상	안전 보건 조치(안전 보건 기준)
5. 택배원으로서 집화 또는 배송 업무를 하는 사람	• 작업장(제3조~제20조), 통로 · 조명(제21조~제22조), 계단(제26조~제30조), 사전 조사 · 작업계획서(제38조제1항 2호), 탑승 제한(제86조), 운전 시 작전 조치(제89조), 차량계 하역 기계 제한 속도(제98조), 운전 위치 이탈 금지(제99조), 차량계 하역 운반 기계 안전(제171조~제178조), 컨베이어 안전(제191조~제195조), 중량물 취급 작업(제385조), 화물 취급 작업(제387조~제393조), 근골격계 부담 작업(제656조~제666조) • 업무에 이동되는 자동차 제동 장치 정기 점검, 고객 폭언 등 대응 지침 제공
6. 퀵서비스업자로부터 업무를 의뢰받아 배송 업무를 하는 사람	안전모 착용 지시(제32조제1항 10호), 크레인 탑승 제한(제86조제11항), 전조등 작동 여부 확인, 고객 폭언 등 대응 지침 제공
7. 대출 모집인	휴게시설(제79조), 사무실 건강 장해 예방제(제646조~제653조), 컴퓨터 단말기 보건 조치(제667조), 고객 폭언 등 대응 지침 제공 · 교육(법41조제1항)
8. 신용카드 회원 모집인	휴게시설(제79조), 사무실 건강 장해 예방(제646조~제653조), 컴퓨터 단말기 보건 조치(제667조), 고객 폭언 등 대응 지침 제공 · 교육(법41조제1항)
9. 대리운전 업무를 하는 사람	고객 폭언 등 대응 지침 제공
10. 이륜자동차 배달종사자	• 이륜자동차 면허, 안전모 보유 여부 확인, 단말장치의 소프트웨어를 통한 운전자 준수사항 등 안전운행 및 산재예방조치사항 정기고지 • 물건의 수거 · 배달에 소요되는 시간이 산업재해를 유발할 정도로 제한해서는 안 됨

[표 4-59] 특수 형태 근로 종사자의 교육 과정 및 교육 시간

교육 과정	교육 시간
최초 노무 제공 시 교육	2시간 이상(특별 교육을 실시한 경우는 면제)
특별 교육	16시간 이상(최초 작업에 종사하기 전 4시간 이상 실시하고 12시간은 3개월 이내에 분할하여 실시 가능)
	단기간 작업 또는 간헐적 작업인 경우에는 2시간 이상

7. 보호구의 지급과 착용

1) 보호구 관련 법령

보호구란 근로자가 재해나 건강 장해를 방지하기 위해 착용하는 기구나 도구를 의미한다. 사업주는 유해하거나 위험한 작업을 하는 근로자에 대해 유해성 · 위험성 종류 정도 등에 따라 적합한 보호구를 지급해야 하고 근로자는 반드시 착용해야 한다.

보호구 지급 및 착용 지시는 산업안전보건법 제38조(안전 조치) 및 제39조(보건 조치)에서 근로자의 위험 또는 건강 장해를 방지하기 위해 사업주가 강구해야 할 조치 중의 하나로 규정되어 있다. 근로자는 사용자로부터 보호구의 착용을 지시받았을 경우 이를 착용할 의무가 있다(산업안전보건법 제40조, 산업 안전 보건 기준에 관한 규칙 관계 조항 참조).

산업 안전 보건 기준에 대한 규칙에서는 사업주에게 특정한 유해·위험한 작업을 하는 근로자에 대하여 [표 4-60]과 같이 해당 작업 조건에 맞는 보호구를 지급하고, 착용하도록 해야 한다고 규정하고 있다(제32조 보호구의 지급 등).

[표 4-60] 보호구의 착용 대상 작업

작업 내용	착용 보호구	법적 근거
물체가 떨어지거나 날아올 위험 또는 근로자가 떨어질 위험이 있는 직업	안전모	제32조
높이 또는 깊이 2m 이상의 떨어질 위험이 있는 장소에서 하는 작업	안전대	
물체의 낙하·충격, 물체에 끼임, 감전 또는 정전기의 대전에 의한 위험이 있는 작업	안전화	
물체가 흩날릴 위험이 있는 작업	보안경	
용접 시 불꽃이나 물체가 흩날릴 위험이 있는 작업	보안면	
감전 위험이 있는 작업	절연용 보호구	
고열에 의한 화상 등의 위험이 있는 작업	방열복	
선창 등에서 분진이 심하게 발생하는 하역 작업	방진마스크	
섭씨 영하 18도 이하인 급냉동어창에서 하는 하역 작업	방한모, 방한복, 방한화, 방한장갑	
유기화합물 취급 특별 장소에서 단시간 동안 유기화합물을 취급하는 작업	송기마스크(설비 대체용)	제424조
관리 대상 유해 물질(유기화합물, 금속류, 산·알카리류, 가스 상태 물질류 등)이 흩날리는 업무를 하는 경우	보안경	제451조제2항
허가 대상 유해 물질을 제조하거나 사용하는 작업을 하는 경우	방진마스크 또는 방독마스크	제469조
허가 대상 유해 물질을 취급하는 경우	불침투성 보호복, 보호장갑, 보호장화	제470조
분진 작업에 종사하는 근로자	호흡용 보호구	제617조
밀폐 공간 종사 근로자가 산소 결핍증이나 유해가스로 떨어질 위험이 있을 경우	안전대나 구명밧줄, 공기호흡기 또는 송기마스크	제624조
공기정화기 등의 청소와 개·보수 작업을 하는 경우	보안경, 방진마스크	제654조

(1) 법 제31조(보호구의 제한적 사용)

　　가) 사업주는 보호구를 사용하지 아니하더라도 근로자가 유해·위험 작업으로부터 보호를 받을 수 있도록 설비 개선 등의 필요한 조치를 취해야 한다.

　　나) 사업주는 제1항의 조치를 하기 어려운 경우에만 제한적으로 해당 작업에 맞는 보호구를 사용하도록 해야 한다.

(2) 법 제33조(보호구의 관리)

　　가) 사업주는 이 규칙에 따라 보호구를 지급하는 경우 상시점검하여 이상이 있는 것은 수리

하거나 다른 것으로 교환해 주는 등 늘 사용할 수 있도록 관리해야 하며 청결을 유지해야 한다. 다만 근로자가 청결을 유지하는 안전화, 안전모, 보안경의 경우에는 그러하지 아니하다.

　　나) 사업주는 방진마스크의 필터 등을 언제나 교환할 수 있도록 충분한 양을 갖추어 두어야 한다.

(3) 법 제34조(전용 보호구 등)

　　사업주는 보호구를 공동 사용하여 근로자에게 질병이 감염될 우려가 있는 경우에는 개인 전용 보호구를 지급하고 질병 감염을 예방하기 위한 조치를 취해야 한다.

2) 보호구 관리

안전 보건 관리 기본은 작업장의 유해 · 위험요인을 제거하는 것이므로 보호구는 유해 · 위험요인으로부터 근로자를 보호하기 위하여 다음 사항을 고려하여 보호구 선택, 착용 및 보관 등 관리 방법을 정하여 관리해야 그 효과가 나타난다.

가) 보호구의 성능을 이해한다.

나) 적절한 보호구를 선택한다.

다) 보호구의 올바른 착용 방법을 습득토록 교육을 실시한다.

라) 보호구 착용 상황을 수시로 체크한다.

마) 보호구의 성능을 상시 점검하여 마모, 손상 시 교체한다.

바) 보호구는 보관 요령을 정하여 양호한 상태로 사용토록 한다.

사) 보호구는 안전 인증 등에 적합한 보호구만 사용한다.

산업 보건 운용의 관리

1. 개요

산업 보건이란, 사업장에서 보건상의 유해성을 제거하여 근로자의 건강을 유지시키는 것을 말한다. 즉 작업장의 유해 인자의 유해 · 위험 파악, 위험성 평가, 위험성 감소 대책 · 실시, 잔류 위험성 관리, 모니터링 등 산업 보건 활동의 PDCA를 확실하게 관리하여 직업성 질병과 재해가 없는 건강하고 쾌적한 작업장을 만드는 것이다. 유해 물질에 대한 근로자 건강 장해를 예방하기 위한 보건 조치 4원칙은 [표 4-61]과 같다.

[표 4-61] 근로자 건강 장해를 예방하기 위한 보건 조치 4원칙

1. 작업장의 구조가 유해 물질을 취급하는 근로자에게 피해가 적게 만들어져야 한다.
2. 유해 물질이 있는 작업 장소는 밀폐해야 한다.
3. 근로자에 해당 유해 물질에 적합한 보호구를 지급하고 착용하도록 해야 한다.
4. 유해 물질의 유해성, 취급 시 주의사항, 비상시 조치에 대해 교육하고 주지시켜야 한다.

1) 산업 보건의 보건 조치의 목표

(1) 근로자의 건강에 영향을 미치는 유해 인자의 노출 방지

(2) 신체적, 정신적으로 적성에 맞는 작업 배치

(3) 근로자의 건강을 해치지 않는 작업 환경 조건 관리

(4) 근로자의 육체적 · 정신적 · 사회적 건강상태 최고 수준 유지 및 증진

2) 산업 보건의 관리 요소

목표 달성을 위한 산업 보건의 관리 요소는 [표 4-62]와 같다.

[표 4-62] 목표 달성을 위한 산업 보건의 관리 요소

1. 작업 환경이나 작업에 존재하는 건강 장해 리스크 감소
2. 근로자의 건강 측면에서 직무 적성평가 및 직무 적성 관리
3. 근로자의 건강 관리 및 증진
4. 건강하고 쾌적한 작업장 환경 조성

3) 산업 보건 목표 및 계획 수립하기

사업주는 근로자와 관련되는 질병 방지를 달성하기 위해 산업 보건 활동의 기본 방침을 수립한다. 그리고 작업장의 유해 인자에 대한 위험성 평가를 기반으로 작업 환경 관리, 작업 관리,

건강 증진 관리를 위한 목표 및 계획을 수립하여 보건 확보 의무를 이행해야 한다.

4) 보건 조치를 취해야 할 건강 장해 요인(법39조제1항)

법 제39조(보건 조치)는 건강 장해를 예방하기 위해 필요한 보건 조치를 취해야 할 건강 장해 요인을 규정하고 있다. 따라서 사업주가 사업장에서 발생하는 다음의 건강 장해 요인을 예방하기 위한 필요한 보건 조치를 취해야 한다.

(1) 원재료, 가스, 증기, 분진, 흄, 미스트, 산소 결핍, 병원체 등에 의한 건강 장해

(2) 방사선, 유해광선, 고온, 저온, 초음파, 소음, 진동, 이상 기압 등에 의한 건강 장해

(3) 사업장에서 배출되는 기체 및 액체 또는 찌꺼기 등에 의한 건강 장해

(4) 계측 감시, 컴퓨터 단말기 조작, 정밀 공작 등의 작업에 의한 건강 장해

(5) 단순 반복 작업 또는 인체에 과도한 부담을 주는 작업에 의한 건강 장해

(6) 환기, 채광, 조명, 보온, 방습, 청결 등의 적정한 기준을 유지하지 않아서 발생하는 건강 장해

2. 사업장 보건 조치

1) 화학 물질 등 유해 · 위험 물질 관리하기

[표 4-63] 유해 · 위험 물질 조치사항

조치사항
• 유해화학 물질 취급 근로자의 건강 장해 및 직업병을 예방하기 위해 적절한 조치와 관련 규정을 준수해야 한다. • 취급 유해 물질을 목록화하고 물질 안전 보건 자료(MSDS)를 비치 또는 게시한 후 관련 규정을 이행해야 한다.

사업장에서 사용하는 화학 물질은 매년 신규 화학 물질이 도입되어 증가되고 있다. 근로자가 화학 물질의 특성과 물리적 위험성 및 유해성 등을 모르고 무방비로 사용할 경우 가끔 근로자가 사망하거나 건강이 훼손되는 일이 발생하고 있다. 산업안전보건법에서는 폭발 및 화재, 누출을 방지하기 위해 물리적 위험성이 있는 물질을 제조하거나 취급하는 사업주에 대하여 적절한 방호조치를 하도록 하고 있다(산업 안전 보건 기준에 대한 규칙 제225조).

일정한 유해 위험 물질을 다량으로 제조 및 취급, 저장하는 설비와 해당 설비의 운용과 관련된 공정 설비를 보유한 사업장의 사업주는 해당 설비로부터의 위험 물질의 누출, 화재, 폭발 등으로 인하여 사업장의 근로자에게 즉시 피해를 주거나 사업장 인근 지역에 피해를 줄 수 있는 사고(중대산업사고)를 예방하기 위해 공정 안전 보고서를 작성해야 한다(산업안전보건법 법 제44조).

한편 산업재해(사고재해, 직업병)는 산업안전보건법에서 구체적으로 규제하고 있는 화학 물질

뿐만 아니라 그 외의 화학 물질에 기인해서도 발생할 수 있고, 실제로 발생하고 있다. 따라서 사업주는 사용하는 모든 화학 물질에 대해 다음의 사항에 대해 조치한다.

[표 4-64] 화학 물질 조치사항

1. 위험성 평가 실시(화학 물질의 유해성 · 위험성 평가에 대한 규정 : 고용노동부 예규) 2. 필요에 따라 시설 및 설비의 개선, 국소 배기 장치, 전체 환기 장치 등 산업 위생 설비 정비 3. 작업 환경 측정 및 평가, 개선 실시 4. 개인 보호구 사용 지시 5. 작업 절차서의 작성 및 보완 6. 건강진단의 실시 7. 안전 보건 교육 8. MSDS의 비치 및 기타 필요한 조치사항

2) 유해화학 물질 분류하기

(1) 유해 인자의 분류

법 제104조는 정부가 근로자의 건강 장해를 유발하는 화학 물질 및 물리적 인자 등을 체계적으로 분류하고 관리하도록 규정하고 있다. 이를 위해 고용노동부장관은 유해 인자가 근로자의 건강에 미치는 유해성 및 위험성을 평가하고, 유해 인자의 노출 기준을 정하여 고시(법 제106조)하고 있다([표 4-65]).

[표 4-65] 유해 인자의 분류 기준

유해 인자별	분류	분류 기준
화학 물질의 분류 기준(29종)	•물리적 위험성(16종) ① 폭발성 물질 ② 인화성 가스 ③ 인화성 액체 ④ 인화성 고체 ⑤ 인화성 에어로졸 ⑥ 물 반응성 물질 ⑦ 산화성 가스 ⑧ 산화성 액체 ⑨ 산화성 고체 ⑩ 고압가스 ⑪ 자기반응성 물질 ⑫ 자연발화성 액체 ⑬ 자연발화성 고체 ⑭ 자기발열성 물질 ⑮ 유기과산화물 ⑯ 금속 부식성 물질	'별표 18' 내용 참조
	•건강 · 환경 유해성(13종) ① 급성 독성 ② 피부 부식성 또는 자극성 ③ 심한 눈 손상 또는 자극성 ④ 호흡기 과민성 ⑤ 피부 과민성 ⑥ 발암성 ⑦ 생식 세포 변이원성 ⑧ 생식 독성 ⑨ 특정 표적 장기 독성(1회 노출) ⑩ 특정 표적 장기 독성(반복 노출) ⑪ 흡인 유해성 ⑫ 수생 환경 유해성 ⑬ 오존층 유해성	
물리적 인자(5종)	① 소음 ② 진동 ③ 방사선 ④ 이상 기압 ⑤ 이상 기온	
생물학적 인자 (3종)	① 혈액 매개 감염 인자 ② 공기 매개 감염 인자 ③ 곤충 및 동물매개 감염 인자	

(2) 관리 대상의 종류(시행 규칙 제143조 : 유해 인자의 관리 등)

- 유해 인자의 노출 기준 설정(법 제106조)
- 유해 인자의 허용 기준 준수(법 제107조)
- 유해 위험 물질 제조 등 금지 물질(법 제117조)

- 유해 위험 물질의 제조 등 허가(법 제118조)
- 작업 환경 측정 대상 유해 인자(시행 규칙 제186조)
- 특수 건강진단 대상 유해 인자(시행 규칙 별표 22 제1호~제3호)
- 관리 대상 유해 물질(안전보건규칙 제420조)

(3) 관리 대상 유해 물질(안전보건규칙 제420조)

관리 대상 유해 물질이란, 근로자에게 상당한 건강 장해를 일으킬 우려가 있어 법 제39조(보건 조치) 제1항에 따라 건강 장해를 예방하기 위한 보건상의 조치가 필요한 원재료, 가스, 증기, 분진, 흄, 미스트로서 '별표 12'에서 정한 유기화합물, 금속류, 산·알칼리류, 가스 상태의 물질류를 말한다.

3. 유해 인자 보건 조치 기준

사업주가 강구해야 할 구체적인 보건상의 조치사항은 안전보건규칙 제3편에서 규정하여 이를 따르도록 하고 있다. 사업장에 적용되는 '산업 안전 보건 기준에 대한 규칙' 중 보건 조치에 대한 기준은 안전보건규칙 제3편(보건 기준)에서 유해 인자별로 규정되어 있다. 관리 대상 유해 물질(제1장), 허가 대상 유해 물질(제2장), 금지 유해 물질(제3장), 소음 및 진동(제4장), 이상 기온(제5장), 온·습도(제6장), 방사선(제7장), 병원체(제8장), 분진(제9장), 밀폐 공간(제10장), 사무실(제11장), 근골격계 부담 작업(제12장), 그 밖의 유해 인자(제13장) 등이 해당된다.

1) 화학 물질 중독 예방(안전보건규칙 제3편 제1장~제3장)

제3편 제1장에서 제3장까지 관리 대상 물질, 허가 대상 물질, 금지 유해 물질로 나누어 각 유해 물질의 정의, 관련 작업 시 설비 기준, 작업 수칙, 누출 시 조치, 보호구 등의 비치·사용, 비상사태 발생 시 조치, 유해성 등의 주지 등 건강 장해 예방에 대하여 규정하고 있다.

(1) 작업 방법
- 취급 근로자에게는 당해 물질의 명칭, 인체에 미치는 영향, 취급상 주의사항, 착용해야 할 보호구, 위급 상황 시 대처 방법 및 응급처치 요령 등을 알려야 한다(안전보건규칙 제449조, 제460조, 제502조).
- 관리 대상 물질이 새지 않도록 밸브 등의 조작·응급조치 등이 포함된 작업 수칙을 정하여 작업하도록 해야 한다(안전보건규칙 제436조).

- 관리 대상 물질 중 특별 관리 물질 취급 시에는 물질명, 사용량 및 작업 내용 등이 포함된 취급일지를 작성하여 갖춰 두고 발암성 물질, 생식 세포 변이원성 물질 또는 생식 독성 물질에 속하는지를 게시판 등을 통해 근로자에게 알려야 한다(안전보건규칙 제439조, 제440조).
- 허가 대상 물질 취급 작업 장소와 격리된 장소에 탈의실·목욕실 및 작업복 갱의실을 설치하고 필요한 용품과 용구를 갖춰둔 후 긴급 세척 시설과 세안 설비를 설치하고, 맑은 물이 나올 수 있도록 유지해야 한다(안전보건규칙 제464조, 제465조).

(2) 관리

- 관리 대상 물질 유기화합물을 넣었던 탱크 내부에서의 세정 및 페인트칠 업무, 밀폐 설비 및 국소 배기 장치가 설치되지 아니한 장소, 증기 발산원을 밀폐하는 설비의 개방 업무 등에서는 송기마스크, 방독마스크 등을 지급 및 착용시킨다(안전보건규칙 제450조).
- 허가 대상 물질, 금지 물질의 보관용기는 유해 물질이 새지 않도록 견고한 용기를 사용하고, 경고 표지를 붙여야 하며, 관계 근로자 이외의 자가 취급할 수 없도록 지정한 장소에 보관해야 한다(안전보건규칙 제461조, 제503조, 제504조).
- 금지 대상 유해 물질 취급 시 사업주는 관계 근로자가 아닌 자의 출입을 금지하고, 작업장에서 흡연과 음식물 섭취를 금지하며, 해당 내용을 보기 쉬운 장소에 게시하고, 응급 시 근로자가 쉽게 사용할 수 있도록 긴급 세척 시설 등 설치해야 한다(안전보건규칙 제505조~제508조).

(3) 개인 보호구 지급 및 관리

- 유기화합물 등의 취급 업무에 근로자를 종사시키는 경우 송기마스크 등을 지급 및 착용하도록 해야 한다(안전보건규칙 제450조).
- 피부 자극성 또는 부식성 물질은 보호복, 보호장갑, 보호장화, 피부 보호용 바르는 약품 등을, 유해 물질이 흩날리는 업무는 보안경을 지급하는 등 취급 물질 및 작업 형태별 적절한 보호구를 지급하는 등의 조치를 취한다(안전보건규칙 제451조).
- 허가 대상 물질 취급 시는 방독마스크, 불침투성 보호복 및 보호장갑, 보호장화, 피부보호용 약품을 갖춰 두고 사용하도록 해야 한다(안전보건규칙 제470조).
- 금지 물질의 취급 시에는 피부 노출을 방지할 수 있는 불침투성 보호복 및 보호장갑 등을 개인 전용으로 지급하고, 평상복과 분리 및 보관할 수 있도록 전용 보관함을 갖춘 후 별도의 정화통을 갖춘 호흡용 보호구를 지급 및 착용하도록 해야 한다(안전보건규칙 제510조, 제511조).

2) 소음성 난청, 진동 장해, 잠수병, 방사선 등 예방(안전보건규칙 제3편 제4장~제8장)

소음 진동에 의한 건강 장해의 예방에 대한 규정으로, 소음 작업 및 진동 작업을 정의하고, 난청 발생에 따른 조치, 보호구의 지급 및 사용, 진동 기계 · 기구의 관리 등에 대하여 규정하고 있다.

(1) 소음 및 진동에 의한 건강 장해 예방(안전보건규칙 제513조~제521조)

(2) 고기압에 의한 건강 장해 예방(안전보건규칙 제523조~제555조)

(3) 온도 · 습도에 의한 건강 장해 예방(안전보건규칙 제560조~제569조)

(4) 방사선에 의한 건강 장해 예방(안전보건규칙 제574조~제591조)

(5) 병원체에 의한 건강 장해 예방(안전보건규칙 제594조~제604조)

4. 근로자 건강 장해 예방 활동

근로자 건강 장해 요인은 건강 장해 예방 활동을 다음과 같은 사항에 대해 보건 조치를 취해야 한다(법 제39조).

[표 4-66] 건강 장해 예방 조치활동

조치사항
근로자의 업무상 질병을 예방하기 위해 다음과 같이 적절하게 조치한다.
1. 분진 작업으로 인한 진폐 예방을 위한 "호흡기 보호 프로그램"을 시행한다. 2. 밀폐 공간의 산소 결핍, 유해가스로 인한 위험 장소에서 작업 근로자를 보호하기 위한 "밀폐 공간 보건 작업 프로그램"을 시행한다. 3. 소음 작업 근로자의 소음성 난청을 예방하기 위한 "청력 보존 프로그램"을 시행한다. 4. 근골격계 질환 예방을 위한 "근골격계 질환 예방 프로그램"을 시행한다. 5. 근로자의 금연 등 건강 관리 능력을 함양하기 위해 "건강 증진 프로그램" 등 건강 증진 사업을 시행한다. 6. 신체적 피로 및 정신적 스트레스 등에 의한 건강 장해 예방을 위해 "직무 스트레스 프로그램"을 시행한다. 7. 근로자의 건강 보호 및 유지를 위해 근로자에 대한 건강 진단을 정기적으로 실시하고 직업병과 유소견자 발생 시 이에 대해 적절하게 조치한다.

1) 분진에 의한 건강 장해 예방(안전보건규칙 제607조~제617조)

- 실내 분진 작업장(갱내 포함)은 밀폐 설비 또는 국소 배기 장치를 설치해야 하고, 분진 발산 면적이 넓은 경우에는 전체 환기 장치를 설치하며, 분진이 심하게 흩날리는 경우에는 물을 뿌리는 등 조치해야 한다(안전보건규칙 제607조, 제606조, 제610조).

- 실내 작업장은 작업을 시작하기 전에 매일 청소를 실시하고, 매월 1회 이상 진공청소기 또는 물을 이용하여 분진이 흩날리지 않는 방법으로 청소를 실시해야 한다(안전보건규칙 제613조).

- 작업 환경 측정 결과, 분진 노출 기준 초과 사업장, 분진으로 인한 건강 장해 발생 사업장 등은 '호흡기 보호 프로그램'을 작성 및 시행해야 한다(안전보건규칙 제616조).
- 분진 작업 근로자에게는 개인 전용 호흡용 보호구를 지급 및 착용하도록 하고, 보호구 보관함을 설치하는 등 오염 방지 조치를 취해야 한다(안전보건규칙 제617조).

2) 밀폐 공간 작업으로 인한 건강 장해 예방(안전보건규칙 제619조~제645조)

[표 4-67] 밀폐 공간 작업으로 인한 건강 장해 예방

구분	내용
밀폐 공간 보건 작업 프로그램 수립 · 시행 의무(제619조)	사업주는 밀폐 공간에 근로자를 종사하도록 하는 경우 다음의 내용이 포함된 '밀폐 공간 보건 작업 프로그램'을 수립 및 시행해야 한다. 1. 작업 전 공기 상태 측정 및 평가 2. 응급조치 등 교육 및 훈련 3. 공기호흡기, 송기마스크 등 착용 및 관리 4. 그 밖에 기타 건강 장해 예방에 대한 사항
작업장 환기(제620조)	• 밀폐 공간이 적정한 공기 상태로 유지되도록 환기를 실시한다. • 작업상 환기가 곤란한 경우 송기마스크 또는 공기호흡기를 지급 및 착용하도록 해야 한다.
인원 점검(제621조)	사업주는 근로자가 밀폐 공간에서 작업하는 경우 해당 장소에 근로자를 입장시킬 때와 퇴장시킬 때마다 인원을 점검해야 한다.
제620조~제621조	• 작업 시작 전 및 작업 중에 적정 공기 상태가 유지되도록 환기 조치, 폭발 및 산화 등의 위험으로 환기가 불가능할 경우 송기마스크 등을 지급 및 착용하도록 한다. • 입장 및 퇴장 시 인원을 점검하고 송기마스크, 섬유 로프, 사다리 등 피난 · 구출기구를 비치한다.
제622조~제623조	• 작업자 외의 자는 출입을 금지시키고 그 뜻을 보기 쉬운 장소에 게시한다. • 밀폐 공간에서 작업할 경우에는 작업장과 외부의 감시인 간에 상시 연락을 취할 수 있는 설비를 설치한다.
제624조~제626조	• 송기마스크, 사다리, 섬유 로프 등 피난 및 구출 기구를 갖추고, 산소 결핍이 우려되거나 유해가스 폭발의 우려가 있는 경우 즉시 대피조치하고 출입 금지한다. • 구출 시에는 송기마스크 등을 지급 착용하도록 한다.
제638조~제643조	• 작업 상황을 감시할 수 있는 감시인 배치, 긴급 구조 훈련 실시, 안전한 작업 방법 주지 및 밀폐 공간 작업 장소에 산소 농도를 측정한다. • 산소결핍증, 유해가스 중독 시에는 의사의 진찰이나 처치를 받도록 해야 한다.

3) 소음 및 진동에 의한 건강 장해 예방(안전보건규칙 제513조~제521조)

[표 4-68] 소음 및 진동에 의한 건강 장해 예방

구분	내용
제516조~제517조	• 작업 환경 측정 결과 소음 수준이 90dB을 초과한 사업장, 소음으로 인한 근로자에게 건강 장해가 발생한 사업장은 청력 보존 프로그램을 수립 및 시행한다. • 소음 작업 등에 종사하는 근로자에게는 개인 전용 청력 보호구를 지급한다.
제513조	강렬한 소음 작업이나 충격 소음 작업 장소는 기계 및 기구 등에 대체, 시설의 밀폐 · 흡음 또는 격리 등 조치를 취해야 한다.

구분	내용
제514조~제515조	• 소음 작업 등에 종사하는 근로자에게는 소음 수준, 인체에 미치는 영향과 증상, 보호구 선정 및 착용 방법 등에 대한 사항을 알린다. • 소음성 난청이 우려되거나 발생 시에는 원인 조사, 재발 방지 대책, 작업 전환 등의 조치를 취해야 한다.
제518조~제521조	• 진동 작업 시 작업자에게 방진장갑 등 진동보호구를 지급 및 유해성을 주지시킨다. • 진동기계 · 기구 사용 설명서 등을 작업장에 갖춰두고 진동기계 · 기구를 상시 점검 및 관리해야 한다.

4) 유해가스 발생으로 인한 건강 장해 예방(안전보건규칙 제627조~제637조)

- 터널 및 갱 등을 파는 작업은 유해가스에 노출되지 않도록 사전에 유해가스 농도를 조사하고, 유해가스 처리 방법, 터널 · 갱 등을 파는 시기 등을 정한 후에 이에 따라 작업한다(안전보건규칙 제627조).

- 헬륨, 질소, 프레온, 탄산가스 등 불활성기체를 내보내는 배관이 있는 보일러, 탱크, 반응탑 또는 선창 등에서 작업하는 경우에는 불활성기체가 누출되지 않도록 차단판 설치, 잠금 장치를 임의로 개방 금지 조치, 기체의 명칭과 개폐 방향 등에 대한 표지 게시 등 조치 및 해당 불활성기체의 잔류 방지 조치를 한다(안전보건규칙 제630조~제631조).

5) 작업 관련 질환 예방

근골격계 부담 작업으로 인한 건강 장해 예방(안전보건규칙 제656조~제666조)

[표 4-69] 근골격계 부담 작업으로 인한 건강 장해 예방

구분		내용
제657조	제1항	근골격계 부담 작업에 대해 3년마다 유해 요인 조사를 실시하고 신설되는 사업장은 신설일로부터 1년 이내에 최초 실시한다.
	제2항	근골격계 부담 작업에 해당하는 새로운 작업 · 설비 도입 등의 경우에는 지체 없이 실시한다.
제659조		유해 요인 조사 결과, 근골격계 질환자가 발생할 우려가 있는 경우 인간공학적으로 설계된 보조 설비 및 편의 설비 설치 등 작업 환경 개선 조치를 취해야 한다.
제660조		근골격계 부담 작업 때문에 운동 범위 축소, 쥐는 힘의 저하 등의 징후가 나타날 경우 사업주는 의학적 조치를 취하고, 필요한 경우에는 안전보건규칙 제659조에 따른 작업 환경 개선 등 적절한 조치를 취해야 한다.
제661조		사업주는 근골격계 부담 작업에 근로자를 종사하도록 하는 때는 1. 근골격계 부담 작업의 유해 요인 2. 근골격계 질환의 징후 및 증상 3. 근골격계 질환 발생 시 대처 요령 4. 올바른 작업 자세 및 작업도구, 작업시설의 올바른 사용 방법 5. 그 밖에 근골격계 질환 예방에 필요한 사항 및 유해 요인 조사와 결과, 조사 방법 등을 근로자에게 널리 알려야 한다.

구분	내용
제662조	1. 근골격계 질환으로 요양 결정을 받은 근로자가 연간 10명 이상 발생한 사업장 2. 근골격계 질환 5명 이상이 발생하고 발생 비율이 해당 사업장 근로자 수의 10% 이상인 사업장 3. 근골격계 질환 예방과 관련되어 노사 간의 이견이 지속되고 고용노동부장관이 필요하다고 인정하여 수립 및 시행을 명령한 사업장의 사업주는 노사 협의를 거쳐 '근골격계 질환 예방 관리 프로그램'을 수립 및 시행해야 한다.

6) 중량물을 들어올리는 작업에 대한 특별 조치(안전보건규칙 제663조~제666조)

[표 4-70] 중량물을 들어올리는 작업에 대한 특별 조치

구분	내용
제663조 (중량물의 제한)	사업주는 근로자가 인력으로 들어올리는 작업을 하는 경우에 과도한 무게 때문에 근로자의 목·허리 등 근골격계에 무리한 부담을 주지 않도록 최대한 노력해야 한다.
제664조 (작업 조건)	사업주는 근로자가 취급하는 물품의 중량, 취급 빈도, 운반 거리, 운반 속도 등 인체에 부담을 주는 작업의 조건에 따라 작업 시간과 휴식 시간 등을 적정하게 배분해야 한다.
제665조 (중량의 표시 등)	사업주는 근로자가 5kg 이상의 중량물을 들어올리는 작업을 하는 경우에 다음 각 호의 조치를 취해야 한다. 1. 주로 취급하는 물품에 대하여 근로자가 쉽게 알 수 있도록 물품의 중량과 무게 중심에 대하여 작업장 주변에 안내 표시를 할 것 2. 취급하기 곤란한 물품은 손잡이를 붙이거나 갈고리, 진공빨판 등 적절한 보조 도구를 활용할 것
제666조 (작업 자세 등)	사업주는 근로자가 중량물을 들어올리는 작업을 하는 경우 무게 중심을 낮추거나 대상물에 몸을 밀착시키는 등 신체의 부담을 줄일 수 있는 자세에 대하여 알려야 한다.

7) 컴퓨터 단말기 조작 업무에 대한 예방 조치(안전보건규칙 제667조)

실내는 명암의 차이가 심하지 않도록 하고, 직사광선이 들어오지 않는 구조로 하며, 저휘 도형 조명 기구를 사용한다. 창과 벽면 등은 반사되지 않는 재질을 사용하고, 컴퓨터 단말기와 키보드를 설치하는 책상 및 의자는 높낮이를 조절할 수 있는 구조로 하며, 연속 작업 근로자에게는 작업 시간 중에 적정한 휴식 시간을 준다.

8) 직무 스트레스에 의한 건강 장해 예방 조치(안전보건규칙 제669조)

사업주는 근로자가 장시간 근로, 야간 작업을 포함한 교대 작업, 차량 운전(전업으로 하는 경우에만 해당) 및 정밀기계 조작 작업 등 신체적 피로와 정신적 스트레스 등(이하 '직무 스트레스'라고 함)이 높은 작업을 하는 경우 법 제5조제1항에 따라 직무 스트레스로 인한 건강 장해를 예방하기 위해 다음 사항에 대해 조치를 취해야 한다.

- 작업 환경, 작업 내용, 근로 시간 등 직무 스트레스 요인에 대하여 평가하고 근로 시간 단축, 장·단기 순환 작업 등의 개선 대책을 마련하여 시행할 것
- 작업량 및 작업 일정 등 작업 계획 수립 시 해당 근로자의 의견을 반영할 것

- 작업과 휴식을 적절하게 배분하는 등 근로 시간과 관련된 근로 조건을 개선할 것
- 근로 시간 외의 근로자 활동에 대한 복지 차원의 지원에 최선을 다할 것
- 건강진단 결과와 상담 자료 등을 참고하여 적절하게 근로자를 배치하고, 직무 스트레스 요인과 건강 문제 발생 가능성 및 대비책 등에 대하여 해당 근로자에게 충분히 설명할 것
- 뇌혈관 및 심장 질환 발병 위험도를 평가하여 금연, 고혈압 관리 등 건강 증진 프로그램을 시행할 것

5. 건강 관리

건강 관리는 근로자 인체 안에 있는 유해 인자에 의한 질병을 조기 발견하기 위한 건강진단을 실시하고, 건강 장해의 원인을 제거하며, 건강 상태의 유지 및 증진 및 직무 적성 관리를 도모하는 것이다. 사업주는 상시 사용하는 근로자의 건강 관리를 위해 일반 건강진단을, 특수 건강진단 대상 업무에 종사하는 근로자 등에 대해서는 특수 건강진단을 각각 실시해야 한다(산업안전보건법 제129조제1항, 제130조제1항). 그리고 사업주는 산업안전보건법(제132조제4항)에 따라 산업안전보건법령 또는 다른 법령에 따른 건강진단 결과, 근로자의 건강을 유지하기 위해 필요하다고 인정할 때는 작업 장소의 변경, 작업의 전환, 근로 시간의 단축, 야간 근로 제한, 작업 환경 측정 또는 시설 및 설비의 설치나 개선 등 적절한 조치를 취해야 한다.

이에 따라 적절한 조치를 취해야 하는 사업주로서 특수 건강진단, 수시 건강진단, 임시 건강진단을 실행한 결과를 잘 살펴보아야 한다. 즉 건강진단 결과, 특정 근로자에 대하여 근로 금지 및 제한, 작업 전환, 근로 시간 단축, 직업병 확진 의뢰 안내의 조치가 필요하다는 의사의 소견이 있는 건강진단 결과표를 송부받은 사업주는, 이를 송부받은 날부터 30일 이내에 사후 관리 조치 결과 보고서(산업안전보건법 시행 규칙 별지 제86호 서식)에 건강진단 결과표, 위의 사후 관리 조치의 실시를 증명할 수 있는 서류나 실시 계획 등을 첨부하여 관할 지방노동관서에 제출해야 한다(산업안전보건법 제132조제5항, 동법 시행 규칙 제210조제3항·제4항).

근로자는 산업안전보건법(제133조)에 따라 제129조 내지 제131조의 규정에 따라 사업주가 실시하는 건강진단을 받아야 한다. 다만 사업주가 지정한 건강진단기관이 아닌 건강진단기관으로부터 이에 상응하는 건강진단을 받아 그 결과를 증명하는 서류를 사업주에게 제출하는 경우에는 사업주가 실시하는 건강진단을 받은 것으로 본다. 작업자가 실시하는 건강진단의 종류는 [표 4-71]과 같다.

[표 4-71] 작업자 건강진단의 종류

진단 종류	진단 내용
일반 건강진단	상시 근로자의 건강 관리를 위해 사업주가 주기적으로 실시하는 건강진단(사무직은 2년 1회 이상, 그 밖의 근로자는 매년 1회 이상)
특수 건강진단	• 유해한 작업 환경에서 근무하는 근로자에 대해 실시하는 건강진단으로, 유해 인자의 종류에 따라 6~24개월 주기로 실시한다. • 소음 등 유해 인자에 노출되면 발생되는 직업병을 조기에 발견하기 위해 실시한다.
배치 전 건강진단	• 유해 인자 노출 업무에 신규로 배치되는 근로자의 기초 건강 자료를 확보해 해당 노출 업무에 대한 배치 적합성 평가를 하기 위해 실시한다. • 추후 업무상 질병 확인을 위한 기초 자료로 활용한다.
수시 건강진단	유해 인자 노출 업무에 종사하는 근로자가 호소하는 직업성 천식, 피부질환, 기타 건강 장해의 신속한 예방 및 해당 노출 업무와의 관련성을 평가하기 위해 필요한 경우에 실시한다.
임시 건강진단	직업병 유소견자가 발생하거나 여러 명이 질병에 걸릴 우려가 있는 등의 경우 지방고용노동관서 명령에 따라 실시한다.
건강 관리수첩 소지자 건강진단	석면 등 14종의 발암물질을 일정 기간 이상 제조하거나 취급했던 근로자가 이직 혹은 퇴직한 경우 특정 유해 업무가 원인이 되어 건강 장해가 발생하는지의 여부를 확인하기 위해 실시한다(매년 1회 실시).

6. 작업 환경 관리

1) 개요

근로자가 작업을 수행하는 장소의 환경을 '작업 환경'이라고 한다. 작업 환경 관리란, 작업 환경 중에서 유해 물질 등 각종 유해 인자를 제거하거나, 보호구 착용으로 노출을 방지하여 근로자의 건강 장해를 미리 방지하기 위해 작업 환경에 여러 가지 대책을 마련한 행위를 말한다.

작업 환경의 조건에는 작업장의 온도·습도·기류 등의 작업장 기후, 건물의 설비 상태, 작업장에 발생하는 분진 및 유해 방사선, 가스, 증기, 소음 등이 있다. 이것은 각각 단독 또는 상호 관련되어 있어서 근로자의 건강과 작업 능률에 좌우된다.

작업 환경의 상태는 근로자의 건강에 큰 영향을 미친다. 근로자는 작업장의 작업 환경 상태에 이상이 있어도 현실적으로 작업장에서 벗어나기가 불가능하기 때문에 점차적으로 조금씩 건강을 해치게 된다. 작업 환경 측정은 이러한 작업 환경의 상태를 가능한 한 객관적으로 파악 및 평가하고 적정한 작업 환경을 확보하여 직업병 예방 및 근로자의 건강 보호 등을 목적으로 하고 있다.

2) 작업 환경의 조치사항

작업 환경 관리는 다음의 사항을 조치 관리해야 한다.

[표 4-72] 작업 환경의 조치사항

조치사항
• 작업 환경 측정 대상 유해 인자에 노출되는 근로자의 건강 장해를 예방하기 위해 물리적 인자(소음, 진동, 유해광선 등) 및 화학적 인자(분진, 유기화합물, 중금속, 산·알카리 등) 등의 유해 인자를 정기적으로 측정하고, 법정 기준을 만족시키며, 법정 노출 기준을 초과할 경우 적절하게 개선 조치를 취한다. • 근로자의 건강 장해를 예방하기 위해 유해 요인별 또는 작업 내용별로 적절하게 조치한다. • 근로자의 건강 장해를 예방하기 위해 생물학적 및 인간공학적 인자에 대해 적절하게 조치한다.

3) 작업장의 유해 인자

[표 4-73] 작업장의 유해 인자

유해 인자	내용
물리적 인자	소음 및 진동, 이상 온도, 이상 기압, 방사선, 복사열, 유해광선
화학적 인자	중금속, 유기용제, 가스 및 화학적 유해 물질, 증기, 분진, 산알카리 등
생물학적 인자	바이러스, 세균, 곰팡이 등
인간공학적 인자	중량물 취급, 전기기기 작업
사회심리적 인자	작업의 양, 작업 시간, 근무 형태, 대인 관계

4) 작업 환경의 기본 대책

작업 환경 관리의 구체적인 대책으로 작업 환경 중에 존재하는 작업장의 유해 인자 노출을 감소시키기 위한 개선 방법은 다음과 같다.

(1) 사용 중지 및 대체

유해화학 물질의 제조 및 사용을 중지하거나 인체에 많이 유해한 물질 대신 비교적 유해성이 적고 위험성이 낮은 물질을 대체하여 사용한다.

(2) 작업 방법의 변경

생산 공정 및 작업 방법 개선, 기계·공구 등의 개량, 생산 공정 및 공법 변경 등 생산 기술 개선, 작업 방법 개선, 위험한 작업의 로봇 이용 등을 자동화한다.

(3) 작업 공정의 밀폐와 격리

사용 물질이나 생성되는 물질이 매우 유독하거나 유독성이 심하지 않아도 환경을 관리할 목적으로 발생원을 밀폐하거나 유해한 작업 공정을 완전히 외부와 차단하여 격리한다. 그리고 국소 배기 장치 및 전체 환기 장치 설치 등 설비 및 기술적 대책을 실시한다.

(4) 유해 물질의 희석 및 실내 환기

유해 물질의 농도가 높을수록 건강에 더욱 유해할 수 있으므로 계속 신선한 공기를 공급해서 유해 물질을 희석하여 농도를 낮춘다.

(5) 개인 보호구의 사용

유해한 작업 환경으로부터 인체를 보호하기 위해 개인 보호구를 착용한다.

5) 작업 환경 측정하기

작업 환경 측정이란, 작업 환경 중 인체에 해로운 유해 인자를 취급하는 작업장에서 근로자가 어떤 유해 인자에 어느 정도 노출되고 있는지를 공학적으로 측정 및 평가하는 것을 말한다. 법 제125조는 근로자의 건강을 보호하기 위한 조치로서 작업 환경의 상태를 평가하는 작업 환경 측정을 실시하고, 작업 환경 측정 결과의 기록 · 보존 및 보고 등을 의무화한다. 기업은 작업 환경 측정 결과를 기초하여 시설이나 설비의 설치 및 정비, 건강진단 실시 등의 적절한 조치를 강구한다.

(1) 측정 대상 작업장(법 제125조제1항, 시행 규칙 제186조제1항)

시행 규칙 '별표 31'에 작업 환경 측정 대상 유해 인자를 규정하고 있다. 여기에는 유기화학물, 금속류, 산 및 알칼리류 등 화학적 인자(183종), 분진(7종), 물리적 인자(2종)뿐만 아니라 기타 고용노동부장관이 고시하는 유해 인자 등이 해당된다. 사업주는 작업 환경 측정 대상 유해 인자에 노출되는 근로자가 있는 작업장에 대해서는 작업 환경 측정 등을 실시해야 한다. 도급인의 사업장에서 관계 수급인 또는 관계 수급인의 근로자가 작업하는 경우에는 도급인이 작업 환경 측정을 해야 한다(법 제125조제2항).

(2) 측정하지 아니할 수 있는 작업장(시행 규칙 제186조제1항)

'임시 작업'과 '단시간 작업'이 이루어지는 작업장은 측정하지 아니할 수 있다. 단, 발암성 물질을 취급하는 작업은 측정해야 한다.

6) 작업 관리

작업 관리는 근로자의 건강에 부정적인 영향을 미치는 건강상 장해 요인을 제거하고, 작업 내용 및 방법의 개선, 작업 부하 저감과 보호구 착용 등을 적절하게 관리해서 질병을 예방하고 건강 증진을 도모하는 것이다. 작업 관리의 구체적 수단은 다음과 같은 방법이 있다.

(1) 작업에 수반하는 유해 물질을 파악하고 건강 장해의 리스크 평가 및 유해 요인의 발생을 방지한다.
(2) 근로자의 신체에 악영향을 감소시키기 위해 유해 인자의 노출을 최소화 및 제거하기 위한 작업부하, 작업 행동 등의 작업 방법을 변경한다.
(3) 근로자의 적성평가를 실시하여 불안전 행동의 원인 감소를 위한 직무 적성 관리를 강화한다.
(4) 보호구 착용 및 관리, 국소 배기 장치와 유지에 기준을 정하여 관리한다.

7) 쾌적한 작업장의 환경 조성하기

쾌적한 작업 환경은 산업안전보건법의 목적(제1조)에서 산업재해 예방과 함께 근로자의 안전 보건을 유지 및 증진하기 위한 양대 축으로 규정되어 있는 중요한 개념이다. 따라서 이것의 의미를 정확하게 이해하는 것은 산업 안전 보건 업무를 하는 데 필수이다.

쾌적한 작업 환경 조성이란, 작업 환경 상태가 법령 등에 규정되어 있는 안전 보건 기준을 달성하고 있는 상태에서 더 나아가 보다 좋은 작업 환경을 지향하여 자율적으로 계획을 세우고, 이 것을 실현하기 위해 노력하는 것을 말한다.

그리고 작업 환경의 쾌적함을 추진하면 그 결과로서 시설, 기계 및 설비 등에 대해 불안전한 상태가 개선되고, 작업 방법에 대해서는 작업 부담이 경감되어 근로자의 불안전한 행동을 줄일 수 있어서 산업재해의 예방에도 기여하게 된다.

쾌적한 작업 환경 조성의 추진 방법은 최고경영자가 작업 환경, 시설, 설비 등의 현상을 파악하고, 근로자의 의견 및 요청 등을 청취하는 한편 보다 안전하고 위생적인 작업 환경 조성의 목표를 세우는 것이다.

그리고 이것을 기초로 계획하여 실행하면 사업장의 쾌적성이 높아지고, 직장의 모럴이 향상되며, 직업성 질병의 예방을 포함한 산업재해의 예방도 기대할 수 있다.

11 변경 관리

변경 관리는 산업 안전 보건을 예방적으로 관리하는 데 가장 중요한 요구사항 중의 하나로, 안전 보건 성과에 영향을 미치는 계획된 변경 및 계획하지 않은 변경에 대한 프로세스를 구축해야 한다(8.1.3). 변경 관리 프로세스는 ISO 9001 및 ISO 14001에서도 요구사항으로 되어 있어 안전 보건 프로세스를 단독으로 수립하지 않고 ISO 경영시스템과 통합된 프로세스로 하면 된다.

변경 관리의 목적은 변경이 발생할 경우 새로운 유해·위험요인이나 리스크가 원인이 되어 작업이나 작업 환경에 부정적 영향이 발생하는 것을 회피하고 리스크를 최소화하여 작업장의 안전 보건을 확보하는 것이다. 따라서 변경 관리 핵심은 리스크 관리이고 변경이 초래하는 리스크 영향을 사전에 관리하는 것이다. 그리고 변경 대상을 규정하고 리스크 평가를 미리 수행하는 변경 관리 프로세스 구축과 문서화 정보를 유지 보유하는 것이 필요하다. 또한 조직의 관계 인원은 자신에게 영향을 주는 모든 상황을 파악하고 변경 내용을 공유 이해할 수 있도록 의사소통하는 것이 중요하다.

ISO 45001 8.1.3(변경 관리)에 규정한 요구사항에 의하면 변경에는 계획적인 변경과 의도하지 않은 변경이 있다. 이 중 계획적 변경에는 기계·설비, 화학 물질, 작업 절차, 사람·인원 변경이나 법령 제정·개정의 대응이 포함되고 변경 관리의 대상은 [표 4-74]와 같다.

[표 4-74] 변경 관리의 대상(예시)

변경 구분	변경 대상의 예
법령의 변경	산업안전보건관계법령 제정 개정
방법의 변경	• 작업 절차의 변경, 작업 지시 내용의 변경 • 작업 환경(기후 조건, 옥내·옥외 작업), 조도 소음 등 • 작업 환경 측정 결과의 대응
안전 보건에 대한 기준치의 변경	화학 물질의 노출 기준치 변경, 소음 및 진동의 기준치 변경
기계·설비 변경	신규 설비 도입, 설비 개조·개량, 안전 장치 변경, 치공구 변경
재료 변경, 신규 물질 사용	재료 변경, 신규 화학 물질의 도입 검토
인원 변경	• 작업자 교체, 신규 작업자 교체, 관리자 및 감독자 변경, 근무 체계 변경, 연장 근무 변경(잔업), 고령자 배치 및 여성 근로자 배치 • 건강진단 결과의 대응

의도하지 않은 변경은 계획적 변경 이외를 가르킨다. 따라서 고장, 사고, 자연재해 등으로 발생한 변경이 대상이 되고, 발생한 결과를 검토한 후 대응 조치를 강구해야 한다. 많은 조직에서 변경 관리는 투자 계획 시, 설계 시, 가동 전 등 각각의 단계에서 전문 지식이 있는 자가 검토하는 것이 바람직하다.

변경 관리는 작업장 변경, 작업 조건 변경, 근로 조건 변경 및 설비 · 기계 변경 등의 '내부 변경'과, 법령 변경 및 기타 요구사항 변경, 지식과 정보의 변화, 지식과 기술의 발달 등 '외부 변경'이 있다. 그중에서도 4M, 즉 작업의 네 가지 요소인 '사람', '기계', '재료', '방법'이 자주 변경된다. 이러한 사람, 설비, 재료, 방법에 대한 작업 요소의 변화가 발생하면 당연히 작업에 영향을 주어 작업 리스크를 증대시킨다. 그러나 그 변화에 대응할 수 없으면 산업재해 등 문제가 발생할 우려가 있다. 4M(사람, 설비, 재료, 작업 방법) 변경에 따른 주요 포인트는 다음과 같다.

1. 사람의 변경 관리

작업을 수행하는 인원이 신규 투입 및 교체될 때 자격, 역량, 인식 등의 요소를 확보한 후 작업을 개시해야 한다. 이 중에서 하나라도 확보되지 않으면 산업재해가 이어질 수 있는 리스크가 발생한다.

2. 설비의 변경 관리

설비 및 기계의 신설 · 개조에는 먼저 위험성 평가를 실시하고, 수용할 수 없는 위험성에 대해 대응 조치해야 한다. 이러한 조치가 확실히 실시되면 산업재해가 크게 제거된다.

3. 재료의 변경 관리

재료의 변경은 MSDS를 입수하여 해당 물질의 위험성과 유해성을 파악한 정보를 활용하여 리스크를 평가한다. 리스크 평가를 실시한 후 수용할 수 없는 리스크에는 추가 감소 대책을 검토하여 조치한다.

4. 작업 방법의 변경 관리

작업 변경이란, 작업 절차서 등의 작업 기준 및 작업 환경 조건에서 허용된 상태에 대하여 일탈을 발생시킬 가능성이 있는 변화를 일으키는 행위를 말한다. 작업 기준이나 작업 환경 조건에서 일탈이 발생하면 리스크가 증가하므로 리스크 평가 후 적절한 대책이 당연히 필요한 것이다.

현장에서 산업재해가 발생할 때 자주 문제가 되는 것은 작업 절차의 미준수이다. 즉 작업 절차를 준수하지 않는 불안전한 행동에서 기인되는 것이 상당히 많다. 이러한 불안전한 행동과 인적 요인을 제거하려면 작업 절차의 무리, 낭비 및 불균형을 제거 및 수정하고 작업자가 스스로 고쳐나가는 것이다.

사업장의 환경은 새로운 생산 시스템, 기계·설비의 도입으로 변화하고 있다. 그리고 이것과 함께 작업 절차도 달라지고 있으므로 한 번 정해진 절차서는 그 후에 수정하거나 새로 작성해야 한다. 작업 내용이 변화하지 않는 경우라도 절차에 불필요한 요소가 있거나 위험 급소가 결여되어 있는 경우도 있다. 다음과 같은 경우에는 작업 절차를 수정해야 한다.

1) 정해진 작업 절차에 따라 작업했는데, 사고·재해가 발생하거나 아차사고가 발생한 경우에는 어느 제조 공정에 문제가 있는지 등에 대해 관계 작업자 전원과 감독자가 협의해 검토 및 개선한다.
2) 재료, 기계·설비 등이 변경된 경우에는 현행 작업 절차에 모순이 발생했는지 검토한다.
3) 생산 공정과 작업 방법 등이 변경되었으면 지금까지의 절차는 도움이 되지 않게 되는 경우도 많으므로 새로운 절차를 작성하기 위해 전면적으로 검토한다.
4) 작업 절차가 잘 지켜지지 않는 경우에는 절차에 무리가 있는지 등을 상세하게 검토하여 필요한 경우에는 개선한다. 절차에 문제가 없지만, 사업장 전체의 분위기와 안전 보건 교육 등에 문제가 있는 경우에는 별도로 그것에 대응하는 것이 필요하다.

12 도급, 용역 등 사업의 안전·보건 조치

　기업은 산업 구조가 변화하여 외주화를 확대·심화함에 따라 유해·위험한 작업 등의 도급사업에 의해 관계 수급인 근로자의 사망 사고 등 중대재해 및 부상이 빈발하고 있다. 2020년 1월 산업안전보건법이 전부 개정되어 도급사업주의 책임 범위 확대 및 안전 보건 위반에 따른 처벌 등을 강화하였으며 이어서 중대재해법이 제정되어 동법 제5조(도급, 용역, 위탁 등 관계에서의 안전 및 보건 확보 의무)에서 사업주 또는 경영책임자 등은 사업주나 법인 또는 기관이 제3자에게 도급, 용역, 위탁 등을 행한 경우에는 제3자의 종사자에게 중대산업재해가 발생하지 않도록 제4조(사업주 및 경영책임자의 안전 및 보건 확보 의무)의 조치사항을 규정하여 도급인이 의무를 위반한 경우에는 처벌 수준을 더욱 강화하였다. 따라서 원청은 도급한 해당 시설, 장비, 장소 등에 대해 실질적으로 지배·운영·관리 책임이 있는 경우에는 안전 및 보건 확보 의무 조치사항을 이행해야 한다.

　산업안전보건법에서는 도급에 관한 정의 등을 새로 규정하고, 유해한 작업의 도급을 금지하는 등 도급에 관한 산업재해 예방 규율체계를 전반적으로 재구축하고 유해하거나 위험한 작업은 사내도급을 금지 또는 승인을 받도록 제한하였다. 그리고 승인받은 작업의 재하도급 금지 및 도급 시 산재 예방 능력을 갖춘 사업주에게 도급하도록 적격 수급인 선정 의무를 신설하여 안전 및 보건에 관해 필요한 조치를 이행할 능력이 충분한 수급인과 도급 계약을 체결하도록 의무화했다.
또한 수급인 근로자 보호를 위한 도급인의 안전 조치 및 보건 조치 의무의 책임 범위를 대폭 확대하였다. 이 외에도 관계 수급인 근로자 보호를 위한 협의체 운용 및 작업장 순회 점검 등 도급인으로서의 안전 조치 및 보건 조치 의무를 명확화하였다.
도급인 사업장에서 작업을 주는 경우 도급인의 사업장에서 행해지는 작업에 대하여 사업의 종류를 불문하고 도급인의 관계 수급인 근로자의 산업재해 예방을 위한 안전 조치 및 보건 조치 의무가 발생한다(시행령 제54조). 도급인 사업장 밖이어도 산업안전보건법에서는 '도급인의 사업장'에 포함되는 장소가 있다(법 제10조제2항). 도급인이 제공하거나 지정한 경우로서 도급인이 지배·관리하는 21개 장소는 도급인의 안전·보건 조치 의무가 부과되는 장소에 해당한다(시행령 제11조).

1. 산업안전보건법상 안전 및 보건 조치사항

도급 시 산업안전보건법상 안전 보건 의무 조치사항은 산업안전보건법 제62조 및 제66조에 규정하고 있으며 중요 조항은 다음과 같다.

1) 안전보건총괄책임자 지정(법 제62조 : 안전 보건 총괄 책임자)

사업주는 사내 하청업체의 산업재해 예방에 관한 업무를 총괄 관리하는 안전 보건 총괄 책임자(대상이 해당되는 경우)를 지정하여 다음과 같은 직무를 총괄 관리하도록 한다.

(1) 위험성 평가의 실시에 관한 사항
(2) 작업의 중지
(3) 도급사업 시의 안전 · 보건 조치
(4) 수급인의 산업 안전 보건 관리비의 집행 감독 및 그 사용에 관한 관계 수급인 간의 협의 · 조정
(5) 안전 인증 대상 기계 등과 자율 안전 확인 대상 기계 등의 사용 여부 확인

2) 도급인의 안전 조치 및 보건 조치(법 제63조)

도급인은 관계 수급인 근로자가 '도급인의 사업장'에서 작업하는 경우 자신의 근로자와 관계 수급인 근로자의 산업재해를 예방하기 위해 안전 및 보건 시설의 설치 등 필요한 안전 · 보건 조치를 하여야 한다. 다만 보호구 착용의 지시 등 관계 수급인 근로자의 작업 행동에 관한 직접적인 조치는 제외한다.

3) 도급에 따른 산업재해 예방 조치(법 제64조)

도급인인 사업주는 자신의 사업장에서 관계 수급인이 사용하는 근로자에 대한 산업재해 예방을 위해 다음의 안전 및 보건 조치를 취할 의무가 있다.

(1) 도급인과 수급인을 구성원으로 안전 및 보건에 관한 협의체의 구성 및 운용
(2) 작업장의 순회 점검
(3) 안전 · 보건 교육을 위한 장소 및 자료 제공 등 지원
(4) 관계 수급인이 근로자에게 안전 보건 교육의 실시 확인
(5) 작업 장소에서 발파 작업을 하는 경우 화재, 폭발, 토석, 구축물 등의 붕괴 또는 지진 등이 발생할 경우에 대비한 경보체계의 운용과 대피 방법 훈련
(6) 위생시설 등 고용노동부령으로 정하는 시설의 설치 등을 위해 필요한 장소의 제공 또는

도급인이 설치한 위생시설(휴게시설, 세면·목욕시설, 세탁시설, 탈의시설 및 수면시설) 이용의 협조

2. 수급업체 안전 보건 조직 구성

수급업체의 안전보건관리책임자, 안전관리자 또는 안전담당자, 관리감독자 등 안전 보건 관리 조직을 구성하도록 하여 각 조직별 역할과 책임을 부여하고 안전 보건에 관한 임무가 포함된 업무의 역할·책임 및 권한을 명확히 한다. 그리고 위험성 평가 실시책임자, 실시담당자 등 평가반을 구성하여 역할과 책임을 부여한다.

3. 수급업체의 안전보건경영시스템 구축

수급업체는 도급사업 수행 시 수급인 근로자의 안전보건을 위해서는 도급인의 협력을 바탕으로 안전보건경영시스템을 구축하여 사업장의 유해·위험요소를 도출하여 유해 위험요소 제거 및 위험성을 최소화하는 개선활동을 실행하기 위해 법적 요구사항을 포함한 다음 사항과 같은 활동을 수립하여 운용해야 한다.

1) 안전 보건 방침 및 목표의 명확화와 전달
2) 도급사업의 안전 보건 활동 계획 수립
3) 수급인과 근로자가 모두 참여하는 위험성 평가의 실시
4) 안전보건협의회 구성 및 안전회의 등을 통한 적극적인 의사소통 강화
5) 계획적이고 체계적인 안전 보건 교육 실시
6) 작업장의 점검 등을 통한 안전 보건 조치의 지속적 개선 및 이행

4. 도급인의 구체적인 안전 조치 및 보건 조치

1) 안전·보건에 관한 협의체 구성 및 운용

협의체는 도급인 및 그의 수급인 전원으로 구성된 협의체를 구성(시행 규칙 제79조제1항)하여 ① 작업의 시작 시간, ② 작업 또는 작업장 간의 연락 방법, ③ 재해 발생 위험이 있는 경우

대피 방법, ④ 작업장 위험성 평가의 실시에 관한 사항, ⑤ 사업주와 수급인 또는 수급인 상호 간의 연락 방법 및 작업 공정의 조정 등을 협의(시행 규칙 제79조제2항)하는 회의를 매월 1회 이상 정기적으로 개최하고 그 결과를 기록·보존해야 한다(시행 규칙 제79조제3항).

2) 작업장의 순회 점검

(1) 작업장은 2일에 1회 이상 순회 점검(시행 규칙 제80조제1항)

(2) 관계 수급인은 도급인이 실시하는 순회 점검을 거부·방해 또는 기피하지 못하며, 도급인인 사업주의 시정 요구가 있으면 이에 따라야 한다(시행 규칙 제80조제2항).

3) 관계 수급인이 근로자의 안전·보건 교육에 대한 지원(시행 규칙 제80조제3항)

도급인은 법 제64조 1항에 따라 안전·보건 교육에 필요한 장소의 제공, 자료의 제공의 요청 시 협조해야 한다.

4) 도급사업의 합동 안전 보건 점검(시행 규칙 제82조)

도급사업의 사업주는 도급인 사업주와 근로자, 관계 수급인 사업주와 근로자로 구성된 합동 점검반을 구성하여 정기적으로 작업장에 대한 안전 보건 점검을 실시하여야 한다.

(건설업, 선박 및 보트 건조업: 1회/2개월, 그 외 사업: 1회/분기)

5) 위험성 평가

도급인은 수급인으로 하여금 수급인의 해당 사업장에 대한 위험성 평가를 실시하도록 하고, 도급인과 수급인 또는 수급인 간의 작업 및 위험요인이 서로 관련되는 경우 이를 조정·관리한다. 또한 수급인에게 위험성 평가 방법에 대한 교육을 실시하는 등 수급인이 자발적으로 위험성 평가를 할 수 있도록 지원하여 사업주, 관리자, 근로자 등 구성원 모두가 위험성 평가에 참여하여 스스로 위험성 평가를 할 수 있는 능력을 배양해야 한다.

6) 도급인의 안전 보건 정보 제공

(1) 안전보건규칙 별표7에 따른 화학 설비 및 그 부속 설비에서 제조·사용·운반 또는 저장하는 위험 물질 및 관리 대상 유해 물질의 명칭과 그 유해성·위험성

(2) 안전·보건상 유해하거나 위험한 작업에 대한 안전·보건상의 주의사항

(3) 안전·보건상 유해하거나 위험한 물질의 유출 등 사고가 발생한 경우에 필요한 조치의 내용

7) 적격 수급인의 선정 및 사후 관리

산업안전보건법 제61조(적격 수급인 선정 의무)에 의해 사업주는 산업재해 예방을 위한 조치를 할 수 있는 능력을 갖춘 사업주에게 도급하여야 한다. 도급인은 도급사업에서 안전 보건 수준이 있는 수급인을 선정하기 위한 구체적인 기준 및 관리 방법 등에 대한 업체 관리 절차를 규정하여 엄격하게 운용하여야 한다. 도급 운용 시 최초 단계에서부터 안전 보건에 관한 사항을 검토하고, 계약 단계에서 업체의 안전 보건 역량 수준을 평가하여 적격한 업체를 선정한다. 업체의 평가 시 안전 보건 관리체계 · 안전 보건의 관리수준 · 위험성 평가 · 재해 예방 활동 · 재해 발생 현황 등의 작업 수행 능력과 관리 수준을 평가한다. 또한 정기적으로 도급작업의 안전 보건 활동의 수행 결과에 대해 재해 예방을 위한 안전 보건 활동의 성과 평가 등 피드백을 통하여 지속적인 개선을 도모한다.

5. 도급 및 용역 등의 사업 프로세스

도급을 포함한 용역 및 위탁 사업의 프로세스는 [그림 4-32]와 같이 다음의 단계로 수행된다.

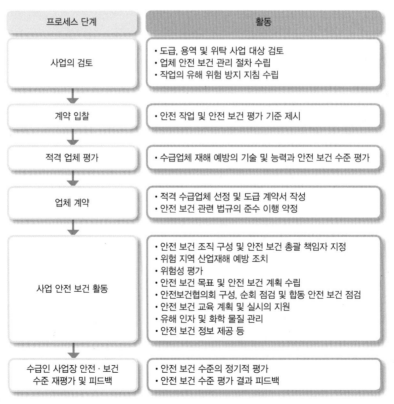

[그림 4-32] 도급, 용역 및 위탁 사업의 프로세스 단계별 주요 활동

단, 도급, 용역 및 위탁 사업의 법적 요건과 업무 및 책임 범위에 따라 프로세스별 활동을 검토, 조정 및 정리한다.

6. 도급사업의 문서화된 정보 관리

도급사업 및 작업 프로세스 관리에 따른 수급인 선정 관리 및 도급 작업의 안전 및 보건 확보를 위한 기준 및 방식의 절차 등 문서를 유지한다. 그리고 도급의 안전 보건 활동에 대한 기록 보유 등 도급사업의 문서화 체계 및 관리 방법을 확립해야 한다. 산업안전보건법의 규정된 사항에 해당되는 안전 보건 조치사항 등을 포함한 도급사업의 안전 및 보건 확보 사항에 대해 도급업체 관리 규정을 작성하여 준수 · 운용하는 것이 필요하다.

13 재해 대응과 재발방지시스템 구축하기

1. 재해 조사의 목적

재해 조사는 조사 그 자체가 목적이 아니고, 책임 추궁도 아니다. 재해 원인의 사실을 확인하여 산업재해의 발생 과정과 그 재해 원인을 규명하여 동종의 유사재해 발생을 방지하기 위해 예방 대책을 수립하는 것이다.

2. 재해 관련 법령

1) 중대재해법

(1) 사업주와 경영책임자 등의 안전 및 보건 확보 의무(법 제4조)

재해 발생 시 재발 방지 대책의 수립 및 그 이행에 대한 조치에 안전 보건

2) 산업안전보건법

(1) 중대재해 발생 시 사업주의 조치(법 제54조)

① 사업주는 중대재해가 발생하였을 때는 즉시 해당 작업을 중지시키고 근로자를 작업 장소에서 대피시키는 등 안전 및 보건에 대해 필요한 조치를 취해야 한다.

② 사업주는 중대재해가 발생한 사실을 알게 된 경우에는 고용노동부령으로 정하는 바에 따라 지체 없이 고용노동부장관에게 보고해야 한다. 다만 천재지변 등 부득이한 사유가 발생한 경우에는 그 사유가 소멸되면 지체 없이 보고해야 한다.

여기서 '지체없이'의 의미에 대해 법령이 따로 정한 바는 없으나, 고용노동부는 다음과 같이 유권해석하고 있다. '산업안전보건법 시행 규칙 제4조제2항의 '지체없이'는 '정당한 사유(재해 등으로 인한 통신수단의 이용이 곤란하거나 재해자 응급구호, 제2차 재해 재발 방지를 위한 조치 등 최소한의 안전 보건 조치를 위해 지체되는 경우 등)가 없는 한 즉시'로 해석해야 한다.' 즉 '지체없이'는 천재지변 등 부득이한 사유가 발생한 경우 그 사유가 소멸된 후 즉시, 그리고 통신 수단의 확보, 응급구호 및 재해 재발 방지를 위한 조치 등에 필요한 최소한의 시간이 경과 후 즉시로 보아야 한다.

(2) 중대재해 발생 시 고용노동부장관의 작업 중지 조치(법 제55조)

① 고용노동부장관은 중대재해가 발생하였을 때 다음 각 호의 어느 하나에 해당하는 작업으로 인하여 해당 사업장에 산업재해가 다시 발생할 급박한 위험이 있다고 판단되는 경우에는 그 작업의 중지를 명할 수 있다.

　(가) 중대재해가 발생한 해당 작업

　(나) 중대재해가 발생한 작업과 동일한 작업

② 고용노동부장관은 토사 · 구축물의 붕괴, 화재 · 폭발, 유해하거나 위험한 물질의 누출 등으로 중대재해가 발생하여 그 재해가 발생한 장소 주변으로 산업재해가 확산될 수 있다고 판단되는 등 불가피한 경우에는 해당 사업장의 작업을 중지할 수 있다.

③ 고용노동부장관은 사업주가 제1항 또는 제2항에 따른 작업 중지의 해제를 요청한 경우에는 작업 중지 해제에 대한 전문가 등으로 구성된 심의위원회의 심의를 거쳐 고용노동부령으로 정하는 바에 따라 제1항 또는 제2항에 따른 작업 중지를 해제하여야 한다.

④ 제3항에 따른 작업 중지 해제의 요청 절차 및 방법, 심의위원회의 구성 · 운영, 그 밖에 필요한 사항은 고용노동부령으로 정한다.

(3) 중대재해 원인 조사 등(법 제56조)

① 고용노동부장관은 중대재해가 발생하였을 때는 그 원인 규명 또는 산업재해 예방 대책 수립을 위해 그 발생 원인을 조사할 수 있다.

② 고용노동부장관은 중대재해가 발생한 사업장의 사업주에게 안전 보건 개선 계획의 수립 · 시행, 그 밖에 필요한 조치를 명할 수 있다.

③ 누구든지 중대재해 발생 현장을 훼손하거나 제1항에 따른 고용노동부장관의 원인 조사를 방해해서는 아니 된다.

④ 중대재해가 발생한 사업장에 대한 원인 조사의 내용 및 절차, 그 밖에 필요한 사항은 고용노동부령으로 정한다.

(4) 산업재해 발생 은폐 금지 및 보고 등(법 제57조)

① 사업주는 산업재해가 발생하였을 때는 그 발생 사실을 은폐해서는 아니 된다.

② 사업주는 고용노동부령으로 정하는 바에 따라 산업재해의 발생 원인 등을 기록하여 보존해야 한다.

③ 사업주는 고용노동부령으로 정하는 산업재해에 대해서는 발생 개요 · 원인 및 보고 시기, 재발 방지 계획 등을 고용노동부령으로 정하는 바에 따라 고용노동부장관에게 보고해야 한다.

3. 재해재발방지시스템 구축하기

1) 재해재발방지 프로세스

중대재해 및 산업재해가 발생하면 [그림 4-33]의 프로세스에 따라 사고 발생 대응 및 재해 방지 대책에 대한 활동을 수행한다.

[그림 4-33] 재해 재발 방지 프로세스

2) 재해 대응 절차

(1) 긴급 처리

가) 재해가 발생할 경우 피해자를 구출하고 즉시 병원에 후송 또는 응급조치가 가능한 인원은 인공호흡 등의 필요한 조치를 취한다.

나) 재해 관련된 작업, 기계, 설비는 즉시 정지하고 현장의 출입 금지와 관리자 통보 및 관련 행정기관에 통보한다.

다) 유해가스 · 증기의 위험, 화재 폭발 등에 의한 피해 확대 및 건물 · 토사 붕괴 위험 등 2차 재해의 우려가 없는지 등을 방지한다.

(2) 사고 신고

가) 사망재해 등 중대재해에 대해서는 비상시 연락처, 즉 사업장의 책임자에게 연락하고, 지시를 받아 긴급 피난하며, 지방고용노동관서, 경찰서, 소방서 등 관계행정기관 등에 바로 통보해야 한다.

나) 중대재해의 경우 지체없이 고용노동부장관에게 보고해야 한다. 보고 방법은 사업장 소재지를 관할하는 지방고용노동관서의 장에게 전화, 팩스 또는 그 밖의 적절한 방법을 통해 1. 발생 개요 및 피해 상황, 2. 조치 및 전망, 3. 그 밖의 주요 사항 등을 보고해야 한다.

다) 고용노동부는 중대재해를 보고받으면 산업안전보건공단에 조사 지원을 요청하게 된

다. 이후 산업 안전 보건 업무 담당 근로감독관, 산업안전보건공단 전문가로 재해조사 팀이 구성되어 현장을 방문하여 재해 발생 원인 등을 조사하게 된다. 사망자가 발생하는 경우에는 경찰도 현장 조사를 하게 된다. 만약 급박한 안전 보건상의 위험이 있는 경우 등은 사업장 전체에 대한 산업안전보건법 위반 여부 감독이 실시될 수도 있다.

라) 중대재해에 대한 노동부 근로감독관의 재해 조사 및 사업장 감독에서는 산업안전보건법 위반 사항을 적발하게 된다. 특히 산업안전보건법 제38조(안전 조치), 제39조(보건 조치), 제63조(도급인의 안전 조치 및 보건 조치) 등 중요한 사항 위반에 대해서는 즉시 범죄인지 보고 후 수사에 착수하도록 되어 있다.

마) 언론 및 경찰 등 관련 기관에 일관성 있게 대응할 수 있도록 사고 발생에 대한 답변을 정리하여 두는 것이 필요하다.

(3) 현장의 보존

재해 조사는 관계자로부터 의견 청취 등을 포함하여 정확하게 실시해야 한다. 이를 위해서는 현장으로부터 입수되는 정보가 매우 중요하고, 생산을 재개해야 하는 등의 문제도 있지만, 재해 조사가 종료될 때까지 현장을 보존해 둘 필요가 있다.

현장 보존과 병행하여 가급적 많이 현장을 촬영하고 스케치해 두면 나중의 원인 규명에 도움이 되는 경우가 많다. 그리고 행정기관 등으로부터 재해 조사 및 수사를 위해 일정 기간의 현장 보존 또는 출입 금지를 지시받는 경우가 있다. 이와 같은 경우에 고의적으로 현장을 훼손하거나 바꾸면 그 자체가 법적으로 문제가 될 수 있고, 이러한 자세로는 진실을 해명할 수 없다.

(4) 사고 원인 조사

가) 조사 대상

사고의 조사 여부와 범위는 사고에 대한 기본 정보를 기초로 결정해야 한다.

조사 수준을 결정하는 것은 잠재적 결과와 사고의 재발 가능성 때문이다. 즉 사소한 위험이 큰 사고로 이어질 수도 있고, 잠재적 위험을 내포할 수도 있기 때문에 사소한 사고라도 유사한 사고의 재발을 방지하기 위해 철저하게 조사해야 한다.

나) 조사 주체

사업주와 근로자 모두 실질적인 조사를 위해서는 참여하는 것이 필수적이다. 조사 수준에 따라 관리감독자, 현장책임자, 사고 조사 전문가, 노동조합, 사업체의 임원 등이 참여할 수 있다.

다) 정보 수집

어떤 사고가 발생했는지, 그리고 어떤 조건과 행동이 사고에 영향을 주었는지를 가능한 한 신속하게 정보를 파악하는 것이 중요하다. 목격자 또는 사고 현장에 있었거나 그것에 대해 알고 있는 인원에게 우선적으로 질의 및 조사해야 하고 정보 수집을 위한 조사 내용이 다음과 같으면 이에 국한하지 않는다.

[표 4-75] 사고 원인 조사 내용

조사 내용
• 누가, 언제, 어디서, 어떤 작업을 하다가 어떻게 사고가 발생하였는가?
• 재해를 입은 인원과 사고 관련자는 누구인가?
• 어떤 법령이 사고 당시 위반 행위는 없는가?
• 작업 절차 및 방법이 평상시와 다르거나 특별한 차이가 있었는가?
• 안전 작업 절차는 적절하게 준수되고 있었는가?
• 위험성 평가 시 실제적으로 작업자는 참여하였는가?
• 작업자는 유해 위험 요소를 인지하고 있었는가?
• 작업장의 배치와 환경이 사고에 영향을 주었는가?
• 필요한 경우 물질 안전 보건 자료는 비치되고 이해하고 있는가?
• 재료 특성이 사고에 영향을 미쳤는가?
• 기계, 장비 운전 및 사용의 어려움이 사고에 영향을 미쳤는가?
• 개인 보호 장비는 적절하고 충분한가?

라) 재해 조사 내용

① 제1단계 : 사실 확인하기

사고 조사원은 사고의 원인과 결과의 연관성에 대한 일련의 사고 전개의 전후 관계를 규명해야 한다. 이를 위해 사고 현장의 방문과 목격자의 진술뿐만 아니라 작업 프로세스에 관련된 위험성 평가, 작업 절차, 관련 지침 및 작업 가이드 등 수집한 정보를 근거로 모든 유용한 정보를 분석해야 한다. 그리고 이러한 조사 내용은 사건 조사 보고서에 모두 기록한다. 재해 조사의 요령은 다음과 같다.

[표 4-76] 재해 조사 요령

재해 조사 요령
• 재해 발생 즉시 현장 보존을 유지한 상태에서 실시한다.
• 피해자의 사고 재해 당시의 설명을 청취하는 것이 중요하다.
• 피해자와 관련된 목격자 등 전원에게 전후 사정을 청취한다.
• 과거의 사고 경향, 사례 조사 기록 등을 참고하여 조사한다.
• 작업 프로세스의 기계 시설 장치, 작업 공정 특징, 작업 방법 및 작업 행동 등을 철저히 조사한다.
• 재해 현장의 사진이나 도면을 작성하여 기록해 둔다.
• 재해 장소의 자체의 예방과 위험 유해성에 대응한 보호구를 착용한다.
• 재해 현장은 재해가 유발될 우려가 있으므로 재해 조사를 빨리 끝낸다.

② 제2단계 : 직접 원인과 문제 확인하기

• 어떤 작업에서 불안전 행동이나 불안전한 상태가 있지 확인하여 사고가 발생한

직접 원인이 왜 어떻게 일어났는지 사건의 근본 원인을 조사한다.

- 원인 조사 시 과거에 동일하거나 유사한 사건을 포함하여 잠재적으로 발생할 수 있는지를 조사한다.

③ 제3단계 : 근본 원인 분석하기

- 원인 조사는 직접 원인의 배경인 근본 원인을 파악 및 분석한다.
- 5WHY 분석, 4M 분석에 의해 불안전 상태 및 불안전 행동의 배경이 되는 직접 원인을 분석한다.

마) 동종 · 유사재해 재발 방지

동종 · 유사재해가 발생할 가능성이 있는지 전사적으로 점검하고 수평 전개한 후 가능성이 우려되는 위험한 장소를 특정하여 위험성 재평가를 비롯한 개선 대책을 검토 및 수립한다. 필요 시 내부 심사를 재해 발생 중심의 법령 및 안전 기준 준수, 운용 상황 등 특별 심사를 실시하여 문제점을 개선 조치할 수 있다.

(5) 재발 방지 대책의 수립 및 실시

가) 관리 대책 검토하기

사고 원인 분석이 완료되면 대책 검토 단계에서 다음의 사항에 대한 적정성을 확인해야 한다. 이것은 사고 재발을 예방하기 위해 필수적이다.

① 위험 요소들을 제거하거나 최소화하기 위해 어떤 관리 대책이 요구되는가?

② 유사한 위험 요소가 다른 곳에도 있는가? 만약 있으면 어디에 있는가?

③ 이전에도 유사한 사고가 있었는지 자세히 검토한다.

나) 기존 위험성 평가 검토하기

위험성 평가를 재실시하여 유해 위험요인의 누락 여부 및 유해 위험요인에 대책의 효과성 여부 등 위험도를 재평가하여 개선 대책을 검토한다.

다) 개선 대책 수립하기

개선 대책은 근본 원인 분석 결과를 근거로 하여 리스크 감소 대책의 관리 단계 우선순위에 따라 유해 위험 제거, 대체, 기술적 대책, 관리적 대책, 개인 보호구 지급의 단계적 조치사항을 결정하여 개선 대책을 수립하는 것이 바람직하다.

라) 개선 대책의 우선순위 결정하기

사고 · 재해의 내용에 따라서 근본 원인의 재발 방지 대책이 많은 경우가 있다. 이러한 재발 방지 대책은 가급적 신속하게 조치하는 것이 가장 바람직하지만, 개선의 우선순위를 정하여 조치한다.

마) 산업안전보건위원회 심의하기

중대재해에 대한 사항은 산업안전보건법상(제19조제1항) 산업안전보건위원회의 필수적 심의·의결 사항이다. 동종·유사재해를 방지하기 위해 근본 원인에 대한 대책을 수립해도 그것이 사고·재해 발생 현장뿐만 아니라 사업장 전체에 동의해야 한다. 이를 위해서는 실효성 있는 구체적인 관리 대책을 마련하여 산업안전보건위원회에서 심의해야 한다

(6) 실시 계획의 수립 및 실시

개선 대책은 실시 전 새로운 위험요인에 관련된 리스크를 평가한 후 개선 대책의 우선순위 결정 및 변경 관리에 따라 다음에는 개선의 실시 계획을 수립하게 된다. 이 계획의 개선 실시 항목, 실시 방법, 기한 등을 명확히 포함하고 개선 대책은 검토 평가한다. 개선 실시 결과의 효과성 평가(현장 확인 등)를 명확히 해두는 것이 중요하다. 특히 개선을 실시하는 경우 동종재해에만 유의하면 바로 근처에 있는 작업 등에서 사고·재해가 발생하는 경우가 있다. 그러므로 대책의 검토 단계에서는 대상 기계 및 작업 등에서 개선의 범위도 검토하는 것이 바람직하다. 또한 개선 대책은 유사한 기계를 사용하거나 유사한 작업을 하고 있는 사업장의 모든 작업장뿐만 아니라 더 나아가 기업 전체에 적용하도록 수평 전개하여 철저히 하는 것이 중요하다.

(7) 개선 결과 효과성 평가

유효성 평가는 조치 결과의 실효성을 평가하는 것으로, 일정 기간이 경과한 후 개선 실시 결과는 효과가 있는지, 재발 가능성이 있는지를 확인하는 것이다.

(8) 시스템 및 작업 절차 변경

재발 방지 대책에서 절차 및 기준의 변경 및 추가에 따라 해당되는 시스템에 관련된 문서를 제정하거나 작업 절차 변경, 시스템 변경한 후 관련자와 소통해 주지시킨다.

(9) 재해 정보 공유

재해 조사 결과가 종료되는 시점에 재해 발생 원인과 재발 방지 대책의 내용을 회사 전체적으로 공개하고 전체 직원의 안전 보건 의식을 제고시킬 수 있도록 한다. 그리고 재해 조사의 결과는 재해가 발생한 작업장뿐만 아니라 다른 작업장, 그리고 같은 회사에 다른 사업장이 있는 경우에는 해당 사업장에도 널리 공개한다.

(10) 재해 사고와 관련된 시설, 교육 등 보고 자료 확보

① 사고에 관련된 안전시설, 제조 공정도 등의 사진 및 관련 서류

② 작업자에 지급된 개인 보호구, 보호구 지급대장 및 보호구 지급 사실 자료

③ 안전 교육 관련 서류, 각종 작업계획서 서류

④ 도급사업 사업인 경우 도급인의 안전 보건 활동에 조치된 서류

⑤ 안전 관리 담당자 및 관리감독자가 배치되어 점검한 입증 사실 서류

3) 재해 발생 대응 매뉴얼 작성하기

중대재해 사고 발생 시 비상연락망 등 사고 보고체계와 비상조치를 위한 조직의 역할과 수행 절차, 대피 및 응급조치 절차, 비상시 장비 등 비상 대응 매뉴얼을 작성하여 사전적 훈련을 실시해야 한다.

4) 산업재해 조사표 제출하기

사망자 또는 3일 이상의 휴업재해가 발생한 경우 재해 발생일로부터 1개월 안에 산업재해조사표를 작성 및 제출해야 한다(시행 규칙 제73조제1항). 이 경우 근로자 대표의 확인을 받아야 하며, 기재 내용에 근로자 대표의 이견이 있는 경우 그 내용을 첨부한다(건설업은 근로자 대표 확인 생략 가능).

5) 산업재해 기록 및 보존하기

사업주는 산업재해가 발생한 때는 ① 사업장의 개요 및 근로자의 인적 사항 ② 재해 발생 일시 및 장소 ③ 재해 발생 원인 및 과정 ④ 재해 재발 방지 계획을 기록해야 하고 이를 3년 간 보존해야 한다(법 제57조제3항, 시행 규칙 제72조). 다만 산업재해 조사표 사본을 보존하거나 요양신청서 사본에 재해 재발 방지 계획을 첨부하여 보존하는 경우에는 산업재해 기록으로 갈음할 수 있다(시행 규칙 제72조).

14 위험 예지 훈련

1. 위험 예지 훈련이란

위험 예지란, 작업중에 발생할 수 있는 위험요인을 발견 및 파악하여 그에 따른 대책을 강구하고, 작업이 시작되기 전에 위험요인을 제거해서 안전을 확보하자는 것이다. 위험 예지 훈련이란, 작업장에서 안전을 성취하기 위한 전원 참가 기법으로, 직장이나 작업의 상황 속에서 잠재 위험요인을 소집단으로 토의하고 생각하여 실제 행동하기에 앞서 잠재 위험요인을 해결하는 것을 습관화하는 것이다. 작업장의 안전 우선, 전원 참여, 효과 극대화로 안전 사고를 예방하는 훈련이다.

이 훈련은 ISO 45001 7.3(인식)에서 근로자를 인식시키는 수단으로 안전보건에 관한 대응 역량을 강화함으로써 스스로 예상되는 위험에 대한 감수성을 높여 불안전한 행동을 통제하는 데 크게 도움이 된다.

이러한 훈련은 위험 요소가 포함되어 있는 작업 상황의 사진이나 그림 또는 현물을 보면서 리더 중심으로 단시간 미팅을 통해 작업자가 그 속에 숨어있는 위험 요소를 찾아내게 한다. 차후 실제 유사한 상황을 접하였을 경우 스스로 위험 요소를 제거 또는 회피할 수 있는 능력을 키우기 위해 실시한다.

위험 예지 과정이나 활동에 지적 확인 및 터치 앤 콜 기법을 병행하여 실시하면 침체되어 있는 현장 분위기를 생동감 있게 하여 팀워크 활동을 북돋울 수 있다. 그래서 밝고 명랑한 직장 분위기를 조성하는 데 크게 기여할 수 있다.

2. 위험 예지 훈련 대상

(1) 숙련자 그룹으로 현장 감독자

(2) 미숙련 그룹으로 신규 작업원

(3) 혼성그룹으로 숙련 작업원과 미숙련 작업원

3. 위험 예지 훈련의 방법

(1) 작업 시간 전(5~15분), 끝난 후(3~5분), 팀워크의 인원은 5~7명
(2) 실시 순서는 작업 전 도입 → 점검 및 정비 → 작업 지시 → 위험 예측 → 확인
(3) 작업 종료 시 적절한지의 여부 확인 → 검토, 보고 → 문제 제기 → 재해 방지

4. 위험 예지 훈련의 4라운드법

도해 속에 그려진 작업의 상황 속에서 '어떠한 위험이 잠재하고 있는가?'에 대하여 직장의 동료 간에 대화를 나누기 위한 준비 작업으로 다음의 사항이 필요하다.

(1) 준비 사항 : 도해, 메모지, 컬러펜
(2) 팀 편성 : 한 팀은 5~7인으로 한다.
(3) 역할 분담 : 리더와 서기를 정한다. 필요에 따라 발표자, 보고서, 강평 담당 등을 정한다(서기는 리더가 겸해도 좋다).
(4) 시간 배분과 항목 수 : 몇 라운드까지 하는가, 각 라운드를 몇 분에 마칠 것인가, 각 라운드에는 몇 항목을 만들어야 하는가 등을 미리 정해 놓고 멤버에게 알려준다.
(5) 미팅의 진행 방법 : 전원의 대화 방법으로 다음의 네 가지 사항에 유의한다.
   ① 본심으로 왁자지껄 대화한다(편안한 분위기로).
   ② 본심으로 자꾸자꾸 대화한다(현장의 생생한 정보).
   ③ 본심으로 끊임없이 대화한다(단시간).
   ④ '과연 이것이다'라고 합의한다(납득해서 합의한다).

5. 위험 예지 훈련 4라운드의 진행 순서

[표 4-77] 위험 예지 훈련 4라운드

문제 해결 제4단계	문제 해결 라운드	위험 예지	위험 예지 훈련 진행 방법
제1단계 현상 파악	• 사실을 파악한다. • 전원 토론을 실시하는 라운드	어떠한 위험이 잠재하고 있는가?	위험요인과 초래되는 현장에 대한 항목을 도출한다. [~해서 ~이 된다.], [~때문에~이 된다]

문제 해결 제4단계	문제 해결 라운드	위험 예지	위험 예지 훈련 진행 방법
제2단계 본질 추구	• 요인을 조사한다. • 가장 위험한 것을 합의로서 결정하는 라운드	이것이 위험 포인트(요점)이다.	1. 발견한 위험요인 중 중요한 항목에 위험 포인트 결정하여 ◎를 식별한다. 2. ◎로 표시한 위험 포인트에 대해 지적 확인 후 제창한다. [~해서~은 다 좋아!]
제3단계 대책 수립	• 대책을 수립한다. • 위험도가 높은 것에 대하여 대책을 세우는 라운드	당신이라면 어떻게 할 것인가?	◎로 표시한 항목에 대한 구체적이고 실천 가능한 대책을 수립한다.
제4단계 목표 설정	• 행동 계획을 정한다. • 수립한 대책 중점 항목에 합의하는 라운드	우리는 이렇게 한다.	1. 중점 실시 항목을 합의 요약한다. 2. 팀의 행동 목표 지적 확인 제창한다. [~을~ 하여 ~하자, 좋아!]

6. 위험 예지 훈련의 주요 기법

1) 브레인스토밍(BS; BrainStorming)

(1) 개요

브레인스토밍이란, 소집단 활동의 하나로, 수명의 멤버가 마음을 터놓고 편안한 분위기 속에서 공상, 연상의 연쇄반응을 일으키면서 아이디어를 자유롭게 대량으로 발언하는 아이디어 개발 발상법이다.

(2) BS 4원칙

[표 4-78] BS 4원칙

구분	내용
비판 금지	'좋다, 나쁘다' 등의 비판을 하지 않는다.
자유 분방	자유로운 분위기에서 발언한다.
대량 발언	무엇이든지 좋으니 많이 발언한다.
수정 발언	타인의 의견을 수정하거나 보충 발언하여 아이디어에 편승한다.

2) 지적 확인

작업의 정확성이나 안전을 확인하기 위해 눈, 손, 입 그리고 귀를 이용하여 작업 시작 전에 뇌를 자극시켜서 안전을 확보하기 위한 기법이다. 작업을 안전하게 잘못 조작하지 않고 작업 공정의 각 요소에서 자신의 행동을 "…, 좋아!" 하고 작업 대상이나 작업 상황 판단을 위해 팔을

뻗어 손가락으로 가리키면서 소리쳐 확인하는 것이다.

3) 터치 앤 콜(Touch and Call)

(1) 개요

터치 앤 콜이란, 작업 현장에서 같이 호흡하는 동료끼리 서로의 피부를 맞대고 스킨십 (skinship)의 느낌을 교류하는 것이다. 스킨십으로 팀의 일체감, 팀워크를 조성할 수 있고 동시에 좋은 감정과 이미지를 불어넣어 안전 행동을 하도록 하는 것이다.

(2) 터치 앤 콜 방법

현장의 여건과 참여 작업자 수에 따라 여러 가지 방법이 있을 수 있지만, 가장 일반적인 방법은 다음과 같다([표 4-79]).

[표 4-79] 터치 앤 콜 방법

구분	내용
고리형	작업원들 각자의 왼손 엄지손가락으로 서로 둥근 원을 만들어 맞잡고 둥근 원을 주시하며 팀의 행동 목표나 무재해 운동의 구호를 외치는 자세이다. 이는 5~6명 이상의 작업원이 참여하는 경우 적용하는 방법이다.
포개기형	작업원들의 왼손을 앞으로 내세워 서로의 왼손을 포개며 구호를 외치는 자세로, 2~3명 정도의 소수 작업 인원에도 적용이 가능한 방법이다.
어깨동무형	작업원 모두가 서로의 왼손으로 동료의 왼쪽 어깨를 껴안고 오른손을 내민다. 발은 서로 맞대어 둥글게 원을 만들어 무재해의 제로(0)를 의미하는 자세를 취하는 방법으로 서로 어깨를 껴안아 일체감을 조성할 수 있다. 이는 5~6명 이상 작업원이 대규모인 경우에도 적용이 가능하다.

(3) 터치 앤 콜의 효과

터치 앤 콜은 작업장에서 실시할 수 있는 효과적인 안전 훈련 기법 중의 하나이다. 동료 간에 피부를 접촉시킨다는 것은 작업자 상호 간에 마음의 정이 오가게 하는 것이므로 안전 훈련이라는 목적 이외에도 동료애, 팀워크 및 인간 관계 형성 등 작업의 효율성에도 매우 효과적이다.

4) TBM(Tool Box Meeting)

(1) 개요

TBM은 1960년대 미국의 건설업에서 시작하여 큰 성과를 올린 제도로, 현장의 공구함 근처에서 안전 보건을 주제로 회의하는 일종의 안전회의이다. 발생 재해 가운데 상당 부분이 작업자의 불안전 행동에서 기인한다. 이것에 대해 작업 개시 전과 종료 후 현장 감독자를 중심으로 같은 작업원 5~7명이 둘러앉았거나 서서 5~10분에 걸쳐 작업 중 발생할 수 있는 위험을 예측하고, 사전에 점검하여 대책을 수립하는 등 단시간 안에 의논하는 문제 해결 기법이다. 이것은 점심식사 후 작업을 재개하기 전에 이루어지는 경우도 있고, 수리 등의 비정상 작업 시에도 작업의 착수 전에 실시하면 효과적이다.

(2) 사전 준비

일반적으로 정상 작업의 TBM은 약 5분 정도, 비정상 작업의 TBM은 약 10분 정도 소요된다. TBM의 장점은 단시간에 문제점이 효과적으로 압축된다는 것이다. 그러나 사전 준비가 잘 이루어지지 않으면 무엇을 위한 TBM인지 알 수 없게 되므로 사전 준비를 충실히 해야 한다. TBM의 사전 준비와 관련해서는 다음의 사항에 유의할 필요가 있다.

① 개최 장소와 시간을 결정한다.
② 주제를 정한다.
③ 관계 자료를 준비한다.
④ 설명 방법 및 추진 방법을 습득한다.

(3) TBM의 실시 요령

① 작업 시작 전, 중식 후, 작업 종료 후 짧은 시간을 활용하여 실시한다.
② 때와 장소에 구애받지 않고 같은 작업자 5~7인이 모여서 공구나 기계 앞에서 수행한다.
③ 일방적인 명령이나 지시가 아니라 잠재적 유해 위험에 대해 함께 생각하고 해결한다.
④ TBM의 특징은 모두가 '이렇게 하자', '이렇게 한다'라고 합의하고 실행한다.

(4) TBM의 단계

TBM은 일반적으로 다음과 같은 순서로 진행된다.

① 작업 시작 전(실시 순서 5단계)
  • [제1단계] 도입 : 직장 체조, 무재해기 게양, 목표 제안
  • [제2단계] 점검 : 건강 상태, 복장 및 보호구 점검, 자재 및 공구 확인
  • [제3단계] 작업 지시 : 작업 계획 , 작업 내용 및 안전 사항 전달
  • [제4단계] 위험 예측 : 당일 작업에 대한 위험 예측, 위험 예지 훈련 실시
  • [제5단계] 확인 : 위험에 대한 대책과 목표 확인
② 작업 종료 시
  • 실시 사항의 적절성 확인 : 작업 시작 전 TBM에서 결정된 사항의 적절성 확인

- 검토 및 보고 : 당일 작업의 위험요인 도출, 대책 등 검토 및 보고
- 문제 제기 : 당일 작업에 대한 문제 제기

(5) TBM 유의 사항

TBM은 일반적으로 결론을 도출하려는 회의가 아니고 작업자 전체 의견을 결집하는 회의이기 때문에 전원의 발언과 전원의 이해가 중요한 포인트이다. TBM을 활력 있는 문제 해결의 장으로 하려면 추진할 때 다음과 같은 사항에 유의해야 한다.

① 정해진 시간에 종료한다.
② 주제를 정하고 주제의 목적을 명확히 한다.
③ 주제에 대하여 전원에게 발언하게 한다.
④ 의논의 내용과 결과를 기록한다.
⑤ 주제의 실천 사항은 사후 관리한다.
⑥ 새로운 문제점에 대하여 해결책을 찾아낸다.

(6) TBM의 운영 방법

TBM의 효과적인 운영은 단시간의 회의이지만, TBM의 운영 위한 절차는 규정하여 문서화하는 것이 필요하다.

7. 위험 예지 훈련 효과

1) 위험에 대한 감수성 제고

위험 예지 훈련을 반복적으로 매일 하는 것은 위험하다고 느끼는 감각과 위험에 대한 감수성을 높인다.

2) 작업의 집중력 향상

위험 예지 훈련은 작업 행동의 각 요소에서 지적에 의한 제창으로 집중력을 높여 부주의와 실수 등 같은 사람의 오류를 방지하는 데 유용하다.

3) 안전 행동의 실천 의욕 고취

위험 예지 훈련은 '무엇이 위험한가?', '어떤 잠재적인 유해 · 위험요인이 있는가?' 등 위험에 대

한 진지한 대화를 통해 안전 행동에 대한 의지를 강화시킨다.

4) 작업장의 안전 풍토 조성

작업자가 위험을 예지하고 안전을 선취하는 감수성, 팀워크를 형성하여 안전뿐만 아니라 생산, 품질 등을 포함한 문제의 자율적 해결을 도모하는 풍토를 조성한다.

15 내부 심사

1. 내부 심사란

내부 심사란, 심사 지침인 ISO 19011에 의하면 심사 기준이 충족되고 있는 정도를 판정하기 위해 심사 증거를 수집하고 객관적으로 평가하기 위한 체계적이고, 독립적이며, 문서화된 프로세스를 말한다. 따라서 조직이 심사 기준인 ISO 45001 요구사항, 안전 보건에 대한 법적 요구사항 및 조직 자체가 수립한 안전보건경영시스템의 절차 등 명확한 심사 기준에 근거하여 피심사자에 대한 인터뷰, 문서 및 기록 확인, 현장 관찰 등에 의해 객관적인 증거를 수집하고 적합성과 효과성을 평가하는 프로세스이다. 내부 심사를 실시하여 도출된 문제점은 재발 방지를 위한 시정조치를 취함으로써 안전 보건의 지속적인 적절성·충족성·효과성을 확인 및 유지하고, 지속적인 안전 보건 개선을 달성할 수 있어야 한다.

2. 내부 심사의 목적

안전보건경영시스템에 대한 내부 심사의 목적은 안전보건경영시스템의 적합성과 효과성, 이렇게 두 가지로 구분하여 평가하는 것이다. 이 중에서 적합성은 '체제의 적합성 심사'와 '운용의 적합성' 심사가 있으며, 체제의 적합성 심사는 ISO 45001 요구사항과 조직이 구축한 안전보건경영시스템에 대한 자체의 요구사항에 대해 안전보건경영시스템의 적합성을 확인하는 것을 말한다. 또한 운용의 적합성 심사는 안전보건경영시스템의 실제 운용 내용을 확인하는 것을 말한다.

효과성 심사는 구축한 안전보건경영시스템의 실시 결과가 ISO 45001 요구사항의 기대에 합치하고 적절하게 성과가 달성되고 있는가를 확인하는 것을 말한다. 결국 안전 보건 활동의 체제 및 운용과 성과에 중점을 두고 심사를 수행한다. 따라서 심사의 목적은 다음과 같다.

(1) 적합성 심사로 안전보건경영시스템이 조직 자체가 규정한 요구사항 및 ISO 45001 요구사항이 조직의 경영시스템에 적합하게 되어 있는가?
(2) 효과성 심사로 안전보건경영시스템이 유효하게 실행되어 유지되고 있는가?

3. 내부 심사체제 수립하기

내부 심사체제는 일반적으로 내부 심사를 실시하는 책임을 가진 내부 심사 주관 부서 및 실무 책임자가 배정한 내부 심사팀의 구성에 의해 이루어진다.

1) 내부 심사 주관 부서 및 실무 책임자의 역할

(1) 내부 심사 계획서 작성, 내부 심사 실시, 보고 및 후속 조치 주관

(2) 내부 심사원 선정, 육성 및 평가

(3) 내부 심사 관련 문서 및 기록의 유지 및 관리

(4) 내부 심사 결과 경영자 보고 및 경영 검토 자료 활용

(5) 심사팀의 구성

2) 내부 심사팀장의 역할

(1) 심사원 역할 및 내부 심사 계획서 작성 지원

(2) 심사원이 작성한 내부 심사 체크리스트 검토

(3) 심사팀의 지휘 통솔 및 심사 관련 회의 주관

(4) 심사 중 문제 내용을 판정, 조정

(5) 심사 결과 보고서 작성, 보고 및 필요시 시정조치 이행 내용 확인

3) 피심사 부서장의 역할

(1) 효율적인 심사 수행을 위한 내부 심사 수감 준비 및 수감

(2) 심사원 요구시 심사 관련 자료의 제공

(3) 심사 결과 지적 사항에 대한 시정조치 대책 수립 및 시정조치 이행

4. 내부 심사원의 적격성 및 선정

1) 내부 심사원 양성하기

안전보건경영시스템을 도입하고 운용을 시작할 때 내부 심사원 교육이 필요하다. 최초로 내부 심사원을 양성할 경우 사외 내부 심사원 교육 연수에 참가하여 내부 심사의 목적 · 심사 방법 · 심사원의 역할을 학습한 후 적격성을 평가한다. 조직 안에 다른 경영시스템(ISO 9001, ISO 14001 등)이 이미 도입되어 내부 심사원의 사내 자격을 보유하고 있는 경우는 ISO 45001의 요구사항 이해 및 안전 보건에 대한 지식 등을 추가하여 학습하면 가능하다.

2) 내부 심사원의 적격성 관리하기

내부 심사원에 대한 적격성 기준은 조직이 자체적으로 결정하면 된다. 적격성 기준을 정하는 요소에는 학력, 내부 심사원 교육, 회사 업무 경력 등을 기초로 하여 적격성 평가 기준 설정, 적절한 평가 방법 선정, 평가 실시, 심사원 역량 유지 및 향상 등을 해당 절차서에 규정하고, 이에 따라 적격성을 평가한 후 적격성이 부여된 내부 심사원에게 심사 업무를 배정한다.

3) 내부 심사원의 적격성

내부 심사를 적절하고 효과적으로 수행하려면 내부 심사원의 적격성이 매우 중요한 요소이다. 내부 심사원이 보유해야 할 필요한 지식, 기술, 개인적 특질의 적격성은 다음과 같다.

[표 4-80] 내부 심사원 적격성 기준

구분	역량 내용
지식	① 내부 심사의 체제(역할 · 책임 및 권한) ② 내부 심사의 절차 및 수행 방법에 대한 지식 ③ 내부 심사 도구(기법)에 대한 지식 ④ ISO 45001 요구사항에 대한 지식 ⑤ 자사의 안전보건경영시스템에 대한 지식
기술	① 피심사자에게 수행하는 인터뷰 방법 ② 기록이나 실시 상황 확인 시 필요한 객관적 증거의 판단 능력 ③ 지적 사항의 보고서 작성에 필요한 보고 문서 작성 스킬
개인적 특질	윤리적, 외교적, 관찰력, 적응성, 결단력, 독립성, 협동성, 개선력 등

4) 내부 심사원 선정하기

내부 심사원의 선정 및 실시에 대해 ISO 45001에서 심사 프로그램의 객관성과 공평성을 확실히 할 것을 요구하고 있어 내부 심사원 선정 시에 심사의 독립성과 공평성을 확보하기 위해 심사 대상 부서 외의 부서에서 선임한다.

내부 심사원의 주요 직무에 대해서는 내부 심사 실무책임자가 배정한 피심사 부문의 내부 심사 준비, 심사 일정표 작성, 피심사 부서와의 심사 일정 합의, 심사 실시, 심사 보고서 및 부적합 보고서 작성, 내부 심사 책임자에게 심사 결과 보고 등이 있다.

5. 내부 심사 프로그램 수립하기

내부 심사 프로그램이란, 심사를 계획하고 실시하기 위해 필요한 모든 활동을 포함한 내부 심사 실시 요령 및 방법으로, 내부 심사에 대한 운용 요령이다. 이 요령은 내부 심사 규정 및 절차서 또는 내부 심사 실시 요령으로 작성하면 된다. 내부 심사 프로그램에는 다음의 사항을 포함한다.

(1) 심사 주기, 심사 방법, 책임 · 역할, 협의 및 보고를 포함한 심사 계획 수립
(2) 심사 대상이 되는 프로세스의 중요성과 이전 심사 결과를 근거하여 내부 심사 계획 및 심사 일정 수립
(3) 내부 심사를 계획하고 실시하기 위한 심사 방법의 확립
(4) 내부 심사 프로세스의 객관성 및 공평성을 보장하기 위한 심사원의 역할 및 책임 부여
(5) 심사 기준, 심사 범위(장소, 조직 단위, 프로세스 및 활동)
(6) 심사 결과의 경영자 보고, 근로자 대표 및 이해관계자 보고
(7) 부적합, 시정조치 및 유효성 확인
(8) 심사 프로그램 및 심사 결과의 증거로서 기록의 보유

6. 내부 심사 프로세스

내부 심사 전 과정은 [그림 4-34]와 같은 내부 심사 프로세스로 수행된다.

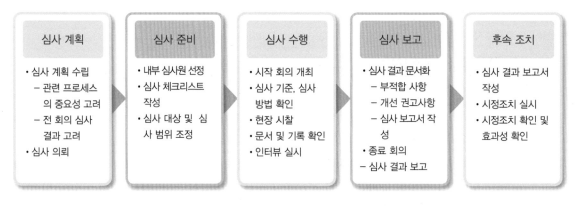

[그림 4-34] 내부 심사 프로세스

1) 심사 계획 수립

(1) 연간 심사 계획 작성하기

연간 내부 심사 계획은 어느 부문에 무엇을 심사할 것인가를 정하는 것으로, 반드시 수립해야 하는 것은 아니지만, 연간 심사 계획서를 수립하는 것이 바람직하다. 내부 심사 주관 부서는 매년 말에 차기 연도 내부 심사 계획을 수립한다.

(2) 내부 심사 실시 계획 수립하기

가) 내부 심사 주관 부서는 심사 프로그램에 따라 다음의 사항을 포함하여 심사 실시 계획을 작성한다.

- 내부 심사원 배정 및 심사 방법
- 부서별 세부 심사 일정, 시간 및 부서별 심사 항목
- 프로세스 중요성(리스크가 높은 활동, 신설비 도입 등) 및
- 이전의 심사 결과(이전 심사에서 부적합이 발견된 부서 등) 반영

나) 내부 심사 주관 부서는 심사 계획이 작성되면 내부 심사원이 배정된다. 배정된 내부 심사원은 피심사 부서의 절차서 입수와 이해, 근거가 되는 증거 파악, 내부 심사 체크리스트 작성, 부서별 세부 일정표를 작성한다.

다) 피심사 부문의 일정 통보

내부 심사 주관 부서는 심사 목적, 대상 피심사 부서의 일정, 담당 내부 심사원, 심사 방법, 의뢰 사항을 사전에 동의하기 위해 심사 수행 전에 피심사 부서의 세부 일정표를 작성하여 통보한다.

2) 심사 준비

(1) 심사 준비 사항

ISO19011은 다음의 사항을 심사 준비할 것을 규정하고 있다.

가) 심사에 대비한 문서 검토를 실행하는 것
나) 심사 계획을 작성하는 것
다) 심사팀의 심사 업무를 할당(배분)하는 것
라) 심사 관련 작업 문서를 작성하는 것

여기서 작업 문서란, 체크리스트나 심사 샘플링 계획 근거, 심사 소견, 회의록 등의 정보를 기록하기 위한 양식을 의미한다. 따라서 내부 심사원은 효과적인 내부 심사를 수행하기 위해 내부 심사 전에 피심사 부서의 조직 및 안전 보건체제, 안전 보건 목표 및 실행 계획, 안전 보건 매뉴얼, 개별 규정 및 절차서, 안전 보건 활동 실적, 사고 보고서, 전회 심사 결과 보고서, 개선 계획 및 진척 상황 등의 정보를 입수하여 확인할 필요가 있다. 이것은 피심사 부서의 안전보건경영시스템에 대한 주요 업무와 심사 대상 업무를 이해하는 것이 중요하다. 또한 이러한 정보를 근거하여 내부 심사 체크리스트를 작성하면 된다.

(2) 내부 심사 체크리스트 작성하기

내부 심사 체크리스트란, 피심사 부서의 내부 심사 대상에 대한 심사 포인트를 총괄적으로 나타낸 문서이다. 따라서 심사의 효과성과 효율성 및 심사의 질 향상 유지를 실현하기 위한 중요한 도구이다. 심사 체크리스트는 다음과 같은 효과가 있다.

가) 심사의 시간 배분 및 심사의 연속성 유지
나) 심사 항목의 누락 방지와 인터뷰 순서 설정
다) 심사원 편견과 심사 업무 부하 감소
라) 심사 중에 내부 체크리스트의 수행 내용 증거

또한 심사 항목 정리 및 심사 체크리스트를 작성할 때는 다음의 사항을 고려하여 심사자에게 제공되는 정보는 될 수 있도록 구체적이고 간결하게 작성하고 부서별로 심사 체크리스트를 작성하는 것이 바람직하다.

(1) 심사 대상 업무 프로세스 파악
(2) 대상 업무 중요도 판단 및 최근 사고 이슈
(3) 문서와 기록 검토
(4) 성과 조사 및 평가 내용
(5) 이전 심사 정보, 기타 정보 검토
(6) 심사 순서에 맞추어 심사 항목 정리

내부 심사 체크리스트의 작성이 완료되면, 심사팀장은 체크리스트의 내용이 내부 심사 대상 부서의 안전 보건 업무 활동에 적절하게 작성되었는지, 누락 사항은 없는지 등을 검토한다. 검토 결과에 따라 보완 후 필요시 피심사 부서에 체크리스트를 배포하여 심사 준비에 참고할 수 있도록 한다.

(3) 내부 심사 체크리스트 이용 시 유의점

내부 심사 체크리스트는 피심사 부서에 대한 내부 심사 포인트를 정리한 것만 있기 때문에 점검 항목 이외의 질문도 존재한다. 즉, 내부 심사 체크리스트를 충족하는 심사만 수행하게 되면 효과적인 내부 심사를 실현할 수 없다. 따라서 적합성 여부를 판단하여 그 절차의 효과성 여부에는 한계가 있다는 것을 이해하고 이용하는 것이 중요하다.

내부 심사 체크리스트는 어디까지나 도구로서 이용하고 아울러 내부 심사 종료 후에 심사 결과에서 확인된 심사 체크리스트에 포함할 추가 항목을 기입하여 항상 유지하는 것이 심사 향상을 위해 유익하다.

7. 심사 수행하기

1) 내부 심사 수행 프로세스

내부 심사 수행 프로세스는 [그림 4-35]와 같이 실시한다.

[그림 4-35] 내부 심사 프로세스

2) 심사 시작 회의(사전 회의)

심사팀장은 내부 심사원, 경영진 및 피심사 부서장의 참석하에 다음의 사항을 설명하기 위해 심사 수행 전에 심사 시작 회의를 실시할 수 있다. 시작 회의는 조직의 부서장을 포함한 조직원에게 내부 심사를 실시한다는 사실을 전달하는 좋은 기회가 될 것이다.

(1) 경영진을 포함한 참석자에게 심사원 배정
(2) 심사 목적 및 심사 기준 설명
(3) 심사 범위 및 심사 대상
(4) 심사 수행 과정 및 방법 설명
(5) 심사 일정 계획 설명 및 필요 사항 요청 등
(6) 심사 결과 보고 방법 설명

3) 내부 심사 수행

내부 심사 실시는 '시스템 심사'와 '현장 심사'로 나누어 심사를 수행하면 효과적이다. 시스템 심사는 조직 전체의 체제가 계획대로 이루어지고 있는지에 대해 해당 조직의 리스크 평가, 방침 및 목표, 문서류, 안전 보건 활동 실적, 사고 보고서, 기록류, 전회 심사 보고서 등을 확인한다. 그리고 현장 심사는 조직의 현장에서 계획대로 시행되고 있는지에 대해 작업 현장에서 실시하는 심사이다. 작업 현장에서 수행하는 활동의 관찰 대상으로 다음과 같은 것을 확인해야 한다.

(1) 현장에서 리스크 평가가 실행되는가?
(2) 리스크 감소 조치가 실시되는가?
(3) 안전 보건 기준이 준수되는가?
(4) 실제 실시하는 절차가 매뉴얼이나 절차서에 규정된 대로 절차가 진행되는가?
(5) 기록이 지정된 장소 또는 규정된 방법으로 보존되는가?
(6) 현장 상황은 어떠한가? (개인 동선, 위험한 작업, 설비의 안전 보호 대책 상황 등)

4) 내부 심사 정보 수집

내부 심사원은 내부 심사 실시 계획에 따라 준비한 내부 심사 체크시트를 사용하여 담당 부서별로 심사를 수행한다. 그리고 심사 목적을 달성하기 위해 정보 수집을 위해 피심사자와 면담하는 인터뷰, 피심사자가 작업 현장에서 이행하는 상황이나 활동의 관찰 및 문서나 기록의 확인 등을 수행한다.

내부 심사원은 실제 정보에 근거하여 객관성과 효율성에 대해서 확신하고 판단하는 활동이다. 내부 심사에서는 안전 보건 방침, 안전 보건 매뉴얼, 개별 규정 및 절차서, 각 부문 및 계층별 안전 보건 목표 달성의 실행 계획 및 교육 계획 등의 정보가 기대된다. ISO19011 부속서에서 예시하는 다음의 아홉 가지 정보에서 기대되는 정보를 얻을 수 있다.

(1) 근로자 및 기타 인원과의 면담 결과로 얻는 정보
(2) 활동 · 주변의 작업 환경이나 작업 조건의 관찰에서 얻는 정보
(3) 방침, 목표, 계획, 절차, 사양, 도면 등 문서에서 얻는 정보
(4) 안전 점검 · 심사 보고서 등 기록 및 측정 결과의 기록에서 얻는 정보
(5) 데이터 요약 및 분석, 성과 지표에서 얻는 정보
(6) 샘플링 계획에 대한 정보, 프로세스를 관리하기 위한 절차에 대한 정보
(7) 기타 출처에서 얻는 정보(고객 정보 등 외부 이해관계자 정보)
(8) 데이터베이스 및 웹사이트 정보
(9) 시뮬레이션 및 모형에서 얻은 정보

5) 인터뷰의 기본 요건

내부 심사에서 인터뷰의 포인트는 상대가 답변하기 쉬운 환경을 조성하고 질문의 요점을 정리하여 의도한 답변을 얻을 수 있도록 질문하는 것이다. 다음의 순서에 따라 인터뷰를 수행하

면 바람직하다.

(1) 담당자가 실시하는 절차가 정해져 있는가?
(2) 담당자는 절차를 이해하고 있는가?
(3) 실제 업무는 정해진 절차에 따라 수행하고 있는가?
(4) 정해진 절차 자체는 유효성 등의 문제가 있는가?

심사 중 심사원은 해당 요구사항에 부합하는지를 결정하기 위해 객관적인 증거를 확인 및 확보해야 한다. 부적합 사항이 발견되었을 때 심사원은 동일하거나 유사한 부적합 사항이 있는지 조사해야 한다. 그리고 심사 수행 시 확인한 결과를 내부 심사 체크시트에 기록해 두는 것이 좋다. 심사 기법을 포함한 심사 수행에 대한 상세한 내용은 외부 교육기관에서 실시하는 안전 보건 내부 심사원 과정 등의 교육 과정에 참여하여 습득할 수 있다.

6) 심사 종료 회의

심사팀장은 심사 완료 후 심사팀 회의를 소집하여 심사 중 발견된 부적합 사항 및 개선 사항을 포함한 내부 심사 결과를 최종 검토 및 요약 정리한다. 그리고 대표이사, 경영층, 피심사 부서장 및 심사원이 참석하여 심사 종료 회의를 실시하고 종료 회의 시에는 다음의 사항을 다루어야 한다.

(1) 심사 결과 총평
(2) 심사 시 발견된 부서별 부적합 사항 및 개선 권고 사항 보고
(3) 부적합 사항에 대한 시정조치 방법 및 시정조치 기한 등

7) 심사 결과 보고

내부 심사 완료 후 작성하는 심사 보고서에는 일반적으로 '심사 결과 보고서', '부적합 보고서', '개선 권고 보고서'가 있다.

(1) 부적합 보고서

심사 수행 중 발견된 부적합 사항에 대해 부적합 보고서를 지적 사항별로 작성하고 피심사 부서장의 동의 서명을 받는 것이 일반적이다. 부적합 보고서에는 심사일자, 부적합 발견 장소, 심사자 및 피심사자, 부적합 구분(중부적합 또는 경부적합), 지적 사항 및 객관적 내용이다. 여기서 부적합 사항이란, 규정된 요구사항을 충족시키지 못하는 사항으로, 부적합의 정

도에 따라 '중부적합'과 '경부적합'으로 구분한다([표 4-81]).

[표 4-81] 중부적합과 경부적합 구분

구분	내용	
규정된 요구사항	• KS Q ISO 45001 요구사항 • 관계 법령 및 기타 요구사항	• 회사 자체 규정 사항 • 이해관계자의 요구사항
중부적합	• 표준 요구사항이 충족하지 못하여 시스템의 부재 또는 전반적인 붕괴 • 동일한 요구사항에 대해 다수의 경부적합은 시스템의 부실로 나타나므로 중부적합으로 간주함	
경부적합	• KS Q ISO 45001 요구사항 및 관련 절차에서 하나의 요구사항을 충족시키지 못한 경우 • KS Q ISO 45001 요구사항 및 관련 절차가 준수되고 있으나 일부 실행이 미흡한 경우	

(2) 개선 권고 보고서

심사 수행 중 발견된 사항 중에서 부적합은 아니지만, 개선해야 할 다음과 같은 사항을 발견하면 개선 권고사항으로 개선 권고 보고서를 작성한다.

가) 부적합이라고 심증은 있지만 객관적 증거가 없는 경우

나) 현재는 부적합이 아니지만 차후 부적합으로 전개될 우려가 있는 사항

다) 회사 표준대로 시행되고 있지만 업무가 비효율적이거나 불합리하다고 판단되는 경우

라) 안전 보건 성과 개선이나 효율성 측면에서 개선이 필요한 사항

마) 그 밖의 시스템의 개선이 필요한 사항

(3) 심사 결과 보고서

심사 결과 보고서는 심사 완료 후 심사 결론을 포함한 다음 사항이 기록되어 최고경영자에게 보고해야 할 문서이다. 이 보고서는 조직에 따라 품의서의 형태, 정해진 보고서의 형태 등 다양한 형태로 작성되고, 다음의 내용이 포함되어야 한다.

가) 심사 목적, 심사 범위 및 기준, 심사일자 및 심사 대상 부서

나) 심사팀장 및 심사원

다) 심사 결론 요약 및 조직별 지적 건수

라) 심사 의견(긍정적 사항, 부적합 사항, 개선 권고사항)

마) 후속 조치 기획 등 기타 특기 사항

바) 시정조치 요구서 및 개선 권고 보고서 첨부

(4) 심사 결과 의사소통하기

부적합 보고서와 개선 권고 보고서를 포함한 심사 결과 보고서는 각 해당 부서에 배포하고

산업안전보건위원회 및 근로자 대표와 이해관계자에게 보고한다. 또한 부적합 사항 및 개선 권고사항에 대해 시정조치를 하도록 해당 부서에 통보한다.

8. 후속 조치

부적합에 대한 시정조치 프로세스는 [그림 4-36]과 같다. 후속 조치의 내용은 다음과 같이 실시하고 권고사항도 시정조치하는 것이 바람직하다.

[그림 4-36] 시정조치 프로세스

1) 시정조치 실시하기

시정조치 책임 부서장은 부적합 및 개선 사항에 대해 시정조치 보고서나 개선권고보고서 등의 시정조치를 요구받으면 부적합 사항에 대해 해당 부적합을 시정하고 부적합의 근본 원인을 파악하여 재발 방지 대책을 수립하여 조치한다. 그리고 필요에 따라 부서에서 동일하거나 유사한 부적합 유무를 파악하여 시정해야 한다. 또한 시정조치 요구서에 명시된 기한 안에 완료해야 한다. 개선 권고사항도 부적합 방지 및 업무의 효율성을 감안하여 시정조치하는 것이 필요하다.

2) 시정조치 결과 확인하기

내부 심사 주관 부서 또는 내부 심사원은 부적합에 대한 시정조치가 완료되었는지 확인하고 확인 결과를 기록해야 한다. 그리고 시정조치 결과를 확인하여 시정조치 내용이 부적절한 경우에는 재시정조치 요구를 해야 한다.

내부 심사 주관 부서나 심사원은 시정조치사항에 대해 부적합의 중요성을 고려하여 유효성 확인의 시기와 방법을 정해서 실시한다. 시기는 차기심사나 임시 일정 계획에 따라 효과성을 확인하고 해당 결과를 기록해야 한다. 확인 방법은 조치 결과의 보고서를 확인하고 필요시 피심사 부서를 방문하여 조치 보고서의 실제 개선 상황을 확인한다. 심사 시 발견된 모든 부적합 사항의 시정조치에 대한 확인이 완료되면 내부 심사가 종료된다. 내부 심사 주관 부서장은 내부 심사 결과를 경영 검토 입력 자료로 활용할 수 있도록 경영 검토 주관 부서에 전달해야 한다.

16 경영 검토

경영 검토는 최고경영자가 조직의 안전보건경영시스템의 지속적인 적절성 및 충족성, 효과성을 보장하고 안전 보건을 항상 최적의 상태로 유지하기 위한 주요 요소이다. 따라서 확인해야 할 경영시스템의 지속적인 적절성 및 충족성, 효과성의 세 가지 착안점을 근거로 경영 검토가 실시되어 최고경영자로부터 적절하게 출력되는 방식으로 필요한 관련 조치를 취해야 한다.

[표 4-82] 안전 보건을 항상 최적의 상태로 유지하기 위한 주요 요소

구분	내용
적절성	안전보건경영시스템이 조직, 조직 운용, 문화 및 사업 시스템에 어떻게 적합한지 확인하는 것이다.
충족성	안전보건경영시스템이 적절하게 실행되고 있는지 확인하는 것이다.
효과성	안전보건경영시스템이 의도한 결과를 달성하는지 확인하는 것이다.

최고경영자는 안전 및 보건 확보 의무를 중대재해법에 의해 실질적인 책임이 부여되어 이에 대한 책임을 져야 한다. 따라서 중대재해 및 산업재해 방지를 위한 경영 검토를 수행하여 문제점을 도출하고 개선이 필요한 사항은 반드시 조치해야 한다. 특히 중대재해법 제4조(사업주와 경영책임자 등의 안전 및 보건 확보 의무) 및 제5조(도급, 용역, 위탁 등 관계에서의 안전 및 보건 확보 의무)의 다음 안전 및 보건 확보 의무 사항에 대한 검토를 강화하는 것이 중요하다.

[표 4-83] 안전 및 보건 확보 의무에 대한 검토사항

1. 재해 예방에 필요한 인력 및 예산 등 안전 보건 관리체제 조치
2. 재해 발생 시 재발 방지 대책 수립 및 그 이행에 대한 조치
3. 중앙행정기관 및 지방자치단체가 관계 법령에 따라 개선, 시정 등을 명한 사항의 이행에 대한 조치
4. 안전보건관계법령에 따른 의무 이행에 필요한 관리상의 조치

최고경영자는 개선 의지와 실천력을 가지고 안전 보건 방침, 목표 및 안전 보건의 요소에 대한 변경이 필요한지를 결정하고 필요한 관련 조치를 취하는 것이 핵심 요소이다. 경영 검토를 실시할 때는 조직에서 정한 품질 및 환경경영시스템의 경영 검토 절차와 동일한 절차에 따라 실시할 수 있다. 여기에서는 일반적인 경영 검토 절차 및 방법에 대한 사례이다.

1. 일반 사항

1) 경영 검토 실시 주기

ISO 45001에서는 경영 검토 주기를 규정하고 있지는 않지만, 경영 검토의 개최 주기 및 시기를 규정해야 한다. 대부분의 조직에서 내부 심사 주기와 동일하게 주기를 정하여 실시하고 있는데, 년 1회 이상 경영 검토를 실시하는 것이 일반적이다. 시스템 구축 초기에는 매년 2회 실시하는 것도 필요하다.

경영 검토 입력 사항은 ISO 45001 부속서 A.9.3에 언급한 내용을 고려하여 효과 있는 경영 검토를 위해 9.3(경영 검토)의 입력 사항인 (a)~(g)에 대해 전부 동시에 다루어야 할 필요는 없다. 대신 조직이 입력 항목에 대해 다루는 시기와 방법을 결정하여 경영 검토 규정 등에 규정하고 운용하면 된다. 다만 최초 인증 심사에는 (a)~(g)를 동시에 모두 검토하는 것이 바람직하다.

2) 경영 검토 방법

최고경영자의 주관하에 안전 보건을 주관하는 안전보건부서장이나 책임 부서장이 준비한 경영 검토 자료를 이용하여 안전 보건 관리 책임자를 포함한 관련 부서장이 참여하는 경영회의와 간부회의 및 산업안전보건위원회 등 회의체 등 검토 회의를 통해 경영 검토하는 것이 일반적이다.

2. 경영 검토 수행과 관련된 책임과 권한

1) 최고경영자

- 경영 검토 계획 승인 및 실행
- 검토 사항에 대한 최종 의사 결정

2) 안전 보건 운용 책임자 및 안전보건부서장

- 경영 검토 계획 수립 및 자료 취합
- 경영 검토 결과 보고서 작성 및 최고경영자에게 보고
- 경영 검토 결과에 따른 개선 · 시정조치 요구 및 결과 확인

3) 관련 부서장

- 해당 경영 검토의 자료 작성 및 제출

• 경영 검토 결과에 따른 개선 또는 시정조치 결과 통보

3. 경영 검토 준비하기

1) 검토 기초 정보 수집 및 분석하기

경영 검토 주관 부서장은 다음의 입력 사항에 대해 경영 검토를 위한 기초 자료를 각 관련 부서에 요청하여 관련 부서로부터 자료를 접수 및 취합, 분석한 후 경영 검토 입력 자료를 준비한다.

(1) 이전 경영 검토에 따른 조치의 상태
(2) 다음의 사항을 포함한 안전보건경영시스템과 관련된 외부 이슈 및 내부 이슈의 변경
   • 이해관계자의 니즈와 기대
   • 법적 요구사항 및 기타 요구사항
   • 리스크와 기회
(3) 안전 보건 방침과 목표의 충족된 정도(목표의 달성도)
(4) 다음의 경향을 포함한 안전 보건 성과에 대한 정보
   • 사건, 부적합, 시정조치 및 지속적 개선
   • 모니터링 및 측정 결과
   • 법적 요구사항 및 기타 요구사항의 준수 평가 결과
   • 심사 결과
   • 근로자의 협의 및 참여
   • 리스크와 기회
(5) 효과적인 안전보건경영시스템을 유지하기 위한 자원의 충족성
(6) 이해관계자와 관련된 의사소통
(7) 지속적 개선을 위한 기회

추가로 중대재해법 4조(사업주와 경영책임자 등의 안전 및 보건 확보 의무) 및 제5조(도급, 용역, 위탁 등의 관계에서 안전 및 보건 확보 의무)의 의무 조치사항도 준비하는 것이 바람직하다.

2) 경영 검토 안건 준비하기

경영 검토 주관 부서장은 각 부서로부터 입수한 기초 자료에 대해 부적합 사항의 발생 추이,

사건 조사 결과, 안전 보건의 관리책 및 개선 채택 건수의 추이 등의 통계적 데이터 형식으로 분석하여 회의 안건을 준비하는 것이 중요하다. 전반적으로 안전보건경영시스템의 현상은 어떠하고, 무엇을 개선하면 바람직한가에 대한 관리 책임자 및 관련 부서장의 의견이나 소감 등을 요약한 내용을 추가하여 보고해야 한다.

경영 검토 안건이 정리되면 경영 검토 안건, 검토 일자 및 장소 등을 참석자에게 통보하여 경영 검토 회의 참석자가 검토 회의를 실시하기 전에 검토 안건을 충분히 검토한 후 관련 문제점에 대한 현황, 조치 대책 및 일정 등을 검토할 때 제시할 수 있어야 한다.

4. 경영 검토 실시하기

(1) 경영 검토 주관 부서장은 회의체 등을 활용하여 검토 순서 및 방법을 최고경영자를 포함한 부서장에게 설명하고 사전에 준비된 안건별로 회의를 진행한다.

(2) 아웃풋(출력)은 경영자에게 요구되는 중요한 역할이다. 다음과 같은 출력 사항을 결정하여 지시 사항으로 조치해야 한다.

가) 안전보건경영시스템의 지속적인 적절성 및 타당성, 효과성에 대한 평가 결론

나) 지속적 개선의 기회로서 단기 및 중장기 관점에서 조치해야 할 사항

다) 안전보건경영시스템의 변경 필요성으로 매뉴얼, 규정 및 절차서, 지침서 개정의 필요성에 대한 평가

라) 기타 비즈니스 프로세스와 통합체제를 개선할 기회로서 안전보건경영시스템이 비즈니스 프로세스와 일체화할 수 있는지에 대한 필요성 평가

마) 필요한 자원은 인적 및 물적 자원의 필요성 검토

바) 필요한 경우 목표 미달 시 등 필요한 조치

사) 조직의 전략적 방향에 대한 모든 영향으로서 조직의 사업 전략에 관계된 이슈가 있으면 그것에 대한 명확한 의사 결정

5. 경영 검토 결과 보고하기

경영 검토에서 안전보건경영시스템의 의도한 결과를 달성할 수 없는 경우에는 효과성이 결여된 상태로 판단된다. 특히 안전보건경영시스템의 변경 필요성, 자원의 필요성, 필요한 조치 등을 결

정하여 조치를 취하는 것이 필요하다. 경영 검토 주관 부서장은 경영 검토 실시 후 최고경영자의 지시 사항을 정리하여 검토 항목별 해결 또는 개선책을 포함한 결정 사항, 결정 사항의 조치 책임자, 조치 방안 등의 경영 검토 결과를 보고한다.

6. 후속 조치

(1) 주관 부서장은 경영 검토 보고서를 해당 부서에 배포하여 해당 부서장에게 검토 결과에 따른 시정조치 또는 개선을 요구한다. 해당 부서장은 정해진 일정에 따라 시정조치 또는 개선을 실시해야 하고 그 조치 결과를 주관 부서에 통보한다.

(2) 주관 부서장은 각 해당 부서장에서 실시된 시정 또는 개선 조치 결과의 효과성을 확인한 후 최고경영자에게 보고하고 개선 조치한 결과는 차기 경영 검토 시 입력 자료로 활용한다.

(3) 경영 검토 출력 사항은 안전 보건 목표에 반영되어 안전보건경영시스템 개선에 활용해야 한다.

7. 아웃풋(출력) 사항 전달하기

주관 부서장은 경영 검토 출력 사항을 근로자 및 관련 이해관계자에게 전달하여 의사소통한다. 그리고 출력 사항은 안전보건위원회 및 안전보건회의 등에 공개하여 소통해야 한다.

8. 문서화된 정보 관리하기

경영 검토 결과의 입력 사항, 출력 사항 및 개선 사항과 전달 사항 등의 문서화 정보는 경영 검토 결과의 증거로 기록을 보유해야 한다.

제5장
ISO 45001
인증 취득하기

인증 취득의
기반 조성

1. 인증 취득 필요성

안전보건경영시스템의 목적은 인간 존중의 이념을 근거하여 산업활동에서 초래하는 위험성을 배제하고, 산업재해와 사고를 방지하며, 기술 변화 등에 의한 새로운 유형의 위험 발생을 제거하여 근로자 및 이해관계자가 건강하고 쾌적한 생활을 영위할 수 있도록 하는 것이다. 이러한 목적을 달성하기 위한 기본은 조직이 국제 표준인 안전보건경영시스템을 도입 및 구축하여 안전 보건을 표준화하고 ISO 45001 인증을 받아 자율적인 안전 보건 활동을 확립하는 것이다. 아울러 스스로 책임을 가지고 산업재해와 사고의 미연 방지를 도모하고 안전 문화의 기반을 구축해 가는 것이 필요하다.

ISO 45001 인증을 취득하면 산업재해를 예방하고, 쾌적한 작업 환경을 조성해서 산업 및 기업의 규모와 무관하게 재해 및 건강상 장해를 크게 낮출 수 있으며, 법적 및 규제 요구사항을 충족시킬 수 있다. 동시에 임직원들의 신뢰를 얻을 수 있을 뿐만 아니라 고객 및 대외 기관으로부터 안전 보건에 대한 객관적인 신뢰성을 확보하고, 우호적인 평판을 얻을 수 있으며, 대외적인 경쟁력을 확보하여 공신력을 얻을 수 있다. 따라서 안전보건경영시스템을 도입 구축 및 운용하여 ISO 45001 인증을 취득한 조직은 안전보건경영시스템의 지속적 개선과 사후 관리를 통해 다음과 같은 인증 효과를 기대할 수 있다.

1) 조직의 자율적 안전보건관리시스템 구축 및 지속적 이행
2) 법적 및 규제 요구사항의 법규준수관리시스템 구축
3) 유해 위험요인 제거와 리스크 감소 및 최소화 등 위험 관리체계 구축
4) 이해관계자의 공신력 확보와 대외 이미지 및 신뢰성 향상
5) 재해 대응 및 재해재발방지시스템 구축
6) 도급사업의 안전 보건 관리체제 기반 강화
7) 전원 참가의 안전보건경영시스템 참여로 노사관계 안정화
8) 현장의 재해 예방과 작업 환경 개선으로 재해율 감소와 생산성 향상
9) 안전 보건 부문의 무역장벽 해소로 수출 경쟁력 증대
10) 글로벌 수준의 안전보건경영시스템과 안전 보건 수준 향상

인증 취득과 지속적 사후 관리를 통해 근로자의 안전 보건 의식이 높아지고 인식을 강화하는 기회가 되어 안전 문화의 조성에도 크게 도움이 될 것이다.

2. 인증 취득의 준비

ISO 45001 표준 요구사항을 근거하여 안전보건경영시스템의 인증 취득을 실현하기 위한 기본 요소는 ISO 45001의 표준 요구사항 이해이다. PDCA 관리 사이클과 리스크 기반 사고를 바탕으로 최고경영자의 안전 보건 방침, 안전 보건 목표 및 계획, 위험성 평가, 안전보건경영시스템의 구축 및 운용, 모니터링, 성과 관리, 내부 심사와 경영 검토 실시 등 다음의 사항을 충족하고 있는지를 인증기관으로부터 심사를 받는 것이다.

1) ISO 45001 표준에 적합하게 안전보건경영시스템을 구축하여 정해진 프로세스와 절차, 방법에 따라 실행 및 유지
2) 조직 자체가 필요한 것으로 구축한 프로세스 및 절차의 실행 및 유지
3) 안전 보건 관련 법령 및 기타 요구사항 등 법규 준수 관리
4) 고객 및 이해관계자의 요구사항 충족 및 이행
5) 경영 검토 및 내부 심사는 최소 1회 이상 수행한 실적

3. 안전보건경영시스템의 구축 및 운영

안전보건경영시스템을 구축할 때는 추진 조직 구성 및 시스템 운용 책임자를 선임하고 안전보건경영시스템의 추진팀을 중심으로 추진 계획을 수립하여 실시하는 경우가 많다. 그리고 각 부문에서 선임된 요원에 의해 태스크포스팀(TFT)을 구성해서 안전보건경영시스템의 도입 및 구축을 추진한다.

최초 단계에서는 제2장에서 소개한 ISO 45001 표준 요구사항을 추진 요원에게 사내 교육 및 외부 전문 교육기관에 참가하도록 하여 정확하게 이해시키는 것이다. 또한 전체 사원에게 ISO 45001 표준 요구사항의 기본 이해를 비롯해서 계층별 ISO45001 교육 훈련 과정을 교육 훈련 체계에 포함하여 인식시켜야 한다.

안전보건경영시스템 구축 작업은 제3장부터 제4장까지의 소개한 기반 조성 및 구축 실무 내용을 참조하여 안전보건경영시스템을 도입해 구축 및 내재화하는 작업을 실시한다.

2 인증 심사

1. 인증 심사의 종류

ISO 45001에 의거한 안전보건경영시스템에 대한 인증 심사는 다른 경영시스템과 동일하게 인증을 취득하기 위한 예비 심사, 최초 심사(1단계 심사, 2단계 심사)와 그 인증을 유지하기 위한 사후 심사 및 갱신 심사가 있다. 심사의 종류는 [표 5-1]과 같다.

[표 5-1] 인증 심사의 종류

종류	내용
예비 심사	신청 조직의 신청에 따라 1단계 심사 이전에 인증 준비에 대한 심사 전 평가를 통해 시스템의 개선 기회를 부여하기 위해 실시되는 심사(심사 수행되는 인증 등록 및 유지를 위한 인증 절차와는 무관하다.)
최초 심사	최초로 인증을 등록하기 위한 심사로서 제1단계 심사와 제2단계 심사로 실시하는 심사
확인 심사	부적합에 대한 시정조치 결과 및 이행 상태의 적합성을 신청 조직의 현장에서 확인하는 심사(부적합의 정도 및 서면으로 제출된 시정조치의 상태에 따라 심사원이 현장 확인이 필요하다고 판단될 경우에 시행한다.)
사후관리 심사	인증서를 발급받은 인증 조직이 인증 유효 기간 동안(인증서 발급 후 3년 동안) 인증 자격을 유지하기 위해 정기적으로 받아야 하는 심사(적어도 1년에 1회 이상의 사후관리 심사가 진행되어야 한다.)
갱신 심사	인증된 조직이 인증 자격을 계속 유지하기 위해 인증서 유효 기간(인증 등록 이후 3년)이 만료되기 전에 인증서를 갱신받으려고 할 경우에 받아야 하는 심사)
특별 심사	인증 조직이 중대한 사고나 법규 위반 등 중대한 사항이 발견되거나 인증 조직의 인증 범위 확대 및 축소의 변경과 경영시스템 중 중대한 영향을 미칠 수 있는 변경이 발생한 경우 받아야 하는 심사

2. 인증기관 선정

최초에 인증기관을 선정할 때 선정 원칙을 정하고 그 원칙에 따라 선정해야 한다. 인증기관 선정 시 고려해야 할 사항은 다음과 같다.

　　1) 조직의 인증 범위
　　2) 대외적인 신뢰도 및 인지도
　　3) 심사비 등 부대 비용을 포함한 심사 비용의 적정성
　　4) 그 밖의 인증 심사 절차, 국외 또는 국내 인증기관 여부 등

3. 인증 심사 프로세스

인증 심사 절차는 인증기관에 따라 약간 차이가 있지만, 일반적인 인증 심사 프로세스는 다음과 같다.

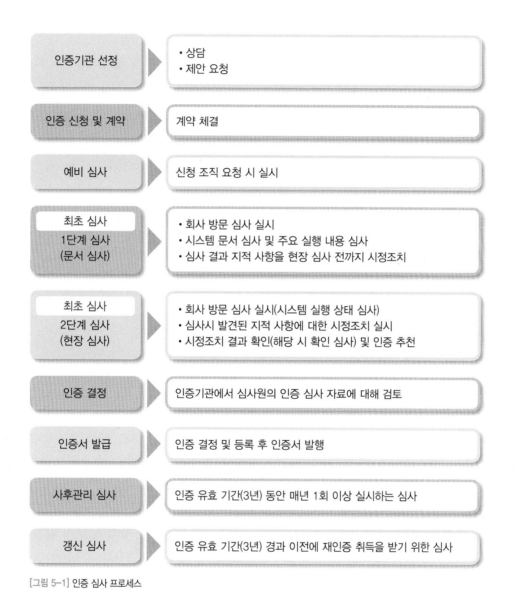

[그림 5-1] 인증 심사 프로세스

4. 최초 심사

최초 심사는 '1단계 심사(문서 심사)'와 '2단계 심사(현장 심사)'로 나누어 실시한다.

1) 1단계 심사

(1) 문서 심사 목적 및 심사 대상

2단계 심사 전에 안전보건경영시스템의 체계와 시스템 문서의 구축 상태를 확인하여 ISO 45001 요구사항에 적합한지를 결정하기 위해 문서 심사를 한다. 심사 항목은 인증기관에 따라 약간 차이가 있지만, 일반적으로 다음과 같다.

- 안전보건경영시스템의 적용 범위
- 안전 보건 방침 및 목표 관리
- 내부 심사 및 경영 검토 실시 상황
- 시스템 실행 프로그램이 2단계 심사로 진행할 수 있는 상태 확인
- 위험성 평가 결과
- 법령 관리 및 기타 요구사항 관리

(2) 1단계 심사 보고서 접수 및 후속 조치

1단계 심사가 완료된 후 심사원이 1단계 심사 보고서를 작성하고, 문서 심사 시 부적합이 발견된 경우 현장 심사(2단계 심사) 전까지 시정조치하도록 하여 확인한다.

2) 2단계 심사

2단계 심사는 안전보건경영시스템의 실시 상황 및 유효성을 확인하는 심사이다. 인증기관의 심사팀장이 작성하여 통보된 2단계 심사 계획서에 따라 심사하고 심사 수행 프로세스는 다음과 같다.

2단계 심사가 완료된 후 심사원이 2단계 심사 보고서를 작성한다. 현장 심사 시 발견된 부적합 사항에 대해서는 합의된 일정 내에 시정조치를 해야 하며, 경부적합의 경우는 시정조치 결과를 서면으로 제출하여 시정조치 결과에 대해 유효성을 확인한다. 중부적합의 경우에는 심사원이 회사의 현장을 재방문하여 시정조치 결과에 따른 실행 상태를 점검하는 확인 심사를 실시하게 되므로 추가 심사 비용이 발생한다.

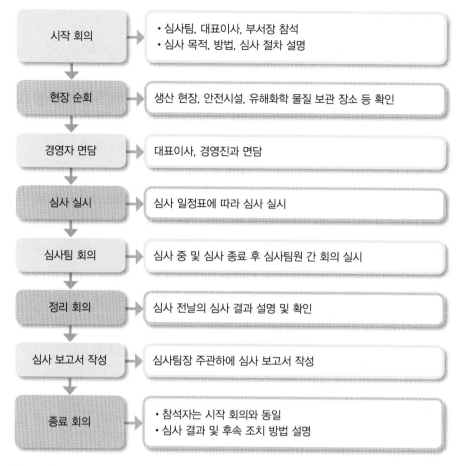

시작 회의	→	• 심사팀, 대표이사, 부서장 참석 • 심사 목적, 방법, 심사 절차 설명
현장 순회	→	생산 현장, 안전시설, 유해화학 물질 보관 장소 등 확인
경영자 면담	→	대표이사, 경영진과 면담
심사 실시	→	심사 일정표에 따라 심사 실시
심사팀 회의	→	심사 중 및 심사 종료 후 심사팀원 간 회의 실시
정리 회의	→	심사 전날의 심사 결과 설명 및 확인
심사 보고서 작성	→	심사팀장 주관하에 심사 보고서 작성
종료 회의	→	• 참석자는 시작 회의와 동일 • 심사 결과 및 후속 조치 방법 설명

[그림 5-2] 심사 수행 프로세스

3) 부적합과 개선 권고사항

심사 결과 지적사항은 부적합과 개선 권고사항으로 구분한다.

(1) 부적합

부적합은 고객의 인증대상시스템이 인증 심사 기준에서 정한 요건을 만족시키지 못하거나 구축된 시스템에서 정한 절차 및 방법대로 안전 보건 활동이 제대로 이행되지 않아 안전 및 보건에 직 · 간접적으로 부정적인 영향을 미칠 수 있는 사항으로, 경부적합과 중부적합으로 구분한다.

(2) 경부적합

경부적합은 조직의 방침과 목적을 달성하기 위한 경영시스템의 실패를 초래하지 않고, 심사 표준을 준수함에 있어서 단순한 누락 또는 부분적인 실수를 말한다.

가) 심사 표준과 관련된 조직의 경영시스템 중 일부분에서의 실패
나) 조직의 경영시스템의 한 요소를 준수함에 있어 관찰된 단 하나의 실수

(3) 중부적합

중부적합은 다음의 하나 또는 그 이상의 경우이다.

가) 표준 요구사항을 충족시키기 위한 전체적인 붕괴 또는 시스템의 부재이거나, 요구사항에 대한 다수의 경부적합은 시스템의 전체적인 붕괴를 나타낼 수 있어 중부적합으로 간주한다.
나) 중대재해법 및 산업안전보건 관련법령 등 관련법규와 규제의 요구사항의 위반사항이 발생한 경우(관리되고 있다는 증거가 없거나 관련 행정기관에 통지된 근거가 없을 경우)

(4) 개선 권고사항

개선 권고란, 적용 표준의 요구사항에는 위배되지 않으나 조직의 시스템과 실제 운용 내용에 차이가 있는 경우이다. 이것은 향후 부적합 사항으로 발전할 수 있는 요소로서 다음과 경우에 해당한다.

가) 조직의 경영시스템의 개선을 위하여 모순의 시정 또는 개선이 필요하다고 판단되는 경우
나) 부적합이라는 확실한 증거는 없으나 추후 심사 시 확인이 필요한 경우
다) 비효율적이라고 판단되어 개선이 필요한 경우

5. 사후관리 심사

사후 심사는 인증 취득 후 정기적으로 실시하는 심사로, 경영시스템이 지속적으로 유지 및 지속적으로 개선되고 있음을 확인하는 심사이다. 이 심사는 매년 1회 이상 심사를 실시해야 하는데, 심사 주기는 인증기관에 따라 다소 차이가 있어서 6개월~1년 주기로 사후 관리 심사를 받아야 한다. 단, 최초 심사 후 1차 사후 심사일자는 최초 심사 종료일 기준으로 12개월을 넘어서는 안

된다. 사후 심사의 범위에는 다음과 같은 사항이 포함된다.

1) 이전 심사에서 파악된 부적합 사항의 취해진 조치사항 검토
2) 내부 심사 및 경영 검토 결과와 조치
3) 지속적인 개선 목표 달성에 대한 계획된 활동의 진척 사항
4) 조직의 목표 달성 및 경영시스템이 의도한 결과의 달성에 대한 경영시스템의 유효성
5) 지속적 운용 관리
6) 변경된 경우 변경 사항 검토
7) 인증 마크 사용 또는 인증에 대한 인용

6. 갱신 심사

ISO 45001의 인증 등록 유효 기간은 3년으로 되어 있다. 따라서 인증 등록을 갱신하는 경우 3년에 한 번 갱신 심사를 받으면 인증 취득 후 3년이 경과하기 전에 갱신 심사를 실시하고 최초 인증 심사 절차에 준하여 인증 심사가 진행된다.

갱신 심사는 경영시스템 표준 또는 기타 기존 문서의 모든 요구사항을 평가하기 위해 심사 계획을 수립하고 실시해야 한다. 그리고 경영시스템에서 전반적으로 지속적인 적합성, 효과성 및 인증 범위에 대한 경영시스템의 연관성 및 적용 가능성 등을 확인하는 것이다. 갱신 심사는 다음의 내용을 포함해서 진행한다.

1) 내부 및 외부의 변경에 대한 경영시스템 전반의 지속적인 적합성 및 효과성 확인하기
2) 인증 범위에 대한 경영시스템의 지속적인 관련성 및 적용 가능성 확인하기
3) 경영시스템의 유효성을 유지하고 지속적 개선에 대한 의지 확인하기
4) 조직의 목적 달성 및 경영시스템의 의도한 결과 달성에 대한 경영시스템 효과성 확인하기

7. 특별 심사

1) 조직이 중대한 사고나 중대한 법규 위반과 같이 안전 보건과 관련된 중대한 사건이 발생한 사실을 인증기관이 인지한 경우에는 경영시스템이 손상되었거나 효과적으로 작동하고 있는지의 여부를 조사하기 위해 관계 당국이 관여하는 것과는 별도로 특별 심사가 필요할 수 있다.

2) 중대한 사고나 중대한 법규 위반과 같이 관계 당국의 관여가 필요한 사건에 대해 인증된 고객이 제공한다. 그리고 특별 심사 도중 심사팀이 직접 수집한 정보는 시스템이 안전 보건 인증 요구사항을 충족해야 한다. 만약 심각하게 실패한 것이 실증된 경우에는 인증을 정지하거나 취소하는 것까지 포함해서 인증기관이 취한 조치를 결정하는 근거를 제공해야 한다. 이러한 요구사항은 인증기관과 조직 간의 계약 사항에 포함되어야 한다.

3) 인증조직의 인증 범위 확대 및 축소 등 인증 범위 변경 신청에 대한 승인 여부를 결정하거나, 조직의 경영시스템 중 인증 요구사항에 대한 중대한 영향을 미칠 수 있는 변경이 있는 경우 (사업장 변경 등)

8. 인터뷰 실시

심사팀은 계약자의 대표이사와 경영진, 그리고 안전 보건 리스크의 예방과 관련된 활동을 수행하는 관리자와 근로자를 대상으로 인터뷰를 실시한다. 그러므로 인터뷰 내용을 사전에 파악하여 준비하는 것이 바람직하다. 인터뷰 대상자는 다음과 같다.

1) 안전 보건에 대한 법적인 책임을 갖는 최고경영자 및 경영진
2) 안전 보건에 대한 책임을 갖는 근로자 대표
3) 의사, 간호사와 같이 근로자의 보건을 모니터링할 책임이 있는 인원
4) 관리자, 정규직 및 임시직 근로자

인증 심사 시 다음의 대상에 대해 인터뷰를 실시할 경우 대상자는 다음의 사항(예시)를 참조하여 인지 및 숙지해야 한다.

[표 5-2] 인터뷰 대상 및 내용

대상자	내용
경영자	• 근로자 및 이해관계자의 안전과 보건 유지 및 증진을 위한 책임과 의무 • 안전 보건 방침과 목표 수립 및 조직의 전략적 방향과 일치 • 안전보건경영시스템의 요구사항과 조직의 비즈니스 프로세스 통합 • 안전보건경영시스템의 구축, 실행, 유지, 개선에 필요한 자원(물적, 인적) 제공 • 안전 보건 경영의 중요성과 안전보건경영시스템의 요구사항 이행과 관련된 의사소통 • 경영 검토 실시 결과의 효과 및 개선 사항 • 안전보건경영시스템 운용 효과 및 향후 대책 • 안전보건경영시스템의 의도된 결과를 지원하는 조직 안전 문화의 개발 및 촉진 • 사건, 유해 · 위험요인 및 위험성 보고 시 부당한 조치로부터 근로자 보호 • 안전보건경영시스템의 운영상 근로자의 참여 및 협의 보장
중간 관리자	• 안전 보건 경영 방침 및 구체적인 추진 계획 • 안전보건경영시스템의 운영 절차와 기대 효과 • 안전보건경영시스템 운영상의 역할 및 의무 • 해당 공정의 위험성 평가 방법과 내용 • 해당 공정의 중요한 안전 보건 작업 지침 • 유해 위험 작업 공정과 작업 환경이 열악한 장소 파악 • 비상조치사항 • 안전보건법규의 이해
현장 관리자	• 해당 공정의 안전 보건 목표 및 안전 보건 계획 • 안전보건경영시스템 운영상의 역할 • 물질 안전 보건 자료(MSDS)의 활용과 비치 장소 • 해당 공정의 잠재 위험성과 대응 방법 • 예정되지 아니한 정전 시의 조치사항 • 비상조치 기획의 담당 역할에 대한 인지 상태 • 해당 작업의 안전보건법규 이해 • 현장에서의 유해 · 위험 물질 취급 방법 • 가동 전 안전 점검 사항
현장 작업자	• 담당 업무 및 작업 절차에 대한 안전보건수칙 • MSDS의 이해 및 관리 상태 • 해당 작업의 위험성 평가 참여 여부 및 유해 · 위험요인의 이해 • 근로자의 협의 및 참여 정도 • 최근 실시한 안전 보건 교육 내용 • 취급하고 있는 유해 · 위험 물질에 대한 유해 · 위험 정도와 취급 방법 • 비상사태 발생시 대응 및 조치사항 • 적격한 개인 보호구 여부 등의 착용 기준과 착용 방법

9. 인증서 발행 및 인증 마크 사용하기

1) 인증기관은 인증 결정 및 인증 등록 후 인증서를 발급하고 인증 등록 조직은 인증서를 발급받는 날부터 인증효력이 유지되는 기간 동안 인증받은 부분에 대하여 인증 획득 사실을 인증마크 및 인증서를 활용하여 홍보할 수 있다.

2) 인증 등록 조직은 일반 문서, 송장과 명함, 브로슈어 등 회사 홍보물에 인증 마크 사용이 가능하며 홍보 시 인증기관의 인증 표시 사용 및 인증 홍보 기준을 준수해야 한다.

      안전보건경영시스템 구축 및 인증 취득 계획은 [표 5-3]을 참조하여 조직 상황에 맞게 검토 보완한 후 안전보건경영시스템 구축 및 인증 계획을 수립하여 추진하는 것이 바람직하다.

[표 5-3] 안전보건경영시스템 구축 및 인증 취득 계획(예시)

단계	추진 항목	추진 내용	일정
인증 기반 구축	조직체제 구축	• 안전 보건 책임자 등 조직체제의 책임 권한 명확화 • 안전보건경영시스템 구축 추진팀 구성	
	ISO 45001 이해	• 전사 교육 계획 수립 • 추진팀 교육 • 관리자 교육 및 작업자 교육 • 내부 심사원 교육	
	조직 상황 이해	• 외부와 내부 이슈 결정 • 이해관계자의 니즈와 기대 파악 • 적용 범위의 결정	
	안전 보건 현황	• 산업재해 및 사건 현황 분석 • 안전 보건 문서화 정보의 종류 및 활용 진단 • 적용 법령 조사 및 준수 여부 파악	
안전보건경영 시스템 구축	안전 보건 방침 및 목표	• 안전 보건 방침 수립 • 안전 보건 목표 설정 및 안전 보건 계획 수립 • 안전 보건 지표의 설정	
	리스크 및 기회 평가	• 안전 보건 리스크 평가 절차 및 기법 선정 • 안전 보건 리스크 평가 실행 • 안전 보건 경영시스템 리스크 및 기회 평가 • 안전 보건 경영시스템 리스크 및 기회 조치 기획	
	문서화	• 안전 보건 매뉴얼 작성 • 프로세스 수립, 절차서 및 지침서 작성	
	법규 관리	• 법적 및 기타 요구사항 파악 및 등록 • 법령 및 기타 요구사항 조치 기획 수립	
안전보건경영 시스템 운용	안전 보건 활동의 운용	• 목표 추진 계획의 운용 • 리스크 감소 대책 실행 • 부문별 프로세스 실시 • 비상사태 계획 및 훈련	
	모니터링 및 측정	• 모니터링 및 측정 계획 • 모니터링 및 측정 실시와 문제 개선 • 기록물 보유 상태 확인	

단계	추진 항목	추진 내용	일정
안전보건경영 시스템 검증	목표 및 지표 평가	• 활동 목표 및 지표의 달성도 평가 • 리스크 감소 활동의 목표 평가	
	법규 준수 평가	• 준수 평가 계획 • 준수 평가 및 조치	
	내부 심사	• 내부 심사 계획 수립 • 내부 심사 실시	
	경영 검토	• 경영 검토 정보의 정리 • 경영 검토 실시, 결과 보고 및 조치	
인증 심사 및 취득	심사 및 인증	• 심사 준비 • 1단계 심사 및 2단계 심사 • 인증 취득	

참고 문헌

1. 국내 문헌

- 〈산업안전관리론〉, 정진우, 중앙경제(2020)
- 〈위험성평가 및 분석 기법〉, 송지태/이순원, 성안당(2019)
- 〈산업안전보건법 해설〉, 신인재, 좋은땅(2020)
- 〈산업안전보건법 업무 편람〉, 조영수, 메이킹북스(2020)
- 〈안전보건경영시스템 KS Q ISO 45001 : 2018〉, 한국표준협회(2019)
- 〈안전보건경영시스템(KOSHA-MS) 인증업무 처리규칙〉, 안전보건공단(2019)
- 〈위험성평가지침 해설서〉, 고용노동부, 안전보건공단(2019)
- 〈현장 작업자를 위한 위험성평가 실무 길라잡이〉, 고용노동부, 안전보건공단(2015)
- 〈위험성평가 지원시스템(KRAS) 사용자 매뉴얼〉, 안전보건공단(2016)
- 〈화학물질 위험성평가(CHARM) 매뉴얼〉, 안전보건공단(2016)
- 〈사업장 위험성평가에 관한 지침〉, 고용노동부 고시(2020)

2. 일본 문헌

- 〈ISO 45001 導入から 實踐までのポイント〉, 中央勞働災害防止協會(2018)
- 〈ISO 45001 すべてがよ～くわかる本〉, 打川 和男, 秀和システム(2018)
- 〈ISO 45001 實踐 ハンドブック〉, 黑崎 由行, 勞働調査會(2018)

3. 서양 문헌

- 〈Establishing an occupational health & safety management system based on ISO 45001〉, Naeem Sadiq IT Governance Publishing Ltd(2019)
- 〈ISO 45001 A Comlete Guide – 2020 Edition〉, The Art of Service(2020)

찾아보기

기업의 안전보건경영시스템
이론과 실무 가이드

2021. 7. 22. 초 판 1쇄 인쇄
2021. 7. 29. 초 판 1쇄 발행

지은이 | 황정웅
펴낸이 | 이종춘
펴낸곳 | BM ㈜도서출판 성안당

주소 | 04032 서울시 마포구 양화로 127 첨단빌딩 3층(출판기획 R&D 센터)
10881 경기도 파주시 문발로 112 파주 출판 문화도시(제작 및 물류)
전화 | 02) 3142-0036
031) 950-6300
팩스 | 031) 955-0510
등록 | 1973. 2. 1. 제406-2005-000046호
출판사 홈페이지 | www.cyber.co.kr
ISBN | 978-89-315-8601-5 (13530)
정가 | 30,000원

이 책을 만든 사람들
책임 | 최옥현
기획·진행 | 최동진
교정·교열 | 안혜희북스
본문·표지 디자인 | 디자인뮤제
홍보 | 김계향, 유미나, 서세원
국제부 | 이선민, 조혜란, 권수경
마케팅 | 구본철, 차정욱, 나진호, 이동후, 강호묵
마케팅 지원 | 장상범, 박지연
제작 | 김유석

■ **도서 A/S 안내**

성안당에서 발행하는 모든 도서는 저자와 출판사, 그리고 독자가 함께 만들어 나갑니다.
좋은 책을 펴내기 위해 많은 노력을 기울이고 있습니다. 혹시라도 내용상의 오류나 오탈자 등이 발견되면 "좋은 책은 나라의 보배"로서 우리 모두가 함께 만들어 간다는 마음으로 연락주시기 바랍니다. 수정 보완하여 더 나은 책이 되도록 최선을 다하겠습니다.
성안당은 늘 독자 여러분들의 소중한 의견을 기다리고 있습니다. 좋은 의견을 보내주시는 분께는 성안당 쇼핑몰의 포인트(3,000포인트)를 적립해 드립니다.

잘못 만들어진 책이나 부록 등이 파손된 경우에는 교환해 드립니다.